大学计算机基础

陈跃新　李　暾　贾丽丽
黄旭慧　汪昌健　王　挺　编著

科学出版社
北　京

内 容 简 介

本书以信息表示和信息处理为基本线索，全面介绍了计算机系统的基本概念、原理和方法。首先介绍了信息、信息表示、信息处理和二进制概念，以及用二进制表示数值信息和字符信息的方法；然后分别介绍了计算机硬件系统的结构和工作原理、操作系统功能及实现策略、数据库技术、多媒体技术、信息安全技术、计算思维和计算机问题求解。本书有配套的实验教材，给出了一系列实验设计，并详细描述了实验方法。

本书内容符合教育部高等学校非计算机专业计算机基础课程教学指导分委员会提出的有关"大学计算机基础"课程的教学基本要求，可作为大学本科、专科的计算机基础课程教材及培训教材。

图书在版编目(CIP)数据

大学计算机基础/陈跃新等编著. —北京：科学出版社，2012.8

ISBN 978-7-03-035353-5

Ⅰ. ①大… Ⅱ. ①陈… Ⅲ. ①电子计算机-高等学校-教材 Ⅳ. ①TP3

中国版本图书馆 CIP 数据核字 (2012) 第 189947 号

责任编辑：潘斯斯 于海云／责任校对：朱光兰

责任印制：张 伟／封面设计：迷底书装

科学出版社 出版

北京东黄城根北街 16 号

邮政编码：100717

http://www.sciencep.com

北京厚诚则铭印刷科技有限公司 印刷

科学出版社发行 各地新华书店经销

*

2012 年 8 月第 一 版 开本：787×1092 1/16

2022 年 7 月第十二次印刷 印张：18 3/4

字数：428 000

定价：59.00 元

(如有印装质量问题，我社负责调换)

前　言

人要成功融入社会所必备的思维能力，是由其所处时代能够获得的工具决定的。计算机是信息社会的必备工具之一，有效利用计算机分析和解决问题的能力，将与阅读、写作和算术一样，成为 21 世纪每个人的基本技能，而不仅仅属于计算机专业人员。计算机正在对人们的生活、工作，甚至思维产生深刻的影响。

“大学计算机基础”是大学本科教育的第一门计算机公共基础课程，它的改革越来越受到人们的关注。教育部高等学校非计算机专业计算机基础课程教学指导分委员会在 2003 年就提出了课程改革的设想，随后在《关于进一步加强高等学校计算机基础教学的意见》和《高等学校非计算机专业计算机基础课程教学基本要求》中对这门课程的性质、教学内容与要求、实施建议都做了比较详细的阐述。课程的主要目的是从使用计算机、理解计算机系统和计算思维三个方面培养学生的计算机应用能力。

基于这种认识，我们编写了本书和配套的实验教材。本书的内容选取以理解计算机系统为重点，选择计算机系统的基本概念、原理和方法进行介绍，并注重向培养计算思维和问题求解能力延伸。实验教材则面向计算机应用技能的培养。

本书共 9 章，内容大致可分为如下部分：①信息、信息表示、信息处理的基本概念和方法（第 1、2 章）；②计算机系统结构和工作原理（第 3、4 章和第 5 章的一部分，计算机网络整体上可看做一个计算机系统）；③常见的应用技术（第 5 章的一部分，第 6~8 章）；④计算思维和计算机问题求解（第 9 章，这一章概述了计算机问题求解的一般方法及相关概念）。

本书内容涉及计算机专业的多门课程的知识，概念庞杂，术语繁多。表面上看，章与章之间的联系松散。对于初学者来说，学好这门课程不容易，融会贯通就特别困难了。如何把握全书的脉络？我们认为，应该以“信息表示和信息处理”作为理解章节内容联系的一条主要线索。

计算机系统是信息处理的工具，而信息处理依赖于某种形式的信息表示。本书中主要介绍了用二进制表示数值信息、字符信息、声音信息和图像信息的方法，介绍了以文件和数据库形式组织信息的技术。每一个计算机系统功能都涉及某类或某几类信息，读者应该思考：这些信息是怎样表示的？为什么要使用这种表示方法？信息处理可分为硬件过程、软件过程和人工过程。硬件过程是指计算机硬件承担的信息处理部分，软件过程是指主要由计算机软件实现的信息处理部分，人工过程是指由人完成的信息处理部分。每一个计算机系统功能都可以转换为信息处理过程。计算机问题求解往往交织了这三类信息处理过程。读者在研究计算机系统的工作原理时，应该考虑：计算机系统功能由哪些信息处理过程组成？这些处理过程包含哪些步骤？处理步骤是如何实现的？如果这些问题都明晰了，对融会贯通全书内容有很大帮助。

本书的第 1、2 章由陈跃新编写，第 3~5 章由李暾编写，第 6 章由黄旭慧编写，第 7 章由贾丽丽编写，第 8 章由汪昌健编写，第 9 章由王挺编写，全书由陈跃新负责统稿。宁洪、陈怀义、王保恒等教授对本书的编写给予了许多指导，谭春娇为本书的文字整理和校对做了大量工作。此外，本书还参考了很多文献资料和网络素材，在此对原作者一并表示衷心的感谢。

本书编者根据多年的教学实践，在内容的甄选、全书组织形式等方面既借鉴了同类书的成功经验，也做出了自己的努力。但是改进的空间还很大，热切希望广大读者能够予以斧正。

编　者

2012 年 5 月

目　录

第 1 章 引 言

【学习内容】

本章作为本书的引言，主要知识点包括：

- 信息、信息表示和信息处理的概念；
- 信息处理装置的发展简史；
- 计算技术的应用；
- 计算思维的基本概念；
- 计算机文化相关内容。

【学习目标】

通过本章的学习，读者应该：

- 理解信息、信息表示和信息处理的概念；
- 了解信息处理装置的发展规律；
- 了解计算技术的应用；
- 理解计算思维的基本概念和作用；
- 了解信息化社会对人的素质要求、相关社会和法律问题。

计算机系统是通用的、计算能力强大的信息处理工具，在社会生活的各个方面都有广泛的应用。要深入、有效地使用计算机，必须理解信息和信息处理的相关概念。本章首先介绍信息、信息表示和信息处理的概念，然后简单叙述了信息处理装置的发展轨迹、计算机技术的应用、计算思维的概念，最后讨论了信息化社会对人的素质要求及相关问题。

1.1 信息和信息处理

现代计算技术的迅猛发展，推动人类社会快速进入信息化社会。借助计算机和计算机网络，人类获取和处理信息的能力得到了巨大的提高。信息化社会的人应该了解计算机、驾驭计算机，同时也应该理解信息、掌握信息处理的基本技术。用计算机解决问题，首先要获取问题相关的信息，按照某种方式将信息存储在计算机中，然后启动计算机程序处理这些信息。计算机问题求解涉及两个基本方面，即信息表示和信息处理。

1.1.1 信息

信息是客观存在的表现形式，是事物之间相互作用的媒介，是事物复杂性和差异性的反映。人类通过五个感觉器官能够感知客观事物的不同信息。例如，通过眼睛，我们可以看到物体的图像，感知物体的颜色、形状和大小；通过耳朵，我们可以听到一定频率范围内的声音；通过鼻子，我们能够辨别各种气味。这些信息将汇集到人的大脑，由大脑进行处理。

“信息”这一概念的定义有多种表述。例如，信息是对人有用、能够影响人的行为的数据；信息是关于客观事实的、可通信的知识。较权威的定义由信息论的创始人香农给出：信息是事物运动状态或存在方式的不确定性的描述。这些定义的共同点：信息是客观存在的一种表达。信息具有事实性、不完全性、变换性和时效性等特点。信息的事实性指信息以客观存在为基础，这是信息的核心价值。信息的不完全性说明信息的被占有性，由于人的认识的局限性，占有的信息总是不完全的。信息的变换性指信息可以以不同方式表达，以不同的介质承载。信息的时效性指信息的发送、传递、接收、加工，以及使用的时间间隔和效率。

信息有多种形式。从人类感知信息的方式分类，有视觉信息、听觉信息、味觉信息和触觉信息等。从信息的表现形式分类，有数值信息、字符信息、图表信息、图像信息、声音信息等。

数据是编码的信息，是显示表示的信息。但是，数据和信息这两个概念之间没有明确的界限，在很多时候可以通用。例如，计算机是信息处理机器，也可以说计算机是数据处理机器。

数据有很多种类。在计算机领域，特别是在程序设计和数据库中，根据数据的不同用途和不同处理需要，将数据分为整型数、浮点数、布尔数和字符数等多种类型。

1.1.2 信息表示

信息表示泛指信息的获取、描述、组织全过程，其狭义指其中的信息描述过程。信息表示需要一种符号系统。人类在长期的实践中形成的语言文字就是一种符号系统。人们按照语言的语法规则和语义规则，用文字表达和传递概念、事实或知识。声音也是一种符号系统，因为人类用声音进行通信。声音与文字相辅相成，表达言语的一个音节一般都对应某个文字，同样每个文字都有特定的发音。人类常用的符号系统还有盲文、哑语和旗语等。另外，在人类使用的自然语言和数学中广泛存在的一类符号系统是数制系统，如十进制数制、二进制数制等。数制系统是描述事物间的数量关系的符号系统。

用于信息表示的符号系统有三个基本特点。第一，存在一个基本的有限符号集，符号集中符号的数目多于一个。例如，十进制数制符号系统的基本符号集包含十个数字符号 0~9、小数点和数符等。如果考虑基本算术运算，还加上加、减、乘、除四个运算符，以及等号。英语的基本符号有大小写英文字母和标点符号等，其基本符号的数目不多。汉语的基本符号包括汉字及标点符号等，数目比较庞大。为什么基本符号集数目要多于一个？因为需要描述的事物和事物的运动状态不是单一的，事物之间存在复杂的相互关系。单一符号不足以简洁表达复数事物和它们的相互关系。一般情况下，符号系统的基本符号集不是太庞大。否则，不方便记忆和使用。第二，不同符号有明显的差别，以便于人们感知和识别这些符号。第三，存在一组规则，按照规则可以将基本符号组成更复杂的结构，如符号串。例如，在十进制中，多个数字并列形成数字串，产生十位、百位、千位和万位等高位数；在数字串中包含一个小数点则形成小数；而在前面加上数符，则区分正负数。在汉语中根据词法规则可以用汉字组成词组，根据语法规则可以形成句子。

在计算机中，最基本的信息表示方法是二进制。用二进制编码计算机机器指令，用二进制表示数值、字符、图像、声音等信息。计算机硬件能够识别和处理的信息形式只能是二进制。虽然，在计算机领域还常常用到很多抽象层次更高的信息表示形式，但这些形式表示的信息必须转换成二进制形式，才能被计算机硬件直接处理。例如，现在大多数计算机程序都是用汇编语言或高级程序设计语言编写的，这样的程序不能直接在计算机硬件中运行，只有经过一个“翻译器”，将其转换为机器指令序列，才能在计算机上运行。

我们面临的信息量往往是庞大的，这要求按照一定的关系、用一定的结构将数据组织起来，以便于信息的传递、存储和处理。例如，我们将信息组织成一本书或一份文件，按照主题将其分为章节，按照主旨将章节分为段落。在日常生活中，人们常常用表格记录信息。例如，表 1-1 存放了某班学生的基本信息，这些信息包括学生的学号、姓名、性别、出生日期、民族、籍贯等。表格能够把逻辑上关联的数据集合在一起，它是一种常用的信息组织形式。

表 1-1 学生基本信息表

学号	姓名	性别	出生日期	民族	籍贯
06050101	张三	男	1986.01.12	汉	湖南
06050102	王红	女	1988.05.01	汉	湖北
06050103	李四	男	1987.10.23	回	甘肃
06050104	王二	男	1987.12.12	汉	北京
06050105	李绿	女	1988.06.15	壮	广西
…	…	…	…	…	…

在计算机领域，组织信息的方式称为数据结构。常用数据结构一般有线性表、树和图等类型。线性表适合表达数据之间的线性关系。例如，将学生信息按照年龄大小罗列成一张表，表中每一项放入一个学生的信息。在这张学生信息表中，物理位置相邻的项，在年龄上具有顺序性。根据操作方式的不同，线性表又分为向量、队列和栈。向量中各数据元素具有编号，元素的编号一般与其在向量中的序号相同。设 V 是一个向量，则 V(1)是 V 的第一个元素，V(2)是 V 的第二元素……在向量结构中，能够用编号随机访问其中的元素。因此，对向量的访问一般是快捷、高效的。

队列可以看做是从日常生活中的“排队”现象抽象出来的结构。在火车售票厅买票，每个售票窗口前都排有一个队列。队列中最前面的人最先得到处理，他（她）的事务处理完后，从队列的头部出来，队列中余下的人向前进一个位置。如果有人希望进入这个队列，他（她）只能排在队尾。队列这样的数据结构两端区分队列的头部和队列的尾部。数据元素进入队列，只能从队尾进，成为队列的最后一个元素。而出队列的元素只能是现队列中的最前面的元素。第一个元素出来后，队列中其他元素都需要向前移动一个位置。图 1-1 表明了队列的结构。

栈可看做这样一个结构，它由若干方格叠加起来，每个方格存放一个数据项。栈的上端称为栈顶，栈的底端称为栈底（见图 1-2）。出栈时，只有栈顶的元素才能出来，而进栈时，只能从栈顶进入。如果一个非栈顶的元素要出栈，首先得把其上面的元素都出栈，它才能出来。因此，数据元素进出栈的原则是“先进后出”。栈这种数据结构也是对现实世界中某些现象的抽象。例如，一个探险队进入一个仅能容纳一人通过的山洞，进去后发现，洞的另一端是堵塞的，他们必须按照原路退出来。探险队员们出山洞的顺序与进去的顺序刚好相反。

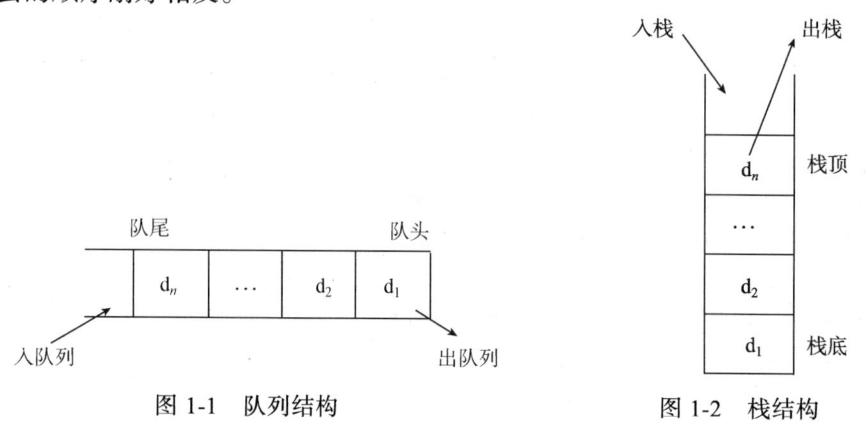

图 1-1　队列结构　　图 1-2　栈结构

树数据结构由结点和边组成。结点表示数据元素，边连接两个结点，表示这两个结点数据元素之间的关系。边具有方向性，从一个结点指向另一个结点。边的起始结点称为父结点，所指结点称为子结点。一棵树中仅有一个结点没有父结点，该结点称为树根，而没有子结点的结点称为叶结点。树中每个结点或没有父结点，或有唯一的父结点。在图示树时，习惯上将其画成一棵“向下生长”的树，用椭圆代表结点，用带箭头的线段代表边。树结构一般用来组织具有层次关系的数据集合。图 1-3 显示了一棵描述《红楼梦》中贾家部分家族关系的树。图中椭圆形代表树的结点，用来存储数据，线段代表树的边，用来表示“父–子”层次关系。在贾政和贾宝玉之间有一条边相连接，说明贾政是贾宝玉的父亲。

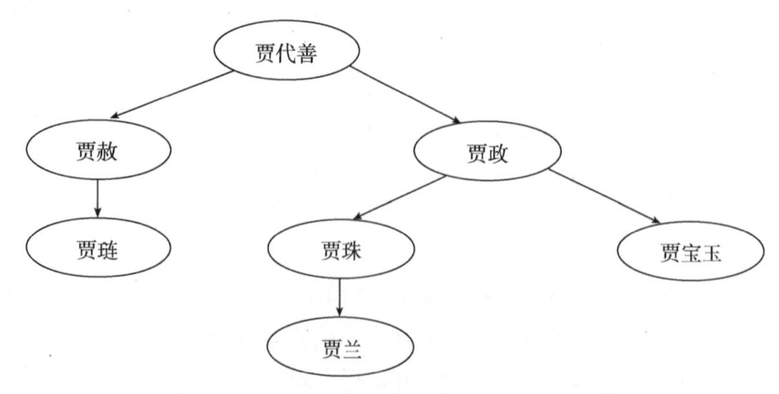

图 1-3　《红楼梦》贾家家族关系树的一部分

同样，图数据结构也是由结点和边组成的。但对结点的连接关系没有限制。也就是说，图中任意两个结点之间都可存在一条边。实际上树是图的特例。图可以表示数据元素之间的复杂关系。例如，可以用图表示城市之间的公路交通。在这样的图中，结点代表城市，边代表连接城市的公路。

在计算机领域中，常用的数据组织形式还有文件和数据库等。这些数据组织形式将在本书的后续章节中介绍。

同一种信息可以用不同的方法表示。但不同表示方法之间存在等价关系，根据这种关系，它们之间可以互相转换。如汉语和英语之间可以互相翻译，十进制和二进制之间可以互相转换，高级语言程序可以翻译成等价的机器语言程序。

信息的表示都是在一定的抽象层次上进行的。所谓抽象，是指在表示中省略某些细节，抽象层次越高的表示包含的细节越少。在计算机领域，一般认为包含计算机特性越多的信息表示，抽象层次越低。二进制就是计算机中抽象层次最低的信息表示方法。比较而言，高级程序设计语言的抽象层次高于汇编语言，汇编语言的抽象层次高于机器语言。在计算机领域常常将信息表示分为三个层次：概念层、逻辑层和物理层。物理层信息表示涉及在计算机的存储介质上的存储形式和组织形式，这种形式表示的信息，能够被计算机硬件直接处理。概念层信息表示以人类容易理解的形式描述信息，便于人与人之间的通信。逻辑层表示的抽象层次介于物理层和概念层之间，一般用于人—机通信。

现实世界的对象都能通过某种方式在计算机中表示出来。例如，对于一个人，或者将其照片存储在计算机中，或者抽取其特征，以字符信息、数字信息形式存储在计算机中，或者将这两类信息都存储在计算机中。这样计算机中就存在与现实世界人对应的“虚拟人”或“数字化人”。

1.1.3 信息处理

人的大脑是处理信息的装置。它在信息处理方面的能力包括记忆、组织、检索和使用。记忆是指把通过感觉器官接收的信息保存在大脑中；组织是指将大脑中的各种信息进行分类，形成一种易于检索和处理的结构；检索是指大脑在一定的刺激之下，通过联想找到相关信息；使用是指利用信息进行分析、判断和推理。人类通过感官获得外部信息的过程，在计算机领域称为输入，而通过语言、书写和手势等展示信息的过程称为输出。在很多情况下，我们的大脑选择性地吸收感官输入的信息，或者控制感官定向地感知某些信息。同样，为了某个通信目的，大脑会控制嘴巴、手或身体某部位，向外展示信息。也就是说，在大多数情况下，大脑对人的信息输入和输出过程进行控制，实现有效的通信。

人类在长期的实践中发明了各种信息处理工具，以辅助人类的信息处理任务。这些信息处理工具的作用主要表现在下列方面：

- 输入/输出。通过某种途径接收外部的信息，或将内部信息发送出去。
- 存储。将信息存储在某种媒介上，并按照一定方式进行组织，以便于快捷查找和处理。
- 传输。将信息从一个地方传送到另一个地方，或者从一个对象传送给另一个对象。

传输过程往往包含信息的格式转换。

- 检索。根据用户提供的某些片断信息，或关键字，通过匹配或联想，找到相关的信息。
- 计算。按照预先定义的计算模型，对信息进行处理，以得到需要的结果。计算一般分为两类：数值计算和非数值计算。数值计算指对数值数据进行处理，如数的加减乘除运算、数的比较运算等。非数值计算又有符号计算和多媒体信息处理之分。符号计算对字符串数据进行操作。例如，字串分解、字串合成、字串匹配和查找等。对于多媒体信息，不同媒体有不同的处理。例如，对于声音信息，有声音识别、声音合成等；对于图像信息，有图像绘制、图像变换和图像识别等处理。
- 推理。推理是一类高级的计算，根据一组前提，演绎出结论。

一个由处理步骤形成的序列称为处理过程。由计算机硬件完成的处理过程称为硬件过程，如信息的输入/输出处理，由输入/输出设备完成，信息的存储由计算机存储设备实现，信息的传输由通信设备和通信介质完成，它们都是硬件过程。由计算机软件完成的处理过程称为软件过程，查询、计算和推理等处理一般由软件实现。

理解一个计算机系统，或一种计算技术，要弄清楚四个问题：①它将处理什么类型的信息？②信息如何表示？③在这些信息上进行什么处理？④如何实现这些处理？下面以多媒体技术为例进行说明。多媒体技术是研究声音、图形图像、视频和动画等类型信息的处理技术。这些信息一般采用二进制编码，基本的信息处理一般有多媒体信息的采样、量化、编码、存储、传输、压缩和变换。这些处理可以通过硬件过程或软件过程实现。例如，采样由输入设备承担，压缩和变换主要由软件过程完成。因此，信息表示和信息处理是计算技术的核心概念，是理解计算技术的两条主要线索。

1.2 信息处理装置的发展简史

自从第一台现代计算机问世以来，计算机技术得到了迅猛的发展。计算机技术的广泛应用，对人类文明产生了深刻的影响。

人类发明计算装置（包括计算机），最初目的是使加、减、乘、除等基本算术运算能够自动化，以便让其承担工程问题中枯燥、烦琐和大规模的计算，从而减轻人类的脑力劳动强度。但是，计算机的作用不仅限于此。在人类研究和开发计算装置及计算技术的进程中，逐步赋予了计算机逻辑操作能力，计算机不但能进行算术运算，而且能进行逻辑判断，使其可以根据问题的性质，执行不同的运算。人类发明精致的编码符号系统，用于将各种信息形式数值化，使计算机不仅能够处理数值信息，而且能够处理更广泛存在的其他形态的信息，如文本、图形、图像、声音和影视等。

1.2.1 机械式计算装置

劳动创造工具，而工具又拓展了人类探索自然的深度和广度。计算机是人类对计算装置的不懈努力追求的最好回报。从原始的结绳记事、手动计算、机械式计算到电动计算，计算装置的发展经历了漫长的过程。现代电子计算机的出现，才使计算装置有了飞速的发展。科学技术的进步促进了计算装置一代又一代的更新。计算装置的发展不仅得益于组成计算装置的元器件技术的发展，而且得益于对计算本质的认识的提高。

人类发明工具辅助处理信息的历史可追溯到远古。在古代中国，原始部落人就发明了“结绳记事”的方法，即将一根绳子打结来记载曾经发生的事件。绳结的形状、位置、数目和颜色等属性可以不同，因而可以表示不同的事件。在一根绳子上，由下到上可以打多个绳结，每个绳结对应一个事件，绳结的顺序表示事件发生的顺序。绳结的颜色则可表示事件的性质，如红色表示幸事，白色表示不幸之事。绳结是一种记忆工具，通过观察绳结能使人联想曾经发生的事情。这种工具虽然简单，却有用于记忆的材料的基本特性。第一，可区分绳结的不同状态，即绳结的形状、位置、颜色和数目是可区分的；第二，可以人为设定绳结的状态，即可以打出不同的绳结；第三，一旦给定绳结的某种状态，在自然条件下，可以保持很长一段时间，除非外力将其改变。

算盘是古代中国发明的一种有效的计算工具。汉代已出现用珠子进行计算的方法，东汉的《数术记遗》一书有过记载。出现“算盘”术语者，以宋代《谢察微算经》为最早。可以确定最迟到宋代，横梁和穿挡的算盘就已经出现。至元代，算盘的使用已十分流行。宋元之间的刘因就写有《算盘》诗。明代关于算盘的记载更多，如《瀛涯胜览》、《九章详注比类算法大全》等。明初期，中国算盘流传到日本，其后又流传到俄国，又从俄国传至西欧各国，对近代文明产生了很大的影响。15 世纪中期，《鲁班木经》中载有制造算盘的规格。算盘的材质以木头为主，其他有竹、铜、铁、玉、景泰蓝、象牙、骨等。算盘小的可藏入口袋，大者要人抬。

算盘的结构如图 1-4 所示，它的四周有一个框架，框架中间嵌入数根纵杆，纵杆称为档，纵杆上串有数颗珠子。由一个横梁将珠子分隔为上下两个区域，分别称为梁上区和梁下区。梁上区中的珠子称为上珠，梁下区中的珠子称为下珠。在一根纵杆上，上珠或一颗，或两颗，下珠或四颗，或五颗。

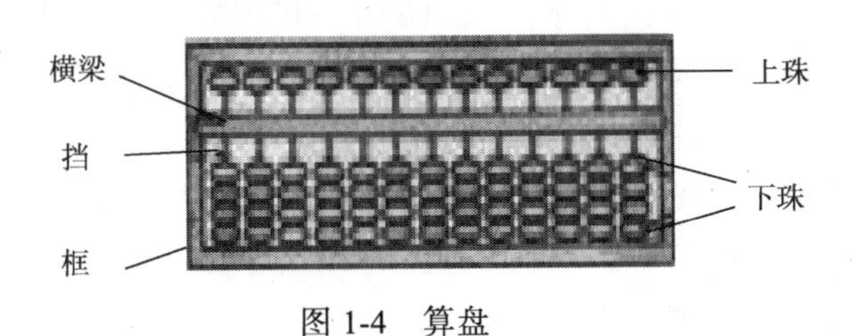

图 1-4 算盘

算盘珠子的数目和位置表示十进制数。下面以两颗上珠，四颗下珠的算盘为例，说明如何表示十进制数。一颗下珠表示数 1，两颗下珠表示数 2，三颗下珠表示数 3，四颗下珠表示数 4；一颗上珠表示数 5，两颗上珠表示数 10。因此，算盘每挡可表示的最大数是 14。当上珠依次挨在一起并贴着上框，且下珠依次挨在一起并贴着下框时，表示数 0。每往上拨动一个下珠，该挡表示的数增加 1；每往下拨动一个上珠，该挡表示的数增加 5。算盘中从右往左，挡所表示的十进制数由低位向高位递进。一个算盘可同时表示多个十进制数，十进制数之间的区隔由人决定，可在横梁上分别标志为个、十、百、千、万等，这样每位数的位置相对固定；也可仅仅由人记住每位数的位置，这时每位数的位置是可变化的。一个算盘能表示多少个十进制数，由挡的数目和十进制数的位数决定。

使用算盘可进行复杂的加、减、乘、除四则算术运算。习惯上称用算盘做算术运算为珠算。做珠算需要口诀，包括加法、减法、乘法和除法等四类。表 1-2 给出了加法口诀，其中第一列为加数，第二列为“直加”口诀，第三列为“满五加”口诀，第四列为“进位加”口诀。用算盘做加法的步骤如下：

（1） 将被加数拨打在算盘上。加数或记在脑子里，或拨打在算盘上。

（2） 按照口诀，将加数由低到高逐位加在被加数上。在加的过程中，通过拨动珠子，改变被加数，使之逐位呈现运算结果。

（3） 将结果记录下来。

表 1-2　珠算的加法口诀

加数	运算口诀		
一	一上一	一下五去四	一去九进一
二	二上二	二下五去三	二去八进一
三	三上三	三下五去二	三去七进一
四	四上四	四下五去一	四去六进一
五	五上五	五去五进一	
六	六上六	六去四进一	六上一去五进一
七	七上七	七去三进一	七上二去五进一
八	八上八	八去二进一	八上三去五进一
九	九上九	九去一进一	九上四去五进一

现以个位数加法为例说明如何利用口诀进行加法操作，其他位的加法依此类推。假设加数为 3。当被加数的下珠代表的数与 3 相加小于 5 时，利用口诀表中第二列的口诀“三上三”进行操作，直接在被加数的梁下区向上拨 3 颗下珠，这是所谓的“上三”的含义；当被加数与 3 相加大于 5，而小于 10 时，利用第三列的口诀“三下五去二”进行操作，在被加数的梁上区向下拨一颗上珠，即所谓“下五”，然后在梁下区向下拨两颗下珠，即所谓“去二”；当被加数与 3 相加大于或等于 10，产生进位，用第四列“三去七进一”口诀进行操作，在被加数的个位挡去掉 7，然后在十位挡做“十”运算。

算盘是一种快捷方便的算术运算工具，珠算熟练者，快过用现代计算器进行计算。作为一种计算工具，它有如下特点：

- 具有表示数值的一套符号系统，这套符号系统由珠子数目和珠子的位置确定。
- 存在高效的运算法则，操作者按照运算法则，拨动珠子，实现快速运算。
- 短期记忆。算盘上暂时保存操作数和结果，且保存的数易于复写和改变。
- 手工操作，即操作过程没有自动化。虽然每个拨动珠子的操作是机械的，但需要人来完成。运算过程的脑力劳动有所减轻。

因此，算盘的快捷方便来源于高效的运算口诀和简易的拨动珠子操作。同时，它能够节省运算所需要的纸墨资源。

机械式计算装置大约出现在 17 世纪的西方国家。随着机械装置广泛应用于生产劳动中，人们开始设想发明一种机械装置来实现算术运算。最初的计算机械装置是粗糙的，但改变了完全依赖手工进行计算的状态，在计算自动化方面有了重要的起步，开始了初步的低级自动计算的历程。

有据可查的第一台机械计算器当属威尔海姆·舒卡德（Wilhelm Schickard）在 1623 年制造的。舒卡德 1592 年出生在德国的赫伦贝格（Herrenberg），分别于 1609 年和 1611 年在图比杰（Tubingen）大学获得学士学位和硕士学位，1619 年被任命为图比杰大学的希伯来语教授，1631 年为天文学教授。

1623 年他建造了一台能够做数学操作的机械装置。在给开普勒（Johannes Kepler）的一封信中，舒卡德如此描述他的机器：

“对于你所做的计算，我已经尝试用机械的方式做了。我设想了一台机器，它由 11 个完全和 6 个不完全的链齿轮组成。给定数值，它能即时和自动做加法、减法、乘法和除法。你将会高兴地看到，这台机器是如何累加一个大小为 10 或 100 的数，并自然将它向左传送，或向右传送，当做减法时它又是如何做相反的事情的……”

后来人们没有看到舒卡德计算器实物，但在他 1624 年给开普勒的一封信的附件中发现了设计草图。20 世纪，图比杰大学的布努诺·巴罗（Bruno Baron）教授根据设计草图，利用 17 世纪的钟表制造技术，重构了舒卡德计算器。图 1-5（a）所示是舒卡德计算器的设计草图，图 1-5（b）所示是重构的舒卡德计算器。舒卡德计算器在做加减法时，先在机器中将参加运算的数设置好，经过自动运算，在机器上的读数窗口能读出结果。而做乘法时，先利用乘法表实现乘数的每一位与被乘数的乘积，然后将这些部分乘积加起来，得到最终结果。

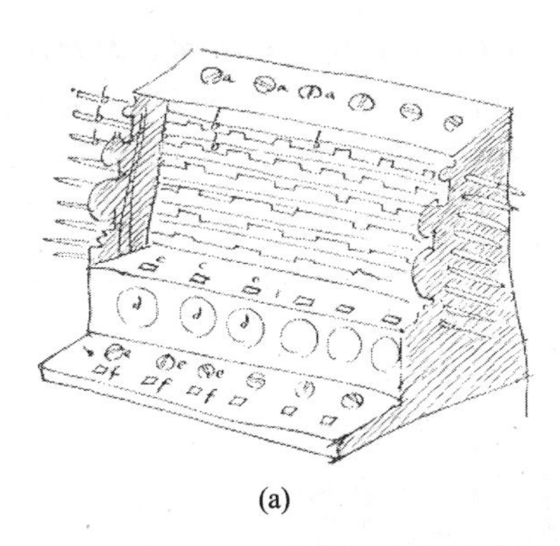

(a)

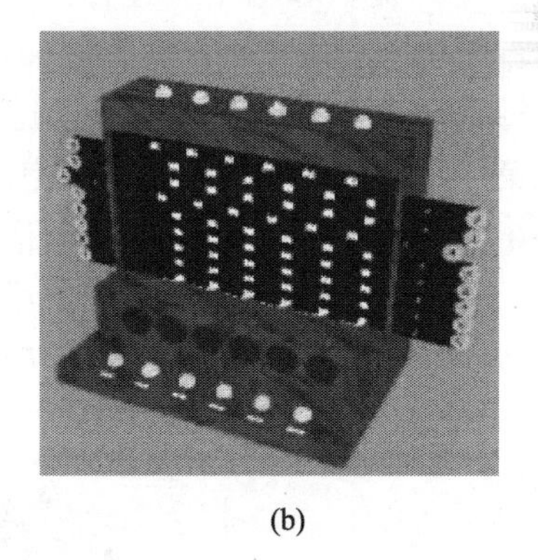

(b)

图 1-5　舒卡德计算器的设计草图和重构的舒卡德计算器

通常的机械计算装置都能执行加法和减法，有的还能完成乘法和除法。胡守仁教授将它们的构成概括为六个基本部件：

- 置数装置，在机器中设置参加运算的数的机制；
- 寄存装置，保存参加运算的数据和结果的机制；
- 选择装置，选择和提供机械运动的机制，自动实现加法或减法；

- 进位装置，当加法产生进位时，将该进位传递到相邻的高位部件上去；
- 控制装置，控制整个机器中的各个部件，使其按照规定的动作运转；
- 清除装置，将寄存器中的数置成 0。

当然，它们还提供了一种方式，使人能够看见参加运算的数，以及读出运算的结果。机械计算器有下列特点：

- 以某种机械的方式保存参加运算的数及结果；
- 用齿轮作为自动运算的装置；
- 运算法则固化在机械中，以机械运动实现运算。

讲计算机发展史，不能不提到查尔斯·巴贝奇（Charles Babbage），以及巴贝奇的机器分析机（Analytical Engine）。巴贝奇是英国数学家、天文学家兼发明家，生于 1792 年，卒于 1871 年。他生活的那个时代，蒸汽机的广泛使用极大地推动了工业生产的发展。蒸汽机承担了大量的体力劳动，将人类从繁重的劳役中解放出来。而各项工程都需要大量的数学计算，为了提高计算的效率，人们借助一种数学计算工具——数学函数表，从简单的加法和减法表，到复杂的对数函数和三角函数表。但绘制数学函数表，需要花费大量的脑力劳动，而且不可避免产生大量的错误。人们开始设想能否发明一种由蒸汽机驱动的计算机器，将冗长枯燥的计算任务转移到机器上，就像由机器承担繁重体力劳动一样。1822 年，巴贝奇基于差分计算原理设计了一台差分机（Difference Engine）。“差分法”是通过加法实现多项式函数计算的一种方法。而对于对数函数、三角函数等，可通过多项式函数逼近。因此，差分机可用于计算各种数学函数表。

1830 年，巴贝奇设计了分析机，分析机有三个主要部件：齿轮存储器、运算装置和控制装置。巴贝奇设想用穿孔卡片（Jacquard's punched cards）控制机器的计算过程，包括操作顺序、输入和输出等过程。该控制机制包含了顺序、分支和循环控制等特性。

奥古斯特·艾达·劳莉斯（Augusta Ada Lovelace），英国数学家，为分析机编写了一个程序，用来计算 Bernoulli 数序列。这是世界上为机器编的第一个程序。因而，艾达也是世界上的第一个程序员。现代人为了纪念艾达，将一种计算机程序设计语言命名为 ADA。

150 年之后，伦敦科学博物馆依照巴贝奇的设计图纸，用铁、铜和钢等材料制造了一台差分机（见图 1-6）。除了图纸中的几个错误之外，现代机械工程师遇到的困难比预期的要少很多。因此，他们一致赞叹巴贝奇设计的精确性。

图 1-6　重构的巴贝奇分析机

巴贝奇对计算机技术发展的主要贡献是：

- 设计了第一台具有现代意义的计算机器；
- 提出了程序控制的思想；
- 提出了程序设计的思想。

巴贝奇提出的程序控制思想和程序设计思想渗透于现代计算机技术中。因此，人们认为巴贝奇是现代计算机技术的奠基人。

1884年，美国工程师赫尔曼·霍雷斯（Herman Hollerith）制造了第一台电动计算机，采用穿孔卡和弱电流技术进行数据处理，在美国人口普查中大显身手。

美国哈佛大学应用数学教授霍华德·艾肯（Harvard Hathaway Aiken）受巴贝奇思想启发，从1937年开始设计和开发“马克1号”（Mark Ⅰ），并于1944年交付使用。“马克1号”是全继电器式计算器，有750 000个零部件，里面的各种导线加起来总长500英里（805km）。“马克1号”长51英尺（15.5m）、高8英尺（2.4m），看上去像一节列车。“马克1号”做乘法运算一次最多需要6s，除法10多秒。运算速度不算太快，但精确度很高（精确到小数点后23位）。

与此同时，德国人科拉德·祖思（Konard Zuse）独立研制了Z系列计算机，包括Z1、Z2、Z3和Z4四种型号。其中，Z1是一种机械式计算机，于1938年完成；Z2是继电器+机械式计算机，于1939年完成；Z3是全继电器计算机，于1942年完成；Z4是Z3的改进型，于1945年完成。祖思对计算机技术的发展有特殊贡献，主要表现在：

- 针对继电器的操作，研究了相当于布尔代数的“条件命题”系统。在此基础上，他从数学和逻辑两个方面，考虑了计算机的设计问题。
- 首先提出了采用二进制数的基本表示方法，以及二进制浮点数的规格化表示方法，并在其计算机中予以实现。
- 首次提出了存储器的概念。

1.2.2 图灵机和图灵

图灵机是一个计算模型，由英国数学家艾伦·图灵（Alan Turing）于1937年提出。其实，作为一个数学家，图灵正在研究可计算性问题。直觉上，可以这样理解可计算性：如果为一个任务说明一个指令序列，按照该指令序列执行，能够导致任务的完成，则该任务是可计算的。其中的指令序列称为有效规程，或算法。与此相关的一个问题是如何定义执行这些指令的装置的能力。不同能力的装置执行不同的指令集合，因而导致不同类型的计算任务。1937年，图灵在其论文“论可计算数以及在确定性问题上的应用”（On computable numbers, with an application to the Entscheidung problem）中，描述了一类计算装置——图灵机。图灵机是一个通用的、抽象计算模型，它导致了计算的形式概念，即所谓图灵可计算性。

图灵机由下列部件构成：

- 一组转换规则和一个有限非空符号集。
- 一个控制器，依照转换规则控制图灵机的执行。

- 一条两头可无限延伸的纸带，纸带划分为一个个的小方格。方格中可包含符号集中的任意符号，也可为空。
- 一个读写头，任何时刻，读写头都扫描纸带上的某个方格。读写头可执行的动作为：向左或向右移到相邻方格；读出当前方格中的符号；向当前方格中写入一个符号。

图灵机的动作完全由三个因素确定：机器所处的当前状态；读写头所在方格的符号；转换规则。每个转换规则由一个 4 元组说明：

(state0, symbol, statenext, action)

它的含义是，当图灵机处在状态 state0 时，读写头扫描的符号为 symbol，则执行动作 action，并转移到下一个状态 statenext。

我们用做二进制加法运算的例子来描述图灵机是如何工作的。假设纸带上的连续方格包含一个表达式 $x+y=$，其中 x 和 y 可以是符号 0 或 1。初始状态中，读写头处在 x 所在方格，如图 1-7 所示。图灵机扫描这个表达式，并给出 x 与 y 之和，即在等号右侧相邻的方格中写上和数（见图 1-8）。该图灵机的转换规则由表 1-3 给出。表的第一列包含图灵机的所有可能状态，其中 s0 是初始状态，s9 是终止状态，图灵机到达终止状态时，成功完成加法运算而终止执行。表的第一行列出了纸带方格中可能包含的符号，其中 blank 表示空，即方格中不包含任何符号。表中其他各项含两个元素，第一个元素为动作，如 R 表示读写头右移，0 表示读写头向所在方格写符号 0；第二个元素表示下一个状态。在此例中，图灵机的工作过程解释如下：

- 在初始状态 s0 时，读出符号 0，读写头右移，进入状态 s1；
- 在状态 s1，读出符号 +，读写头右移，进入状态 s2；
- 在状态 s2，读出符号 1，读写头右移，进入状态 s4；
- 在状态 s4，读出符号 =，读写头右移，进入状态 s6；
- 在状态 s6，写符号 1，进入终止状态 s9，停机。

该图灵机实现的加法运算规则（不考虑进位）为

$$0+0=0 \qquad 0+1=1 \qquad 1+0=0 \qquad 1+1=1$$

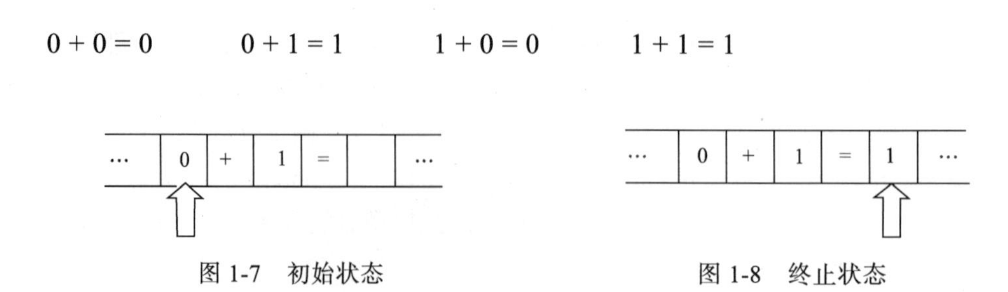

图 1-7 初始状态　　图 1-8 终止状态

图灵机是一类离散的有限状态自动机。虽然它简单，但是具有充分的一般性。现代计算机都仅仅是图灵机的扩展，其计算能力与图灵机等价。因此，图灵的工作被认为奠定了计算机科学的基础。为了纪念图灵对计算机科学的杰出贡献，美国计算机学会 ACM 于 1966 年设立了图灵奖，每年颁发一次，以表彰在计算机领域取得突出成就的科学家。

表 1-3 转换规则

	0	1	+	=	blank
s_0	R，s_1	R，s_7			
s_1			R，s_2		
s_2	R，s_3	R，s_4			
s_3				R，s_5	
s_4				R，s_6	
s_5	0，s_9	0，s_9	0，s_9	0，s_9	0，s_9
s_6	1，s_9	1，s_9	1，s_9	1，s_9	1，s_9
s_7			R，s_8		
s_8	R，s_4	R，s_3			
s_9					

1.2.3 现代电子计算机

第一台能运行的电子数字计算机于 1946 年诞生在美国的宾夕法尼亚大学摩尔学院，它的名称是电子数字积分器和计算机（Electronic Numerical Integrator And Computer，ENIAC）。主要发明人是约翰·莫奇利（John William Mauchly）和约翰·埃克特（John Presper Eckert）。ENIAC 是美国军方资助的研制项目，用于计算炮弹发射表（artillery-firing tables）中的数据。当时美国军队的武器研制中，需要计算各种条件下，相对于给定精度的炮弹运行轨迹。辅助计算的工具称为炮弹发射表，它的构建包含大量的计算，费力且耗时，迫切需要一种快速的自动计算装置。莫奇利在已经研制出几种计算机器的基础上，正打算用电子管建造新的快速计算机器。项目于 1943 年 5 月正式启动，莫奇利担任首席顾问，埃克特是主要工程师。ENIAC 的设计耗时一年多，建造耗时 18 个月，总共花费经费 50 万美元。ENIAC 研制成功时，第二次世界大战已经结束，美军将其应用于氢弹的设计和天气预报等方面。

ENIAC 使用了 17468 个电子管、70000 个电阻器、10000 个电容器和 1500 个继电器，包含了 6000 个手动开关和 500 万个焊接点。机器占地 $167m^2$（见图 1-9），重约 30t。

图 1-9 ENIAC 计算机

工作时耗电 160kW。ENIAC 每秒钟能做 5000 个加法、357 个乘法或 38 个除法。这个速度比当时的任何计算机器都快 1000 倍以上。ENIAC 速度的提高主要得益于用电子管代替开关和继电器。

但是，ENIAC 也存在一些缺陷，主要表现在：第一是重新编制程序非常困难，改变计算程序往往要花费技术人员数周的时间；第二是 ENIAC 仅有 20 个数的存储容量，不适合大计算量。

冯·诺依曼（John von Neumann）是匈牙利裔的美国人，一个天才数学家。他在流体力学、弹道学、气象学、博弈论和统计学诸领域都颇有研究，这使他成为美国多个科学计划的顾问，其中包括制造原子弹的曼哈顿计划。原子弹爆炸的数学问题涉及偏微分方程组大系统的解，需要大规模的计算。因此，冯·诺依曼一直关注计算设备的研发情况。1944 年的一个偶然机会，他听说了 ENIAC 工程，立即被其深深吸引，并于当年 8 月第一次访问了摩尔学院，从此开始了与 ENIAC 工程人员的频繁技术交流。在这种交流过程中，“存储程序”的思想逐步成熟起来。1945 年 6 月，冯·诺依曼在一份报告中正式提出了存储程序的原理，论述了存储程序计算机的基本概念，在逻辑上完整描述了新机器的结构，这就是所谓的冯·诺依曼体系结构。冯·诺依曼体系结构有如下特点：

- 程序指令和数据都用二进制形式表示；
- 程序指令和数据共同存储在存储器中；
- 自动化和序列化执行程序指令。

这种体系结构使得根据中间结果的值改变计算过程成为可能，从而保证机器工作的完全自动化。冯·诺依曼体系结构思想对计算机技术的发展产生了深远影响。六十多年来，现代计算机的结构都脱离不了存储程序式体系结构的范畴。

微型计算机的出现是计算机发展史上的一个重要事件。微型计算机发展的早期，由于主要用作个人的计算工具，因此又称为 PC 机（Personnel Computer，PC）。

1975 年 1 月，美国《大众电子学》杂志刊登了介绍阿尔塔（Altair）8800 计算机的文章。我们可以将这一事件看成微型计算机诞生时的一声呐喊，它预示着计算机技术高速发展的开始。阿尔塔是一家小型公司——微型仪器遥测系统公司设计和制造的，主要设计人是公司所有者兼经理埃德·罗伯茨。当时，集成电路和大规模集成电路的出现，使计算器（Calculator）的制造变得十分容易。很多公司都生产自己的计算器，微型仪器遥测系统公司也加入了制造袖珍计算器的行列。但是，由于竞争十分激烈，微型仪器遥测系统公司出现了严重亏损。为了摆脱困境，罗伯茨决定设计一台供个人使用的计算机。1974 年夏天，罗伯茨给出了设想中的个人计算机的设计图纸，并很快做出了样机。在 1975 年 1 月号《大众电子学》介绍该机器时，将其命名为“阿尔塔”。

阿尔塔采用 8080 芯片。刚开始时，它是一台简陋的机器，一个机箱里装着一个中央处理器和一个 256 个字节的存储器，没有终端，没有键盘。功能也十分简单，只能运行一个小游戏程序，根本就是一个玩具。

新生事物在诞生时往往是不完善的，但是它揭示了事物发展的必然趋势。在微型计算机诞生之前，由于价格和体积的原因，计算机主要用于大学、科研机构、政府部门和商业组织，进行大批量的数据处理。阿尔塔诞生时，虽然看起来是一只“丑小鸭”，但它适应了信息技术的发展趋势，能够满足个人日常生活中信息处理的需求。而正是由于这种对人们日常需求的满足性，使得微型计算机能够飞跃发展，同时也促进了整个信息技术的一日千里。微型计算机的出现，使现代信息处理装置从科学殿堂走出来，进入寻常百姓家。现在，人们的工作、学习和生活都与计算机息息相关。使用计算机已经成为一种文化、一种生活方式。

计算机网络是计算机的扩展，任何一个计算机网络都可看做多台计算机组成的计算机系统。计算机网络是计算机技术和通信技术相结合的产物。计算机问世的初期，程序和数据都是通过纸带和卡片送入计算机的。1954 年，出现了收发器（Transceiver）终端，能够将穿孔卡片上的数据通过电话线路发送到远地的计算机。此后，电传打字机也作为远程终端与计算机相连，用户可以在远端的电传打字机上输入自己的程序，而计算机也可以将计算结果传送给电传打字机，并打印出来。这就是计算机网络的初始原型。

从某种意义上说，现在广泛使用的 Internet 的最早雏形是阿帕网（Arpanet）。它是由美国国防部的国防高级研究计划署（DARPA）资助的，于 1969 年研制成功。阿帕网通过专门的通信交换机（IMP）和专门的通信线路，把位于洛杉矶的加利福尼亚大学、位于圣芭芭拉的加利福尼亚大学、斯坦福大学，以及位于盐湖城的犹他州州立大学的计算机主机联结起来。到了 1972 年，阿帕网的结点数达到 40 个，它们彼此之间可以发送小文本文件，即所谓的电子邮件（E-mail），也可以利用文件传输协议（FTP）发送大文本文件，包括数据文件。同时通过 Telnet 方式，能够访问计算机上的资源。E-mail、FTP 和 Telnet 是 Internet 上较早出现的重要工具，目前仍是 Internet 上流行的应用。

Internet 上的另一个重要应用是 Web 网络，也称为万维网（World Wide Web）。它是由网页组成的信息网，这些网页分布在 Internet 的结点上，通过超链接相互关联。Web 网上的服务器和客户机用超文本传输协议（HTTP）进行通信，HTTP 不仅能够传输文本文件，而且能够传输数据文件，如图形、图像、音频、视频以及二进制文件。

Web 网诞生伊始就得到了迅猛的发展，每天有数千吉字节（GB）的信息加载到 Web 网，逐步形成了浩瀚的信息海洋。这些信息形成了各种服务的基础，因此人们通过不同的应用程序能够获得各种 Web 服务。例如，阅读 Web 新闻、检索科学论文、欣赏音乐和电影、购买商品、聊天交友等。Internet 网络使世界变得如此的小，以至于只要单击一下鼠标，就能与数千里之外的人见面交谈。

计算机网络，特别是 Internet 网络，形成了一个巨大的信息处理系统。它有如下特点：

- 资源和信息共享，并由信息共享达到知识共享和服务共享。
- 通信工具。在计算机网络中能传递各种形式的信息，包括文字、声音、图像和视频等。因此，相比于只能传送单一媒体信息的传统通信工具，诸如电话、电报和传真等，计算机网络的通信功能更强大，通信效率更高。

- 比独立计算机更强壮。由于信息和处理是分布式的，当网络上的某个结点计算机出现故障，对整个网络没有严重的影响，人们可以通过其他结点获得同样的处理。
- 相对于独立的计算机，网络的信息处理性能有极大的提高。当计算机之间没有连接，不能互相通信时，它们形成一个个封闭的“信息孤岛”，无论如何改善单机的存储容量和处理速度，其信息处理能力总是有限的。

人们一般认为计算机是信息化时代的基础，而只有当计算机网络、特别是 Internet 网络出现时，信息化时代才真正来临。

自从 ENIAC 诞生以来，计算机技术走上了快速发展的轨道。从硬件角度来看，计算机经历了四个发展阶段，它们是电子管计算机、晶体管计算机、集成电路计算机和大规模集成电路计算机。第一代电子管计算机（1946~1957 年）的主要特点是用电子管作为逻辑元件，内存采用磁芯，外存采用磁带，运算速度为每秒数千次到数万次。第二代晶体管计算机（1958~1964 年）用晶体管代替了电子管，内存为磁芯，外存为磁盘，运算速度为每秒几十万次至几百万次。第三代集成电路计算机（1965~1971 年）用中小规模集成电路取代了分立的晶体管元件，内存为半导体存储器，外存为大容量磁盘，运算速度为每秒几百万次至几千万次。第四代大规模集成电路计算机（1971 年至今）采用大规模和超大规模集成电路作为主要元件，内存为高集成度的半导体，外存有磁盘、光盘等，运算速度为每秒几亿次至上万亿次。

计算机硬件的发展模式遵循“摩尔定律”。1965 年，戈登·摩尔（Gordon Moore）为了准备一份关于计算机存储器发展趋势的报告，收集了大量存储器方面的数据资料。在分析数据时，他发现了一个惊人的趋势：每个新芯片的容量大体上相当于其前任的两倍，而每个芯片的产生都是在前任芯片产生后的 18~24 个月内。如果这个趋势继续的话，存储能力相对于时间周期将呈指数式上升。摩尔的观察结论，现在人们称之为摩尔定律。它所阐述的趋势一直延续至今，且仍不同寻常地准确。人们还发现它不仅适用于存储器芯片的发展状况，而且精确地刻画了处理机能力和磁盘存储器容量的发展趋势。该定律成为许多工业对于性能预测的基础。由于高纯硅的独特性，集成度越高，晶体管的价格越便宜，这样也就引出了摩尔定律的经济学效益。在 20 世纪 60 年代初，一个晶体管要 10 美元左右，但随着晶体管越来越小，直至一根头发丝上可以放 1000 个晶体管时，每个晶体管的价格只有 0.001 美分。

在传统上，人们根据计算机的运算速度和存储容量，将计算机分为微型机、小型机、中型机、大型机、巨型机和超级巨型机。但是随着计算机性能的不断提高，微型计算机逐步取代了小型机、中型机、大型机，甚至巨型机。现在微型机的运算速度和存储容量都是 20 世纪 80 年代初期巨型机的数倍。因此，按照诸如计算机主要性能指标这样的、随时变化的因素对计算机进行分类的做法是不恰当的。现在主要按照计算机的作用对其进行分类。例如，根据通用性区分通用计算机和嵌入式计算机；在计算机网络的客户/服务器（Client/Server，C/S）模式中，根据用途区分服务器和客户机。

1.2.4 计算机的发展趋势

在上一节提到，摩尔定律精确刻画了计算机处理器能力和存储容量的发展速度。那么计算机技术还有哪些发展趋势？可以用“四化”来概括，即微型化、巨型化、网络化和智能化。它们描述了在现有电子技术框架内和现有体系结构模式下，计算机硬件和软件技术的发展方向。

世界上第一台现代电子计算机ENIAC是一个庞然大物，占地面积约$170m^2$，体重达30多吨。从电子管计算机到晶体管计算机，再到集成电路计算机和大规模集成电路计算机，计算机的体积越来越小。当计算机主机能够纳入一个小的机箱时，称之为微型计算机。随后出现的笔记本电脑、手持计算装置等的体形更加精巧。现在看来，计算机体积变小的过程并没有就此终结。计算机的微型化得益于超大规模集成电路技术的发展。根据摩尔定律，一个固定大小的芯片能够集成的晶体管数量以指数形式增加，这为计算机的微型化提供了前提条件。体积小巧的计算机便于携带，支持移动计算，并能够突破地域的限制，拓展计算机的用途。

计算机的巨型化不是指计算机的体积逐步增大，而是指计算机的运算速度不断提高和存储容量不断增大。以ENIAC为代表的第一代现代电子计算机，运算速度仅在每秒数千个操作的量级上，能存储数十个数。而新一代超级计算机每秒运算速度为数千万亿次。这样的计算机一般采用涡轮式设计，每个刀片就是一个服务器，能实现协同工作，并可根据应用需要随时增减。例如，国防科技大学2010年研制成功的“天河一号”超级计算机，由16384个中央处理器和7168个图形处理器（Graphic Processing Unit, GPU）组成，峰值性能为每秒4700万亿次。

超级计算机是计算机中功能最强、运算速度最快、存储容量最大的一类计算机，被广泛用于工业、气象和高科技研究领域，从事科学和工程计算。它对国家安全、经济和社会发展具有举足轻重的意义，是国家科技发展水平和综合国力的重要标志。我国超级计算机及其应用的发展为我国走科技强国之路提供了坚实的基础和保证。

网络化是指将计算机和相关装置连接起来，形成网络。计算机网络从局域网到城域网、广域网和Internet，连接的计算机设备越来越多，覆盖范围越来越广，承载的资源越来越丰富，其影响越来越大。计算机网络的作用不仅仅是达到资源共享，而是提供一个分布式的开放计算平台，这样的计算平台能够极大提高计算机系统的处理能力。现在正在研究和发展的一类计算机网络技术称为网格计算（或分布式计算）。所谓网格计算，就是在两个或多个软件之中互相共享信息，这些软件既可以在同一台计算机上运行，也可以在通过网络连接起来的多台计算机上运行。网格计算研究如何把一个需要巨大计算能力才能解决的问题分成许多小的部分，然后把这些部分分配给许多计算机进行处理，最后把这些计算结果综合起来得到最终结果。

分布式计算技术可以将世界各地成千上万台计算机的闲置计算能力，以计算机网络（特别是Internet）为基础集成在一起，共同完成一个庞大的计算任务。通过因特网，可以分析来自外太空的电讯号，寻找隐蔽的黑洞，并探索可能存在的外星智慧生命；可以寻找超过 1000 万位数字的梅森质数；也可以寻找并发现对抗艾滋病病毒更为有效的药物。分布式计算技术可以完成需要惊人计算量的庞大项目。

云计算是当前计算机领域正在研究和开发的一种基于计算机网络的计算技术，是分布式计算、网格计算、并行计算、网络存储、虚拟化等技术的融合。这种计算技术为 Internet 网络服务的增加、交付和使用提供了一种动态、易扩展的模式。这种模式的显著特点是将计算和计算所需资源分布在大量的计算机上，而非集中于本地计算机或远程服务器中。这使得用户能够充分利用计算机网络蕴含的巨大计算能力和丰富资源。云计算的模式包括基础设施即服务、软件即服务和平台即服务等服务层次。在基础即服务（Infrastructure-as-a-Service，IaaS）中，消费者通过 Internet 可以从完善的计算机基础设施中获得服务。在软件即服务（Software -as-a-Service，SaaS）中，用户无须购买软件，而是向提供商租用基于 Web 的软件，来实现用户功能。平台即服务（Platform-as-a-Service，PaaS）是指将软件研发的平台作为一种服务，以 SaaS 的模式提交给用户。云计算技术一经出现，就在物联网、云安全、云存储、云教育、云视频和云游戏等领域得到了广泛的应用。

计算机网络技术发展的另一个方向是普适计算。所谓普适计算（Pervasive Computing Ubiquitous Computing）是指，无所不在的、随时随地可以进行计算的一种方式；无论何时何地，只要需要，就可以通过某种设备访问到所需的信息。

普适计算的含义十分广泛，所涉及的技术包括移动通信技术、小型计算设备制造技术、小型计算设备上的操作系统技术及软件技术等。普适计算技术在现在的软件技术中将占据着越来越重要的位置，其主要应用方向有嵌入式技术（除笔记本电脑和台式电脑外的具有 CPU 能进行一定的数据计算的电器如手机、MP3 等都是嵌入式技术研究的方向）、网络连接技术（包括 3G、ADSL 等网络连接技术）、基于 Web 的软件服务构架（即通过传统的 B/S 构架，提供各种服务）。间断连接与轻量计算（即计算资源相对有限）是普适计算最重要的两个特征。普适计算的软件技术就是要实现在这种环境下的事务和数据处理。

智能化是指应用人工智能技术，使计算机系统能够更高效处理问题，能够为人类做更多的事情。人工智能是计算科学的一个研究分支，它承担两个方面的任务：揭示智能的本质和建立具有智能特点的系统。它通过建立计算模型来研究和实现人的思维过程和智能行为，如推理、学习、规划、自然语言理解等。人工智能包含很多分支，如推理技术、机器学习、规划、自然语言理解、机器人学、计算机视觉和听觉、专家系统等。人工智能技术促进了计算学科其他技术的发展，使计算机系统功能更强大，处理效率更高。

现有的芯片制造技术是建立在硅材料基础上的，由于热效应、电磁场效应和量子效应，其集成度的提高具有局限性，因而单一处理器的运算速度总有一个限制，提高的余地已经不大了。未来计算机将如何演进？人们提出了很多设想，其中可能的技术包括光技术、生物技术、量子技术和纳米技术等。

量子计算机（Quantum Computer）是指按照量子力学原理设计和制造的处理量子信息的物理装置。量子计算机的概念起源于可逆计算机的研究，研究可逆计算机的目的是解决计算机中的能耗问题。从理论上说，量子计算机在运算时几乎不消耗能量，信息传输可以不需要时间。量子计算机的计算模式不同于现代电子计算机。现代电子计算机以晶体管作为信息存储和处理的主要元器件，晶体管的开与关两种状态代表二进制的 0 和 1。而设想中的量子计算机的最小信息单位是量子比特（Quantum Bit），它能同时出现多个稳定状态，如此就不仅仅只能表示 0 和 1。用这种结构来表示信息，非常有利于并行处理。

分子计算机尝试利用分子计算的能力进行信息处理。分子计算机的运行靠的是分子晶体可以吸收以电荷形式存在的信息，并以更有效的方式进行组织排列。凭借着分子纳米级的尺寸，分子计算机的体积将剧减。此外，分子计算机耗电可大大减少，并能更长期地存储大量数据。

光计算机与传统硅芯片计算机比较具有不同特点，它用光束存储和运算信息。不同波长的光代表不同的数据，并以透镜、棱镜和反射镜组将数据从一个芯片传输到另一个芯片。

这些计算机技术正处在初步的研究阶段，离应用还有很长的距离。但是，这些研究中只要有一项取得实际成果，将引发计算机技术巨大的，甚至是革命性的发展。

1.3 计算技术的应用

计算技术的应用十分广阔，并且随着计算机网络技术的发展，计算机的触角延伸到社会生活中的每个角落。在政府部门、工业、农业、军事、教育、科学研究、医疗、商业和娱乐等领域，计算机的使用日益普及，并且日益深入。下面以典型计算机应用系统为线索，介绍计算机技术的一些重要应用。当然，下面的介绍挂一漏万，不足以反映计算机应用的全貌。

1. 科学计算软件

科学计算（即数值计算）是指使用计算机处理科学研究和工程技术中所遇到的数学计算问题。它是计算机应用最早期的领域，世界上第一台计算机 ENIAC 就是为了满足炮弹轨迹的计算需求而研制的。

科学计算包括三个主要步骤：建立数学模型、建立求解的计算方法和计算机实现。建立数学模型就是依据有关学科理论对所研究的对象确立一系列数量关系，即一组数学公式或方程式。数学模型一般包含一组连续变量的数学关系，如微分方程、积分方程。它们不能在计算机上直接处理。为此，先把问题离散化，即把问题化为包含有限个未知数的离散形式（如有限代数方程组），然后寻找求解的计算方法。计算机实现是指将求解的计算方法转化为能够在计算机上执行的计算过程，它包括编制程序、调试、运算和分析结果等一系列步骤。

在计算机出现之前，科学研究和工程设计主要依靠实验或试验提供数据，计算仅处于辅助地位。计算机的迅速发展，使越来越多的复杂计算成为可能。利用计算机进行科学计算带来了巨大的经济效益，同时也使科学技术本身发生了根本变化。传统的科学研究只包括理论和实验两种方法，使用计算机后，计算已成为同等重要的第三种方法。

从20世纪70年代初期开始，逐渐出现了各种科学计算的软件产品。它们基本上分为两类：一类是面向数学问题的数学软件，如求解线性代数方程组、常微分方程等；另一类是面向应用问题的工程应用软件，如石油勘探、飞机设计、天气预报等。MATLAB就是一款当前使用十分广泛的数学计算软件。

2. 文字处理和办公软件

文字处理（Word Processing）软件是辅助人类撰写各种文档（书籍、论文、公文等）的应用软件，现在把它归入办公（Office）软件。办公软件是处理办公信息的一类软件。这类软件是使用最广泛的应用软件，在中国将其作为学习计算机信息处理技术的出发点。在文字处理软件中，国产 WPS 系统是一个典型代表，它是金山软件公司开发的一种办公软件。20世纪90年代 WPS 有过一段辉煌时期，在中国占同类软件市场的大部分份额。由于市场竞争的原因，WPS 的用户数逐年下降，有过一段长时间的沉寂。现在，通过开发人员的努力，WPS 又顽强崛起，在文字处理软件市场与微软公司的 Word 争锋。现在 WPS 已经从单纯的文字处理软件，发展成为办公套件 WPS Office，已经撑起了中国办公软件的一片天空。微软公司的 Office 办公套件也是在中国应用十分广泛的办公软件。当前微软 Office 套件中包含五个软件，分别是 Word、PowerPoint、Excel、Access 和 FrontPage。

Word 软件用于处理各种文档信息，这些信息以文字信息为主，以表格、图形图像和声音信息为辅。它能够辅助人类完成文档的录入、编辑、排版和印刷工作。PowerPoint 软件用于演示文稿的加工和演示。一个演示文稿由幻灯片组成，幻灯片中可包含多种多媒体信息元素，PowerPoint 辅助人们制作幻灯片，也就是说，对幻灯片中的多媒体信息元素进行录入、编辑和格式编排。比较于 Word，PowerPoint 多了演示功能，能够按照预先制定的顺序，将文稿中的幻灯片逐一动态展示出现，也可以将一张幻灯片中的元素按照规定的方式播放出现。因此，PowerPoint 有处理简单动画的功能。Excel 也称为电子表格系统，是一种简单的数据管理软件，适用于对小规模的数据进行存储、维护、查询和统计。Excel 使用二维表格组织和管理数据，表格中的方格存储信息，可容纳数值、字符和图形图像等。在表格中也可定义计算公式，对表格中的数值和字符信息进行简单处理。另外，可利用 Excel 提供的操作，对表格中数据进行分组、排序、统计和查询。Access 是一个简单的关系数据库系统，实现数据的存储、维护和查询。FrontPage 是网页制作和发布软件，用它可以将多媒体信息集成在一起，并以网页的形式发布。

3. 管理信息系统

管理信息系统（Management Information System，MIS）广泛运行于政府部门、商业企业、教育、医疗卫生等各种组织，实现组织信息的收集、传输、存储、加工、维护和使用。这类应用软件系统主要用于对组织的业务过程进行监视、控制和管理。MIS 中存储了大量信息，这些信息来源于组织和组织的业务，是组织管理决策的基础。MIS 的功能支持组织的业务过程，通过业务过程把分布在不同地点的组织各个部门逻辑地联系起来。MIS 的数据库方便组织内部的信息共享，业务过程在系统中的迁移使组织内的通信更加快捷。因此，MIS 能够帮助组织提高工作效率和决策的正确性。

由于这类系统涉及组织的业务过程和决策过程，它们的使用要求对组织结构和业务进行精化，甚至重组。因此，MIS 的使用能够使组织的业务过程趋向合理化，使管理决策效率更高。

4. 计算机辅助系统

计算机辅助系统包括计算机辅助设计（Computer Aided Design，CAD）、计算机辅助制造（Computer Aided Manufacturing，CAM）、计算机辅助测试（Computer Aided Test，CAT）和计算机辅助教育（Computer–Based Education，CBE）等。计算机辅助系统帮助人类完成一类特定的任务，承担任务中能够自动化的信息处理工作。

CAD 系统广泛应用于各种设计部门，利用计算机和图形设备辅助人类进行产品和工程等设计。例如，计算机芯片设计、汽车设计、服装设计、住宅和厂房设计、高速公路设计等。CAD 可以帮助设计人员完成设计中的计算和信息存储等工作。设计包含大量的绘图和计算工作，工作量大，周期长，重复性高，效率低下。CAD 系统使设计人员摆脱了画图板，实现制图的自动化，能够把自己的设计思想以美观、立体的形式展现出来，便于修改和重复利用，极大提高设计的工作效率。

CAM 是用于制造和生产过程的系统，利用计算机系统对生产设备进行管理、控制和操作。它具有信息处理和过程自动化两方面的功能，根据产品零件的工艺路线和工序内容，计算刀具加工时的运动轨迹，并生成数控程序。数控程序植入数控车床后，自动控制零件的加工处理。

CBE 系统是利用计算机技术帮助人类从事教育活动的系统，包括计算机辅助教学（Computer Aided Instruction，CAI）系统、计算机管理教学（Computer Managed Instruction，CMI）系统等。CAI 的主要特点是交互式教学和个别指导，能够针对教学对象的特点，实施不同的教学程序，学习者能够控制学习进度。CAI 能够利用多媒体技术手段，向学习者提供形式丰富、动态的教学内容。CMI 指应用计算机技术实施教学管理活动，这类系统能够帮助教学管理人员进行学籍管理、教学计划制定、编排课表、自动评卷等。

5. 人工智能系统

人工智能系统是指利用人工智能技术开发的系统，这些系统具有智能化的特点。人工智能系统有很多类型，如专家系统、数据挖掘系统、博弈程序、机器翻译系统、声音和图像识别系统等。

专家系统是利用专门知识，求解复杂问题，并得到专家级水平解的计算机程序。它辅助人类从事推理、数据分析、故障诊断、预测、设计和规划等工作。例如，DENDRAL 专家系统通过分析质谱图，确定未知有机化合物的分子结构，它在化学实验室有实际应用。汽车故障诊断系统能够根据汽车故障现象，分析故障原因，确定故障部位，并给出维修方案。现在很多汽车上安装了故障报警系统，当汽车出现问题时，故障报警系统能够迅速检测出故障，并及时发出警告。疾病诊疗专家系统能根据人体的症状、生化指标等，诊断患者的疾病，并开出处方。医疗专家系统由于法律等方面的原因，还没有完全在临床应用，但家庭健康护理系统不久的将来会在市场出现。

机器翻译程序是一种自然语言处理系统，它利用语法知识和语义知识，将一种自然语言文本翻译成另一种自然语言文本。如汉语和英语之间的翻译，汉语和日语之间的翻译等。目前，许多诸如谷歌这样的 Internet 网站都提供了机器翻译服务。由于计算机自然语言理解技术还不是很成熟，翻译质量还不尽如人意。但是，随着人工智能技术的发展，机器翻译的水平也将会不断提高。

声音识别程序是一类将人类言语声音信号转换为计算机表示（如文字）的系统。比较好的声音识别程序能够在比较嘈杂的环境中识别特定人的言语。图像识别程序是指利用图像识别处理技术辨识图像中包含的物体的系统。常用的图像识别系统有印刷体和手写体文字识别、人体指纹和虹膜识别、汽车车牌识别等。这些对象的识别准确率都达到了令人满意的水平。当前计算机与人类交互主要通过键盘和鼠标进行，这是由于当前计算机识别技术还有很大的局限性。一旦计算机识别技术发展成熟，计算机就能用声音和视频与人类交互，从而摆脱键盘和鼠标的束缚。

几乎人类常下的棋类，都有对应的博弈程序。这些程序的棋艺或者达到了人类水平，或者超过了人类水平，或者正在追赶人类水平。西洋跳棋程序在 1994 年结束了人类世界冠军 Marion Tinsley 长达 40 年的统治地位。西方有一种棋称为 Othello，因为计算机程序的水平太高，人们拒绝与计算机比赛。国际象棋程序“深蓝”（Deep blue）程序，在 1997 年，以二胜三平一负的成绩击败了人类世界冠军卡斯帕罗夫（Garry Kasparov）。相对来说，围棋程序的水平要低些，只达到了人类业余级水平。

6. 多媒体技术应用系统

多媒体技术是指利用计算机、通信等技术将文本、图形、图像、声音、动画、视频等多种形式的信息综合起来，使之建立逻辑关系，并进行加工处理的技术。多媒体系统一般由计算机、多媒体设备和多媒体应用软件组成。多媒体技术被广泛应用于通信、教育、医疗、设计、出版、影视娱乐、商业广告和旅游等领域。

在教育培训领域，将多媒体技术用于教学和培训过程已经是各级教育工作者的普遍做法。例如，用多媒体软件制作课件，这种课件可以包含丰富的多媒体元素，如表格、图形图像、动画、音频和视频。并通过计算机将教学内容和实验过程动态展示出来，使学生更容易理解和掌握，从而提高教学效果。在专业培训领域，用多媒体技术仿真实际环境，提供虚拟训练平台。受训者在这种虚拟环境中操作，有身临其境的感觉，能够更快掌握操作要领。由于这种训练方式减少了在复杂的，甚至是危险的实际环境中受训的时间，从而减少训练成本，降低风险。

在医学领域，多媒体技术也有十分广泛的应用。在现代医疗过程中会产生大量的医学图像，这些图像广泛用于疾病诊断和医学教学。以手工方式保存和处理这些图像有很大的困难。而用计算机自动实现医学图形的存储、检索和处理，能够延长图像的保留期，提高图像的利用率。仿真手术系统能够模拟真实手术环境和手术过程，这对培训医生、术前制定手术方案都有很大的帮助。

将多媒体技术应用于影视行业有很多途径。首先，编剧和导演可以用多媒体软件模拟想象中的场景，以便他们能够更好地做出创作选择。其次，用多媒体软件制作和合成影视作品中的场景，能够减少拍摄费用和周期。现在有些电影和电视剧中的很多场景是通过计算机合成，而不需要实景拍摄。

7. 嵌入式系统

一般来说，计算机由主机连同一些外设作为独立的系统而存在，用于处理一些常见的业务。可以作为科学计算的工具，也可以用它作为企业管理的工具。例如一台 PC 机就是一个计算机系统，整个系统存在的目的就是为人们提供一台可编程、会计算、能处理数据的平台。通常把这样的计算机系统称为“通用”计算机系统。但是，有些计算机系统却不是什么事情都能做的“通用”系统。例如，医用的 CT 扫描仪也是一个系统，里面有计算机，但是这种计算机（或处理器）是作为某个专用系统中的一个部件而存在的，其本身的存在并非目的而只是手段。像这样“嵌入”到更大的、专用的系统中的计算机系统，就称为“嵌入式计算机”、“嵌入式计算机系统”或“嵌入式系统”。“嵌入”指的是为目标系统构筑起合适的计算机系统，再把它有机地植入，甚至融入目标系统。因此，嵌入式系统是以应用为中心，以计算机技术为基础，软硬件能灵活变化以适应所嵌入的应用系统，对功能、可靠性、成本、体积、功耗等有严格要求的专用计算机系统。因此，常规的计算机系统是面向计算（包括数值的和非数值的）和处理的，而嵌入式计算机则一般是面向控制的，并且有特定的应用背景。

虽然嵌入式计算机在整个大系统中只是一个部件，但是通常起着相当于“大脑”的作用，是整个系统的核心。而系统中的其他部件则是其特殊的外部设备，所嵌入的计算机对这些外部设备进行控制和管理。

嵌入式系统早期主要应用于军事及航空航天等领域，以后逐步广泛应用于工业控制、仪器仪表、汽车电子、通信和家用消费电子类产品等领域。随着 Internet 的发展，新型的嵌入式系统正朝着信息家电 IA（Information Appliance）和 3C（Computer、Communication & Consumer）产品方向发展。

嵌入式系统是用现代计算机技术改造传统产业、提升技术水平的有力工具。嵌入式控制器因其体积小、可靠性高、功能强、灵活方便等许多优点，其应用已深入到工业、农业、教育、国防、科研以及日常生活等各个领域，对各行各业的技术改造、产品更新换代、加速自动化进程、提高生产率等方面起到了极其重要的推动作用。嵌入式计算机在应用数量上远远超过了各种通用计算机，一台通用计算机的外部设备中就包含了 5~10 个嵌入式微处理器。

工业控制设备是机电产品中最大的一类，也是嵌入式系统进入到工业的主要方面。其实在人们普遍使用嵌入式系统之前，它已经存在于工业控制领域，如用于工业过程控制、数字机床、电力系统、电网安全、电网设备监测、石油化工系统等方面，这些都是一种模块级的嵌入式系统。

信息家电将成为嵌入式系统最大的应用领域。这是在嵌入式系统的理念得到广泛传播之后，新一代嵌入式系统的主要应用领域。未来家电的发展趋势是具有用户界面，能远程控制，智能管理，或者说是家电的网络化、智能化，这是新的嵌入式系统的应用领域。此外，网络的发展与嵌入式系统的发展有很强的相互促进相互依赖的关系。

近来，随着计算机技术及集成电路技术的发展，嵌入式技术日渐普及，在通信、网络、工控、医疗、电子等领域发挥着越来越重要的作用。嵌入式系统无疑将成为最热门、最有发展前途的IT应用领域之一。

1.4 计算思维

计算思维是人类思维与计算机能力的综合。随着计算机科学与技术的发展，在应用上，计算机不断渗入社会各行各业，深刻改变着人们的工作和生活方式；在科学研究上，计算在各门学科中的影响也已初显端倪。计算思维能力将和阅读、写作和算术能力一样，成为21世纪每个人的基本技能。

本节首先介绍计算思维的基本概念，然后阐述计算思维的作用和意义。

1.4.1 基本概念

2006年3月，美国卡内基·梅隆大学的周以真（Jeannette M. Wing）教授在美国《ACM通讯》（*Communications of ACM*）杂志上发表了一篇题为“计算思维”（Computational Thinking）的论文，明确提出了计算思维的概念。计算思维被认为是近十年来产生的最具有基础性、长期性的学术思想，已经成为当前计算机科学研究和教育研究的热点。

周以真教授认为，计算思维是指运用计算机科学的基础概念去求解问题、设计系统和理解人类行为，它包括一系列广泛的计算机科学的思维方法。计算思维不是计算机科学家所特有的，而应该成为信息社会每个人必须具备的基本技能。计算思维已经在其他学科中产生影响，而且这种影响在不断拓展和深入。计算机科学与生物、物理、化学、甚至经济学相结合，产生了新的交叉学科，改变了人们认识世界的方法。例如，计算生物学正在改变生物学家的思考方式，计算博弈理论正在改变经济学家的思考方式，纳米计算正在改变化学家的思考方式，量子计算正在改变物理学家的思考方式。

虽然计算思维的概念已经提出，但是其内涵还处在不断探讨和明确的过程中。国内外计算机教育界、社会学界以及哲学界的广大学者围绕周以真教授的“计算思维”正在进行积极的思索和讨论。由于难以定义计算思维的内涵，周以真教授试图从外延的角度来说明什么是计算思维，她列举了计算思维的一些典型例子。例如，递归，抽象和分解，保护、冗余、容错、纠错和恢复，利用启发式推理来寻求解答，在不确定情况下的规划、学习和调度等。进一步，周以真教授认为计算机科学是计算的学问——什么是可计算的，怎样去计算，并列举了计算思维的六个特征。

- 计算思维是概念化的，而不是程序化的。计算机科学不等于计算机编程，所谓像计算机科学家那样去思维，其含义也远远超出计算机编程，它还要求能够在多个抽象层次上进行思维。

- 计算思维是根本的，而不是刻板的技能。计算思维作为一种根本技能，是现代社会中每个人都必须掌握的。刻板的技能只意味着机械地重复，但计算思维不是这类机械重复的技能，而是一种创新的能力。然而，饶有趣味的是，当计算机像人类一样思考之后，思维可就真的变成机械的了。
- 计算思维是人的而不是计算机的思维方式。计算思维是人类求解问题的重要方法，而不是要让人像计算机那样思考。计算机是一种枯燥、沉闷的机械装置，而人类具有智慧和想象力，是人类赋予计算机激情。有了计算设备的支持，人类就能用自己的智慧去解决那些在计算时代之前不敢尝试的问题，可以充分利用这种力量去解决各种需要大量计算的问题。
- 计算思维是数学思维和工程思维的互补与融合。计算机科学在本质上源自数学思维，因为像所有其他科学一样，其形式化基础建筑于数学之上。计算机科学又从本质上源自工程思维，因为我们建造的是能够与实际世界互动的系统。计算思维比数学思维更加具体、更加受限。由于受到底层计算设备和运用环境的限制，计算机科学家必须从计算角度思考，而不能只从数学角度思考。另外，计算思维比工程思维有更大的想象空间。
- 计算思维是思想，而不是人造物。计算思维不仅体现在我们日常生活中随处可见的软硬件等人造物上，更重要的是，计算概念还可以用于求解问题、管理日常生活、与他人交流和互动等。例如，我们可以利用“分而治之”的策略去安排日常的组织管理工作，可以利用排序的方法管理个人信息，可以利用博客、微博和朋友分享思想、传递信息。
- 计算思维面向所有的人、所有方面。当计算思维真正融入人类活动，成为人人都掌握、处处都会被使用的问题求解的工具，甚至不再表现为一种显式哲学的时候，计算思维就将成为一种现实。

1.4.2 作用与意义

虽然计算思维是近年来才提出来的理念，但是计算思维其实早就在各学科领域，甚至各行各业中发挥着重要的作用，而且随着计算技术的发展，这种作用在不断增强。

2007年，ACM前主席皮特·丹宁（Peter J. Denning）在《ACM通讯》上发表了一篇题为“计算是一门自然科学”（Computing is a Natural Science） 的论文，提出信息过程和计算处在很多领域的深层结构中。在很多科学领域，我们都能看到计算思维是如何帮助科学家认识世界、开展科学研究的。诺贝尔奖获得者、生物学家肯尼思·威尔逊（Kenneth G.Wilson）认为，除了传统的两大科学研究的方法——理论和实验，计算已经成为第三种科学研究方法。随着计算在各领域的科学研究中发挥着越来越重要的作用，这一观点得到了越来越多的支持。

在生物学领域，计算和计算思维早已成为科学家们发现生命规律的有效手段，许多重要成果都和计算相关。例如，诺贝尔奖获得者、生物学家大卫·巴尔的摩（David

Baltimore）认为，今天的生物学已经是一门信息科学，系统的输出、生命的机理都以数字的形式进行编码和处理。巴尔的摩提出了一种从信息处理和计算的角度认识生命的观点：自然界很早前就知道如何在 DNA 中对生物组织的信息进行编码，然后通过其自身的计算方法根据 DNA 产生新的生物组织。事实上，随着人类基因组计划等大科学计划的开展，对海量生物数据进行分析和解读，从而发现生命规律，已经成为生物学家和计算机科学家紧密合作的研究课题，并催生了生物学和计算机科学的交叉学科——生物信息学。

在物理学领域，科学家也从信息过程角度来研究物理现象。例如，物理学家认为量子波承载了信息，而这些信息可产生物理现象。根据这一认识，科学家在量子计算和量子密码学的研究中都取得了重要进展。因量子电动力学研究获得诺贝尔奖的理查德·费曼（Richard Feynman）认为，量子电动力学就是自然界中粒子相互作用进行结合的计算方法。此外，在 20 世纪 80 年代，科学家就根据薛定谔方程来计算分子结构，从而成功地开发了一种抗甲烷的隔热材料，并应用于木星探测器。

除了科学研究，在社会、经济和文化活动中，计算也在发挥重要作用。经济学家在研究经济系统内在的信息流，管理科学家将工作流、承诺和社会网络视为所有社会组织的基础性信息过程，人文艺术学家也在利用计算去分析和创造新的绘画、音乐等艺术作品，等等。特别是，随着互联网的发展，计算技术也在深刻改变人类的行为，例如，Web 网站、搜索引擎、博客、论坛、微博等为人类带来了新的信息传播方式和渠道，Web 已经成为了一个大的实验室，从中我们可以利用计算思维和计算方法去发现人们新的社会行为。因此，企业家可以从 Web 的电子商务平台上收集数据，运用数据挖掘方法分析消费者的行为和思想倾向；政治家也可以从 Web 上收集各种信息，应用复杂的数据分析方法进行选区划分计算，也可以发现社会舆情热点，了解公众对政策的反应。

总之，计算的概念广泛存在于科学研究和社会日常活动中，计算已经无处不在，计算思维正发挥越来越重要的作用。

1.5　信息化社会和人

新技术的广泛应用改变人类的生活方式和生活形态，同时也改变人类的伦理道德观念。计算机技术和计算机网络技术的广泛应用，使人类社会在 20 世纪末迅速进入信息化时代，使人类社会生活发生了一系列变化。这些变化促进了精神文明和物质文明的繁荣昌盛，同时对价值观、伦理道德观和法律等提出了挑战。

在信息化社会中，信息成为基本资源，信息技术成为推动社会发展的基本动力。信息化社会具有如下显著特征：

- 信息和知识成为社会进步的决定因素。信息技术和信息产业，以及因此形成的信息经济在国民经济中占据重要地位。信息技术本身形成了庞大的经济实业，信息业的产值在整个国民生产总值中占相当大的比重。同时信息技术也是其他技术变革的重要推动因素之一，现代工业技术与信息技术的结合，能够产生新的活力，发挥巨大潜能，极大提高社会劳动的生产率。例如，汽车工业借助计算机辅助设计和计算机辅助制造技术，大大缩短了新型汽车的设计和制造周期，并降低了新产品的开发费用。

- 信息及其相关产业的从业者在信息化社会中发挥越来越重要的作用。信息业提供了越来越多的就业机会，信息从业者在整个社会劳动人口中的比重逐步提高，个体信息劳动者创造的平均价值超越其他行业。
- 人们工作、学习和生活方式发生巨大变化。信息技术使很多人摆脱了脑力劳动中重复、烦琐和枯燥的部分，激发创造潜力，提高工作效率。借助信息设施，人们能够方便快捷访问和获取教育资源，从而提高学习效率。信息技术改进了很多原有的生活方式，并创造了新的生活方式。例如，通过 Internet，人们能够实现网上交流、通信、购物和娱乐等。

在信息化社会，局限于传统工作和生活技能而不具备信息素养的人将面临许多新的困境。例如，不会操作柜员机的人不能在工作时间之外实现存取钱的交易，不会汉字输入的人不能进行网络聊天。具有较高信息素养的人将在信息化社会中获得更多的成功机会。

信息素养已经成为现代人的基本素养的重要组成部分，信息相关的能力逐步成为个人发展的重要因素。现代教育体系对学生信息素养的培养日益重视，美国、澳大利亚和英国等国家的相关组织都提出衡量学生信息素养能力（Information Literacy Skill）的标准。例如，美国学校图书馆学会（American Association of School Librarians）和美国教育传播与技术协会（Association for Educational Communications and Technology）于 1998 年发表了“学生学习的信息素养标准”一文，其中提出了九个评价学生信息素养能力的标准：

标准一：快速、高效访问信息。

标准二：批判性并恰当评估信息。

标准三：精确、创造性使用信息。

标准四：追踪感兴趣的信息。

标准五：鉴赏和理解信息的文献及其他创造性的表达方式。

标准六：在信息探寻和知识生成方面追求卓越。

标准七：认识信息对民主社会的重要性。

标准八：实践相关于信息和信息技术的道德行为。

标准九：有效地参与信息追寻和生成活动。

在这九个标准中，前三个是关于信息处理技能的标准，中间三个是作为独立性学习者的标准，最后三个涉及社会责任，强调对信息社区做出积极贡献。

在信息素养的教育中，首要的是培养信息意识。信息意识指人们获取、评估、整理和使用信息的意识，即人脑在生理上对信息和信息转换产生特有的兴奋状态。它的内涵包括以下几方面：认识信息的重要作用，建立尊重知识和终身学习的观念；对信息有积极的需求，并善于分析和描述实际问题的信息需求；对信息有敏锐的洞察力，能准确评估信息的价值。信息意识的培养应贯穿于学习和生活中。例如，假设一个人做物理实验，得到大批的实验数据，需要对这些数据进行处理。如果他的信息意识强，就善于将其转化为信息处理需求，并积极运用信息处理系统（诸如数据库系统或电子表格系统），完成这些数据的处理工作。

每门学科都包含了特定方法学，它们对描述和解决专业问题具有高效性。这些方法实现了学科的基础概念和原理，同时也蕴含了特定的思维规律。教学的一个主要目的是思想方法的培养。计算思维的培养是计算学科教育的一个重要目标，也是信息素养培养的重要组成部分。

信息安全是信息化时代面临的日益严峻的挑战。信息安全包括数据安全和信息系统安全两个方面，数据安全指数据的机密性、完整性和可用性，信息系统的安全包括信息基础设施安全、信息资源安全和信息管理安全。在计算机系统和计算机网络环境中，存在诸多危害信息安全的隐患，导致信息安全非常脆弱。信息安全防护措施包括技术上的、管理上的和法律上的。技术措施常见的有加解密技术、防火墙技术、计算机病毒防治技术、安全认证技术、安全操作系统和安全网络协议等。管理上的安全措施主要指规定对信息和信息系统的访问权限、操作权限和操作规程等，并在实际工作中严格执行，以预防无意的或故意的对信息安全的危害。法律上的安全措施主要指国家制定的涉及信息安全的法律法规，以警示和惩处危害信息安全的犯罪。现在，不管是技术安全措施还是管理安全措施，都不是十分完善，总存在着安全漏洞。保证信息安全的首要任务是提高人们的信息安全意识，使人们能够自觉地遵守和维护信息安全方面的法律法规，正确运用信息安全的技术和管理手段。

计算机犯罪是信息化时代的一种新型犯罪，它指利用计算机技术实施犯罪的行为。计算机犯罪常见的形式有利用计算机技术窃取机密信息、知识产权信息和隐私信息，盗窃钱财，利用黑客软件和计算机病毒程序攻击计算机系统等。由于计算机犯罪是一种新的犯罪形式，其手段和性质具有不同的特征，现存的法律法规不完全适用，不能有效防止和惩处计算机犯罪。计算机应用比较普及的国家（包括中国）已经开始研究信息相关的法律问题，逐步完善法律体系，以满足新的法律需要。

1.6 本书结构

相比较诸如数学、物理学和化学这样的学科，计算学科还是一门很年轻的学科。在计算技术的发展过程中，大量吸收和借鉴了很多其他学科的概念、原理和方法。迄今为止，计算学科的知识体系还没有一个统一的基础，这给我们选编本书内容时造成了很大困难。全书共九章，其中后七章的每一章都涉及计算机专业的一个不同领域的知识，每一章都有一个相对独立的术语集合。从表面上看，全书概念博杂，不同章之间的联系松散。对于初学者来说，要融会贯通全书内容有一定难度。为了方便读者的学习，我们在这里提供理解全书内容的一个线索。我们认为贯穿全书内容的主线是“信息表示—信息处理”。以计算机为工具解决现实问题，需要建立问题求解的计算模型。计算模型涉及两个主要方面，一方面是问题的数据模型或数据结构，另一方面是问题的处理模型。前者关于从问题中抽象出来的属性参数及其关系的描述，后者包含了问题求解策略和过程。信息处理过程可分为硬件过程和软件过程。硬件过程是由电子装置或机械装置等承担的基础处理过程，软件过程是用某种计算机语言描述的信息处理步骤，软件过程的实现基于一个或多个硬件过程。

根据“信息表示—信息处理”这条主线，对本书的内容串联如下：

第 1 章讨论信息、信息表示、信息处理、计算思维和信息素养等概念，描述计算技术（主要是信息处理装置）发展的粗略轨迹，说明计算技术的主要应用。在 1.1 节中，介绍了常用的信息表示方法和信息处理类型，并将信息处理过程分为硬件过程和软件过程。

第 2 章讨论计算机的基本信息表示方法，重点放在二进制概念，以及用二进制表示数值信息和字符信息的方法之上。

第 3 章介绍计算机硬件系统，内容包括典型的计算机系统体系结构——冯 · 诺依曼结构、中央处理器（CPU）、存储系统、总线和输入/输出系统，它们的组成、功能和工作原理。这一部分涉及信息处理的硬件过程，描述实现信息存储、传输和运算的物理装置。

第 4 章讨论操作系统的概念和功能，以及实现其功能的方法。操作系统主要有五个功能，即进程管理、存储管理、文件管理、设备管理和用户接口。操作系统是计算机系统的常备组成部分。但是，它本身是一类系统软件，也就是说它是一个软件过程。它处理的是与计算机资源相关的信息，以及管理这些资源所需的信息。例如，资源的属性信息、资源的状态信息等。操作系统主要是以表的形式表示和组织信息，如文件控制块（FCB）、进程等待队列等。操作系统根据不同任务，实施不同的信息处理过程，如进程管理中的进程调度算法、存储管理中的分页式存储管理算法等。需要指出的是，一般来说，对于不同的信息处理任务，以及不同的信息表示方法，其信息处理过程一般是不一样的。

第 5 章介绍计算机网络知识，包括计算机网络的组成、体系结构和协议、局域网、Internet 及其应用。这一章既涉及硬件过程又涉及软件过程。硬件过程实现底层通信功能，由相关物理装置和物理介质承担。软件过程实现高层通信功能，由相关软件承担。高层通信软件是网络操作系统的组成部分。有一种观点认为计算机网络总体上是一个分布式计算系统。基于这种观点，通信资源也是计算机资源的组成部分，应该由操作系统管理。也正是基于这种观点，我们将计算机网络的介绍安排在计算机硬件和操作系统之后。Internet 应用主要是软件过程，实现 Internet 上信息和服务的搜索、传输等应用功能。

第 6 章讨论多媒体技术，其内容主要包括多媒体概念、声音和图像的数字化技术、数字化视频和动画技术、数据压缩技术等。针对声音、图像、视频和动画等不同信息形式，分别描述了其获取、表示和组织方法，以及一般处理要求。数据压缩是数据编码的转换操作，压缩后的数据在体积上有不同程度的缩小，从而节省存储和传输资源。

第 7 章介绍数据库系统知识，主要内容包括数据库概念、数据模型（含概念模型、逻辑模型和物理模型）、数据库管理系统、关系模型的基本操作等。在概念模型中主要讨论实体—联系模型，即 E-R 模型，在逻辑模型中主要讨论关系模型。这些内容主要涉及不同抽象层次上信息表示方法，信息存储、维护和查询等操作，以及信息的简单使用方法，不涉及信息的高级应用问题。

第 8 章讨论信息安全问题，内容有信息安全定义、计算机病毒及防治和信息安全技术。信息安全主要是指信息处理过程的安全，即信息存储、传输、处理和使用的安全。

第 9 章涉及计算思维、计算机问题求解、算法和程序，以及计算机程序设计等相关概念。这些概念与软件过程的设计和实现相关联。

1.7 本 章 小 结

本章为进一步学习计算机基础知识做了一个铺垫，其中讨论的关于计算机信息处理的一些概念对于理解本书后续内容有重要作用。概括起来，本章的要点如下。

- 信息、信息表示和信息处理。计算机领域常用的信息表示方法有很多种类，不同的方法适合不同的问题。没有一种表示方法对所有问题都是适宜的。对于不同类型的现实问题，其计算模型都包含一组特定的处理，这些处理的高效实现是与表示法相关的。如果读者对信息、信息表示和信息处理的相关概念了然于心的话，将有助于学习本书的其他内容。
- 计算机发展简史。虽然本章只列出了寥寥有数的几个人物和事件，但这些都是对计算技术的发展起到关键作用的人物和事件。计算技术从简单到复杂，经历了漫长的发展过程，但最近 20 余年却取得了飞速的进展。这里面蕴含了其自身的规律性，值得深刻领悟。
- 计算技术的应用。从几种典型的计算机应用系统及其功能可以看出，计算机的触角已经探究到人类社会的各个方面，给人类的生活方式带来了深刻的变化。另外，我们也看到，当前计算技术的局限性限制了计算技术应用的深度和广度。从另一个角度看这个问题，这也说明计算技术具有更大的发展空间。
- 计算思维。如同所有其他学科一样，计算学科也有自己的认识和处理世界事物的方法学。只是由于计算技术应用的广泛性，使它在具有自己的独特性同时，还兼容并蓄了其他学科的方法学。因此，理解、掌握计算思维，对于人们应对很多现实问题都具有十分重要的作用。
- 信息素养。信息素养包括信息意识、信息获得能力、信息使用能力和信息生成能力等方面。它是人的素养的重要组成部分，是在信息化时代获得成功的基础之一。

延伸阅读材料

如果对计算机的发展史感兴趣，可以仔细阅读《计算机技术发展史[一、二]》(胡守仁, 2004; 胡守仁, 2006)，该书是胡守仁教授所写，其中包含了大量的史实，并有一定的故事情节，读起来有趣，同时给人以启迪。若希望对信息化社会相关概念做进一步研究，可参阅《数字化生存》(尼古拉·尼葛洛庞帝, 1997)、《知识社会》(尼科·斯特尔, 1998)和《信息社会理论与模式》(崔保国, 1999)，它们能够给读者一个深入、系统的理解。

习　　题

1. 列举你所知道的日常生活中用于承载和传播信息的方式，这些方式中描述信息的基本符号是什么？组成更大的表达式的规则是什么？

2. 有四个元素 A、B、C 和 D，它们的进栈顺序是 A、B、C、D，而出栈顺序是 B、C、A、D。请给出相对应的进栈和出栈操作序列。当进栈顺序固定时，是否能得到任意出栈顺序？为什么？

3. 用树表示你所在单位的行政管理结构，并画出相应的树。

4. 在数据结构中，强调用数据所代表的对象之间的关系组织数据，为什么？

5. 冯·诺依曼提出的存储程序式体系结构有什么特点？

6. 从你的生活经历中列举若干计算机应用的实例，并分析它们是如何改变你的生活的。

7. 请列举你希望计算机做、但现在计算机还不能做的事情。计算机应具有什么功能才能做成这些事情？

8. 计算机可以像人一样笑吗？请给出你的结论，并说明理由。

9. 基于你对计算机技术的了解，论述计算思维的内涵。

10. 你认为一个学生具有什么样的信息素养，才能在未来的职业生涯中具有较强的竞争力？这些竞争力体现在哪些方面？

11. 举例说明计算技术的可能负面作用，以及它们有哪些影响。

第 2 章　计算机基本信息表示

【学习内容】

本章将介绍计算机的基本信息表示方法，主要知识点包括：

- 进制和进制之间的转换；
- 二进制运算的物理实现；
- 用二进制表示数值的方法，包括定点数和浮点数形式；
- 用二进制表示字符信息的方法，包括 ASCII 码、汉字国标码和 Unicode 码。

【学习目标】

通过本章的学习，读者应该：

- 理解进制的概念，掌握进制间的转换方法；
- 了解逻辑运算的概念和逻辑值的编码方法；
- 了解二进制运算物理实现的原理和方法；
- 理解用二进制表示数值信息的原则，掌握定点和浮点数的编码方法；
- 掌握常见字符编码方法，即 ASCII 码、汉字国标码和 Unicode 码等编码方法。

计算机信息表示的基础是二进制，用二进制表示各种信息，包括数值信息、字符信息、声音信息和图像信息等，其中数值信息和字符信息是基本的。本章首先介绍二进制相关的内容，包括进制的概念、进制之间的转换，然后介绍实现简单二进制运算的物理装置，最后介绍计算机内部数值的表示方法——如何使用二进制对数值进行编码，以及几种常用的字符编码方法。

2.1　进　　制

计算机处理信息之前，必须按照某种方式表示和管理信息。不同的信息类型和处理信息的不同目的，决定了不同的信息表示方法。反过来，信息表示形式又将影响信息处理的有效性。虽然信息表示方法多种多样，但是计算机内部使用一种基础信息表示方法——二进制，其他表示法表示的信息都必须转换成二进制形式，才能在计算机中存储和使用。

2.1.1　进制的概念

进制是一种计数方法，一般用于刻画事物间的数量关系，是人们在长期实践中发现和发明的。例如，传说十进制是人类通过十个手指头进行计数而发明的。当利用手指计数时，一个手的指头不够，再加上另一个手的指头。如果两个手的指头不够，则做一个标记，表明十个指头已经使用了一次，然后用十个指头开始新的一轮计数，如此循环。最终产生了十进制计数方法。又如日常生活中使用的计时方法，秒进分和分进时是按六十递进，时进天是二十四递进。天进月按三十或三十一（不包括二月）递进，月到年按十二递进。计时的递进方式具有不规则性，但它反映了昼夜轮回、四季更替的规律性。

由于十进制是一种人们从小就已经熟悉的进制系统，将它作为认识进制的起点是适宜的。下面以十进制为例分析进制的基本特点。

十进制有一组基本符号。如果只论自然数，基本符号有十个，即 0~9 这十个数字符号。如果区分正负数，则包括正（“+”）和负（“–”）两种符号。考虑有理数，则还需小数点符号。无论如何，基本符号数目是有穷的。

有穷多个符号用于计数，总是会穷尽的。于是人们发明一种方法，将基本符号组合成字符串，用于标记单个符号所不能表示的数值。人们设计了一组语法规则，用于规定什么样的字符串是合法的数值。十进制中的相关语法规则读者都很熟悉，在这里不赘述，只举一些例子显示合法和非法的数值字符串。例如，“1332”、“–87”、“2.65”、“0192.20”和“+71”等字符串都满足十进制数的语法规则，是合法的数值串。但是，“32.34.21”、“23–2”和“0.2+21”等字符串都不满足十进制数的语法规则。

如何理解一个十进制数字字符串？即它的语义是什么？数字符号串的语义指其代表的数值的大小，通常按照“逢十进一”的法则来定义十进制数串的语义。在一个十进制整数中，从右到左的数字分别称为个位数、十位数、百位数、千位数、万位数等。任何一个十进制数，左边是高位，右边是低位。在计数过程中，当某位的数达到十时，向其相邻的高位进一。因此，在一个十进制数串中，若相邻两个数字相同，则左边数字代表的数是右边的十倍。设 $\mathrm{d}_n\cdots\mathrm{d}_1\mathrm{d}_0\,.\,\mathrm{d}_{-1}\mathrm{d}_{-2}\cdots\mathrm{d}_{-m}$ 是一个合法的十进制数字符号串，其中用小数点将该数分为整数和小数两部分。整数部分由数字 d_i（$i=0,1,\cdots,n$）组成，小数部分由数字 d_j（$j=-1,-2,\cdots,-m$）组成。则这个数字符号串代表的数为

$$(\mathrm{d}_n\cdots\mathrm{d}_1\mathrm{d}_0.\mathrm{d}_{-1}\mathrm{d}_{-2}\cdots\mathrm{d}_{-m})_{10}=\sum_{i=-m}^{n}10^i\cdot\mathrm{d}_i \qquad (2\text{-}1)$$

式中，等号左边的字符串用括号括起来，并附加“10”的下标，表示括号中的字符串是十进制字符串。一般约定，在如此格式中，括号后的下标用于说明进制的类型，如$(101)_{10}$表示括号中的数是一个十进制数，而$(101)_2$表示括号中的数是一个二进制数。该记法的用法贯穿全书，特别是用于可能引起歧义的地方。

在一个十进制数中，整数部分最高位的“0”和小数部分的最低位的“0”可以省掉，除非为了说明有效数字的个数或为了满足格式的需要。因为省掉“0”的数字串和不省掉“0”的数字串代表相同的数。例如，00150.2100 一般写成 150.21。这种做法遵循“奥坎姆剃刀”原则。该原则指出“在解释任何事物时，除了所必须的，不应增加实体数目”。

在十进制上定义了四则运算，即加法、减法、乘法和除法。这些运算既可看做十进制数集合上的计算函数，又可看做十进制数字串集合上的变换函数。例如，当给定两个数字串“–125”和“560”时，加法运算将其变换为数字串“435”。加法运算和乘法运算的定义可用表格形式给出，“九九乘法口诀”表就是一个典型的例子。而减法和除法

分别是加法和乘法的逆函数，它们的定义可根据其逆函数推出。

现在对前面的讨论做个总结，一个进制包含下列元素：

- 一个有穷的基本符号集，对于 R 进制，其中的数字符号恰好为 R 个；
- 一组由基本符号形成字符串的语法规则；
- 一组解释合法字符串的语义规则；
- 一组定义在合法字串集合上的基本运算。

2.1.2　二进制、八进制和十六进制

二进制是计算机信息表示的基础形式，也就是说，计算机内部采用二进制对所有信息进行编码。本节介绍二进制概念、二进制运算、八进制和十六进制。

二进制的基本符号集合由两个数字符号 0 和 1、正负号“+”和“–”，以及小数点“.”组成。由基本符号形成数值字符串的语法规则，除了使用的数字符号限制在 0 和 1 之外，与十进制的语法规则相同。10100、+1101、–111、11.0101、0.001 和.0101 等都是合法的二进制数的表达式。而 1.10.1、110+10 和 1210，对于二进制数来说，都是不合法的。

二进制的语义规则可用“逢二进一”来概括。设 $\mathrm{d}_n\cdots\mathrm{d}_1\mathrm{d}_0\,.\,\mathrm{d}_{-1}\mathrm{d}_{-2}\cdots\mathrm{d}_{-m}$ 是一个合法的二进制数字符号串，整数部分由数字 d_i（$i = 0, 1, \cdots, n$）组成，小数部分由数字 d_j（$j = -1, -2, \cdots, -m$）组成。则这个数字符号串代表的数为

$$(\mathrm{d}_n\cdots\mathrm{d}_1\mathrm{d}_0.\mathrm{d}_{-1}\mathrm{d}_{-2}\cdots\mathrm{d}_{-m})_2 = \sum_{i=-m}^{n} 2^i \cdot \mathrm{d}_i \qquad (2\text{-}2)$$

式（2-2）是二进制数的一般形式，而二进制整数不含小数部分和小数点。纯小数则是整数部分为 0 的数。二进制数可以带数符“+”或者“–”，从而区分正数和负数（约定，不带数符的二进制为正数）。用二进制可以表示任意有穷的有理数。下列一些特殊二进制数应该熟记，因为它们对于人们确定和比较二进制数的大小很有作用。

$(1)_2 = 2^0 = (1)_{10}$　　　　$(10)_2 = 2^1 = (2)_{10}$

$(100)_2 = 2^2 = (4)_{10}$　　　　$(1000)_2 = 2^3 = (8)_{10}$

…

$(1000000000)_2 = 2^9 = (512)_{10}$　　　　$(10000000000)_2 = 2^{10} = (1024)_{10}$

$(0.1)_2 = 2^{-1} = (0.5)_{10}$　　　　$(0.01)_2 = 2^{-2} = (0.25)_{10}$

$(0.001)_2 = 2^{-3} = (0.125)_{10}$　　　　$(0.0001)_2 = 2^{-4} = (0.0625)_{10}$

这些二进制数都分别表示 2 的整数次方。在计算机领域，二进制的一位称为一个比特（bit），如 16b 指十六个二进制位。而八位二进制称为一个字节（Byte），如 8B 指八个字节，即六十四个二进制位。其他常用的数值计量单位有：“千”用 K 表示，“百万”用 M 表示，“十亿”用 G 表示。惯常认为，1K=1024（2^{10}），1M=1024K（2^{20}），1G=1024M（2^{30}）。

在二进制之上能够很自然定义两类基本运算，一类是算术运算，另一类是逻辑运算。算术运算在十进制之上同样存在，而逻辑运算则是多出来的。为什么在二进制之上需要逻辑运算？正如我们在前面所指出来的，计算机使用二进制表示信息。这样衍生出两个

理由，其一，计算机信息处理需要逻辑运算。例如，计算机信息处理中广泛存在条件判断操作，条件判断通过逻辑运算实现。其二，电子计算机数字电路设计的基础是布尔逻辑，逻辑运算是其必然的组成部分。在计算机指令系统中，算术运算和逻辑运算占有核心的地位。

二进制算术运算与十进制算术运算基本相同，其不同之处在于加法的“逢二进一”规则和减法的“借一为二”规则。“逢二进一”的意思在此不用解释了，而“借一为二”的意思是指，某位的两个二进制数相减时，若被减数小于减数，则向其相邻高位借一，在本位当作二使用。二进制算术运算使用的操作符与对应的十进制算术运算的操作符相同。表 2-1~表 2-4 分别给出了二进制加法、减法、乘法和除法的运算法则（表中第一列为第一个操作数的值，第一行为第二个操作数的值，其中最左上角方格例外，包含的是二进制算术运算符，其他方格的数值为相应运算结果）。表中只考虑一位运算结果，忽略了进位。下面给出了利用这些运算法则进行二进制算术运算的例子：

$$10101 + 10110 = 101011 \qquad 11 + 1011010 = 1011101$$
$$11010 - 10101 = 101 \qquad 1010 - 10111 = -1101$$
$$11 \times 101 = 1111 \qquad 101 \times 1100 = 111100$$
$$1.01 + 100.01 = 101.1 \qquad 0.11 \times 110 = 100.1$$
$$1010 \div 100 = 10.1 \qquad 101.101 \div 101 = 1.001$$

表 2-1　二进制加法定义

+	0	1
0	0	1
1	1	0

表 2-2　二进制减法定义

–	0	1
0	0	–1
1	1	0

表 2-3　二进制乘法定义

×	0	1
0	0	0
1	0	1

表 2-4　二进制除法定义

÷	0	1
0	出错	0
1	出错	1

虽然能够很容易将十进制中的算术表达式的概念平行移到二进制中。但是，人类毕竟不常用二进制进行复杂计算，这样做显得不是十分必要。尽管如此，由于负数需要参加加减乘除四则运算，包含负数的简单算术表达式还是必需的，这类表达式的意义与十进制中同类表达式的意义相同。请看下面的例子：

$$11011 + (-11001) = 10 \qquad 11010 - (-101) = 11111$$
$$-1.01 + 0.101 = -0.101 \qquad -11.101 - (-1.01) = -10.011$$
$$11 \times (-100) = -1100 \qquad -10.1 \div 0.1 = -101$$

在一个逻辑系统中，逻辑量一般表示命题。逻辑量的值称为逻辑真值，或为“真(True，T)”，或为“假（False，F）”。例如，用逻辑变量 P 代表命题“$x \geqslant 5$”，当 $x = 8$ 时，P 的值为真 T；当 $x = 3$ 时，P 的值为假 F。有些时候，也用逻辑量表示两个相对的状态，如电压的高电位和低电位状态、开关的闭合和断开状态等。

在日常生活中，人们往往给出复合命题。如陈述“x 的值大于 5，并且小于 9”，表达了两个命题之间“与”的关系，即只有当它们都为“真”时，陈述才为“真”。在复合命题“x 小于 3，或者 x 等于 3”中，所含两个命题之间为“或”的关系，只要有一个命题为“真”，复合命题就为“真”。又如两个人对话，某甲：“我认为 x 的值是 6”，某乙：“不对，x 的值不应该是 6”。在这段对话中，某甲的命题为“真”的话，某乙的命题则为“假”。反之某甲的命题为“假”，某乙的命题就为“真”。因此，在逻辑系统中，需要引入逻辑运算，以表达复合命题的逻辑关系。

主要的逻辑运算有四个：“与（and）”、“或（or）”、“非（not）”和“异或（xor）”。逻辑与运算又称为逻辑积，常用的运算符有“∧”和“·”。设 P 和 Q 是两个逻辑量，则它们的与运算可写为 P∧Q 或 P·Q。逻辑或运算又称为逻辑和，常用运算符有“∨”和“+”，P∨Q 或 P+Q 定义了逻辑量 P 和 Q 的或运算。逻辑非是一个一元运算，常用运算符有“¬”和“–”。在书写时，“¬”在操作数之前，如¬P，而短横线写在操作数之上，如 $\overline{P}$。逻辑异或运算的操作符为“⊕”，例如 P⊕Q。逻辑运算通常使用“真值表”方法定义，即用表穷举操作数的赋值组合及相应的运算结果。四个逻辑运算的定义如表 2-5~表 2-8 所示。在这些表中，第一行给出操作数及其运算，其他各行给出操作数的值，以及对应运算的结果。

表 2-5　与运算定义的真值表

P	Q	P∧Q
F	F	F
F	T	F
T	F	F
T	T	T

表 2-6　或运算定义的真值表

P	Q	P∨Q
F	F	F
F	T	T
T	F	T
T	T	T

表 2-7　异或运算定义的真值表

P	Q	P⊕Q
F	F	F
F	T	T
T	F	T
T	T	F

表 2-8　非运算定义真值表

P	¬P
F	T
T	F

如同算术中有算术表达式，逻辑系统中可定义逻辑表达式。逻辑表达式由逻辑常量、逻辑变量和逻辑操作，以及括号组成。逻辑常量仅有两个，即逻辑真值 T 和 F。逻辑表达式定义如下：

- 逻辑常量 T 和 F 是逻辑表达式；
- 逻辑变量是逻辑表达式；
- 假设 P 和 Q 是逻辑表达式，则¬P、（P ∨ Q）、（P ∧ Q）和（P ⊕ Q）是逻辑表达式。

逻辑表达式只能通过上述规则产生。假设 P、Q 和 R 是逻辑变量，则 T、P、((¬P ∨

$Q) \wedge R)$、$(\neg(Q \oplus R) \vee Q)$和$(((P \vee Q) \vee R) \wedge (P \vee \neg Q))$等都是合法的逻辑表达式。

逻辑表达式的求值规则是，括号内的表达式优先计算，且一元运算$\neg$优先于二元运算。例如，假设给 P、Q 和 R 分别赋值 T、F 和 F，则计值$(((P \vee Q) \vee R) \wedge (P \vee \neg Q))$的过程为

$$
\begin{aligned}
(((P \vee Q) \vee R) \wedge (P \vee \neg Q)) &= (((T \vee F) \vee F) \wedge (T \vee \neg F)) \\
&= (((T \vee F) \vee F) \wedge (T \vee T)) \\
&= ((T \vee F) \wedge T) \\
&= (T \wedge T) \\
&= T
\end{aligned}
$$

在计算结果与计算顺序无关的情况下，为了降低表达式的复杂性，可省略括号。例如，逻辑运算$\vee$和$\wedge$都满足结合律，因此可将$((((P \wedge R) \vee (\neg Q \wedge R)) \vee (R \wedge P)) \vee ((\neg P \wedge Q) \wedge R))$简化为$(P \wedge R) \vee (\neg Q \wedge R) \vee (R \wedge P) \vee (\neg P \wedge Q \wedge R)$。

如果两个逻辑表达式的值在其变量的任何赋值下结果都相同，则称这两个表达式等价。利用逻辑表达式的等价关系，可以对表达式进行变换，将复杂表达式转化为相对简单的表达式。下面是几个重要的逻辑等价关系（假设 P、Q 和 R 是逻辑变量）：

交换律：　$P \vee Q \equiv Q \vee P$，$P \wedge Q \equiv Q \wedge P$，$P \oplus Q \equiv Q \oplus P$

结合律：　$(P \vee Q) \vee R \equiv P \vee (Q \vee R)$，$(P \wedge Q) \wedge R \equiv P \wedge (Q \wedge R)$

分配律：　$P \vee (Q \wedge R) \equiv (P \vee Q) \wedge (P \vee R)$，$P \wedge (Q \vee R) \equiv (P \wedge Q) \vee (P \wedge R)$

T-F 律：　$P \vee F \equiv P$，$P \wedge T \equiv P$，$P \vee T \equiv T$，$P \wedge F \equiv F$

互补律：　$P \vee \neg P \equiv T$，$P \wedge \neg P \equiv F$

利用等价关系可以对逻辑表达式化简。例如，由于 $P \oplus Q$ 等价于$(P \vee Q) \wedge (\neg P \vee \neg Q)$，因此可以用前者代替后者。

在二进制之上定义逻辑运算，首先要解决的问题是如何表示逻辑真值。通常的做法是，用 1 表示逻辑真值 T，用 0 表示逻辑真值 F，在此基础上实现各种逻辑运算。

一般情况下，计算机中采用“位运算”方式来实现二进制的逻辑运算。给定两个二进制数字串，从左到右将它们按位对齐，逐步对每一位进行逻辑运算。这种方式要求两个二进制数字串的长度应相等，即它们包含的数字数目相同。下面列示了四种逻辑运算的结果。

$10101011 \wedge 01110110 = 00100010$　　$00110100 \vee 11100101 = 11110101$

$\neg\ 10101101 = 01010010$　　$00100111 \oplus 10010101 = 10110010$

八进制和十六进制是计算机领域使用的辅助计数法，用于计算机与人类的交互。有些时候，人类希望观察计算机内部的信息，这些信息需要尽可能按计算机内部的形式输出。满足这种需要的方法是输出原始二进制数字串。但是这种方法有一些缺点，输出的二进制数字串所占介质的空间过大，浪费介质资源。并且，长长的二进制串在视觉上没有特点，人很难理解它。八进制或十六进制与二进制之间的转换很直观和简单，在认知上接近二进制。这些原因促进人们引入八进制和十六进制。由于这两种进制是辅助计数方法，人们不关心对八进制数或十六进制数的运算。因此，在此我们对八进制运算和十六进制的运算不进行讨论。

八进制的基本组成为：

- 基本数字符号有八个，分别是 0、1、2、3、4、5、6、7；
- 基本符号形成字符串的语法规则与二进制相同；
- 解释合法字符串的语义规则是“逢八进一”；
- 基本运算（不予讨论）。

2374、101、0.564、3.21 和 11.101 等都是合法的八进制数表示，而 9021、11.2.5 和 76+2 等都不是合法的八进制数字串。注意八进制串$(101)_8$代表的数值与二进制串$(101)_2$代表的数值不相等，同样$(11.101)_8$与$(11.101)_2$不等价。

十六进制的基本组成是：

- 表示数的基本符号有十六个，0~9 的数字符号和 A~F 的字母符号。字母 A~F 分别代表数 10~15；
- 基本符号形成字符串的语法规则与二进制相同；
- 解释合法字符串的语义规则是“逢十六进一”；
- 基本运算（不予讨论）。

57A8、1101、1370、901B、FFFF、E.D1C 和 0.ABC 等都是合法的十六进制数字串，而 A12H、BE.12.3、A+1F 等都不是合法的十六进制数串。$(1101)_{16}$和$(1101)_2$代表不同数值，$(1370)_{16}$和$(1370)_8$同样不同。

2.1.3 进制之间的转换

一个数值能够用不同进制表示，这些表示之间存在转换关系。计算机使用二进制表示数值，而人类惯用十进制。当将数值输入到计算机中时，必须将十进制转换为二进制，而将计算机中的数值输出时，一般要将其转换为十进制。进制之间的转换是指，用一种进制表示的数转换为等值的另一种进制表示。本节主要讨论二进制与十进制之间、二进制与八进制之间以及二进制与十六进制之间的转换方法。八进制、十六进制与十进制之间的转换可以以二进制为桥梁进行，在此不详述。

1. 二进制与十进制之间的转换

由于二进制和十进制使用的数符相同，它们之间不需转换，直接照写。二进制与十进制之间的转换，整数部分和小数部分的转换方法不同。一个既包含整数，又包含小数的数，可以先转换整数部分，再转换小数部分，然后将两次转换结果拼接起来，并用小数点将两部分分开即可。

1）二进制整数与十进制整数之间的转换

二进制整数与十进制整数之间的转换方法可以用式（2-3）推导出来。设 $a_n \cdots a_1a_0$ 是一个二进制整数串，这个整数的十进制表示为 N，则下列等式成立：

$$(N)_{10} = a_n2^n + \cdots + a_12^1 + a_02^0 \quad (2\text{-}3)$$

从式（2-3）可看出，将二进制整数转换为十进制整数，可直接按照等号右边的式子，做十进制的乘法和加法就能完成。具体的方法是将右边的式子展开，写成下列形式，并按照运算的优先原则，逐步做乘法和加法。

$$((\cdots(a_n \times 2 + a_{n-1}) \times 2 + \cdots + a_1) \times 2) + a_0$$

例如，二进制整数$(10111)_2$可按照下式转换为十进制整数：

$$(10111)_2 = (((((1 \times 2 + 0) \times 2) + 1) \times 2 + 1) \times 2 + 1)_{10} = (23)_{10}$$

十进制整数到二进制整数的转换一般使用“除 2 取余”法，它也能用式（2-3）推出。在式（2-3）中，N 代表给定的十进制整数，a_n、…、a_1 和 a_0 分别代表需要求出的各位二进制数字。等号两边同时除 2，等式保持不变。从等式右边可看出，N 除以 2 得到的余数是 a_0，得到商（$a_n2^{n-1} + \cdots + a_22 + a_1$），再对商除 2，又得余数 a_1 和商（$a_n2^{n-2} + \cdots + a_32 + a_2$），如此进行下去，直到商为 0。这个过程中得到的所有余数或为 0 或为 1，将它们按照求得的顺序倒过来拼接在一起，就得到所需要的二进制结果。

要将$(37)_{10}$转换成等价的二进制数，如何转换？图 2-1 给出了转换步骤。其中，每行中间的数值是所求出的商，最右边的数值是所得到的余数。从图中可得，$(37)_{10} = (100101)_2$。

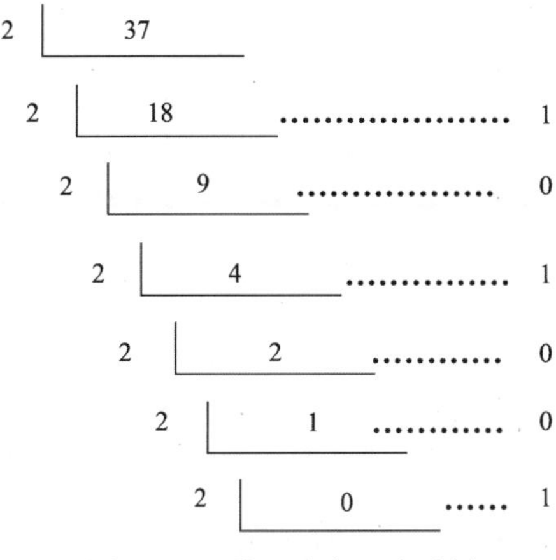

图 2-1　“除 2 取余”法示例

2）二进制小数与十进制小数之间的转换

二进制小数与十进制小数之间的转换方法也能通过公式推导出来。请看式（2-4），其中 $0.a_{-1}\,a_{-2}\cdots a_{-m}$ 是二进制小数，下标 m 可能是无穷大，N 是等价的十进制小数。

$$(N)_{10} = a_{-1}2^{-1} + a_{-2}2^{-2} + \cdots + a_{-m}2^{-m} \tag{2-4}$$

若已知二进制数 $0.a_{-1}\,a_{-2}\ldots a_{-m}$，要求出十进制数 N，展开（2-4）中等号右边的式子，可得

$$(((\cdots(a_{-m} \div 2 + a_{-m+1}) \div 2 + \cdots + a_{-2}) \div 2) + a_{-1}) \div 2$$

按照上述式子，逐步做十进制除法和加法，就能完成二进制小数到十进制小数的转换。例如，已知$(0.1011)_2$，求其等价的十进制数，转换过程如下：

$$(0.1011)_2 = ((((((1 \div 2 + 1) \div 2) + 0) \div 2) + 1) \div 2)_{10} = (0.6875)_{10}$$

十进制小数到二进制小数的转换一般使用“乘 2 取整”法，它也可用式（2-4）推出。

这个转换问题变为：已知十进制小数 N，求等价二进制小数 $0.a_{-1}a_{-2}\cdots a_{-m}$。将式（2-4）两边同时乘以 2，等式仍然成立。从右边可看出，N 乘以 2 的结果，其整数部分为 a_{-1}，小数部分为 $a_{-2}2^{-1}+\cdots+a_{-m}2^{-m+1}$。再对结果的小数乘 2，得到整数 a_{-2} 和小数 $a_{-3}2^{-1}+\cdots+a_{-m}2^{-m+2}$，如此进行下去，直到乘 2 的结果中小数部分为 0，或者达到所需要的二进制位数。

稍做思考，读者就能发现，对于很多十进制小数，上述乘 2 的过程，达不到结果小数部分为 0 的情形。因此，十进制小数到二进制小数的转换是不精确的转换。

图 2-2 给出了十进制小数到二进制小数转换的两个例子，左边一个是将十进制数 $(0.625)_{10}$ 转换成二进制数，它是精确转换；右边一个是将 $(0.34)_{10}$ 转换成二进制数，它是不精确转换。从图中可得，$(0.625)_{10}=(0.101)_2$，$(0.34)_{10}\approx(0.010101)_2$。

0.	625	(×2
1.	25	
0.	5	
1.	0	

0.	34	(×2
0.	68	
1.	36	
0.	72	
1.	44	
0.	88	
1.	76	

图 2-2　“乘 2 取整”法示例

2. 二进制与八进制、十六进制之间的转换

二进制数与八进制数以及二进制数与十六进制数之间有一种直接的对应关系。一位八进制能表示 0~7 之间的 8 个数值，恰好一一对应 3 位二进制能表示的数值范围；一位十六进制表示 0~15 之间的 16 个数值，恰好一一对应 4 位二进制能表示的数值范围。用这种对应关系可推导出它们之间的转换方法，其中二进制到八进制（或十六进制）的转换方法称为“三位压缩成一位”（或“四位压缩成一位”），八进制（或十六进制）到二进制之间的转换方法称为“一位展开成三位”（或“一位展开成四位”）。

我们将详细介绍二进制与八进制之间的转换方法。对于二进制与十六进制之间的转换，其方法与二进制与八进制之间的转换类似，只要将其中的“三”字换成“四”即可。

二进制到八进制的转换分两个步骤进行，第一步转换数值的整数部分，第二步转换数值的小数部分。对于整数部分，按照三位一组，从右至左逐步将二进制数字字符分组。如果最左边的一组二进制串不够三位，最高位填充 0，直到该组包含三位二进制数字。对于每组的三位二进制数字串表示的数，用对应的八进制数字字符替换之，就得到了整数部分的八进制表示。

对于小数部分，按照三位一组，从左至右逐步将二进制数字字符分组。如果最右边一组的二进制数字不够三位，最低位填充 0，直到该组包含三位二进制数字。同样，对于每组的三位二进制数字串表示的数，用等价的八进制数字字符替换之，就得到了小数部分的八进制表示。将这两部分的结果合并起来，小数点的位置保持不变，就产生了与该二进制数等价的八进制表示。

下面的连等式显示了将二进制数$(1010010101.10111)_2$转换为等价八进制数的过程。

$$\begin{aligned}(1010010101.10111)_2 &= (1\quad 010\quad 010\quad 101\,.\,101\quad 11)_2\\ &= (001\quad 010\quad 010\quad 101\,.\,101\quad 110)_2\\ &= (1225.56)_8\end{aligned}$$

类似地，可得到该二进制数的十六进制表示：

$$\begin{aligned}(1010010101.10111)_2 &= (10\quad 1001\quad 0101\,.\,1011\quad 1)_2\\ &= (0010\quad 1001\quad 0101\,.\,1011\quad 1000)_2\\ &= (295.B8)_{16}\end{aligned}$$

从八进制到二进制的转换很简单，只需将八进制数的每个字符代表的数值用对应的三位二进制字符串替代，并且小数点位置不变。转换后高位 0 和低位 0 可以省略。例如，将八进制数$(3705.426)_8$转换为对应的二进制数的过程如下：

$$\begin{aligned}(3705.426)_8 &= (011\quad 111\quad 000\quad 101\,.\,100\quad 010\quad 110)_2\\ &= (11111000101.10001011)_2\end{aligned}$$

用类似方法，能将十六进制数$(1F59.A28)_{16}$转换成对应的二进制表示：

$$\begin{aligned}(1F59.A28)_{16} &= (0001\quad 1111\quad 0101\quad 1001\,.\,1010\quad 0010\quad 1000)_2\\ &= (1111101011001.101000101)_2\end{aligned}$$

2.2 二进制运算的物理实现

二进制运算的物理实现，首先要解决的问题是如何物理地表示或存储二进制的两个数值符号 0 和 1，然后实现在二进制上定义的运算。如果一个对象或系统的某个物理量具有多个离散状态，这些离散状态具有稳定性，即当该物理状态不随时间的推移而自然变更，但通过外部因素的作用，能使其从一个状态变化到另一个状态，则该物理量能够用来表征信息，具有这个特点的对象可以作为记忆装置。若物理状态在自然条件下保持稳定性，则可作为长期记忆装置；如果在一定条件下保持稳定性，当条件消失后发生变化，则只能作为短期记忆装置。例如，用墨水在介质上书写数字符号，该介质表示或存储了数字信息，由于墨迹不随时间的推移而褪色，因此可以长期保持这些信息。在算盘装置中，用算珠的数目和位置表示数字，按照运算口诀（操作规则）拨动算珠，能够用算盘实现十进制的算术运算。但一般算盘只用作短期记忆，因为算珠的位置很容易受意外因素的影响而改变。

在现实中，具有两个稳定状态的物理量普遍存在。例如，电路开关具有闭合和断开两个稳定的状态，磁场具有南极和北极两个稳定状态，直流电电压具有高电位和低电位两个稳定状态等。可以用开关的闭合状态表示 1，用断开状态表示 0，或用高电位（5V）表示 1，低电位（0V）表示 0。但是建立和维护具有十个稳定状态的物理量，则困难得多。例如，用直流电的电位表示十进制的十个数字符号，则需要将电位分成十段，每一段的电压表示一个不同的十进制数字符号。其稳定状态的物理实现就要复杂些，并且由于相邻段的区别不是很明显，识别不同的状态和维护一个状态的稳定性都不是很容易。

在计算装置的发展过程中，其内部的信息表示方法由十进制逐步演变为二进制，有其必然性。二进制与十进制比较，其表达能力和运算能力是一样的，即十进制能表示的信息，二进制也能表示，十进制上能实现的运算，在二进制上也能实现。但是，二进制在三个方面比十进制优越。其一，十进制的运算规则比二进制的运算规则更复杂，在物理上实现十进制的运算将更困难。其二，建立和维护两个物理状态更容易、更稳定。其三，存储二进制数比存储十进制数更节省资源。通过简单的计算能够说明这个结论。表示 10 以内（不含 10）的数，对于十进制来说需要一位 10 个稳定状态，对于二进制来说需要四位 8 个稳定状态；表示 100 以内的数，十进制需 20 个稳定状态，二进制需 14 个稳定状态；表示 1000 以内的数，十进制需 30 个稳定状态，二进制需 20 个稳定状态。数越大，十进制需要的稳定状态与二进制需要的稳定状态之间的差距越大。实践证明，稳定状态数目与表示这些稳定状态所需资源成正比。

2.2.1 实现逻辑运算的开关电路

在图 2-3 所示的电路图中，我们用开关或灯泡的状态代表逻辑量，开关的闭合和断开状态、灯泡的明暗状态分别表示逻辑量的值 1 和 0。因为灯泡的明暗是由是否有电流通过灯泡决定的，所以也可以看做灯泡处的电位高低确定相关逻辑量的值。图 2-3（a）所示是实现“逻辑与”运算的电路图，其中两个开关串联，它们代表的量 A 和 B 是“与”运算的操作数（通常称为输入），灯泡代表的量 C 表示与运算的结果（通常称为输出）。只有当两个开关都闭合（A=1 且 B=1），灯泡才明亮（C=1）。因此，$C=A\wedge B$。图 2-3（b）所示是实现“逻辑或”的电路，其中两个开关并联。如果两个开关中有一个闭合（A=1 或 B=1），则灯泡明亮，即 $C=A\vee B$。图 2-3（c）所示是实现“逻辑非”的电路，继电器 A 闭合时灯泡暗淡，断开时明亮，即 $C=\neg A$。

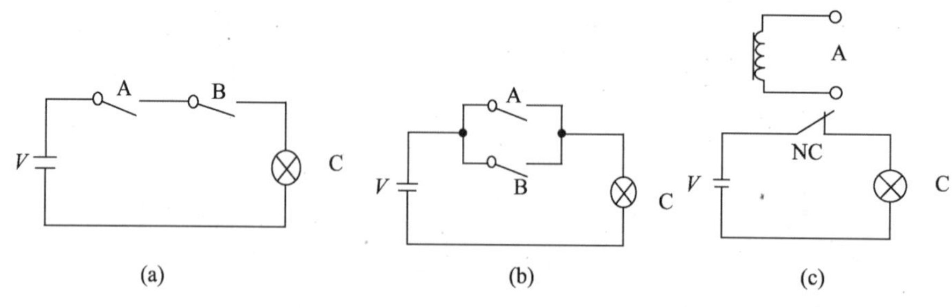

图 2-3 实现基本逻辑运算的电路图

计算机硬件系统由各种电路构成，而组成这些电路的基本单元是金属氧化物半导体（Metal-Oxide-Semiconductor，MOS）晶体管。通过晶体管可以构成相应的逻辑门，以完成相应的逻辑运算，这些逻辑门有与门、或门、非门和反相器等，其符号如图 2-4 所示（符号中小圆圈表示对输出值取非）。左边的连线是逻辑门的输入端，右边为输出端。当逻辑门的输入信号到来时，将根据该门的运算规则产生相应的输出信号。由这些逻辑门构成的电路通常称为数字电路，是一种将连续性的电信号转换为不连续性定量电信号，并运算不连续性定量电信号的电路。数字电路中，信号大小为不连续并定量化的电压状态。

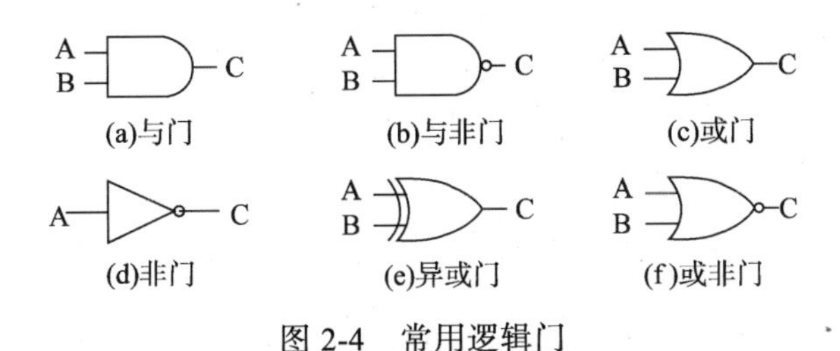

图 2-4　常用逻辑门

以这些逻辑门构成的电路分为两大类，一类是可以存储信息的，用它们构建存储电路和时序电路；另一类是不能存储信息的，称为组合逻辑电路。

2.2.2　实现二进制数存储的逻辑电路

逻辑门可用于构建存储二进制数的电路，这种电路称为触发器（Flip-Flop），触发器能存储信号，并将该信号作为输出值。在外部输入激励下，其保存的值能发生跳变（0 到 1 或 1 到 0），并且跳变后的输出值能够保存下来，以便以后某个时刻读取。

图 2-5（a）所示电路就是一个很简单的触发器。当两个输入同时为 0 时，输出不变。当将上面的输入端的输入值由 0 变为 1，则输出为 1，再将该输入值变为 0 后，输出将一直保持为 1，即此触发器保存的信号值为 1。同理，将下端输入值由 0 变为 1，输出将为 0，再将该输入值变为 0 后，输出将一直为 0。图 2-5（b）所示电路是具有这种机理的触发器的另一种实现方式。

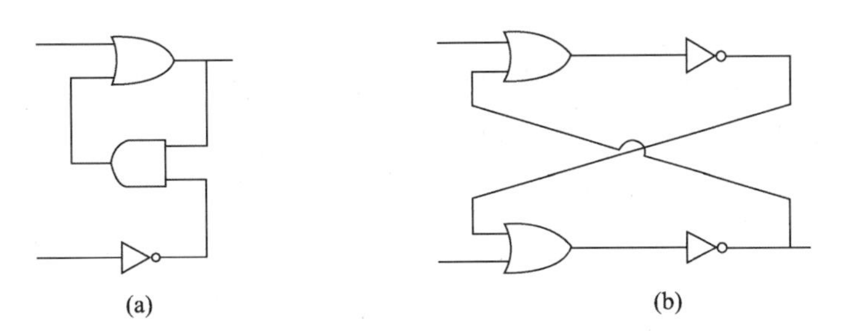

图 2-5　触发器的两种实现方式

在此，顺便谈一谈系统设计的抽象思维方法。在上述两个触发器结构中，逻辑门是构成触发器的基本功能部件。触发器设计时，只需知道逻辑门的功能，如输入输出数目和工作机理，而不必关心逻辑门的实现细节。同样，可将触发器作为高一层次的基本功能块来构造更复杂的电路。一般来说，设计一个复杂系统时，将其部件抽象为功能模块，在这个设计层次不考虑这些功能模块的实现细节，只有在设计进入下一个层次时，再考虑部件的细节。

图 2-6（a）所示为常用的 R-S 触发器，它由两个与非门互连而成，其中一个与非门的输入是另一个的输出。R-S 触发器的工作机制是：一开始处于静态，即 R、S 的输入为 1。假设当前输出 a 为 1，则 A 为 1，可知输出 b 为 0，导致 B 为 0，最终导致输出 a 一直为 1，称触发器保存的值为 1。同理，当输出 a 为 0 时，可以推导出输出 a 将一直保持为 0，称触发器保存的值为 0。如将 S 值设为 0，则触发器输出为 1。如将 R 值设为 0，则触发器输出为 0。但是，R 和 S 不能同时被设为 0。

如果在一个 R-S 触发器上再加上两个逻辑门，那么就可以构造出更有用的存储器器件，该器件称为 D 触发器（见图 2-6（b））。只有当 WE 使能信号有效时（WE=1），才能使得触发器的值（输出）等于 D 的输入值。在使用时，常常将 WE 接到时钟信号上，使 D 触发器的值的改变受时钟信号的控制。

寄存器是用来存放数据的一些小型存储部件，暂时存放参与运算的数据和运算结果，它被广泛地用于各类数字系统和计算机中。寄存器保存多个二进制位编码的信息，这些二进制位能被同时修改或读出。一个触发器能存储 1 位二进制码，因此由 N 个触发器可以构成一个 N 位寄存器。工程中的寄存器一般为 8 位、16 位、32 位或 64 位。图 2-6（c）给出了一个由 D 触发器构造的 4 位寄存器。当 WE 有效时，4 位被同时写入。

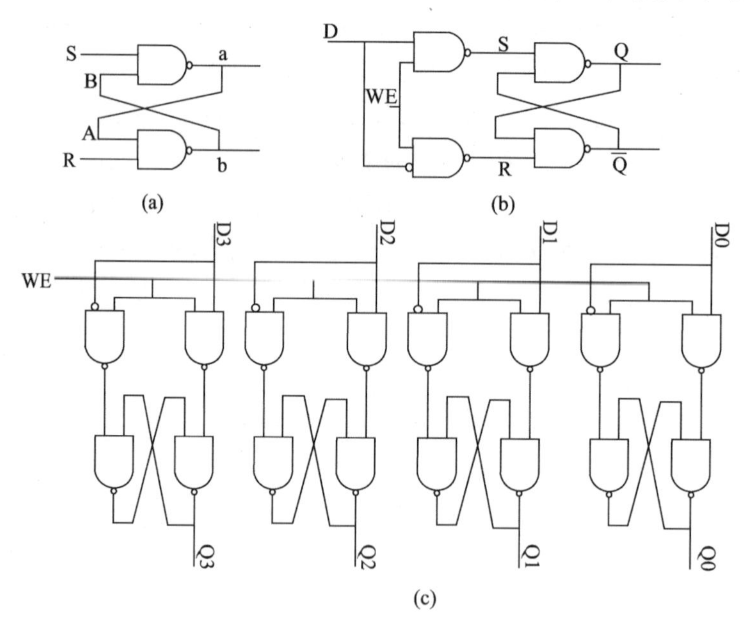

图 2-6　R-S 触发器、D 触发器和 4 位寄存器

2.2.3　常用组合逻辑电路

从结构上看，组合逻辑电路由逻辑门和连线构成，但不包含存储信息的电路单元和反馈连线。从功能上看，组合逻辑电路任一时刻的稳态输出，仅仅与该时刻的输入变量的取值有关，而与该时刻以前的输入变量取值无关。

下面介绍三种常用组合逻辑电路：译码器、多路选择器和全加器。这三种电路在计算机硬件系统中出现的频率非常高，可以通过它们构成 CPU 的核心。

1. 译码器

译码器是一种多输入多输出组合逻辑电路，主要作用是解释二进制编码指令。计算机指令由操作码和操作数组成，其中操作码规定指令执行的操作，它是一种计算机操作集合的二进制编码。例如，假设计算机有 8 个操作，可采用 3 个二进制位来对这 8 个操作进行编码。一条指令包含什么操作？这就需要使用译码器来对这 3 位操作码进行译码。处理器中识别操作码的电路就是译码器。

图 2-7（a）所示是一个典型的 2 输入译码器的逻辑门电路结构。它由四个与门和两个反相器构成，A_0、A_1 为输入，$D_0 \sim D_3$ 为输出。图中右边的真值表定义了译码器的功能，它将两个输入信号分解为四个输出信号。其特点是在四个输出中有且仅有一个输出为 1。也就是说，每个输出端对应一种输入模式。这种译码器又称为变量译码器，通常将 n 个输入变为 2^n 个输出。在这种译码器中，对于任一输出线，它仅在一种情况下才为 1，称为该输出线被置位。具有这种功能的译码器可用于检测、匹配不同的输入模式。

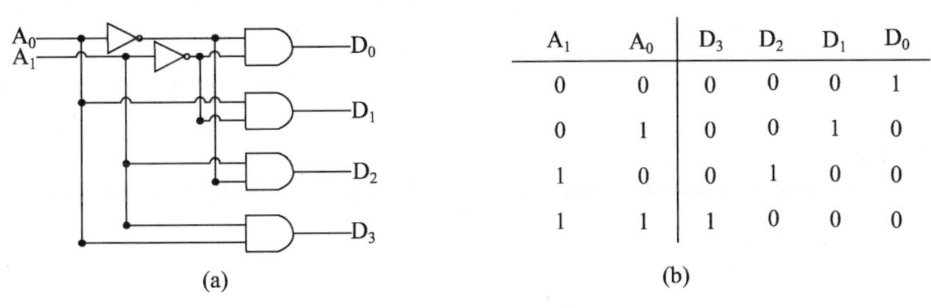

A_1	A_0	D_3	D_2	D_1	D_0
0	0	0	0	0	1
0	1	0	0	1	0
1	0	0	1	0	0
1	1	1	0	0	0

图 2-7　典型 2 输入译码器及其真值表

2. 多路选择器

多路选择器是一种多输入单输出的组合逻辑电路,用于在多个输入信号中选择一个。图 2-8（a）所示是典型的 2 输入多路选择器电路结构图，该电路有 a、b 和 s 三个输入，以及一个输出 y。其功能是根据信号 s 在 a 和 b 这两个输入中做出选择，并将选定的信号输出到 y，如图 2-8（b）所示的真值表。其中 s 为选择信号，相应的线为选择线。该电路中，当 s 为 0 时，下边的与门输出一直为 0，而上边的与门有一个输入一直为 1，根据与门的逻辑功能，此时，该与门的输出就由输入 a 决定，a 为 0，输出为 0；a 为 1，

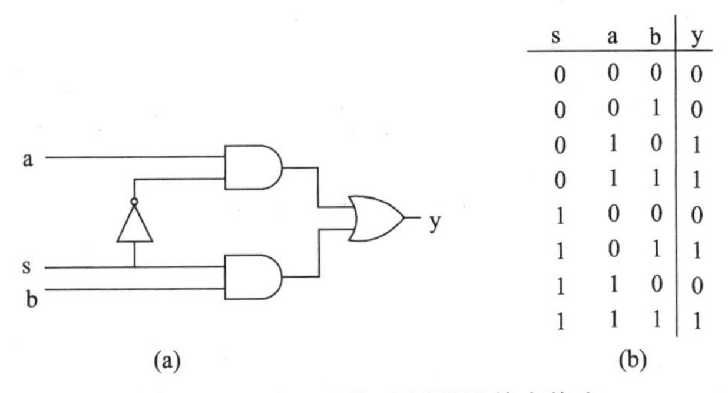

s	a	b	y
0	0	0	0
0	0	1	0
0	1	0	1
0	1	1	1
1	0	0	0
1	0	1	1
1	1	0	0
1	1	1	1

图 2-8　2 选 1 多路选择器及其真值表

输出为 1。对右边的或门，由于下边与门的输出一直为 0，或门的输出值由上边与门的输出值决定，而上边与门输出值等于 a 的输入值。因此，当 s 为 0 时，将选择 a 的值作为输出。同理，当 s 为 1 时，将选择 b 的值作为输出。

多路选择器通常由 2^n 个输入、1 个输出和 n 个选择线组成。如 4 选 1 多路选择器需要 4 个输入、2 个选择线。

在计算机系统和通信系统中，多路选择器是一种常用的结构单元。例如，当有多个输出要利用同一个线路进行传送时，可用多路选择器将不同的输入安排在不同时刻进行传输，这就是典型的时分复用。在计算机系统主存中，将 2 选 1 多路选择器的输入分别连接到行和列地址线，实现在不同时刻选择行地址或列地址的目标，从而达到用简单结构实现复杂选址的目的。

3. 全加器

CPU 的一个重要组成部件是算术逻辑运算器，可实现算术运算和逻辑运算。逻辑运算可通过基本逻辑门直接实现。算术运算的核心是加法运算，减、乘、除等运算都可用加法器实现。下面介绍如何用基本逻辑门构成实现加法运算的逻辑电路。实现加法运算的电路称为加法器，一般有半加器和全加器两种。前者有两个输入和两个输出，输入是参与加法运算的两个 1 位二进制值，输出是两数相加后的和与进位。后者比前者多一个输入——低位的进位。图 2-9（a）所示为全加器电路，图 2-9（b）所示为根据二进制加法规则得到的全加器真值表。在全加器中，输入 A 和 B 代表加数和被加数，C_i 代表下位的进位；输出 S 是本位和，C_o 是向上的进位。

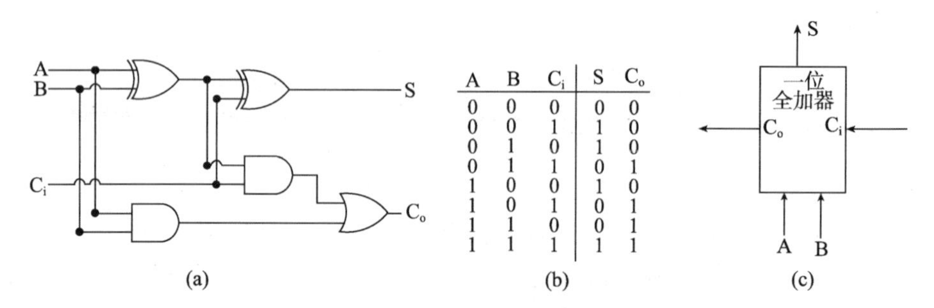

A	B	C_i	S	C_o
0	0	0	0	0
0	0	1	1	0
0	1	0	1	0
0	1	1	0	1
1	0	0	1	0
1	0	1	0	1
1	1	0	0	1
1	1	1	1	1

图 2-9　1 位全加器电路结构和真值表

可将全加器电路抽象为一个 3 输入、2 输出的标识符号，如图 2-9（c）所示。通过将多个 1 位全加器串接起来，可构成多位全加器，如图 2-10 所示。

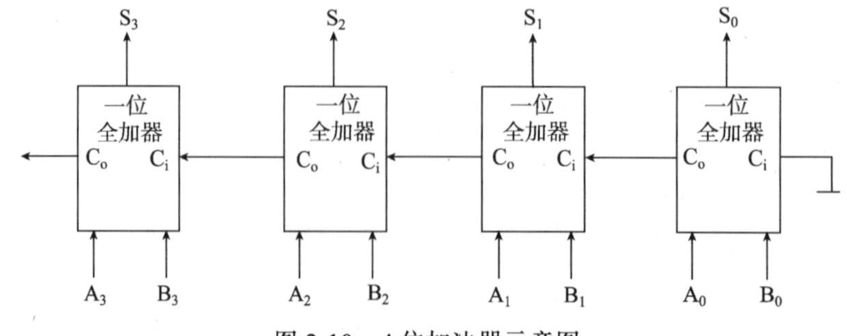

图 2-10　4 位加法器示意图

2.3　计算机数值表示

一个二进制数一般由三类符号组成，第一类是数字“0”和“1”，第二类是数符“+”和“–”，第三类是小数点“.”。若要表示这样的数值，必须解决如何用二进制对这三类符号进行编码的问题。数字 0 和 1 的二进制编码是直接的，不用赘述。剩下的问题是数符和小数点如何处理。

本节介绍数值的二进制表示方法。首先讨论不含小数点的数值的编码方法，其中包含三种编码，即原码、反码和补码。然后描述小数点的处理方法，不同的处理方法衍生出数值的不同表示格式，即定点数格式和浮点数格式。

表示某范围的数值，需要足够的二进制位数。计算机使用不同数目的二进制位，表示不同范围、不同类型的数。常用的位数有 8、16、32 和 64 等，它们都是一个字节长度的整数倍。参加运算的两个数必须是相同类型的，这包括编码形式相同和编码长度相同。如果两个数的类型不同，则需要经过转换使它们变为相同。

2.3.1　计算机码制

二进制数的码制指数值的编码方法，一般有原码、反码和补码等三种。其中原码和补码是现代计算机中实际使用的编码。而反码是从原码过渡到补码的中间形式，是一种辅助编码，在计算机中不直接使用。这些编码形式用来表示带数符而不含小数点的数值。

计算机中参加算术运算的数都带有数符，以区别正数和负数。一个带符号的二进制数由两部分组成，即数符部分和数字部分。在计算机中用 0 表示正，用 1 表示负。将数符数字化而得到的数值表示称为机器数，相对应的原始带符号的数称为真实值。原码、反码或补码都分别是机器数的一种形式，而+1010101 和–1101101 是真实值的两个例子。

假设用 n 位二进制对真实值 X 进行编码，原码的编码方法如下：

- n 位原码的最高位（最左边的一位，称为符号位）对真实值 X 的数符部分进行编码，若 X 的数符为“+”，则该位为 0，否则该位为 1。
- 原码中剩下的（$n-1$）位对 X 的数字部分进行编码，编码与 X 的数字部分相同。但是，如果 X 的数字不足（$n-1$）位，则高位补 0，补足至（$n-1$）位。

设有两个真实值 X 和 Y，X = +101，Y = –1010。用 8 位二进制编码，则它们的原码分别为

$$[X]_{原} = 00000101 \qquad\qquad [Y]_{原} = 10001010$$

对应于数值 0，既可以写成+0，又可以写成–0。因此，0 的原码有两个：00…0 和 10…0。

若真实值中数字的个数（不含前缀 0）多于（$n-1$），则不能用 n 位原码编码。例如，若 X = +10101010，则 8 位原码不能对其进行编码。它的正确原码至少有 9 位。

假设用 n 位原码表示真实值 X，则能表示的 X 大小范围是 $-(2^{n-1}-1)\leqslant X\leqslant(2^{n-1}-1)$，

总共（2^n-1）个整数。

原码的优点是简单直观，容易理解，缺点是做加法和减法运算较为复杂。

正数的反码、补码与原码完全相同。负数的反码可以在其原码的基础上，将数字部分按位取反而得到。所谓按位取反，是指将数字部分的每一位上的 0 变 1，或者 1 变 0。负数的补码通过对其反码加 1 而得到。在补码中，数值 0 只有一种表示，即 00…0。而符号位为 1 数字位全 0 的补码代表其所能表示的最小整数。若补码有 n 位，则 10…0 是数值-2^{n-1}的补码。

设 X = +1101 和 Y = −1110 是两个真实值。用 8 位二进制编码，则它们的反码和补码分别为

$$[X]_{反}=00001101 \qquad [Y]_{反}=11110001$$

$$[X]_{补}=00001101 \qquad [Y]_{补}=11110010$$

而 00000000 是 0 的 8 位补码，10000000 则是数值−128 的 8 位补码。

n 位补码能表示的数有 2^n 个，是 $-2^{n-1}\sim(2^{n-1}-1)$ 范围中的所有整数。

下面讨论补码的加法和减法运算。其中，有两点要给予充分的注意，其一是补码的减法可用补码的加法实现，其二是补码运算的溢出。

因为$[X+Y]_{补}=[X]_{补}+[Y]_{补}$ 和 $[X-Y]_{补}=[X]_{补}+[-Y]_{补}$，所以算术运算中的加法和减法都能用补码加法实现。用加法操作实现减法时，将减数从正数变为负数，或从负数变为正数，然后做变换后的两个数的加法。补码表示中，正负数之间的变换操作相对简单。

在做加法时补码的数符位同样参与运算，其进位自动忽略。也就是说，在补码的加法运算中不需区分数符和数字，可把它们同等对待。下面的两个例子说明了如何做补码加法运算，其中第二个是用补码加法实现减法的例子。

【例 2-1】　设真实值 X = +1010，Y = −1101，求 X + Y。

解：利用公式$[X+Y]_{补}=[X]_{补}+[Y]_{补}$求解该问题。首先分别求 X 和 Y 的补码，然后做补码加法。

$$[X]_{补}=01010$$

$$[Y]_{补}=10011$$

$$[X]_{补}+[Y]_{补}=01010+10011=11101$$

因此，$[X+Y]_{补}=11101$，X + Y = − 11。

【例 2-2】 设真实值 X = +1010，Y = −10，求 X − Y。

解：利用公式$[X-Y]_{补}=[X]_{补}+[-Y]_{补}$，用补码加法实现它们之间的减法运算。首先分别求 X 和−Y 的补码，然后做补码加法。

$$[X]_{补}=01010$$

$$[-Y]_{补}=00010$$

$$[X]_{补}+[-Y]_{补}=01010+00010=01100$$

因此，$[X-Y]_{补}=01100$，X −Y = +1100。

计算机在做算术运算时，要检测运算过程中可能出现的错误，一旦检测出错误，计

算机将报告该错误，以便用户进行处理。例如，除法运算中除数为 0 的错误。另外一个典型的错误称为“溢出”。

所谓溢出是指，对两个操作数做运算时，其结果超出机器数能表示的范围。如果作为结果的正数超出了范围，称为正溢出；如果结果负数超出了范围，称为负溢出。很显然，发生溢出时，结果的误差之大，一般是不能接受的。下面用补码的加法运算进一步解释溢出的概念，假设用 5 位二进制表示补码。

设 $X_1 = +1101$，$X_2 = +1001$，$Y_1 = -1011$，$Y_2 = -1100$，则

$[X_1]_{补} + [X_2]_{补} = 01101 + 01001 = 10110$ ……………… 正溢出

$[Y_1]_{补} + [Y_2]_{补} = 10101 + 10100 = 01001$ ……………… 负溢出

由于符号位参加运算，且补码限定为 5 位，在上面的第一个加法中，符号位的加法运算结果为 1，出现正溢出。在第二个加法中，符号位的加法运算结果中，进位为 1，本位为 0，出现负溢出。

判断补码加法运算溢出错误的规则是，当加法的两个操作数的符号位相同，结果的符号位相反时，则出现溢出错误。如果操作数的符号位为 1，则是正溢出，否则是负溢出。

为什么引入补码？补码的背景原理是什么？第一个问题在前面的叙述中已经给出了答案，即算术运算加法和减法都能用补码加法实现，且加法结果的正负不需要通过判断两个操作数的绝对值的大小来决定。运算规则的简洁性将使得我们能够以更小的代价获得其物理实现。

要解释补码，首先要建立“模”（Module）的概念。模是一个数，它规定了计数范围的上界。时钟的计数范围是 0~11，模为 12。当时针越过 12 时，计数又从 0 开始。也就是说，当计数达到或超过模时，产生“溢出”，计数重新从 0 开始。假设现在的实际时间是七点钟，而时针指向 10。要纠正时钟的错误，有两种方法。一种是做加法，将时针沿顺时钟方向拨九个小时，即 $(10 + 9) \bmod 12 = 7$（其中 mod 代表除法取余运算，在该式中，19 除以 12 得余数 7）。另一种是做减法，将时针沿逆时针方向拨三个小时，即 $(10 - 3) \bmod 12 = 7$。由此可见，减法和加法的效果是一样的。这说明，在模运算中用加法可以实现减法。相对于模 12，1 与 11、2 与 10、3 与 9、…、6 与 6 互为“补数”。在计算机中补数就是补码。

下面解释前面所述求补码方法是如何得来的。假设用 n 位二进制编码，a 是小于 2^{n-1} 的正数，$a = a_{n-2}a_{n-3}\cdots a_1a_0$。则 a 可表示为

$$a = a_{n-2} \times 2^{n-2} + a_{n-3} \times {}^{n-3} + \cdots + a_1 \times 2^1 + a_0 \times 2^0$$

2^{n-1} 可表示成

$$2^{n-1} = 1 + 2^0 + 2^1 + 2^2 + \cdots + 2^{n-2}$$

相对于模 2^{n-1}，a 的补码是 $2^{n-1} - a$。将上面两个式子带入补码中，则有

$$2^{n-1} - a = (1 - a_{n-2}) \times 2^{n-2} + (1 - a_{n-3}) \times 2^{n-3} + \cdots + (1 - a_1) \times 2^1 + (1 - a_0) \times 2^0 + 1$$

由于 a_i（$i = 0, 1, \cdots, n-2$）或者为 0，或者为 1，则（$1 - a_i$）是 a_i 的取反。令负数 $-a = -2^{n-1} + (2^{n-1} - a)$，前一项 -2^{n-1} 是补码的最高位 1，也即负数的符号位 1，代表数符。后

一项（2^{n-1} – a）是 a 相对于模 2^{n-1} 的补数。

2.3.2　定点数和浮点数

定点数和浮点数代表计算机中数值的两种不同表示格式，它们由原码和/或补码构成。在本节的前面曾提到，对二进制数值编码，关键要解决两个问题，一个是如何对数符编码，在数值的码制中已经解决了该问题。另一个遗留的问题是，如何处理数值的小数点。在定点数和浮点数格式中提供了两种解决方案。

小数点只有一个，能够出现在数值中的任何位置。由于小数点的位置不固定，如果按照处理数符的方法，将小数点数字化，则没有直接的方法将它与数字区分开来。因而，只能通过计数确定小数点的位置。如此说来，表示一个数值需要两部分，一部分表示数值中的二进制数字串，另一部分确定小数点的位置。当然如果小数点位置固定不变，对小数点位置的计数就不是必需的了。

定点数用来表示整数和纯小数，纯小数指整数部分为 0 的数值。设想整数的小数点在所有数字的后面，纯小数的小数点在所有数字的前面（整数部分的 0 可省略）。如此可认为整数和纯小数的小数点位置是固定的。既然小数点的位置固定不变，就能够在数值的表示中隐藏起来，也就是说不予表示。因此，一个定点数只包含一个编码，这个编码可以是原码或补码。定点格式表示的整数称为定点整数，表示的小数称为定点小数。假定用 n 位二进制对数值编码，图 2-11 显示了定点整数的格式，其中每个小方格表示一个二进制位，并约定小数点在最低数字位之后。图 2-12 显示了定点小数的格式，约定小数点在符号位之后、最高数字位之前。从这两个图中可看出，用定点格式表示的整数和纯小数，在形式上没有区别。一个定点数表示的是整数还是小数？这取决于如何解释它。

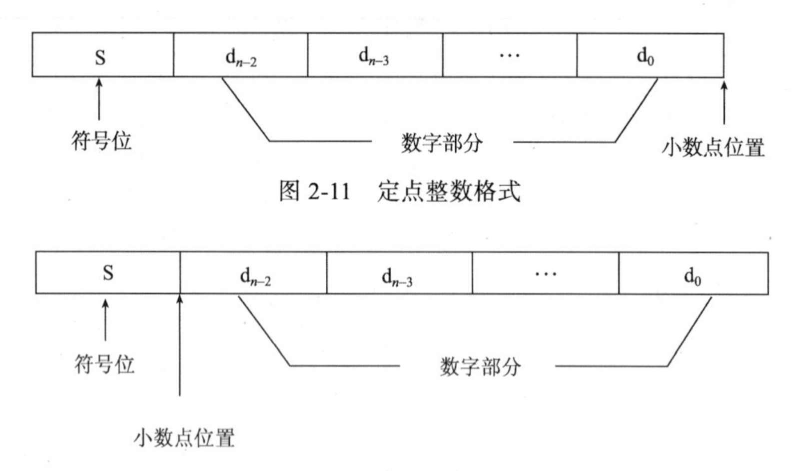

图 2-11　定点整数格式

图 2-12　定点小数格式

浮点数可用来表示整数、纯小数和混合数（整数部分和小数部分皆不为 0）。整体上说，这些数的小数点位置不确定，在表示时需要记录小数点的位置。如何以一种经济、自然且有效的方法记录小数点的位置？这使我们联想起科学计数法。对于 R 进制，任何一个有穷数都可表示为

$$M \times R^E$$

其中，M 称为尾数，E 称为阶码。下面给出了科学计数法的三个例子，其中阶码和尾数都是用二进制表示。

$$10110 = 1011 \times 2^1 = 101.1 \times 2^{10} = 10.11 \times 2^{11} = 1.011 \times 2^{100} = 0.1011 \times 2^{101}$$
$$11.01 = 1.101 \times 2^1 = 0.1101 \times 2^{10}$$
$$0.00011 = 0.0011 \times 2^{-1} = 0.011 \times 2^{-10} = 0.11 \times 2^{-11}$$

当进制 R 固定不变时，可以省略，小数点的位置由阶码调节。因此，一个浮点数由尾数和阶码两部分组成，其中尾数是纯小数，其格式与定点小数相同，用原码（或补码）表示，阶码是整数，其格式同于定点整数，用补码表示。习惯上阶码部分置于尾数部分之前。图 2-13 显示了浮点数格式，其中 J 表示阶码数符，S 表示尾数数符。

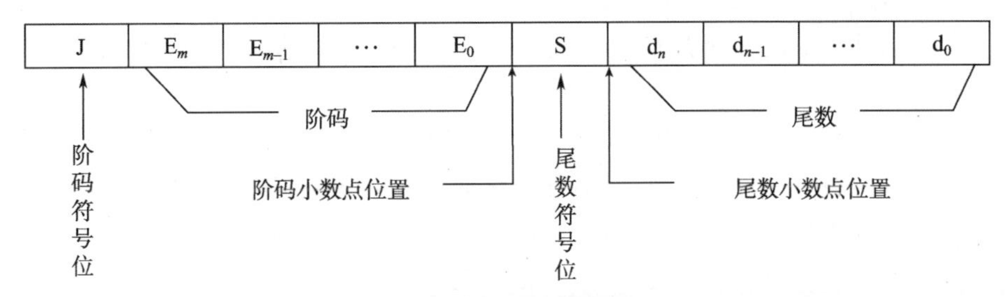

图 2-13　浮点数格式

计算机中用固定的二进制数位表示参与算术运算的操作数和结果。为了在结果中保留更多有效的非 0 数字，提高运算精度，浮点数一般以规格化的形式出现。对于一个数 X，所谓浮点规格化表示是指，如果 X 的值是 0，其浮点规格化编码由全 0 组成。如果 X 是一个非 0 数，通过调节阶码，使其尾数 M 满足 $1/2 \leqslant |M| < 1$，然后用浮点格式编码，该编码就是 X 的浮点规格化形式。

若尾数用原码表示，对于非 0 数，其规格化形式编码的最高数字位为 1。而在尾数的补码表示中，为了计算机判别的方便性，往往不将−0.5 规格化。这样，在尾数 M 的补码中，若 M 是正数，则规格化编码的最高数字位为 1。若 M 是负数，则其规格化编码中，最高数字位为 0。

假设阶码用 8 位二进制表示，尾数用 16 位二进制表示，二进制数−11.011 和 0.000101 的浮点规格化表示分别如下（尾数用原码）：

000000101110110000000000
111111010101000000000000

2.4　字 符 编 码

2.4.1　字符编码的概念

字符信息是最基本的信息类型之一。一个字符是指独立存在的一个符号，如中文汉字、大小写形式的英文字母、日文的假名、数字和标点符号等。还有一类所谓控制字符，用于通信、人机交互等方面，起控制作用，如“回车符”、“换行符”等。在人类文明发展的过程中，发明了各种各样的符号体系，用来表征事物，交流思想。其中典型的符号体系是人类所使用的语言。在一个符号体系中，存在一组基本符号，它们可构成更大的语言单位。这组基本符号的数目一般比较小。如英语的字母，用它可构成英文的单词。英文单词有成千上万个，但英文字母加起来仅有 52 个。例外的情况是汉语，汉语中由汉字构成有意义的词或词组，但汉字数目比较大。

给定对象集合 O 和一个符号集合 S，S 含有限多个简单、易辨识的符号。用 S 对 O 进行编码是指，把 S 中符号组成的有限长度串赋给 O 中的每个对象，赋给对象的符号串称为该对象的编码。不同的对象将赋予不同的符号串。日常生活中人们常常使用编码，如居民身份证号，是十进制数字串对人的编码；邮政编码是用十进制数字串标识地方；学校使用的学号由字母和数字串组成，用于标记学生。有些编码具有结构，如居民身份证号中包含了居住地、出生年月日和性别等部分，计算机中的 IP 号由网络编号和主机编号组成。

编码有等长编码和非等长编码之分，等长编码中每个编码包含的符号数相等，非等长编码中不同编码其长度可以不同。不等长编码的通用原则是将较短的编码赋予出现频率高的对象。这样做的好处是由编码组成的文本将以较高的概率呈现简短的形式，从而节省承载文本的介质资源和交换文本的通信资源。

由于应用的上下文不同，同一个对象可能有多种编码。用汉字来说明这个现象。汉字输入时使用的编码称为输入码，常见的有拼音编码和字形编码，前者是按照汉字的音节编码，基本上与汉字的拼音字母相对应。这种编码又简称为音码。后者按照汉字的字形结构编码，编码中既考虑汉字的部首偏旁，又考虑汉字的笔画顺序。字形编码又简称为形码。汉字输出时使用的编码称为输出码，它反映了汉字书写或印刷时的图像，由像素点矩阵构成。每个像素点之值或为 1 或为 0，汉字图像中笔画处的像素点为 1，空白处的像素点为 0（欲了解图像编码技术的细节，请参见第 6 章）。计算机内部使用的汉字编码称为机内码，是一种二进制编码。汉字机内码一般遵循国家标准汉字编码规则。中国大陆等地区使用的汉字机内码称为国标码，是一种基于区位码的编码方案。

计算机内部用二进制对字符对象进行编码。面向人时，为了便于理解，也用十进制、八进制或十六进制的形式给出。对于任意一个字符对象集合，不同的人都可设计自己的编码体系。但是为了减少编码体系之间转换的复杂性，提高处理效率，相关组织发布了标准编码方案，以便共享。如英文字符的 ASCII 编码、中国国家标准汉字编码和全球通用的 Unicode 编码等。

字符信息是计算机处理的基本信息类型，需要在其上定义一组基本运算。这些运算作用于字符编码，在计算机中通过二进制算术运算予以实现。字符编码的减法运算是最基本的。两个字符编码之差的结果是它们在编码表中的距离，利用这个结果可以判断两个编码是否代表同一个字符。即两个编码的差为 0 时，它们代表同一个字符。两个字符编码之和在一般情况下没有意义，但一个字符编码加上一个整数 n，可得到编码表中该字符之后第 n 个字符的编码。

更重要的运算是定义在字符串（Character String）上的。一个字符串由 n（$n≥0$）个字符组成，当 $n=0$ 时，称之为空串。字符串的引用由双引号界定，如“China”是一个由 5 个英文字母组成的字符串，其中 5 表示字符串的长度。字符串运算以函数形式给出，常见的基本字符函数有 strlen ( )、strcat ( )、strcmp ( )和 strstr ( )等。利用 strlen ( )可以统计一个文本中包含的字符数目；利用 strcat ( )可以将两个字符串拼接在一起，形成一个新字符串；利用 strcmp ( )可以判断两个字符串是否一致；利用 strstr ( )可以判断一个字符串是否连续出现在另一个字符串中。

字符信息的复杂处理都是通过这些基本函数实现。例如，在一个花名册中查找某人的姓名，就要用到 strcmp ( )函数。在互联网上搜索信息，常常用关键字匹配方法。搜索过程能够这样描述：假设网页中的字符构成的文本为 b，用户输入的关键字为 w，则可以将运算 strstr ( )作用于 b 和 w。如果用 strstr ( )判断出 b 包含 w，则返回该网页。

2.4.2　ASCII 码

ASCII 码（American Standard Code for Information Interchange）是美国国家标准化学会（American National Standards Institute，ANSI）发布和维护的用于信息交换的字符编码。ASCII 码中所含字符个数不超过 128（见表 2-9），其中包含控制符、通信专用字符、十进制数字符号、大小写英文字母、运算符和标点符号等。打印出来时，控制字符和通信专用字符是不可见的，不占介质空间，它们指明某种处理动作。其他字符是可见的，因而称为可视字符。

一个 ASCII 码由八位二进制（一个字节）组成，实际使用低七位，最高位恒为 0。因此，ASCII 码中的字符不能超过 128 个。八位二进制能够编码 256 个，有一半编码空置。这主要是为以后的应用留下扩展空间，或最高位留作他用。例如，汉字编码用上了最高位，所有汉字编码的两个八位的最高位都是 1，以便将汉字编码与 ASCII 码区分开来。表 2-9 中，第一行列出编码中高四位，第一列给出低四位。一个字符所在行列的高

表 2-9　ASCII 码

<table>
<tr><th></th><th>0000</th><th>0001</th><th>0010</th><th>0011</th><th>0100</th><th>0101</th><th>0110</th><th>0111</th></tr>
<tr><td>0000</td><td>NUL</td><td>DLE</td><td>SP</td><td>0</td><td>@</td><td>P</td><td>‘</td><td>p</td></tr>
<tr><td>0001</td><td>SOH</td><td>DC1</td><td>!</td><td>1</td><td>A</td><td>Q</td><td>a</td><td>q</td></tr>
<tr><td>0010</td><td>STX</td><td>DC2</td><td>“</td><td>2</td><td>B</td><td>R</td><td>b</td><td>r</td></tr>
<tr><td>0011</td><td>ETX</td><td>DC3</td><td>#</td><td>3</td><td>C</td><td>S</td><td>c</td><td>s</td></tr>
<tr><td>0100</td><td>EOT</td><td>DC4</td><td>$</td><td>4</td><td>D</td><td>T</td><td>d</td><td>t</td></tr>
<tr><td>0101</td><td>ENQ</td><td>NAK</td><td>%</td><td>5</td><td>E</td><td>U</td><td>e</td><td>u</td></tr>
<tr><td>0110</td><td>ACK</td><td>SYN</td><td>&</td><td>6</td><td>F</td><td>V</td><td>f</td><td>v</td></tr>
<tr><td>0111</td><td>BEL</td><td>ETB</td><td>,</td><td>7</td><td>G</td><td>W</td><td>g</td><td>w</td></tr>
<tr><td>1000</td><td>BS</td><td>CAN</td><td>)</td><td>8</td><td>H</td><td>X</td><td>h</td><td>x</td></tr>
<tr><td>1001</td><td>HT</td><td>EM</td><td>(</td><td>9</td><td>I</td><td>Y</td><td>i</td><td>y</td></tr>
<tr><td>1010</td><td>LF</td><td>SUB</td><td>*</td><td>:</td><td>J</td><td>Z</td><td>j</td><td>z</td></tr>
<tr><td>1011</td><td>VT</td><td>EAC</td><td>+</td><td>;</td><td>K</td><td>[</td><td>k</td><td>{</td></tr>
<tr><td>1100</td><td>FF</td><td>ES</td><td>’</td><td><</td><td>L</td><td>\</td><td>l</td><td>|</td></tr>
<tr><td>1101</td><td>CR</td><td>GS</td><td>–</td><td>=</td><td>M</td><td>]</td><td>m</td><td>}</td></tr>
<tr><td>1110</td><td>SO</td><td>RS</td><td>.</td><td>></td><td>N</td><td>^</td><td>n</td><td>~</td></tr>
<tr><td>1111</td><td>SI</td><td>US</td><td>/</td><td>?</td><td>O</td><td>_</td><td>o</td><td>DEL</td></tr>
</table>

四位编码和低四位编码组合起来，即为该字符的编码。例如，大写字母 A 的编码为 01000001，十进制为 65；数字符号 0 的编码为 00110000，十进制为 48。从这里可以看出，数字符号的 ASCII 码与它所代表的数值是完全不同的两个概念。

分析 ASCII 码表，可得出其中常见的编码的大小规则，即 0~9 < A~Z < a~z。数字 0 的编码比数字 9 的小，并按 0 到 9 顺序递增，如“5”<“8”；数字编码小于英文字母编码，如“9”<“A”；字母 A 的编码比字母 Z 的编码小，并按 A 到 Z 顺序递增，如“A”<“Z”；同一个英文字母，其大写形式的编码比小写形式的编码小 32，如“a” – “A” = 32。

应记住几个常见的字符编码，如数字 0 的编码为 48，大写字母 A 的编码为 65，小写字母 a 的编码为 97，空格符（SP）为 32。用它们可推导出其他数字符号和英文字母的编码。

2.4.3　汉字编码

汉字编码适用于汉字信息的交换、传输、存储和处理。中国大陆、新加坡等地广泛采用的汉字编码标准是 GB2312-80，它由中国国家标准局发布，于 1981 年 5 月 1 日开始实施。其全称是“信息交换用汉字编码字符集——基本集”，GB2312 是标准文件的代码，其中 GB 是“国标”这两个汉字拼音的首字母，2312 是标准序号。GB2312 收录汉字 6763 个。另外，还收录了包括汉字拼音符与注音符、拉丁字母、希腊字母、日文平假名和片假名、俄语西里尔字母、运算符、数字符号、标点符号和序号等 682 个全角字符。

GB2312 包含的汉字数目大大少于现行使用的汉字，有很多汉字不在其中。在实际应用中，常常出现这样的情况：某个汉字不能输入，从而不能被计算机处理。为了解决这些问题，以及配合 Unicode 编码的实施，1995 年全国信息化技术委员会发布了“汉字内码扩展规范”，将 GB2312 扩展为 GBK。GBK 兼容 GB2312，包含 20902 个汉字。GB18030-2000（或 GBK2K）在 GBK 的基础上做了进一步扩充，增加了藏、蒙等少数民族文字。GBK2K 采用变字长的编码方法，其二字节部分与 GBK 兼容；四字节部分是扩充的字形和字位，从而从根本上解决了字位不够、字形不足的问题。

GB2312 的编码方案解决了两个问题。第一个问题是汉字排序，首先根据汉字使用频率的高低，将其分为两级。第一级包含 3755 个常用汉字，第二级包含 3008 个次常用汉字。然后将第一级中的汉字按照拼音字母顺序排列，同音字以汉字笔画为序，笔画的顺序是横、竖、撇、捺和折；将第二级中的汉字按部首顺序排序，与汉字字典使用的排序方法基本相同。根据确定的排序，在前的汉字将得到较小的编码，在后的汉字将得到较大的编码。

第二个问题是确定编码的形式。GB2312 的编码基于区位码，区位码的编码策略如下：将汉字编码表分为 94 个区，每个区又分为 94 个位。被编码的汉字字符都将分配到某区的某个位中。具体的分配方法是，01~09 区为符号和数字区，16~87 区为汉字区，10~15 区、88~94 区是空白区，留待扩充标准汉字编码用。其中一级汉字分布在 16~55 区，二级汉字分布在 56~87 区。把分配给字符的区和位的编号组合起来，就形成了该汉字的区位码。显然，这种编码方案是一种二维编码方案。第一维称为区，用区码标识，第二维称为位，用位码标识。因此，区位码由两部分组成，第一部分为区码，第二部分为位码。

GB2312 编码通过对区位码进行简单的变换而得到，变换方法是分别将区码和位码加上 32。在计算机内部，GB2312 编码占两个字节，第一个字节保存 GB2312 编码中对应区码的部分，第二个字节保存 GB2312 编码中对应位码的部分。为了与 ASCII 码区分开来，约定每个字节的最高位恒为 1。在计算机内部的这种编码形式，称为汉字的机内码。例如，“计算机”这三个汉字的区位码分别为 2838、4367 和 2790，GB2312 编码分别为 6070、7599 和 59122（低三位对应位码部分）。而它们的机内码分别为

1011110011000110　　1100101111100011　　1011101111111010

其机内码的十六进制表示分别为 BCC6、CBE3 和 BBFA。

2.4.4 Unicode 码

Unicode 码又称统一码、万国码或单一码，1994 年开始研发，1994 年公布第一个版本，并不断在完善和改进中。2006 年发布了最新版本 Unicode5.0.0。Unicode 是基于通用字符集（Universal Character Set，UCS）的标准而开发出来的。

Unicode 给世界上每种语言的文字、标点符号、图形符号和数字等字符都赋予一个统一且唯一的二进制编码，以满足跨语言、跨平台进行文本转换、处理的要求。随着计算机应用广泛发展，Unicode 码逐步得到普及。

Unicode 将 0~0x10FFFF（前缀 0x 表示它后面跟着十六进制数字串，这是在文本中常用的书写方法）之中的数值赋给 UCS 中的每个字符。Unicode 编码由 4 个字节组成，最高字节的最高位为 0。Unicode 编码体系具有较复杂的“立体”结构。首先根据最高字节将编码分成 128 个组（group），然后再根据次最高字节将每个组分成 256 个平面（plane），每个平面有 256 行（row），每行包括 256 个单元格（cell）。其中，group0 的 plane0 被称做基本多语言平面（Basic Multilingual Plane，BMP）。

UCS 中的每个字符被分配占据平面中的一个单元格，该单元格代表的数值就是该字符的编码。Unicode5.0.0 已经使用了 17 个平面，共有 $17 \times 2^8 \times 2^8 = 1114112$ 个单元格，其中只有 238605 个单元格被分配，它们分布在 plane0、plane1、plane2、plane14、plane15 和 plane16 中。在 plane15 和 plane16 上只是定义了两个各占 65534 个单元格的专用区（Private Use Area，PUA），分别是编码 0xF0000 ~ 0xFFFFD 和 0x100000 ~ 0x10FFFD。专用区预留给大家放置自定义字符。UCS 中包含 71226 个汉字，plane2 的 43253 个字符都是汉字，余下的 27973 个在 plane0 上。例如，中文字“汉”的 Unicode 码是 0x6C49，“字”的 Unicode 码是 0x5b57。从编码可看出，“汉”和“字”都在 plane0 上，因为其编码的高位两个字节都为 0。在 Unicode 编码中，汉字能够进一步扩充。目前相关专家正计划将康熙辞典中包含的所有汉字汇入 Unicode 编码体系中。

计算机使用 Unicode 编码时，要将其转换成相关类型的数据。数据类型不同，转换方法也不同。Internet 中有很多转换程序可供下载，在此就不详述转换方法了。

2.5 本 章 小 结

本章讨论了计算机基本信息表示方法，所谓基本信息，是指数值信息和字符信息。概括起来，本章有下列要点：

- 进制的概念。十进制和二进制是两个重要的进制系统，应用广泛。其中二进制的概念是重要的，因为二进制是计算机信息表示的基础，在计算机内部的底层，任何类型的信息都用二进制编码，还因为在计算领域，很多术语直接与二进制相联系，不懂得二进制，就不能很好理解这些术语。进制都是用来表示数的。同一个数可以用不同的进制表示，不同进制表示之间存在等价关系，利用这个等价关系可以在不同的进制之间进行转换。
- 二进制运算的物理实现。人们可以用很多不同的方法设计和实现二进制信息存储和运算的物理装置，包括机械的和电子的。通过本章给出的几个示例，读者应能悟出用物理方法实现信息存储和运算的一般原理，同时能够体会到二进制运算物理实现的简洁性和成本的低廉性。
- 数值的二进制表示。用二进制表示数值有三个基本编码方法：原码、反码和补码。其中原码和补码是计算机实际使用的编码方法，利用它们可以表示定点数和浮点数。定点数用于表示整数和纯小数，因为这些数中的小数点位置固定不变。定点数由一个编码组成。浮点数可表示任何数，总体上说，这些数小数点的位置游离不定。浮点数由两个编码组成，一个称为阶码，一个称为尾数。其中阶码可表征小数点的位置。在计算机中，浮点数的表示一般要求规格化。
- 字符信息的二进制表示。不同文化有不同的基本字符集，一个字符集可以有很多编码方法。但是，为了信息处理的高效性，必须颁布和使用标准的编码方案。国际上广泛使用的英文字符集编码是 ASCII 码，中国大陆流行的汉字编码是国标码，而 Unicode 编码是一种统一的编码方案，其现有的编码体系中囊括了世界上主要文化的字符集，并为容纳新的字符集预留了足够空间。

延伸阅读材料

J《计算机科学概论（第九版）》（Brookshear J G., 2007）一书对数的进制和数的二进制表示做了较详细的介绍，有些概念在本章省略了，如果希望对这部分内容做深入研究，可参阅该书。若希望了解 ASCII 码、汉语国标码和 Unicode 码的详细资料，可在百度搜索引擎中分别输入相应的关键字，能够很方便搜索到相关的编码表。

习　　题

1. 将下列十进制数转换为二进制数。

　　57　　128　　12.5　　−7.198　　3972　　0.00135　　−1000

2. 将下列二进制数转换为十进制数。

　　11010　　110　　−11.101　　0.1011　　−111.11　　−111111

3. 下面给出了不同进制表示的数，请按照从大到小的顺序将它们排序。

$(10110101100)_2$　　$(320570)_8$　　$(34818)_{10}$　　$(F21A)_{16}$

4. 将下面的二进制数转换为八进制和十六进制形式，八进制或十六进制数转换为二进制形式。

$(101110101)_2$　　$(1101100.11)_2$　　$(3756)_8$

$(415.213)_8$　　$(C6F02)_{16}$　　$(5AB.4D9E)_{16}$

5. 假设有两支友邻军队夜间在一条河的两岸并行行军。为了保持行动一致，他们必须进行通信。双方预先确定了 53 条通信密语。两支军队都没有带无线通信设备，但带了至少 8 支手电筒。请为他们设计一种通信方案，其中包含通信密语的编码方案。并分析你给出的方案的优缺点。

6. 假设有多条白线和一瓶墨水，用它们为工具记录每天发生的大事情。需要记录的大事情不超过 128 件。请设计一种存储方法，用来记忆每天发生的大事情。

7. 求下列二进制算术运算和逻辑运算的结果。

$1011 + 10101 = ?$　　$11 - 10.1 = ?$　　$1011 \times 1.1 = ?$　　$11.1 \div 100 = ?$

$1010 \wedge 0110 = ?$　　$1111 \vee 1001 = ?$　　$\neg 1011 = ?$　　$1011 \oplus 1101 = ?$

8. 十进制小数到二进制形式的转换是不精确的，用这一点能否否定在计算机中引入二进制的合适性？为什么？

9. 请问当 R-S 触发器中 R 和 S 端同时为 0 时会是什么情况？

10. 分别求下面真值的原码、反码和补码（码的长度为 8 位二进制）。

+11010　　−111111　　−0　　+0　　+101　　−101

11. 对于下面一组不同编码的数，请按照从小到大的顺序排列。

$(01110)_{原}$　　$(01101)_{补}$　　$(10110)_{反}$　　$(10000)_{补}$　　$(10110)_{原}$　　$(10010)_{补}$

12. 用六位补码运算完成下列二进制算式，其中 X 和 Y 是真值。

X = +10101，Y = +101，X + Y = ？

X = −1011，Y = +01011，X − Y = ？

X = −11，Y = −10110，X − Y = ？

X = +11100，Y = −11，X + Y = ？

X = +11011，Y = +101，X + Y = ？

X = −11001，Y = +10100，X − Y = ？

13. 用原码做加法和减法运算，如何判断溢出？

14. 欲把一个十进制数输入计算机，如何将其转换为计算机内部的二进制形式？请说明转换方法。

15. 假设在计算机内部有一个二进制表示的整数，希望输出对应的十进制数字字符串。请叙述相关的转换方法。

第 3 章　计算机硬件系统

【学习内容】

本章介绍计算机系统相关内容，主要知识点包括：

- 计算机系统结构、冯·诺依曼体系结构；
- 中央处理器结构和工作原理；
- 存储系统基础知识与工作原理；
- 总线结构、工作过程及常用标准；
- 输入/输出控制方式；
- 计算思维在计算机系统中的体现。

【学习目标】

通过本章的学习，读者应该：

- 了解计算机系统组成，理解系统各部分的作用；
- 掌握理解冯·诺依曼体系结构；
- 掌握中央处理器工作过程；
- 理解存储系统的设计原理、构成和工作原理；
- 理解输入/输出系统构成和控制方式，掌握基本术语和一些指标计算方法；
- 理解总线结构、工作原理以及评价指标。

本章主要介绍信息处理核心装置——计算机的硬件系统，包括其结构、如何支持信息处理，以及各部分在信息处理中的作用。首先从全局角度介绍计算机系统的体系结构，以冯·诺依曼体系结构为依据，介绍计算机系统的硬件构成。然后围绕着该体系结构各部件，介绍它们如何进行信息表示、信息传递和信息处理，偏重于各部件的核心构成以及基本工作原理。通过本章学习，读者应能掌握信息处理核心装置——计算机系统的硬件体系结构、该体系结构支持自动化和可编程信息处理的方法，以及如何协同完成信息处理任务。在本章的学习中，读者将看到如何在计算机硬件系统的设计中体现抽象化和自动化、流水线、缓冲、预取等计算思维思想。

3.1　计算机系统概论

一般来说，计算机是一种可编程的机器，它接收输入，存储并且处理数据，然后按某种有意义的格式进行输出。可编程指的是能给计算机下一系列的命令，并且这些命令能被保存在计算机中，并在某个时刻能被取出执行。

通常所说的计算机实际上指的是计算机系统，它包括硬件和软件两大部分。硬件系统指的是物理设备，包括用于存储并处理数据的主机系统，以及各种与主机相连的、用于输入和输出数据的外部设备，如键盘、鼠标、显示器、磁带机等，根据其用途分为输入设备和输出设备。计算机的硬件系统，是整个计算机系统运行的物理平台。计算机系统要能发挥作用，仅有硬件系统是不够的，还需要具备完成各项操作的程序，以及支持这些程序运行的平台等条件，这就是软件系统。因此，一个实际的计算机系统通常由图 3-1 所示的结构构成。

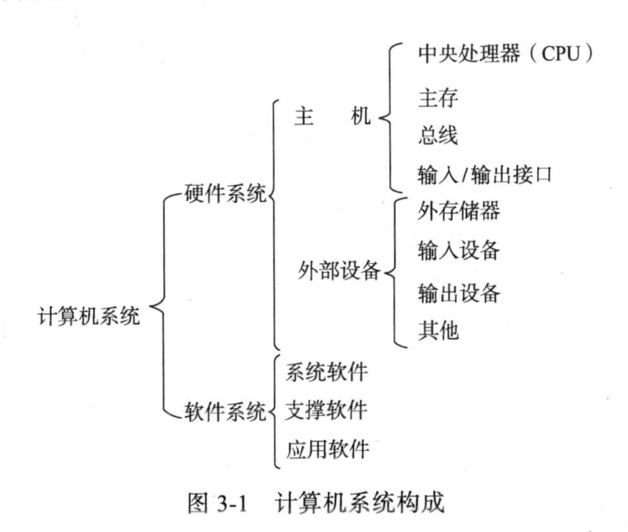

图 3-1　计算机系统构成

3.1.1　计算机硬件系统结构

目前占主流地位的计算机硬件系统结构是冯·诺依曼体系结构，由以冯·诺依曼为代表的美国科学家在 1946 年提出。在此之前出现的各种计算辅助工具，如差分机等，其用途是固定的，即各种操作是在制造机器的时候就固定下来，不能用于其他用途。以常见的计算器为例，我们只能用它进行各类定制好的运算，而无法用它进行文字处理、更不能打游戏。要使这类机器增加新的功能，只能更改其结构，甚至重新设计机器。因此，这类计算装置是不可编程的。

冯·诺依曼体系结构的核心思想——存储程序改变了这一切。通过创造一个指令集合，并将各种计算任务转化为一组指令序列，使得在不需改变机器结构的前提下，就能使其具备各种功能。在冯·诺依曼体系结构中，程序和数据都是以二进制形式存放在计算机存储器中，程序在控制单元的控制下顺序执行。程序是计算机指令的一个序列，指令是计算机执行的最小单位，由操作码和操作数两部分构成。操作码表示指令要执行的动作，操作数表示指令操作的对象，即数据。

在该体系结构中，计算机由存储器、运算器、控制器、输入和输出设备构成（见图 3-2）。在该体系结构中，需要执行的程序及其要处理的数据保存于存储器中，控制器根据程序指令发出各种命令，控制运算器对数据进行操作、控制输入设备读入数据、控制输出设备输出数据。

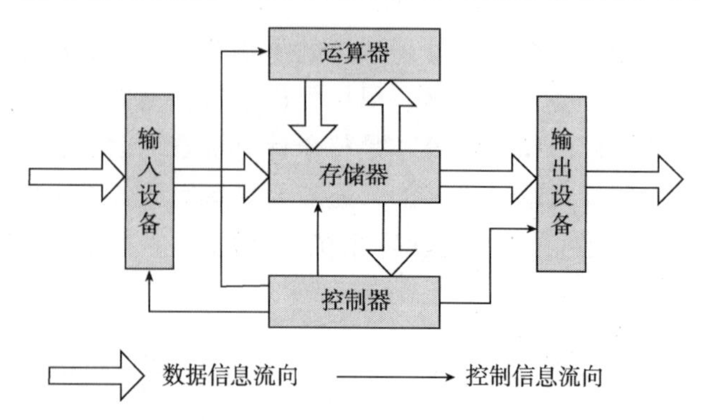

图 3-2　冯 · 诺依曼体系结构

在冯 · 诺依曼体系结构形成之前，人们将数据存储于主存中，而程序被看成是控制器的一部分，两者是区别对待和处理的。而将程序与数据以同样的形式存储于主存中的处理方法，对于计算机的自动化和通用性，起到了至关重要的作用。

冯 · 诺依曼体系结构指的是单机体系结构。为了提高计算机的性能，科学家们提出了各种体系结构。例如，由多个计算机构成的并行处理结构、集群结构等。它们的出现，是为了满足特定任务的要求，这些任务要求计算机系统有更高的能力，以满足诸如气象预报、核武器数值模拟、航天器设计等任务的需求。目前，主流的并行计算结构有对称多处理系统（Symmetric Multi Processing，SMP）、大规模并行处理系统（Massively Parallel Processing，MPP）和集群等。

可以进一步将图 3-2 所示的冯·诺依曼体系结构细化，就得到了典型的计算机硬件系统结构（见图 3-3）。该图中，冯·诺依曼体系结构中的控制器和处理单元被集中于 CPU 中，分别对应控制器和算术逻辑单元，主存对应存储器，各种输入/输出设备分别对应体系结构中的输入设备和输出设备，各种总线（图中以空心箭头表示）对应于冯·诺依曼体系结构图中的互连线，用于传输命令和数据。

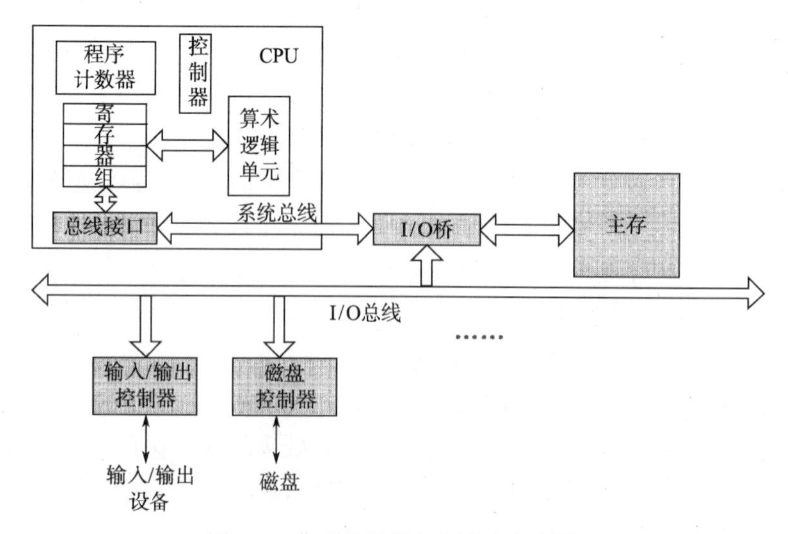

图 3-3　典型的计算机硬件组织结构

下面结合图 3-3，给出一些基本概念，这些概念将在后续几节中详细介绍。

1. 中央处理器（Central Processing Unit，CPU）

一般把中央处理器简称为处理器，是执行存储在主存中的指令的引擎。处理器主要由控制单元、算术逻辑运算单元和寄存器组（分为通用寄存器和专用寄存器）构成。从计算机加电开始，处理器一直在重复执行相同的任务：从主存读取指令、解释指令的操作码和操作数、在操作数上执行指令指示的操作，然后取下一条指令执行。

2. 主存

主存（又称为内存）是一个临时存储设备，在计算机执行程序过程中，用于存放程序和程序所处理的数据。逻辑上来说，主存是一个线性编组的单元格序列，每个单元格的长度是一个字节。每个单元格都有一个唯一的编号，即主存地址，地址是从零开始编号的。

3. 总线

总线是连接计算机各部件的一组电子管道，它负责在各个部件之间传递信息。

4. 输入/输出设备

输入/输出设备是计算机与外界的联系通道，如用于用户输入的鼠标和键盘，用于输出的显示器，以及用于长期存储数据和程序的磁盘。每个输入/输出设备通过一个控制器或适配器与输入/输出总线连接。

3.1.2　计算机软件

除了看得见摸得着的硬件之外，计算机系统中还包含各种计算机软件系统，简称为软件。严格来说，软件是指计算机系统中的程序、要处理的数据及其相关文档。程序是计算任务的处理对象和处理规则的描述，数据是程序操纵的对象，文档是开发和使用程序所需的描述或说明性资料。程序必须存入计算机内部才能工作，文档一般是给人看的，不一定存入计算机。

软件系统是用户与硬件之间的接口，着重解决如何管理和使用计算机的问题。用户主要是通过软件系统与计算机进行交流。软件是计算机系统设计的重要依据。为了方便用户，以及使计算机系统具有较高的总体效用，在设计计算机系统时，必须通盘考虑软件与硬件的结合，以及用户的要求和软件的要求。没有任何软件支持的计算机称为裸机，其本身功能有限，只有配备一定的软件才能发挥其全部功效。

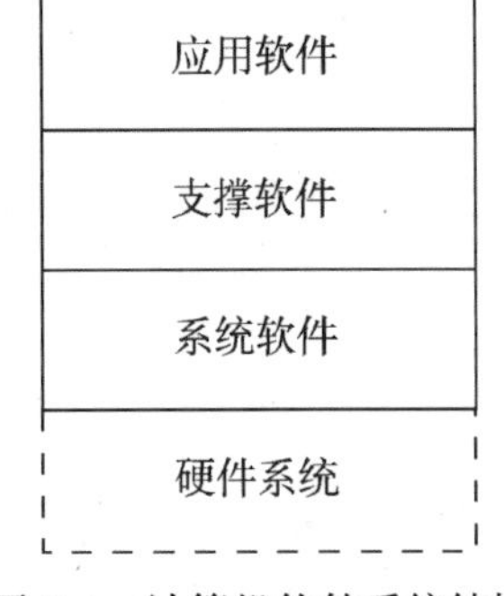

图 3-4　计算机软件系统结构

软件系统通常分为系统软件、支撑软件和应用软件。软件系统与硬件系统，以及软件系统之间的关系如图 3-4 所示。它们形成一种分层结构，下层软件向上层软件提供服务，上层软件利用下层软件提供的服务，以及特定的程序，可以完成指定的任务。

系统软件是管理、监控和维护计算机软硬件资源的软件，与计算机硬件紧密配合，使计算机系统中的各个部件、相关软件和数据协调、高效地工作。它使得计算机使用者和其他软件将计算机当作一个整体，而不需要考虑底层每个硬件是如何工作的。系统软件包括操作系统、编译软件、数据库管理系统等。操作系统是直接配置在计算机硬件之上的软件，主要功能是对计算机软硬件资源的管理，如进程管理、存储管理、文件管理、设备管理等，是其他软件运行的基础。操作系统还为用户与计算机、其他软件与计算机硬件的交互提供接口，简化了用户或软件访问计算机硬件设备的方式，减轻了编程负担。目前较为流行的操作系统有 Windows、Linux、UNIX 和 Mac OS 等。

支撑软件是支持软件开发、运行和维护的软件，包括建模工具、开发工具、编译器、网络中间件等。应用软件是为了某种特定的用途、支持应用领域的不同任务而开发的专门软件。它可以是一个特定的程序，如一个图像浏览器；也可以是一组功能联系紧密，可以互相协作的程序的集合，如微软的 Office 软件。

3.2　计算机硬件系统核心——CPU

CPU 是计算机系统的核心部件，控制计算机各部件协同工作，实现计算机主要功能。

3.2.1　CPU 结构

CPU 一般由算术逻辑运算器（Arithmetic and Logic Unit，ALU）、控制单元（Control Unit，CU）和寄存器组构成，由 CPU 内部总线将这些部件连接为有机整体（见图 3-5）。所有这些部件、总线以及外围辅助电路都由集成电路技术集成在一个硅片上。虽然经过近 50 年的发展，CPU 的体系结构和组成发生了很大的变化，但是其核心结构和部件基本保持稳定。

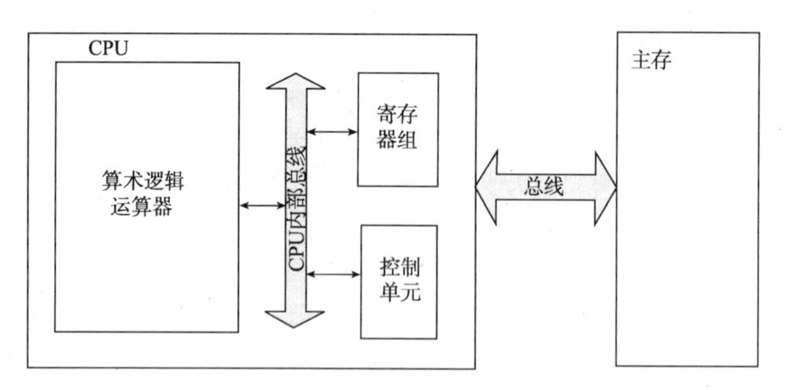

图 3-5　CPU 基本结构

控制单元的主要功能包括指令的分析、指令及操作数的传送、产生控制和协调整个 CPU 工作所需的时序逻辑等。一般由指令寄存器（Instruction Register，IR）、指令译码器（Instruction Decoder，ID）和操作控制器（Operation Controller，OC）等部件组成。CPU 工作时，操作控制器根据程序计数器保存的地址，从主存中取出要执行的指令，将其存放在指令寄存器 IR 中。然后对指令译码，提取出指令的操作码、操作数等信息。操作码将被译码成一系列控制码，用于控制 CPU 进行 ALU 运算、传输数据等操作。操作控制器按照确定的时序，向相应的部件发出微操作控制信号，协调 CPU 其他部件的动作。操作数将被送到 ALU 进行相应的操作，得出的结果在控制单元的控制下保存到相应的寄存器中。

控制单元还负责产生时序信号。CPU 的工作基准是时钟信号，这是一组周期恒定的脉冲信号，也称为时钟周期，是 CPU 工作的最小时间单位。在不同的时刻，CPU 要执行不同的操作，这种在时间上有严格顺序关系的操作序列就是时序。控制单元产生的时序信号用于控制 CPU 的各个部件按照一定的时间关系，协同完成指令要求的操作。

ALU 主要功能是实现数据的算术运算和逻辑运算。算术运算主要是加、减、乘、除运算，执行这些运算的是加法器，例如，通过对减数取负，与被减数相加实现减法。而乘法运算则是根据乘数的取值，不断累加被乘数得到结果。ALU 的逻辑运算由各种逻辑门实现，如与门实现逻辑与运算。一般来说，ALU 接收参与运算的操作数，并接收控制单元输出的控制码，在控制码的指导下，执行相应的运算。ALU 的输出是运算的结果，一般会暂存在寄存器组中。此外，还会根据运算结果输出一些条件码到状态寄存器，用于标识一些特殊情况，如进位、溢出、除零等。

寄存器组由一组寄存器构成，分为通用和专用寄存器组，用于临时保存数据，如操作数、结果、指令、地址和机器状态等。通用寄存器组保存的数据可以是参加运算的操作数或运算的结果。专用寄存器组保存的数据用于表征计算机当前的工作状态，如程序计数器保存下一条要执行的指令，状态寄存器保存标识 CPU 当前状态的信息，如是否有进位、是否溢出等。通常，要对寄存器组中的寄存器进行编址，以标识访问哪个寄存器，编址一般从 0 开始，例如，用 R0 表示寄存器组的第一个寄存器。一般来说，寄存器组中寄存器的数量是有限的，通常为 16、32 或 64 个。

数据、指令和控制信号等信息在 CPU 中各部件间的传送通道称为 CPU 内部总线。总线实际上是一组导线，是各种公共信号线的集合，用于作为 CPU 中所有各组成部分传输信息共同使用的“公路”。一般分为数据总线（Data Bus，DB）、地址总线（Address Bus，AB）、控制总线（Control Bus，CB）。其中，数据总线用来传输数据信息；地址总线用于传送 CPU 发出的地址信息；控制总线用来传送控制信号、时序信号和状态信息等。

CPU 处理的指令和数据来自于主存。由于 CPU 和主存之间的速度差异，直接对主存进行数据读写将会迟滞 CPU 的速度。因此，常常在 CPU 内部设计高速缓存——Cache，来补偿 CPU 访问主存的开销，并且常常设计多级 Cache。

3.2.2　指令系统

指令的结构如图 3-6（a）所示，操作码表示指令的功能，即执行什么动作，操作数表示操作的对象是什么，例如寄存器中保存的数据。计算机能识别的指令是由 0 和 1 构成的字串，称为机器指令。指令的长度通常是一个或几个字长，长度可以是固定的，也可以是可变的。图 3-6（b）给出了某款 CPU 的加法指令的示意图。该指令长度为 16 位

（一个字长），从左至右标识各位为 bit15 ~ bit0。bit15 ~ bit12 代表的是操作码，其中的编码 0001 表示加法操作。bit11 ~ bit0 对应操作数的表示，由于该指令需要 3 个操作数，bit11 ~ bit0 将会被拆分为 3 段，分别对应两个相加数（源操作数）和一个求和结果（目的操作数）。bit11 ~ bit9 对应保存目的操作数的寄存器地址，在该示例中为 110，即寄存器 R6，bit8 ~ bit6 与 bit2 ~ bit0 分别对应保存源操作数的寄存器地址，分别为 R2 和 R6。这条指令的意义是，对寄存器 R6 和 R2 中保存的数值进行加操作，其结果保存至寄存器 R6。bit5 ~ bit3 用于扩展加法指令的操作，此处不做解释。

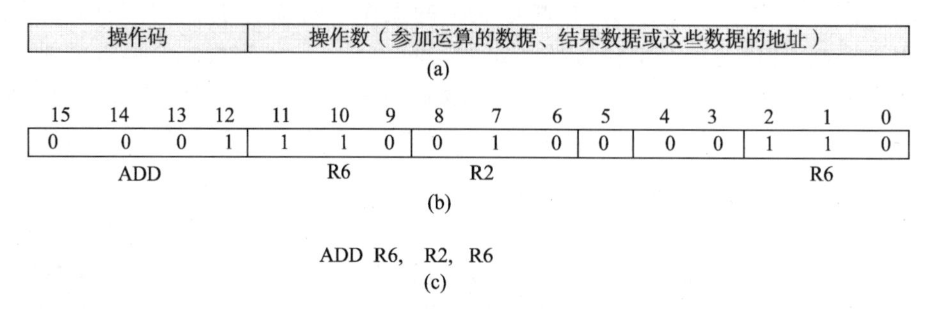

图 3-6　指令一般格式、加法的机器指令示例和加法的汇编指令示例

机器指令便于计算机阅读和理解，但是，不适合人使用。因此，在指令中引入了助记符表示操作码和操作数，以帮助人理解和使用指令。这样的指令称为汇编指令。如图 3-6（c）所示，用 ADD 来标识该指令是加法指令，R6 和 R2 标识用到的寄存器。计算机不能直接执行汇编指令，要由汇编器将其翻译成对应的机器指令才可执行。对图 3-6（c）的 ADD 指令，汇编器会将其翻译成图 3-6（b）所示的形式。

CPU 的指令是由指令集体系结构（Instruction Set Architecture，ISA）规定的。CPU 依照指令工作，每款 CPU 在设计时就规定了一系列与其硬件电路相配合的指令系统。ISA 是与程序设计有关的计算机结构的一部分，它定义了指令类型、操作种类、操作数数目、类型，以及指令格式等。指令的强弱是 CPU 的重要指标，因此设计一个好的指令集是提高微处理器效率的最有效途径之一。从现阶段的主流体系结构讲，指令集可分为复杂指令集和精简指令集。

在指令集中，通常定义的指令类型有：

- 操作指令，是处理数据的指令。例如，算术运算和逻辑运算都是典型的操作指令。
- 数据移动指令，它的任务是在通用寄存器组和主存之间、寄存器和输入/输出设备之间移动数据。例如，将数据从主存移入寄存器的 LOAD 指令和反方向移动数据的 STORE 指令等。
- 控制指令，是能改变指令执行顺序的指令。例如，无条件跳转指令，这类指令将程序计数器中的地址更改为一个非顺序的地址，使得下一条要执行的指令从这个新地址中获取。

人们可以用该计算机所装备的 CPU 的指令集中的指令编写程序，这样的程序称为机器指令程序。计算机的运行过程就是执行机器指令程序的过程。图 3-7 所示是一个程序示例，为了便于阅读，采用了汇编指令编写。语句中分号后面的文字是程序的注释，用于帮助人们阅读和理解程序，而计算机执行时将忽略这些注释。

```
      mov  #0,  R0      ; 将寄存器R0置为0
      mov  #1,  R1      ; 将寄存器R1置为1
loop: add  R1,  R0      ; 将R1与R0相加，结果保存到R0
      add  #1,  R1      ; R1加1
      cmp  R1,  #1000   ; 比较R1与1000的大小
      ble  loop         ; 如果R1小于等于1000，从loop指令开始执行
      halt              ; 程序结束
```

图 3-7　程序示例

这段程序用于计算 1+2+⋯+1000 的值。程序的前两条语句分别将寄存器 R0 设为 0，R1 设为 1。第 3 条语句将 R1 的值加到 R0 上，第 4 条语句将 R1 增 1。第 5 条语句将 R1 的值与 1000 进行比较。第 6 条语句测试比较的结果，如果 R1 的值小于或等于 1000，则重复执行第 3 ~ 5 条语句。如果 R1 的值大于 1000，则执行第 6 条语句，停机。程序中，add 是操作指令，ble 是控制指令。ble 与 cmp 一起使用，当 cmp 比较结果为小于等于时，该指令被执行，将执行顺序跳转到 loop 所标示的指令。

通常，用机器指令和汇编指令来编写程序是非常困难的，程序设计人员要把大量的精力花在记忆指令格式、操作码和操作数等与程序功能无关的方面。为此，设计了更加贴近于自然语言的程序设计语言，使人们在编程时，更多地关注程序要完成的任务，这种语言称为高级语言。用高级语言编写的程序经过编译器编译和链接，即可生成计算机能识别的机器指令构成的程序。

3.2.3　CPU 工作过程

CPU 工作过程是循环执行指令的过程。指令的执行过程是在控制单元的控制下，精确地、一步一步地完成的。CPU 执行一条指令的步骤顺序称为指令周期，其中的每一步称为一个节拍。CPU 执行不同指令的节拍数可能不同，但是通常都可归为取指令、译码、执行和写结果等四个阶段（见图 3-8）。

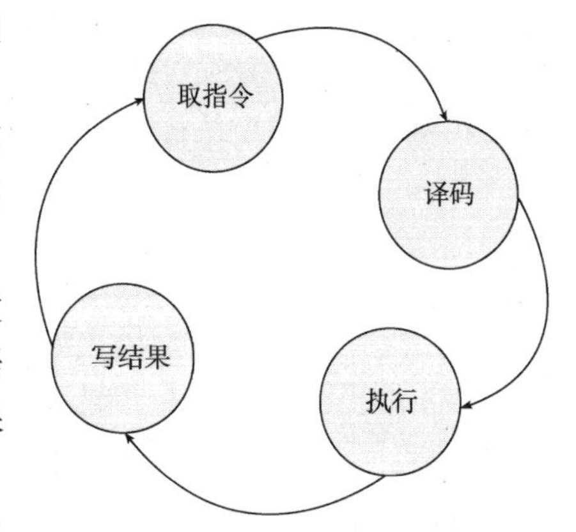

图 3-8　指令执行常见节拍划分

- 取指令。指令通常存储在主存中，CPU 通过程序计数器获得要执行的指令存储地址。根据这个地址，CPU 将指令从主存中读入，并保存在指令寄存器中。
- 译码。由指令译码器对指令进行解码，分析出指令的操作码、所需的操作数存放的位置。
- 执行。将译码后的操作码分解成一个相关的控制信号序列，以控制 CPU 各部件完成指令动作，包括从寄存器读数据，将其送入 ALU，并进行算术或逻辑运算。

- 写结果。将指令执行节拍产生的结果写回到寄存器，如果必要，将产生的条件反馈给控制单元。

以上的节拍划分是粗粒度的，通常每个节拍所包含的动作很难在一个时钟周期内完成，因此，会进一步将每个节拍进行细化，细化后的每个动作可在一个时钟周期内完成，细化后的动作不可再分。例如，取指令阶段可以再细分为：

- 将程序计数器的值装入到主存的地址寄存器；
- 将地址寄存器所对应的主存单元的内容装入主存数据寄存器；
- 控制单元将主存数据寄存器的内容装入指令寄存器，同时对程序计数器“增 1”。

可见，取指令这个节拍要花费 3 个时钟周期。对现代计算机来说，每个时钟周期非常短。例如，对主频为 3.3GHz 的 CPU，每秒将完成 33 亿个时钟周期，每个时钟周期的时间长度为 0.303ns，而取指令节拍将花费 0.909ns。

在最后一个节拍完成后，控制单元复位指令周期，从取指令节拍重新开始运行。此时，程序计数器的内容已被自动修改，指向下一条指令所在的主存地址。操作指令和数据移动指令的执行不会主动修改程序计数器的值，程序计数器将会自动指向程序顺序上的下一条指令。而控制指令的执行将会主动改变程序计数器的值，使得程序的执行将不再是顺序的。

以图 3-7 所示的程序为例来理解 CPU 的工作过程。假设这段程序存放在主存中的排列形式如图 3-9 所示。要开始执行这段代码时，将会由操作系统将程序计数器的值设为 A0，在取指令阶段将该地址的指令“mov #0, R0”取出并存入指令寄存器，同时程序计数器“增 1”为 A1。mov 指令经译码后，在控制单元控制下将寄存器 R0 置为 0。此时指令执行结束，控制单元复位，从取指令重新执行——根据程序计数器的值 A1 取下一条指令。该过程将一直执行到 ble 指令，该指令对上一条指令执行后设置的标志位进行判断，即 R1 保存的值是否小于等于 1000，如果是，ble 指令将会对程序计数器进行覆盖，将 loop 对应的指令地址写入程序计数器，使得下一条指令将不再是顺序执行的，而是跳转到 loop 所标示的指令开始执行；如果不是，ble 指令的执行不修改程序计数器的值，此时，将取 halt 指令执行。

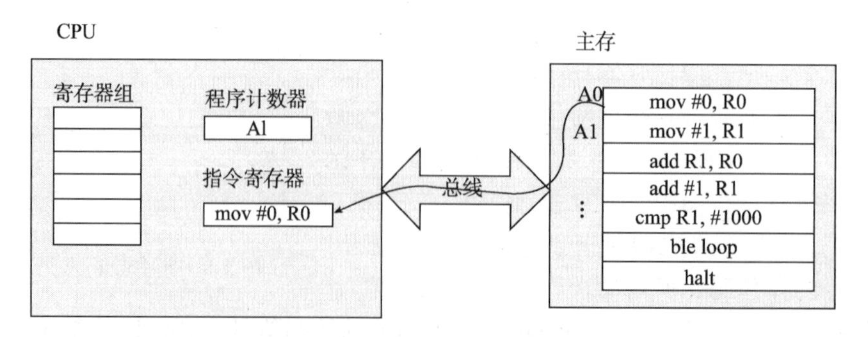

图 3-9　程序在主存中的存储形式

3.2.4　CPU 高级话题

计算机设计者一直在努力提高计算机的性能。一种方法是提高 CPU 的主频，但是在工艺等条件限制下，主频的提高有限度。目前多数 CPU 采用并行处理（同时做两件或更多的事情）的方法，在给定主频下得到更好的性能。

并行分为指令级并行和处理器级并行。前者是在指令之间进行并行，即 CPU 在单位时间内执行多条指令。后者是指多个 CPU 一起工作，解决同一个问题，本节重点介绍在一个硅片上集成多个 CPU 的结构。

1. 指令流水线

人们已经知道，从主存中取指令的过程是提高指令执行速度的瓶颈。一种解决办法是在 CPU 中增加一组被称为预取缓冲的寄存器，用于保存从主存中预先取出的指令，这样需要执行指令时，直接从预取缓冲中取得，不必等待一个取指令节拍。预取缓冲的作用是将取指令的时间开销缩短为 CPU 内部操作的时间开销。这种机制为指令流水线的实现提供了基础。

指令流水线是在指令执行周期分节拍的基础上，将指令执行分解成更细的步骤（十个或更多个），每个步骤由精心设计的硬件分别执行，使得同一时刻 CPU 能执行多条指令，实现指令级并行。

图 3-10（a）给出了将指令执行分解为 5 个节拍的执行过程。节拍 1 从主存中取指令到预取缓冲备用，节拍 2 对指令进行译码，节拍 3 从寄存器找到并取出操作数，节拍 4 完成实际指令功能，节拍 5 将结果写回目的寄存器。并且假设每个节拍可在一个时钟周期内完成。

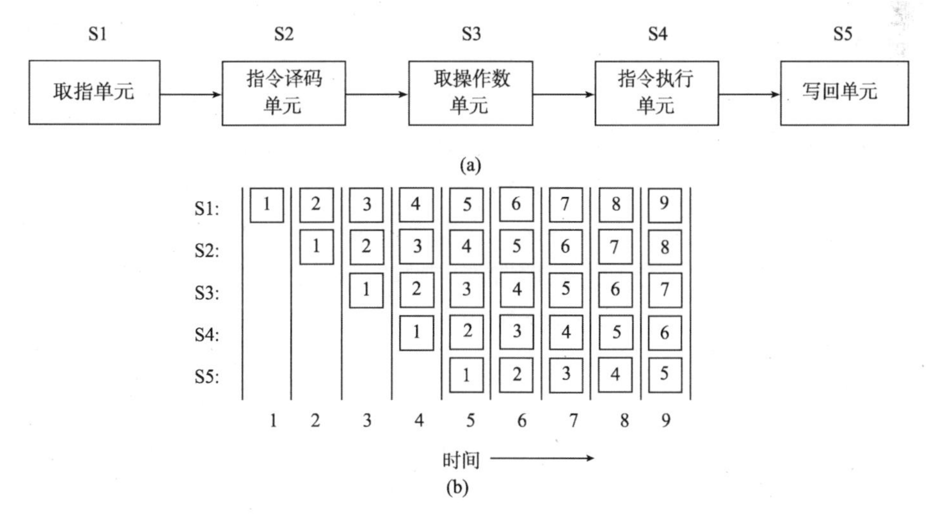

图 3-10　5 个节拍指令周期及随时间变化的流水执行过程

图 3-10（b）给出了随时间变化的流水执行过程。S1 ~ S5 表示 5 个节拍，时间轴每一格代表一个时钟周期，带方框的数字表示第几条指令。在时钟周期 1，指令 1 处于指

令执行的第 1 个节拍——取指令。到第 2 个时钟周期时，指令 1 处于第 2 个节拍——译码，而此时用于取指令的部件已经空闲下来，可以用于执行下一条指令，图中第 2 个时钟周期开始执行第 2 条指令的取指令节拍。第 3 个时钟周期，可以同时执行指令 1 的第 3 节拍、指令 2 的第 2 节拍，以及指令 3 的第 1 节拍。以此类推，这 5 个节拍构成了指令流水线。

假设该 CPU 的时钟周期为 1ns，则一条指令经过完整流水线需要 5ns。但是相比于串行执行每 5ns 才执行完一条指令，流水线以几乎 1ns 执行完一条指令的速度运行，速度接近原来的 5 倍。

更进一步，既然一条流水线可以提高 CPU 的性能，那么多条流水线更能提高性能了，这就是超标量体系结构的核心思想。图 3-11 所示是双流水线的一种设计示例。该设计中两条流水线共用一个取指令部件，可以一次取两条指令，然后分别将指令送到各自的流水线执行。要实现这种设计，需要多个功能单元来同时执行指令，并且同时执行的指令不能有资源冲突。

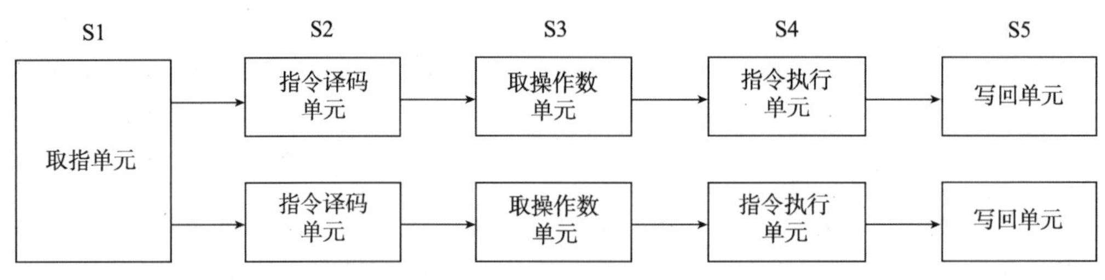

图 3-11　超标量体系结构示例

2. 多核处理器

此处的核指的是完整 CPU 芯片的一部分，这一部分是 CPU 工作的核心部分，包括读指令、真正执行指令的部件和互联机制。而多核处理器是在一个芯片内集成了两个或多个处理器核。根据核的数目，又可称双核处理器、四核处理器等。典型的双核处理器结构如图 3-12 所示，在该结构内，采用共享主存机制连接两个处理器核。

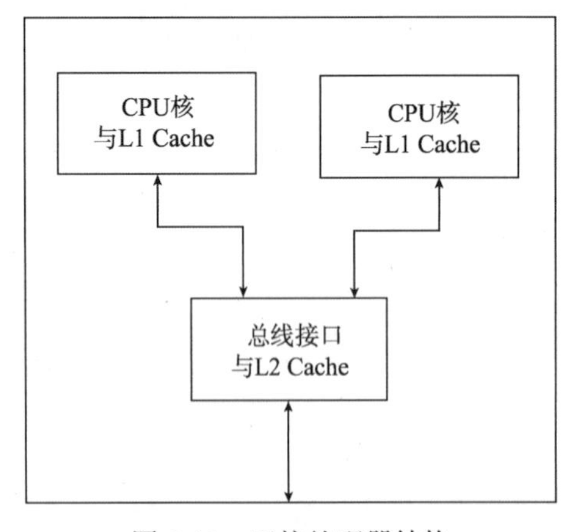

图 3-12　双核处理器结构

多核处理器也称为单芯片多处理器（Chip Multiprocessors，CMP），其设计思想是将大规模并行处理器中的 SMP 集成到同一芯片内，各个处理器并行执行不同的任务，相对于单 CPU 的指令流水线实现的指令级并行，多核处理器实现了任务级并行。但是多核也给处理器的设计带来了更多的挑战。例如，当一个芯片上集成多个处理器核时，其功耗和散热问题将会成为一个决定性因素。目前的一种解决方法是采用功耗控制电路，将不工作的核停机。此外，多核设计还存在 Cache 一致性、多线程、编程模式等挑战。当核的数量较多时（超过 10 个），又称为众核处理器。此时，相当于将大规模并行处理（Massive Parallel Processing，MPP）超级计算机集成到一个芯片上。除了上述挑战外，还需要专门设计片上网络（Network-on-Chip，NOC）来连接众多的处理器核，为核之间的快速通信提供相应的支持。

最早实现多核的通用处理器是 IBM 在 2001 年发布的 POWER4 芯片。近年来，几乎所有的高性能处理器都采用了多核体系结构，并且应用到了笔记本、微机等日常系统中。

3.3　存 储 系 统

计算机系统中的存储器一般分为主存（又称为内存）和辅存（又称为外存），主存可与 CPU 直接进行信息交换，其特点是运行速度快，容量相对较小，在系统断电后，其保存的内容会丢失。辅存属于外部设备的范畴，它与 CPU 之间不能直接交换数据，其特点是存储容量大，存取速度比主存慢，系统断电后其保存的信息不会丢失，存储的信息很稳定。

不论主存还是辅存，其访问速度与 CPU 的运行速度都有很大的差距，通常是数量级上的差别（如微秒和纳秒的差别）。为了让慢速设备配合 CPU 的快速运行，通常的做法是在 CPU 和主存之间插入一个更小、更快的存储设备（如 Cache）。实际上，计算系统中的存储器都被组织成存储层次结构（见图 3-13），称为存储系统。最上层是 CPU 中的寄存器，其访问速度能满足 CPU 的要求。下一层是高速缓存，一般容量是 32KB 到几兆字节。再往下是主存，然后是辅存，用于保存永久存放的数据。最后是用于后备存储的磁带和光盘存储器。

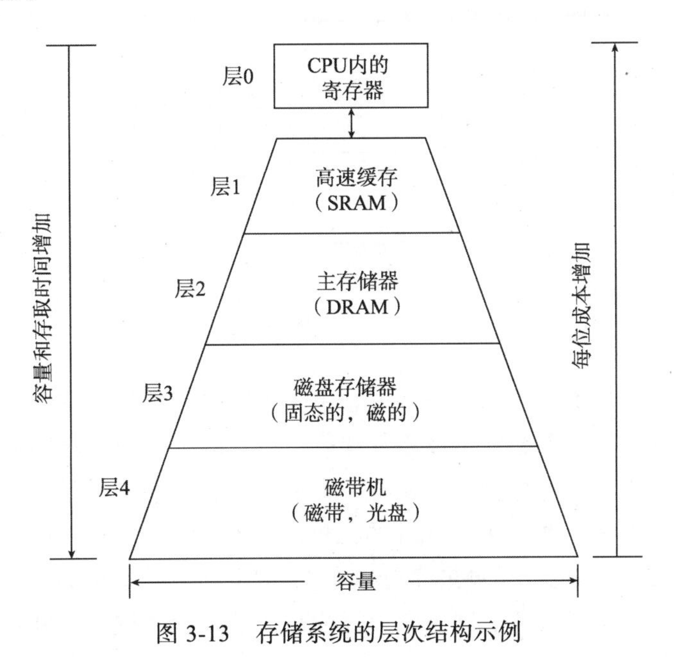

图 3-13　存储系统的层次结构示例

在该层次中，自上而下，读写时间、存储容量和位/价比逐渐增大。首先，CPU 中的寄存器的访问时间是纳秒级的，如几个纳秒，高速缓存的访问时间是寄存器访问时间的几倍，主存的访问时间是几十个纳秒。而磁盘的访问时间至少是 10ms。其次，CPU 中寄存器一般为 128B 或更多一点，高速缓存可以是几兆字节，主存是几十到数千兆字节，而磁盘的容量是几吉或几十吉字节。第三，主存的价格一般为几美元/MB，而磁盘的价格则为几美分/MB。

3.3.1 主存储器系统

主存储器系统的一般结构如图 3-14 所示，包括用于存储数据的存储体和外围电路，外围电路用于数据交换和存储访问控制，与 CPU 或高速缓存连接。外围电路中有两个非常重要的寄存器——数据寄存器（Memory Data Register，MDR）和地址寄存器（Memory Address Register，MAR），前者是用于临时保存读出或写入的数据，后者用于临时保存访问地址。要访问主存时，首先将要访问的地址送入 MAR，如果是读主存，则在控制电路控制下，将 MAR 指向的主存单元数据送入 MDR，然后发送到 CPU 或高速缓存；如果是写主存，则首先将需写入的数据送到 MDR，在控制电路控制下，将 MDR 数据写入到 MAR 指向的主存单元。

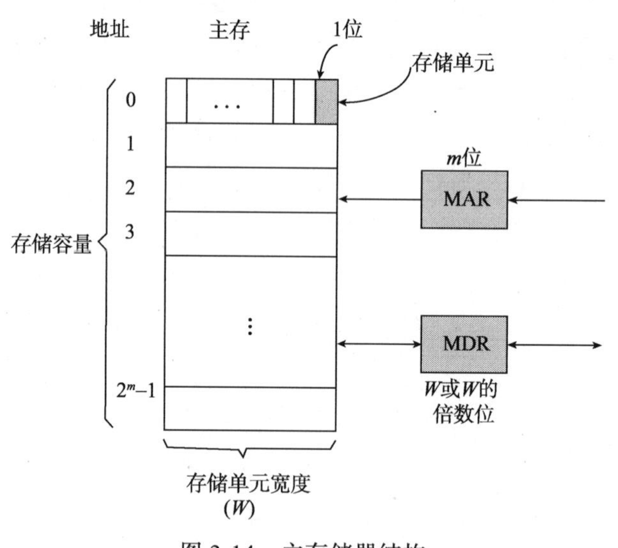

图 3-14　主存储器结构

主存中存储的最基本单元是一个二进制串，可以代表数字、字符等信息，二进制串的每一位可以为 0 或 1。存储器由很多可存放一段长度（位数）相同的二进制信息的单元组成，称为主存单元，每个主存单元有一个编号，这个编号就是主存地址。主存地址也是用二进制数来表示，如果表示地址的二进制数有 m 位，则主存地址最大可编码到 2^m-1（从 0 开始编码），也就是说最多可以有 2^m 个主存单元，称为存储容量。可以通过主存地址来对主存单元存放的二进制串进行读写，这种读写操作通常被称为访问主存。

访问主存时可根据地址独立地对各单元数据进行读写，访问时间与被访问地址无关，因此主存又称为随机访问存储器（Random Access Memory，RAM）。为了规整化，主存单元的长度一般标准化为 8 位，即一个字节（Byte），再由字节组合成字。

虽然可使用触发器进行数据存储，但是这种实现方式代价太大，因此，主存采用代价最小和响应时间更短的电路来存储信息，这种存储电路的原理类似于电容，主存中通过对电路进行充电来存储信息，但是这很容易流失，因此，需要在很短的时间内不断地充电，称为刷新。采用这种技术的主存又称为动态存储器（Dynamic RAM）。

根据存储能力与电源的关系可将主存分为易失性存储器和非易失性存储器，计算机系统主存一般都包含这两类存储器。前者指的是当电源供应中断后，存储器所存储的数据便会消失的存储器。如 RAM、DRAM 等，断电后保存的信息将会丢失。后者指即使电源供应中断，存储器所存储的数据并不会消失，重新供电后，就能够读取其中数据的存储器。如只读存储器（Read-Only Memory，ROM）等，断电后保存的信息不会丢失，ROM 也可随机访问。在现代计算机系统的主存中，一般都包含这两种存储器。

除主存容量外，主存的另两个重要指标是存储器访问时间和存储周期。存储器访问时间指从启动一次存储器操作到完成该操作所经历的时间。具体讲，从一次读操作命令发出到该操作完成，将数据读入数据寄存器为止所经历的时间。存储周期指连续启动两次独立的存储器操作（如连续两次读操作）所需间隔的最小时间，通常，存储周期略大于存储时间。目前，主存访问速度总比 CPU 速度慢得多。一次访问时间为 5～10ns，比 CPU 的速度慢 10 倍以上。

由于电源线的尖峰电压或被高能粒子冲击等原因，主存偶尔也会出错，即保存的信息在某个瞬间由 0 变为 1 或由 1 变成了 0。主存中经常采用检错码或纠错码，即在存储的信息中附加一些位，用以检测主存是否出错，其中检错码能检测出 1 位或多位错，而纠错码能在检测出错误后将出错位改回其正确值。以最常用的奇偶校验码为例，它是在原数据基础上，附加上 1 位奇偶校验位。根据原数据中 1 的位数来确定校验位，使整个码字中 1 的位数为偶数（或奇数）。当某一位出错时，造成校验位将不正确，以此检测出发生了错误。例如，假设字节中保存的信息为 11100101，该数有 5 个 1，为奇数，如果采用偶校验，则校验位应为 1，如采用奇校验，校验位为 0。当该字节被读出时，会再次对原有的 8 位进行判定，如果某一位由 1 变成 0 或由 0 变成 1，则计算出的奇偶校验与原校验位不符，表示发生了错误。至于要进行纠错，则需要更复杂和强大的编码。

3.3.2　辅存储器系统

辅存储器系统主要包括磁盘等永久性大容量存储介质，属于外部设备的范畴，它们通过各种专门接口与计算机通信。

1. 磁盘

磁盘是由一个或多个表面涂有磁性材料的铝质薄盘组成，内含一个或多个正好浮于磁盘表面的磁头，磁头含有一个引导线圈，磁头与盘面之间隔着一层薄薄的空气垫（软盘是直接接触)。该磁头称为读/写头，其作用是向磁盘写数据或从磁盘读数据。当磁头中有正或负电流通过时，会磁化磁头正下方的磁盘面，并且根据电流的正或负，使得磁性材料的颗粒向左或向右偏转，以此记录 0 或 1，这是向磁盘写数据。当要读出磁盘数据时，磁头通过已经被磁化的区域，此时会感应出正或负电流，由此判断磁盘颗粒的朝向而获得记录的数据。

磁盘上围绕着轴心的一系列同心圆称为磁道，用于记录数据。从外向内，对磁道进行编址，最外圈磁道称为 0 磁道。每个磁盘有一个可伸缩的磁盘臂，它能从磁盘的轴心伸展到每个磁道，磁头就是附着在磁盘臂上进行数据读写。每个磁道可以划分为固定长度的区域，称为扇区，对扇区将进行编号来区分。一般每个扇区可存放 512B 数据，数据区之前有用于读写前对磁头进行同步的前导区，数据区之后是纠错码。相邻的扇区之间是隔离带。因此，在存储数据时，磁道的存储区域不会被 100%使用，一般可用区域为 85%。磁道和扇区的划分是可变的，这通常由一个被称为格式化的过程来完成。

磁盘一般由多个铝盘叠起来构成(见图 3-15)。每个盘面都有自己的磁头和磁盘臂，所有的磁盘臂连在一起。在这种结构中，将位于同一半径的磁道合称为柱面。工作时，磁盘在旋转轴的带动下旋转，而磁盘臂沿着半径方向进行伸缩。磁盘一通电，盘片就开始高速旋转。当接到读/写命令时，在磁盘控制器的控制下，磁头根据给定的地址(由磁头号和扇区号组成)，首先按柱面号产生驱动信号对读/写头进行定位，然后再通过盘片的转动找到具体的扇区，最后由磁面对应的磁头对指定位置的信息进行读，并传送到磁盘自带的高速缓存器中，或将磁盘的高速缓存器中的信息写进指定的位置。

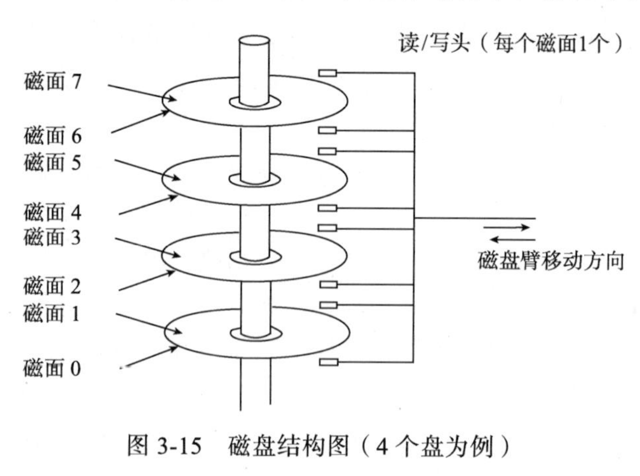

图 3-15　磁盘结构图(4 个盘为例)

根据上述介绍，可以根据磁盘的参数计算出磁盘容量(针对等量划分扇区方式)，具体公式为

磁盘容量(B) = 磁面数 × 柱面数 × 扇区数/磁道 × 字节数/扇区

磁盘又分为软盘、硬盘等。软盘是个人电脑中最早使用的可移动存储介质，软盘介质读取数据时，磁头在读写磁盘数据时必须接触盘片，而不是像硬盘那样悬空读写。软盘存储稳定性也较差，读写速率低，难以满足大量、高速的数据存储，目前已基本不用。

硬盘在出厂前就已经密封好，是为了得到高质量的磁面和磁头与磁面间的空气垫，又称为“温切斯特磁盘”。第一块硬盘是 IBM 制造的，容量为 30MB。最早的硬盘其控制器是独立出来的，有专门的硬盘卡。随着技术的发展，控制器与磁盘驱动器集成在了一起，形成了集成驱动器电路（Integrated Drive Electronic，IDE），之后出现了 EIDE（Extended IDE）硬盘。随着磁盘技术的进一步提高，EIDE 标准发展为 ATA-3 标准，目前发展为 ATAPI-7，即 SATA 方式，传输速度提升为 150MB/s，未来目标是 1.5GB/s。还有一种硬盘接口是小型计算机系统接口（Small Computer System Interface，SCSI），其传输率较高，常用于工作站系统的标准硬盘。

在提高 CPU 性能方面，并行处理技术已得到广泛应用。人们意识到并行输入/输出也是一个提高磁盘性能的好方法，由此产生了廉价磁盘的冗余阵列（Redundant Array of Inexpensive Disks，RAID）。其基本原理是通过一个装满磁盘的磁盘柜，用 RAID 控制器替换原有的磁盘控制卡，将数据复制到 RAID 盘中，此后就可进行其他正常读写操作了。RAID 盘具有将数据分布到所有磁盘的能力，以支持并行读/写操作。RAID 盘有 RAID0 ~ RAID5 共 6 种组织方式。

2. 光盘

光盘（Compact Disk，CD）具有容量大、价格低廉的特点，已被广泛用于软件发布、书籍、音频视频数据的存储，并作为硬盘的备份使用。

光盘由涂有玻璃表层的母盘构成，在母盘上用高能红外激光束烧出 0.8μm 直径的小孔。然后注入熔化的碳酸盐脂，凝固成盘片，上面带有和母盘上激光孔一样的小孔。接着在碳酸盐脂上沉淀一薄层的反射铝，再覆盖上一层保护面，打上标签，即完成了光盘的制作。由于有小孔，碳酸盐脂底座上的凹陷部分称为凹区，凹区两边未烧制的区域称为凸区。凹区和凸区都被写在一根单向的螺旋线上，螺旋线从光盘中心出发，一直延伸到离盘边 32mm 处，共 22188 圈（见图 3-16）。一般用凸区/凹区和凹区/凸区的转换表示 1，而用连续的凹区或凸区来表示 0。光盘驱动器的读/写头沿着螺旋线从内向外移动，完成数据读/写。

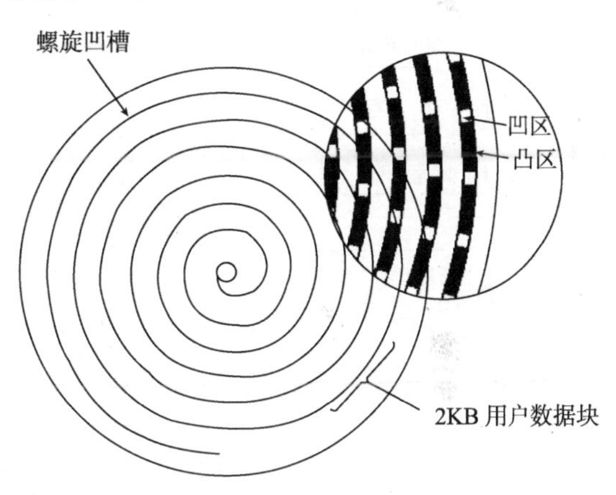

图 3-16　光盘的记录结构

光盘又分为只读光盘 CD-ROM、可刻光盘 CD-R（只能刻一次）、可擦写光盘 CD-RW（可多次擦除和刻录）。在 CD 光盘后，出现了 DVD（Digital Video Disk），基本设计与光盘相同，只是凹区更小、螺旋线更紧凑，这些改进使得 DVD 的容量可达到 4.7GB。近年来，又出现了一种新技术 Blu-Ray，使用蓝色激光，能更精确地定位，单面容量大约为 25GB，双面约为 50GB，预计 Blu-Ray 将会取代 CD 和 DVD。

与光盘相关的主要技术指标有以下几个：

- 容量。即一张光盘的数据存储量。例如，CD-ROM 存储容量一般为 650 ~ 700MB 左右，CD-R 容量为 650MB。
- 数据传输率。指光盘驱动器开始传输数据后的速率，一般是 150KB/s 的倍数。例如，300KB/s 称为 2 倍数光驱，记为 2X。

- 读取时间。指的是光盘驱动器接收到命令后，移动光头到指定位置，并将第一个数据读入高速缓存所花费的时间。

3.3.3 高速缓存

一直以来，CPU 的速度总比主存访问速度快。虽然随着工艺水平的提高，主存的访问速度也在不断提高，但是仍然赶不上 CPU 速度的提高。CPU 发出访问主存请求后，往往要等多个时钟周期后才能得到主存内容。存储器越慢，CPU 等待的时间就越长。目前，技术上的解决办法是利用更小更快的存储设备与大容量低速的主存组合使用，以适中的价格得到速度和高速存储器差别不大的大容量存储器。

这种更小更快的存储设备称为高速缓存存储器，简称为高速缓存。高速缓存逻辑上介于 CPU 和主存之间，可以将其集成到 CPU 内部，也可置于 CPU 之外。图 3-17 给出了一种典型的高速缓存配置方式。位于 CPU 芯片上的 L1 高速缓存的容量可达几万字节，其访问速度几乎与 CPU 中的寄存器组访问速度一样快。位于 CPU 外的 L2 高速缓存容量更大，可到几兆字节，访问 L2 的时间要比访问 L1 的多几倍，但仍比访问主存的速度快 10 倍。

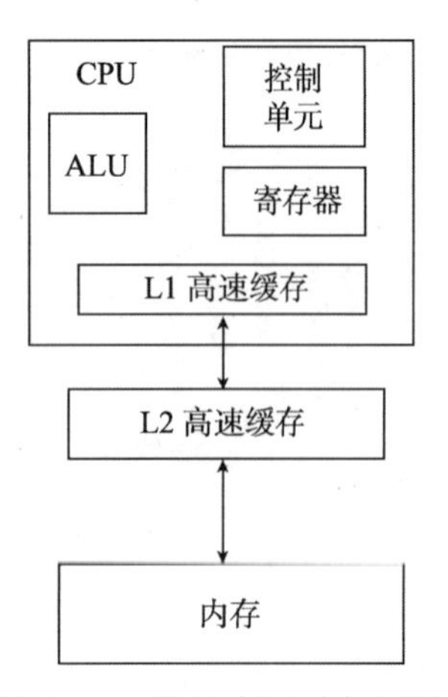

图 3-17　典型高速缓存配置

Cache 工作原理非常简单。把当前和未来一段时间中使用频率最高的存储内容保存在 Cache 中，即 Cache 暂存 CPU 在不久的将来可能会用到的信息。这样，当 CPU 要从主存读这些信息时，不需要跨越 CPU 边界，而直接从 CPU 内部获得，这使得对数据的访问速度几乎与 CPU 的运行速度相当。在高速缓存支持下，CPU 需要读入主存数据时，先在高速缓存中查找，只有当在高速缓存中找不到时，才会去访问主存。

高速缓存系统的理论基础是局部性原理，即 CPU 在一段时间内对主存的访问总是局限于主存的某个较小区域中。也就是说，CPU 在访问某个单元后，下一次的访问对象有很大概率是该单元的邻近单元。根据局部性原理，在访问了主存的某个单元后，将与该单元相邻的多个单元的内容预先从主存读入到高速缓存中，使得下一次访问尽可能落在高速缓存中，而不是主存中。

对现代高性能 CPU 而言，高速缓存的地位越来越重要。目前在进行高速缓存的设计时，需要考虑高速缓存的容量、高速缓存块容量、如何组织高速缓存、指令与数据是否分开缓存、高速缓存个数等问题。一般来说，高速缓存的容量越大，性能越好，但是成本也越高。对于高速缓存个数的问题，常见的是两个，如图 3-17 所示。

3.4 总　线

计算机系统是由若干系统功能部件构成的，这些系统功能部件相互结合才能形成一个完整的计算机系统。计算机的功能部件之间不可能采用全互联形式，否则连线将非常复杂。因此就需要有公共的信息通道，即总线。总线是构成计算机系统的互联机构，是多个系统功能部件之间进行信息传送的公共通路。同时，总线也提供了功能扩展的基础。总线的特点是公用性，可以同时挂接多个设备和部件。借助于总线连接，计算机在各系统功能部件之间实现地址、数据和控制信息的交换。

按照传输数据内容的不同，一般将总线分为数据总线、地址总线和控制总线。数据总线用来传输数据信息；地址总线用于传送地址信息；控制总线用来传送控制信号、时序信号和状态信息等。按照传输数据的方式划分，可将总线分为串行总线和并行总线。在串行总线中，二进制数据逐位通过一根数据线发送到目的器件；并行总线的数据线通常超过 2 根，可同时传输多位二进制信息。按照时钟信号是否独立，可以分为同步总线和异步总线。同步总线的时钟信号独立于数据，而异步总线的时钟信号是从数据中提取出来的。

按照位置和连接设备的不同，计算机中的总线可分为内部总线、系统总线和外部总线。内部总线是 CPU 内部连接寄存器、运算器和控制器部件的总线。系统总线是 CPU 和计算机系统中其他高速功能部件相互连接的总线。系统总线有多种标准，从 16 位的 ISA，到 32/64 位的 PCI、AGP 和 PCI Express 等。外部总线也称为 I/O 总线，是 CPU 和中低速 I/O 设备相互连接的总线。例如，用于连接并行打印机的 Centronics 总线、用于串行通信的 RS-232 总线、串行通用总线 USB 和 IEEE-1394，以及用于连接硬盘的 IDE、SCSI 总线等。

一般从以下几个方面来讨论总线的特性：

- 理特性，即总线的物理连接方式（根数、插头、插座形状、引脚排列方式等）。
- 功能特性，即每根线的功能。
- 电气特性，即每根线上信号的传递方向及有效电平范围。
- 时间特性，即规定了每根总线在什么时间有效，即总线上各信号有效的时序关系。

通常由总线宽度、总线频率和总线带宽等参数来评价总线的性能。总线宽度指的是能同时传送的数据的二进制位数，如 16 位总线、32 位总线指的就是总线具有 16 位或 32 位的数据传输能力。地址总线的宽度指明了总线能够直接访问的地址空间，数据总线的宽度指明了所能交换数据的位数。例如，地址总线宽度为 32 位时，可访问的地址空间为 2^{32}，数据总线宽度为 32 位时，一次可交换 32 位数据。总线频率指一秒钟内传输数据的次数，是总线的一个重要参数，通常用 MHz（Mega Hertz，兆赫）表示，如 33MHz、100MHz 等。一般来说总线频率越高，传输速度越快。总线带宽是指总线本身所能达到的最高传输速率，单位是 MB/s，它是衡量总线性能的重要指标。一般总线带宽越宽，传输效率就越高。前述三者之间的关系可以用公式表示为

$$\text{总线带宽(MB/s)} = \text{总线频率(MHz)} \times \text{总线宽度(bit)}/8$$

在早期，各种总线之间在尺寸、引脚等方面各不相同，为总线的互联带来很大的难题。解决办法是总线标准化，所谓总线标准化，指的是规定诸如机械结构、尺寸、引脚分布位置、数据、地址线宽度和传送规模、定时控制方式，以及总线主设备数等接口参

数，并形成文档，各设备生产厂家必须遵循。标准化的好处是使得按照同一标准、由不同厂家、按不同实现方法生产的各功能部件可以互换使用，并能直接连接到对应的标准总线上。目前，已经出现了很多总线标准，如 ISA、EISA、PCI、AGP、USB 和 IEEE-1394 等。

3.5　输入/输出系统

计算机运行时，需要通过外部设备与外界进行通信，外界可以是提供数据的设备、辅助存储器或其他系统，或使用计算机系统的人。控制并实现信息输入/输出的就是输入/输出系统（Input/Output System，I/O 系统）。

3.5.1　输入/输出系统结构与控制

计算机主机与外设的连接关系如图 3-18 所示。主机与外设通过控制器进行连接和交换数据。控制器一端连接在计算机系统的 I/O 总线上，另一端通过接口与设备相连。通过这种连接方式，控制器可监控 CPU 和主存之间的信号传递，并能将外设的输入，以及向外设的输出插入到总线上，完成数据交换。控制器接收从 CPU 发来的命令，并控制 I/O 设备工作，使处理机从繁杂的设备控制事务中解脱出来。控制器主要功能包括接收和识别命令，实现 CPU 与控制器、控制器与设备间的数据交换，让 CPU 了解设备的状态等。例如，在个人计算机中，经常可看到各种插在主板上的板卡，从机箱的后部可看到板卡上带的各种插口。这些板卡就是控制器，而各种插口就是接口，可用于连接鼠标、键盘、显示器、打印机等外设。

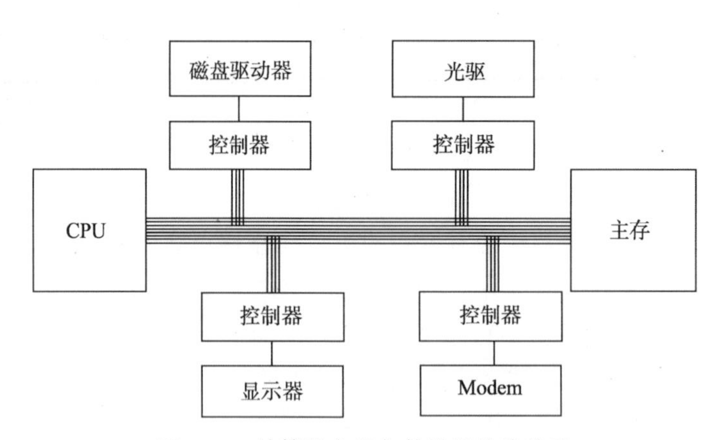

图 3-18　计算机主机与外设的连接关系

除了设备和控制器这些硬件系统外，还需要相应的控制软件来协调外部设备与计算机主机的数据交换。因此，输入/输出系统由输入/输出控制器、控制软件和设备构成。

在计算机系统与外部设备交换数据过程中，最关心的还是如何协调快速 CPU 与慢速外部设备的相互关系，既不能让慢速设备拖累快速 CPU，又不能丢失数据，造成错误。这涉及输入/输出的控制方式，常用的方式有程序查询方式、程序中断方式、直接主存访问方式（Direct Memory Access，DMA）等。

程序查询方式是早期计算机中使用的一种方式，它利用程序控制实现 CPU 和外部设备之间的数据交换。其工作方式是 CPU 首先向 I/O 设备发出命令字，请求进行数据传送。接着从 I/O 接口读入设备状态，并根据读入的状态判断数据交换是否可以进行。如果设备没有准备就绪，则重复执行读入状态信息和判断的过程，直到这个设备发出准备就绪信号为止。最后，CPU 从 I/O 接口的数据缓冲寄存器中输入数据，或者将数据从 CPU 输出至接口的数据缓冲寄存器。与此同时，CPU 将接口中的状态标志复位。程序查询方式优点是 CPU 的操作和外围设备的操作能够同步，硬件结构比较简单。但是，由于外围设备动作很慢，程序进入查询循环时将浪费很多 CPU 时间，CPU 此时只能等待，不能执行其他任务。即便 CPU 采用定期由主程序转向查询设备状态的子程序，进行扫描轮询的办法，CPU 宝贵资源的浪费也是可观的。

中断是指 CPU 暂时中止现行程序，转去处理随机发生的紧急事件，处理完后自动返回原程序的技术。中断是外围设备用来“主动”通知 CPU，准备送出输入数据或接收输出数据的一种方法或机制。通常，当一个中断发生时，CPU 暂停它的现行程序，而转向中断处理程序，从而可以输入或输出一个数据。当中断处理完毕后，CPU 又返回到它原来的任务，并从它停止的地方开始执行程序。这种方式节省了 CPU 宝贵的时间，是管理 I/O 操作的一个比较有效的方法。中断方式一般适用于随机出现的服务，并且一旦提出要求，应立即进行。在速度较慢的外围设备准备自己的数据时，CPU 照常执行自己的主程序。在这个意义上说，CPU 和外围设备的一些操作是并行地进行的，因而同串行进行的程序查询方式相比，计算机系统的效率是大大提高了。

用中断方式交换数据时，每处理一次 I/O 交换，约需几十微秒到几百微秒。对于一些高速的外围设备，以及成组交换数据的情况，仍然显得速度太慢。直接主存访问（DMA）方式是一种完全由硬件执行 I/O 交换的工作方式。DMA 控制器从 CPU 完全接管对总线的控制，数据交换不经过 CPU，而直接在主存和外围设备之间进行，以充分发挥 CPU 的速度潜力。这种方式主要优点是数据传送速度很高，传送速率仅受到主存访问时间的限制。与中断方式相比，DMA 方式需要更多的硬件。DMA 方式适用于主存和高速外围设备之间大批量数据交换的场合。

DMA 传送数据分三步走：预处理、正式传送和后处理。在预处理阶段，由 CPU 执行几条输入/输出指令，测试设备状态，通知 DMA 控制器是哪个设备要传输数据、数据传输到主存什么位置，或从主存哪个位置开始，以及传送多少数据。此后，CPU 继续执行原来的主程序。在正式传送阶段，当外设准备好接收或传送数据时，发出 DMA 请求，由 DMA 控制器向 CPU 发出总线使用权的请求，获得使用权后在 DMA 控制器控制下，以数据块为基本单位进行数据传输。后处理阶段是在 DMA 控制器向 CPU 发送操作结束的中断后，CPU 执行一些收尾工作。例如，校验送入主存的数据是否正确等。在 DMA 进行数据传送时，如果此时 CPU 也要访问主存，则一般有三种解决方法：停止 CPU 访问主存、周期挪用和 DMA 与 CPU 交替访问主存。

3.5.2 输入/输出设备

根据传输速率，可将设备分为低速设备、中速设备和高速设备，这是从硬件的角度进行的分类。在第 4 章中，还将根据设备被使用的方式进行分类。由于输入/输出设备种类繁多，结构各不相同，无法一一介绍，本节介绍几种常用的输入/输出设备的特点和常用指标。

1. 键盘

键盘是计算机中使用最普遍的输入设备，通过键盘，可以将英文字母、数字、标点符号等输入到计算机中，从而向计算机发出命令、输入数据等。键盘一般由按键、导电塑胶、编码器以及接口电路等组成。键盘上通常有上百个按键，每个按键负责一个功能，当用户按下其中一个时，键盘中的编码器能够迅速将此按键所对应的编码通过接口电路输送到计算机的键盘缓冲器中，由 CPU 进行识别处理。从工作原理上来说，用户按下某个按键时，会通过导电塑胶将线路板上的这个按键排线接通产生信号，产生了的信号会迅速通过键盘接口传送到 CPU 中。

键盘的功能就是及时发现被按下的键，并将该按键的信息送入计算机。键盘由发现下按键位置的键扫描电路、产生被按下键代码的编码电路和将产生代码送入计算机的接口电路等构成，这些电路统称为键盘控制电路。

依据键盘工作原理，可以把计算机键盘分为编码键盘和非编码键盘。对编码键盘，键盘控制电路的功能完全依靠硬件自动完成，它能自动将按下键的编码信息送入计算机。编码键盘响应速度快，但它以复杂的硬件结构为代价，而且其复杂性随着按键功能的增加而增加。非编码键盘并不直接提供按键的编码信息，而是用较为简单的硬件和一套专用程序来识别按键的位置，在软件驱动下与硬件一起来完成诸如扫描、编码、传送等功能。非编码键盘可通过软件为键盘的某些按键重新定义，为扩充键盘功能提供了极大的方便。

键盘按照键开关的类型可分为触点式和无触点式两种。按照按键材料则有机械式、薄膜式和电容式等种类。目前常用的键盘接口有三种：直径为 13mm 的老式 AT 接口，直径为 8mm 的 PS/2 键盘接口，以及 USB 接口。

2. 鼠标

鼠标是一种很常用的电脑输入设备，它可以对当前屏幕上的游标进行定位，并通过按键和滚轮装置对游标所经过位置的屏幕元素进行操作。

鼠标按其工作原理的不同可以分为机械鼠标、光电机械鼠标和光电鼠标。目前常见的光电鼠标由发光二极管、光学透镜、光学传感器和控制电路构成，是通过检测鼠标器的位移，将位移信号转换为电脉冲信号，再通过程序的处理和转换来控制屏幕上的鼠标箭头的移动。具体来说，工作时通过发光二极管发出的光线（通常为红色或蓝色），照亮光电鼠标底部表面。然后将光电鼠标底部表面反射回的一部分光线，经过一组光学透镜，传输到一个光感应器件内成像。这样，当光电鼠标移动时，其移动轨迹便会被记录为一组高速拍摄的连贯图像。最后利用光电鼠标内部的一块专用图像分析芯片对移动轨迹上摄取的一系列图像进行分析处理，通过对这些图像上特征点位置的变化进行分析，来判断鼠标的移动方向和移动距离，从而完成光标的定位。

鼠标的一个重要指标是分辨率，以 cpi（count per inch，每英寸测量次数）为单位来衡量，指的是鼠标在桌面上每移动 1 英寸距离鼠标所产生的脉冲数，脉冲数越多，鼠标的灵敏度越高。光标在屏幕上移动同样长的距离，分辨率高的鼠标在桌面上移动的距离较短，给人感觉“比较快”。对于光电机械鼠标来说，分辨率是由底部滚球的直径与光栅转轴直径的比例，以及光栅栅格的数量共同决定的。滚球直径越大，光栅直径越小，光栅栅格数量越多，分辨率就越高。一般来说，光机鼠标的灵敏度在 300~600cpi 之间，少数专业产品甚至可达到 2000cpi 以上。而对于光学鼠标来说，分辨率高低就取决于感应器本身，目前主流光学鼠标的分辨率在 400~800cpi。

按照鼠标按键数目，可分为单键鼠标、双键鼠标、三键鼠标、三键滚轮鼠标、五键滚轮鼠标，以及多键滚轮鼠标等。鼠标一般有三种接口，分别是 RS232 串口、PS/2 口和 USB 口。

3. 显示器

显示器的作用是将计算机主机输出的电信号变为光信号，最后形成文字、图像显示出来。目前常用的显示器有阴极射线管显示器（CRT）和液晶显示器（LCD）。

CRT 显示器由电子枪、偏转线圈、荫罩、荧光粉层和玻璃外壳五部分组成。在荧光屏上涂满了按一定方式紧密排列的红、绿、蓝三种颜色的荧光粉点或荧光粉条，相邻的红、绿、蓝荧光粉单元各一个为一组，就是像素。每个像素中都拥有红、绿、蓝三原色。电子枪发射的三束电子束受电脑显卡 R、G、B 三个基色视频信号电压的控制，在阳极高压作用下，以极高的速度轰击荧光粉层，使得像素分别发出强弱不同的红、绿、蓝三种光，产生丰富的色彩。荫罩的作用是使电子束的轰击更精确。而要形成图像，则要利用偏转线圈，使显像管内的电子束以一定的顺序，周期性地轰击每个像素，使每个像素都发光，只要这个周期足够短，就会看到一幅完整的图像，从而显示出文字和图像信息。

LCD 显示屏由两块玻璃板构成，厚约 1mm，其间由包含有液晶材料的 5μm 均匀间隔隔开。在显示屏两边设有作为光源的灯管，而在液晶显示屏背面有一块背光板和反光膜，背光板由荧光物质组成并可发射光线，其作用主要是提供均匀的背景光源。背光板发出的光线在穿过第一层偏振过滤层之后进入包含成千上万液晶液滴的液晶层。液晶层中的液滴都被包含在细小的单元格结构中，一个或多个单元格构成屏幕上的一个像素。在玻璃板与液晶材料之间是透明的电极，电极分为行和列，在行与列的交叉点上，通过改变电压而改变液晶的旋光状态。当 LCD 中的电极产生电场时，液晶分子就会产生扭曲，从而将穿越其中的光线进行有规则的折射，然后经过第二层过滤层的过滤在屏幕上显示出来。

各种显示器的接口一般是标准的，常用的有 15 针 D-Sub 接口和 DVI 接口。显示器的常用性能指标及其含义列于下面：

- 屏幕尺寸。依屏幕对角线计算，通常以英寸（inch）作单位。常用的显示器又有标屏（窄屏）与宽屏，标屏为4:3（还有少量的5:4），宽屏为16:10或16:9。

- 分辨率。指水平和垂直方向上最大像素个数，通常用“水平像素数×垂直像素数”来表示。
- 点距。计算公式为可视宽度/水平像素或可视高度/垂直像素。例如14英寸LCD的可视面积为285.7mm×214.3mm，最大分辨率为1024×768，则点距为285.7mm/1024 = 0.279mm。

4. 打印机

打印机已成为计算机系统的标准输出设备之一，通常采用并行方式与计算机系统进行数据传送。打印机与主机的接口有25针D形接头的并行接口、USB接口，以及目前不常用的串口。根据从主机接收的数据类型，可将打印机的工作方式分为字符方式和图形方式。字符方式下，主机向打印机发送的是字符的ASCII码，根据接收的ASCII码，打印机将从字模ROM中取出字符点阵并输出。图形方式下，主机传送的是图形像素信息，图形可以是字符、汉字或任意图像。

打印机的种类很多，按照打印原理，可分为击打式和非击打式打印机。前者有针式打印机，后者有激光打印机、喷墨打印机。目前，针式打印机除了一些特殊场合，如打印财务发票，已很少使用。本节主要介绍激光打印机的工作原理。

激光打印机由打印引擎和打印控制器两部分构成。打印控制器通过各类接口或网络与计算机相连，接收计算机发送的控制和打印信息，同时向计算机传送打印机的状态。打印引擎在打印控制器的控制下将接收到的打印内容转印到打印纸上。打印控制器其实是一台功能完整的计算机（嵌入式系统），由通信接口、处理器、内存和控制接口等构成。通信接口负责与计算机进行数据通信；内存用于存储接收到的打印信息和解释生成的位图图像信息；控制接口负责引擎中的激光扫描器、电机等部件的控制和打印机面板的输入/输出信息控制；而处理器是控制器的核心，所有的数据通信、图像解释和引擎控制工作都由处理器完成。打印引擎由激光扫描器、反射棱镜、感光鼓、碳粉盒、热转印单元和走纸机构等几大部分组成。打印时，将打印控制器保存的光栅位图图像数据转换为激光扫描器的激光束信息，通过反射棱镜对感光鼓充电。感光鼓表面将形成以正电荷表示的与打印图像完全相同的图像信息，然后吸附碳粉盒中的碳粉颗粒，形成感光鼓表面的碳粉图像。而打印纸在与感光鼓接触前被充电单元充满负电荷，当打印纸走过感光鼓时，由于正负电荷相互吸引，感光鼓的碳粉图像就转印到打印纸上。经过热转印单元加热使碳粉颗粒完全被纸张纤维吸附，形成打印图像。

常用的打印机技术指标有如下一些：

- 分辨率。用dpi（dots per inch，每英寸点数）表示，是衡量打印输出图像细节表现力的重要指标，越大表示图像越精细。打印分辨率一般包括纵向和横向两个方向，一般情况下激光打印机在纵向和横向两个方向上的输出分辨率几乎是相同的。而喷墨打印机在纵向和横向两个方向上的输出分辨率相差很大，一般所说的喷墨打印机分辨率就是指横向喷墨表现力。喷墨打印机分辨率一般为300 ~ 1440dpi，激光打印机分辨率为300 ~ 2880dpi。

- 打印速度。激光和喷墨打印机是页式打印机，其打印速度用 ppm(paper per minute，每分钟打印张数）衡量，是一项重要的指标。一般为几 ppm 至几十 ppm。
- 字体。也就是打印机内置字体，使用匹配的字体打印可提高打印速度。通常都有 5 ~ 10 种字体。当然，在图形打印方式下，这个指标影响不大。
- 内存。打印机用内存存储要打印的数据，但如果内存不足，则每次传输到打印机的数据就很少。内存大小也是决定打印速度的重要指标。目前，主流打印机的内存主要为 8 ~ 16MB。
- 打印幅面和最大打印幅面。打印幅面指的是打印机可打印输出的面积，而最大打印幅面是指打印机所能打印的最大纸张幅面。打印幅面越大，打印的范围越大。目前常用的幅面为 A3、A4、A5 等。有些特殊用途需要更大的幅面，如工程晒图、广告设计等，需要使用 A2 或者更大幅面。

3.6　本 章 小 结

本章主要介绍计算机硬件系统的构成及工作原理。首先从总体上介绍了其构成和各部分的作用，以及构成的依据——冯 · 诺依曼体系结构。此后，从程序执行的角度，介绍了 CPU 的工作过程。接着，介绍了存储系统，解释了基于平滑高速部件与低速部件的速度差距，存储系统的设计原则和工作原理。然后，介绍了连接计算机硬件系统各分系统的通路——总线。最后，介绍了通过输入/输出系统，计算机主机系统如何与外部交互。

通过本章学习，应建立起计算机系统的全貌，并对各组成部分的构成和工作原理有一定的认识和理解。应能从总体上理解一个程序经过外部输入、CPU 处理，最后输出结果的整个流程所涉及的硬件及其工作原理。

延伸阅读材料

本章着重介绍计算机系统结构与工作原理，但是与专门介绍计算机原理的书籍相比，介绍更加抽象一些，很多细节性的问题都没有涉及，例如常用外设的工作原理等。有兴趣的读者可以进一步阅读计算机体系结构、计算原理方面的教材，请参看参考文献（Randal E.Bryant, David O'Hallaron, 2004; 唐塑飞, 2008）。

习　　题

1. 简述冯 · 诺依曼体系结构的特点、构成和各分系统的功能。
2. 指令执行涉及哪些步骤？各步骤的功能是什么？能否省略？
3. 请问指令流水线是如何提高 CPU 执行指令速度的？并讨论指令流水线在执行过程中会碰到哪些影响其效率的情况。
4. 有 A、B 两台计算机，假设 A 计算机上每条指令执行时间为 8ns，B 计算机上每条指令执行时间为 5ns。请问能否说 B 计算机比 A 计算机速度快？请讨论。
5. CPU 和主存之间的传输速率比输入/输出设备的传输速率相差几个数量级，请问如何解决这种速度上的不平衡带来的性能降低问题？

6. 某数码相机的分辨率是 3000×2000 像素，每个像素用 3 字节存储 RGB 三原色，相机能将拍摄的图像自动转换为压缩了 5 倍的图像。要求在 2s 内将压缩后的图像存储在存储卡上，请问传输速率是多少？

7. 某硬盘有 8 个磁头，1024 个柱面，每个柱面有 2048 个扇区，每扇区 512 字节，请问该硬盘的容量有多大？

8. 某 14in LCD 的可视面积为 285.7mm×214.3mm，最大分辨率为 1024×768，请计算该显示器的点距。

第4章　操 作 系 统

【学习内容】

本章介绍操作系统相关内容，主要知识点包括：

- 操作系统基本概况；
- 进程管理；
- 存储管理；
- 文件管理；
- 设备管理；
- 用户接口。

【学习目标】

通过本章的学习，读者应该：

- 了解操作系统的角色和基本功能；
- 理解进程概念，掌握操作系统进程管理基本功能和策略；
- 了解操作系统存储管理概念、功能和常用方式；
- 理解文件的组织方式，了解文件管理的功能和基本策略；
- 理解操作系统设备管理的方式；
- 了解操作系统提供的不同用途的用户接口的要素和形式。

本章将介绍操作系统，这是计算机系统中最重要的软件，它对计算机系统的软硬件资源进行管理、协调，并代表计算机与外界进行通信。正是有了操作系统，才使得计算机硬件系统成为普通人可有效使用的计算工具。本章将重点介绍操作系统如何完成上述功能。本章内容安排上，首先介绍操作系统的基本概念，明确操作系统在计算机系统中的地位、作用及其主要功能。其次，根据操作系统的系统管理角色和功能，依次介绍进程管理、存储管理、文件管理、设备管理和用户接口等所涉及的基本概念和策略。最后，介绍操作系统如何从计算机加电开始工作。通过本章的学习，读者还将体会到操作系统设计中抽象、并发、共享等基本计算思维概念。

4.1　操作系统概述

人们在使用现代计算机系统时，通常通过运行各种应用程序来完成各种任务。一般来说，当人们通过双击鼠标或输入一个命令来运行程序时，计算机系统要为程序分配主存空间，并将程序从磁盘中读入到为其分配的主存空间中。然后，程序第一条指令在主存中的地址将被赋值给 CPU 的指令计数器，在控制单元的控制下，从这个地址读指令到

CPU，开始程序的执行。如果程序运行过程中需要进行输入/输出操作，则还将利用第 3 章介绍的某种输入/输出方式与外设交换数据。

在没有操作系统之前，这些运行程序涉及的大部分操作都要程序员自己来开发并实现，使得程序员花费大量的时间于业务无关的编程上，极大地降低了效率。因此，人们考虑将每个程序运行都涉及的、对计算机系统资源的操作独立出来，由专门的程序对其进行管理，而程序员专心于与应用直接相关的编程工作。从而出现了操作系统。

在现代计算机系统中，操作系统是计算机系统中最基本的系统软件，是整个计算机系统的控制中心。操作系统通过管理计算机系统的软硬件资源，为用户提供使用计算机系统的良好环境，并且采用合理有效的方法组织多个用户共享各种计算机系统资源，最大限度地提高系统资源的利用率。

4.1.1　操作系统发展简史

20 世纪四五十年代，计算机刚出现的时候，计算机的存储容量小，运算速度慢，输入/输出设备只有纸带输入机、卡片阅读机、打印机和控制台，在计算机上运行程序需要做大量的准备工作，如装载磁带、将打孔后的纸卡放入读卡机、扳动开关等。操作时，先把手工编写的程序（机器语言编写的程序）穿成纸带（或卡片）装上输入机，然后经人工操作把程序和数据输入计算机，接着通过控制台开关启动程序运行。待计算完毕，用户拿走打印结果，并卸下纸带（或卡片）。在这个过程中需要人工装纸带、人工控制程序运行、人工卸纸带，进行一系列的“人工干预”。用户的一次上机运行程序的行为称为作业。可以发现，每个作业中准备程序运行的烦琐人工操作占了大量的时间，而程序运行的时间非常短，人工操作极大地影响了作业速度。

为了解决这一矛盾，出现了批处理系统，它是加载在计算机上的一个系统软件，在它的控制下，计算机能自动地、成批地处理一个或多个用户的作业。各用户把自己的作业交给机房，由操作员把一批作业装到输入设备上（如果输入设备是纸带输入机，则这一批作业在一盘纸带上。若输入设备是读卡机，则该批作业在一叠卡片上），然后在批量监督程序控制下送到外部存储器，如磁带、磁鼓或磁盘上。只有一个作业处理完毕后，监督程序才可以自动地调度下一个作业进行处理，依次重复上述过程，直到该批作业全部处理完毕。这就是批处理技术。

首先出现的是联机批处理系统，作业的输入/输出是联机的，也就是说作业从输入机到磁带，由磁带调入主存，以及结果的输出打印等操作都是由 CPU 控制自动完成的。随着 CPU 速度的不断提高，CPU 和输入/输出设备之间的速度差距就形成了一对矛盾。由此出现了脱机批处理系统，脱机批处理系统由主机和外围计算机组成，外围计算机不与主机直接连接，只与外部设备打交道，又称为卫星机。作业通过卫星机输入到磁带上，当主机需要输入作业时，就把输入带同主机连上。主机从输入带上把作业调入主存，并予以执行。作业完成后，主机负责把结果记录到输出带上，再由卫星机负责把输出带上的信息打印输出。这样，主机摆脱了慢速的输入/输出工作，可以较充分地发挥它的高速计算能力。同时，由于主机和卫星机可以并行操作，因此脱机批处理系统与早期联机批处理系统相比大大提高了系统的处理能力。

作业的批处理运行最大的问题是用户一旦提交作业，就无法在作业运行过程中与作业进行交互，例如文字处理、电脑游戏等需要大量人机交互的软件就很难运行。因此，新的操作系统允许用户通过远程终端（工作站）运行程序，并在终端上获得作业输出并与作业进行交互。此时，需要程序的响应时间必须满足用户的要求，而不是让用户长时间等待计算机出结果。但是此时的计算机非常昂贵，运算速度又很低。因此，当只有一个用户使用计算机时，才能获得比较好的响应速度。为解决该问题，在交互式系统与多道程序技术结合下，出现了分时系统，即将计算机的运行时间进行划分，分成多个时间段，在单个时间段内，运行某个用户的程序，时间段到期时，将该用户的作业撤下来，运行另一个用户的作业。这样在多个用户间进行轮转，使得每个用户都感觉到自己在独占机器，并且作业的响应时间也能满足用户的要求。采用这种技术，在当时能使 30 个用户同时使用计算机。

在操作系统发展历史上，多道程序是一个重要的里程碑，也是现代操作系统的重要基础之一。多道程序技术是在计算机主存中同时存放几个相互独立的程序，相互交替地运行。当某个程序因某种原因不能继续运行下去时（如等待外部设备传输数据），操作系统便将主存中的另一个程序投入运行，这样可以使 CPU 及各外部设备尽量处于忙碌状态，从而大大提高了计算机的使用效率。图 4-1 给出了多道程序的一个示例，当程序 A 需要进行输入操作时，CPU 将会加载程序 B 运行，当程序 B 也需要进行输入操作，并且该操作需要很长时间时，程序 A 将在其输入操作结束后被加载运行。可见，多道程序技术在宏观上是并行的，而微观上是串行的。在多道程序中采用分时技术就催生了分时操作系统。它一般采用时间片轮转的办法，使一台计算机同时为多个终端用户服务。对每个用户都能保证足够快的响应时间，使每位用户都能及时地与计算机进行交互会话，每个用户都感觉到自己在独立使用这台计算机，极大地提高了整个系统的使用效率。

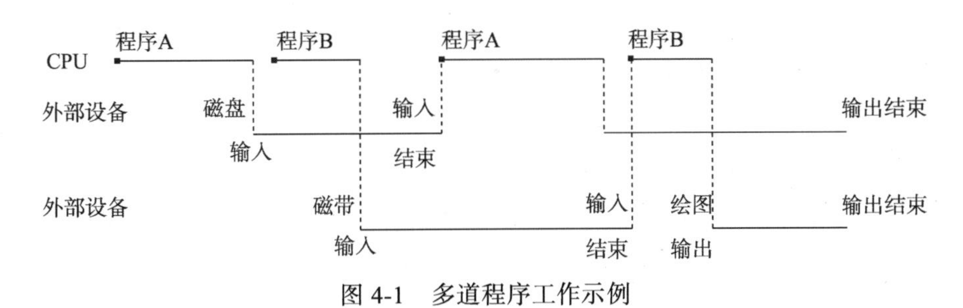

图 4-1　多道程序工作示例

以多道程序管理为基础的现代操作系统具有以下主要特征：

- 并发性。指两个或多个程序在同一时间段内运行。注意与并行的区别，并行指的是两个或多个程序在同一时刻运行。
- 共享性。指系统中的资源可供主存中多个并发执行的程序共同使用。
- 虚拟性。指将一个物理实体映射为若干个逻辑实体，前者是客观存在的，后者是虚构的。

- 不确定性。即单处理机实现多道程序技术时，由于资源等因素的限制，主存中的每个程序在何时能获得处理机运行、每道程序需多少时间完成等，都是不可预知的。

并发和共享是操作系统的两个最基本的特征。资源共享是以程序的并发执行为条件的；另外，若系统不能对资源共享实施有效管理，协调好多个程序对共享资源的访问，也必然影响到程序并发执行的程度，甚至根本无法并发执行。

操作系统已经从最早的简单程序发展到今天的囊括分时多任务和计算机系统资源管理的复杂软件系统。它是一组控制和管理计算机系统的硬件和软件资源，合理地组织计算机工作流程，并为用户使用计算机提供方便的程序和数据的集合。在计算机系统中设置操作系统的目的在于提高计算机系统的效率，增强系统的处理能力，提高系统资源的利用率，方便用户使用计算机。操作系统的发展并没有停止，不断发展的计算机技术对其提出了新的要求。例如，出现了用于多处理器计算机系统、多处理机系统、分布式系统等操作系统。

4.1.2　操作系统基础

按操作系统在计算机系统中发挥的作用，可认为它具有资源管理者和用户接口两重角色。

1. 资源管理者

计算机系统的资源包括硬件资源和软件资源。从管理角度看，计算机系统资源可分为四大类：处理机、存储器、输入/输出设备和信息（通常是文件）。操作系统的目标是使整个计算机系统的资源得到充分有效的利用，为达到该目标，一般通过在相互竞争的程序之间合理有序地控制系统资源的分配，从而实现对计算机系统工作流程的控制。作为资源管理者，操作系统的主要工作是跟踪资源状态、分配资源、回收资源和保护资源。由此，可以把操作系统看成是由一组资源管理器（处理机管理、存储器管理、输入/输出设备管理和文件管理）组成的。

2. 用户接口

在计算机系统组成的四个层次中，硬件处于底层。对多数计算机而言，在机器语言级上编程是相当困难的，尤其是对输入/输出操作编程。需要一种抽象机制让用户在使用计算机时不涉及硬件细节。操作系统正是这样一种抽象，用户使用计算机时，都是通过操作系统进行的，不必了解计算机硬件工作的细节。通过操作系统来使用计算机，操作系统就成为了用户和计算机之间的接口。

操作系统的体系结构如图 4-2 所示，由操作系统内核与 Shell 构成。Shell 是操作系统的外壳，用于操作系统与用户的通信，它提供了各种命令供用户使用。内核是操作系统的核心，通常包括以下功能：

- 处理机管理。在多道程序或多用户的环境下，处理机的分配和运行都是以进程为基本单位，因而对处理机的管理可归结为对进程的管理。进程管理主要包括进程调度、进程控制、进程同步和进程通信。

- 存储管理。在多道程序环境下，有效管理主存资源，实现主存在多道程序之间的共享，提高主存的利用率。存储管理主要包括主存分配、主存保护、地址映射和主存扩充等任务。
- 设备管理。管理外部设备。主要功能包括缓冲管理、设备分配、设备处理、设备虚拟化，以及为用户提供一组设备驱动程序。外部设备种类繁多，物理特性相差很大，操作系统要屏蔽这些外设的细节，提供比较统一的使用方式和接口。

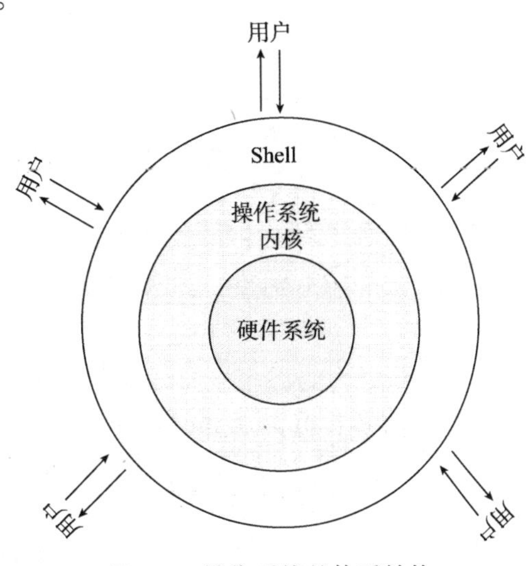

图 4-2　操作系统的体系结构

- 文件管理。现代计算机系统中，总是把程序和数据以文件的形式存储在文件存储器中供用户使用。文件管理的主要任务是对用户文件和系统文件进行管理，并保证文件的安全性。主要包括文件存储空间管理、目录管理、文件访问管理和文件访问控制等。

4.1.3　常见操作系统

目前最常用的操作系统是 Windows、UNIX 和 Linux。其中，UNIX 的变种有 SUN 公司的 Solaris、IBM 公司的 AIX、惠普公司的 HP UX 等。其他比较常用的操作系统还有 Mac OS、NetWare、zOS（OS/390）、OS/400、OS/2 等，以及用于手持设备的 Andriod、WinCE 等嵌入式操作系统。

1. MS-DOS 及 Windows 系列

DOS 是微软公司与 IBM 公司开发的、广泛运行于 IBM PC 及其兼容机上的操作系统，全称是 MS-DOS，最后一个版本 6.22 是 1993 年推出的。DOS 是一个单用户操作系统，自 4.0 版之后具有多任务处理功能。20 世纪 80 年代是 DOS 最盛行时期，全世界大约有 1 亿台个人计算机使用 DOS 系统。

从 20 世纪 90 年代起，在个人操作系统领域，微软公司的 Windows 个人操作系统系列占有绝对的垄断地位。最初的 Windows 3.x 是基于 DOS 平台的，自 Windows 98 之后，不再基于 DOS 平台，与微软的商用操作系统合并，开始基于 NT 平台，发展出 Windows NT、Windows 2000、Windows XP、Windows 2007 等系列操作系统。

基于 NT 平台的 Windows 操作系统是真正的多用户多任务操作系统，采用了大量的新技术，如微内核、客户/服务器、面向对象等先进技术，支持对称多处理、多线程、多个可装卸文件系统，支持多种常用 API 和标准 API （WIN 32、OS/2、DOS、POSIX 等），提供源码级兼容和二进制兼容特性，内置网络和分布式计算。

2. UNIX 家族

UNIX 是一种多用户操作系统，是目前的三大主流操作系统之一，于 1969 年诞生于贝尔（电话）实验室。UNIX 也是一种多用户多任务操作系统，采用开放结构，分为核心系统和应用子系统，支持分层可装卸卷的文件系统，内嵌强大的网络和通信功能，提供了丰富齐全的命令语言——Shell。UNIX 最大的特点是开放性和公开源代码，方便用户增加功能和工具。

目前主要的 UNIX 变种有 SUN 公司的 Solaris、IBM 公司的 AIX、HP 公司的 HP UX、Compaq Tru64 UNIX、SCO 公司的 SCO UnixWare、SGI 公司的 Irix，它们大多是基于 SVR4 的。UNIX 最初的许多概念、命令和实用程序等，至今仍在沿用，显示了 UNIX 原始设计的简洁高效和恒久魅力。

3. 自由软件：Linux 及其他

1991 年诞生的 Linux 是一个多用户操作系统，是 Linus Torvalds 主持开发的，它提供类 UNIX 的界面，但内部实现完全不同。它是一个自由软件，是免费的、源代码开放的。近几年被许多企业和机构使用，并进而得到了众多商业支持。Linux 的兴起可以说是因特网创造的一个奇迹。由于它是在因特网上发布的，网上的任何人在任何地方都可以得到 Linux 的基本文件，并可通过电子邮件发表评论或者提供修正代码。Linux 有内核与发行套件两套版本。

Linux 具有免费开放源代码、出色的稳定性和速度性能、功能完善等特点，实现了多任务、多用户、页式虚存、库的动态链接（即共享库）、文件系统缓冲区大小的动态调整等现代操作系统所具备的功能，还支持 32 种文件系统，内嵌网络功能，拥有世界上最快的 TCP/IP 驱动程序。此外，Linux 对硬件要求较低，兼容性较好，并且有很多人为其开发应用程序（多数是免费的）。

其他的比较著名的免费操作系统有 FreeBSD、MINIX、BeOS、QNX、XINU 等。

4.2 进程管理

操作系统中最核心的概念是进程，进程是对正在运行的程序的一种抽象，是资源分配和独立运行的基本单位，操作系统的四大特征也是基于进程而形成的。由于进程与程序的执行有关，而具体执行程序指令的计算机系统部件是 CPU。因此，进程管理在很大程度上就是对 CPU 的管理，即如何将 CPU 分配给程序使其能够运行。

4.2.1 进程与程序

进程与程序的执行有关，在介绍进程概念之前，首先考察程序不同执行方式及其特性，由此能更好地理解进程的概念，以及它与程序的关系。

计算机的运行实际上是 CPU 自动执行存放在主存中的程序，而多任务就是同时执行多个不同的程序。程序一般有两种不同的执行方式，体现出不同的特性。一个具有独立功能的程序独占 CPU，直至得到最终结果的过程称为程序的顺序执行。图 4-3 给出了一种顺序执行的示例，假设系统中有两个程序，而每个程序都由三个程序段 I、C、P 组成，其中，I 表示从输入设备上读入程序需要的数据，C 表示执行程序的计算过程，P 表示在输出设备上输出程序的计算结果。由上述顺序程序的执行情况可以看出，程序的顺序执行具有顺序性、封闭性和可再现性。所谓顺序性，指的是程序的各部分能够严格地按程序所确定的逻辑次序顺序地执行。所谓封闭性，指的是程序一旦开始执行，其计算结果就只取决于程序本身，除了人为改变机器运行状态或机器故障外，不受外界因素的影响。所谓可再现性，是指当该程序重复执行时，必将获得相同的结果。

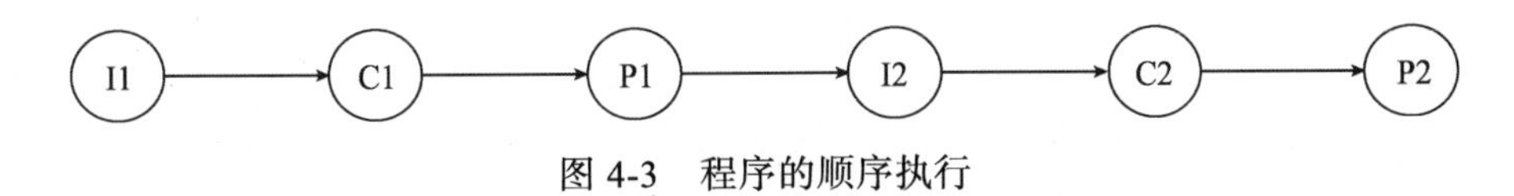

图 4-3　程序的顺序执行

在多道程序操作系统支持下，在单机系统中，从逻辑上或宏观上看，多个程序也能并发执行。对于任何一个程序 i，其输入操作 Ii、计算操作 Ci、打印操作 Pi 这三者必须顺序执行，但对 n 个程序来说，则有可能并发执行。例如：在完成第 i 个程序的输入操作后，在对第 i 个程序进行计算的同时，可再启动第 i+1 个程序的输入操作，这就使得第 i+1 个程序的输入操作和第 i 个程序的计算操作能并发执行。图 4-4 给出了多个程序并发执行的一种可能执行顺序。在该例中，程序的运行 I1 先于 C1 和 I2，C1 先于 P1 和 C2，P1 先于 P2，I2 先于 C2 和 I3，…。这说明有些操作必须在其他操作之后执行，有些操作却可以并行地执行。此外，从图中可以看出：I2 与 C1、I3 与 C2 与 P1、I4 与 C3 与 P2 的运行时间是重叠的。多道程序的并发执行大大地提高了系统的处理能力，改善了系统资源的利用效率。

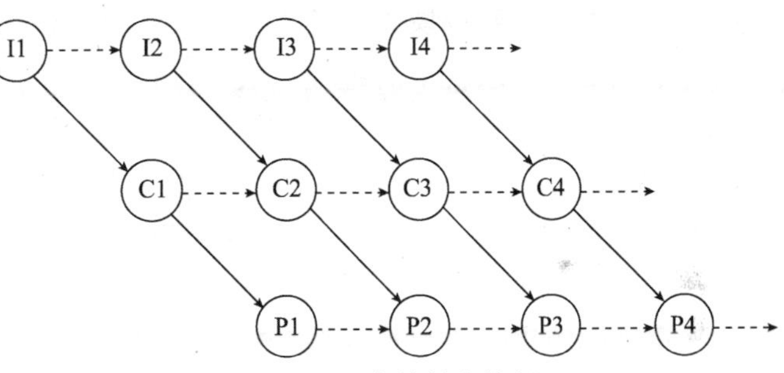

图 4-4　程序的并发执行

程序并发执行产生了执行的间断性、失去封闭性和不可再现性，也说明了两个问题。

1. 程序和计算机执行程序的活动不再一一对应

程序和计算机执行程序的活动是两个概念，程序是指令的有序集合，是静态的概念；而计算机执行程序的活动是指令序列在 CPU 上的执行过程。如前所述，程序在并发执行时，一个并发程序可为多个用户作业调用，而使该程序处于多个“执行”过程中，从而形成了多个“计算”，这就是说，多个“计算”可能是在不同数据集上执行同一程序，所以程序和“计算”不再一一对应。

2. 并发程序间存在相互制约关系

资源共享和程序的并发执行使得系统的工作情况变得错综复杂，尤其表现在系统中并发程序间的相互依赖和制约方面。系统中各个并发程序的活动都有一定的独立性，它们分别提供一种用户或系统功能。但在两个并发程序之间有时也会有相互依赖和相互制约关系。例如，当多个进程同时申请使用某个资源时，就存在竞争关系。例如，假设某计算机系统中 R1 和 R2 两个资源各只有一个，当某个进程获得了某个资源 R1 后，还需要使用资源 R2，而同时另一个进程获得了资源 R2，同时申请资源 R1 时，两个进程之间就存在死锁了。

综上所述，在多道程序的环境下，程序的并发执行代替了程序的顺序执行，它破坏了程序的封闭性和可再现性，使得程序和计算不再一一对应。因此，程序活动不再处于一个封闭系统中，而出现了许多新的特征，即独立性、并发性、动态性和相互制约性。为了适应这种局面，引入进程的概念。

进程是可并发执行的程序在一个数据集合上的运行过程，是系统进行资源分配和调度的一个独立单位。进程具有以下特性：

- 动态性。进程的动态性不仅表现在它是一次“程序的执行”，而且还表现在它具有由创建而产生，由调度而执行，由撤销而消亡的生命周期。
- 并发性。多个进程实体同存于主存中，在一段时间内可以同时运行。
- 结构特性。进程是由程序段和相应的数据段及进程控制块构成。
- 独立性。进程是操作系统进行调度和分配资源的独立单位。
- 不确定性。系统中的进程，按照各自的、不可预知的速度和轨迹向前推进。

通常可将进程分为两类：系统进程和用户进程。前者是操作系统用来管理系统资源活动的并发进程。后者是操作系统提供服务的对象，是系统资源的实际使用者。

进程与程序之间的区别和联系有以下几个方面：

- 进程是动态的，程序是静态的。可以将进程看做是程序的一次执行，而程序是有序代码的集合。
- 进程是暂时的，程序是永久的。进程存在于主存，程序运行结束就消亡，而程序可长期保存在外存储器上。
- 进程与程序的组成不同。进程的组成包括程序、数据和进程控制块。程序只包含指令代码及相应数据。
- 进程与程序密切相关。同一程序的多次运行对应多个进程，一个进程可以通过调用而激活多个程序。

4.2.2 进程状态

在多道程序操作系统中，进程的执行是断断续续的，决定了进程可能具有多种状态。运行中的进程具有三种基本状态：运行、阻塞、就绪，这三种状态构成了最简单的进程生命周期，进程在其生命周期内的任何时刻都处于这三种状态中的某种状态，进程的状态将随着自身的推进和外界环境的变化而变化，由一种状态变迁到另一种状态（见图 4-5）。

- 运行状态。 进程正在 CPU 上运行的状态，此时进程已获得必要的资源，包括

CPU。在单 CPU 系统中，只有一个进程处于运行状态；在多 CPU 系统中，可以有多个进程处于运行状态。

- 阻塞状态。进程等待某种事件完成（如等待输入/输出操作的完成）而暂时不能运行的状态。
- 就绪状态。等待 CPU 的状态。处于就绪状态的进程，运行所需的一切资源，除 CPU 以外，都得到满足，而必须等待分配 CPU 资源。一旦获得 CPU 就能立即投入运行。在一个系统中，处于就绪状态的进程可能有多个，通常排成一个队列，称为就绪队列。

进程在整个生命周期内，就是不断地在这三个状态之间进行转换，直到进程被撤销。图 4-5 连接两个状态的箭头表示进程状态之间的转换方向。

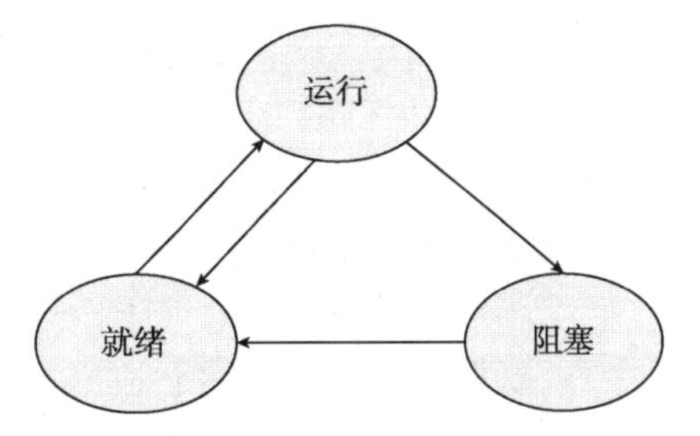

图 4-5　进程状态变迁图

- 就绪→运行。就绪状态的进程，一旦被进程调度程序选中，获得 CPU，便发生此状态变迁。因为处于就绪状态的进程往往不止一个，进程调度程序根据调度策略把 CPU 分配给其中某个就绪进程，建立该进程运行状态标记，并把控制转到该进程，把它由就绪状态变为运行状态，这样进程就投入运行。
- 运行→阻塞。运行中的进程需要执行 I/O 请求时，发生此状态变迁。处于运行状态的进程为完成 I/O 操作需要申请新资源（如需要等待文件的输入），而又不能立即被满足时，进程状态由运行变成阻塞。此时，系统将该进程在其等待的设备上排队，形成资源等待队列。同时，系统将控制转给进程调度程序，进程调度程序根据调度算法把 CPU 分配给处于就绪状态的其他进程。
- 阻塞→就绪。阻塞进程的 I/O 请求完成时，发生此状态变迁。被阻塞的进程在其被阻塞的原因获得解除后，不能立即执行，而必须通过进程调度程序统一调度获得 CPU 才能运行。因此，系统将其状态由阻塞状态变成就绪状态，放入就绪队列，使其继续等待 CPU。
- 运行→就绪。这种状态变化通常出现在分时操作系统中，运行进程时间片用完时，发生此状态变迁。一个正在运行的进程，由于规定的运行时间片用完，系统将该进程的状态修改为就绪状态，插入就绪队列。

4.2.3　进程管理与调度

由于多个程序并发执行，各程序需要轮流使用 CPU。当某程序被中止正常运行时，必须保留其被中断的程序的运行现场，以便程序再次获得 CPU 时，能够从上次被中断的地方，根据正确的数据继续执行。为了管理进程，需要建立一个专用数据结构，一般称之为进程控制块（Process Control Block，PCB）。

进程控制块是进程存在的唯一标志，它跟踪程序执行的情况，表明进程在当前时刻的状态以及与其他进程和资源的关系。当创建一个进程时，实际上就是为其建立一个进程控制块。通常 PCB 应包含以下信息：

- 进程标识信息。系统中每个进程有一个唯一的标识名（一个唯一的编码），用于区别系统中的各个进程。
- 位置信息。指出进程的程序和数据部分在主存或外存中的物理位置。
- 状态信息。指出进程当前所处的状态，作为进程调度的依据。
- 进程的优先级。一般根据进程的轻重缓急程度为进程指定一个优先级，进程调度程序根据优先级的大小，把 CPU 控制权交给就绪队列中优先级高的进程。
- 进程现场保护区。当进程状态变化时，它需要将当时的 CPU 现场保护到主存中，以便再次占用 CPU 时恢复正常运行。主要包括被中断的程序位置（CPU 中的程序计数器寄存器）、程序状态字、通用寄存器的内容、堆栈内容、程序当前状态、程序的大小、运行时间等信息。
- 资源清单。每个进程在运行时，除了需要主存外，还需要其他资源，如 I/O 设备、外存、数据区等。这一部分指出资源的需求、分配和控制信息。
- 队列指针或链接字。它用于将处于同一状态的进程链接成一个队列，在该部分存放队列中紧跟在其后的进程 PCB 地址。
- 其他信息。

由于系统中常常有多个进程，需要对这些进程的 PCB 进行有效管理。管理的原则是对 PCB 进行有序组织，以便方便地访问和操作 PCB。目前常用的 PCB 的组织方式有线性表方式，即不论进程的状态如何，将所有的 PCB 连续地存放在主存的系统区；链表方式，即系统按照进程的状态将进程的 PCB 链接成队列，从而形成就绪队列、阻塞队列、运行队列等。

操作系统必须对进程从创建到消亡这个生命周期的各个环节进行控制，其对进程的管理任务主要包括创建进程、撤销进程，以及进程状态间的转换控制。这些管理工作依赖于进程控制块。下面分别介绍操作系统对进程的主要管理功能。

1. 创建进程

主要任务是为进程创建一个 PCB，将有关信息填入该 PCB 中，并把该 PCB 插入到就绪队列中。具体来说，创建一个新进程的过程是：首先分配 PCB；其次，为新进程分配资源，若进程的程序或数据不在主存中，则应将它们从外存调入分配的主存中；此后将有关信息（如进程名字、状态信息等）填入 PCB 中；最后把 PCB 插入到就绪队列中。

能够导致创建进程的事件有很多，如用户启动程序的运行、用户登录、作业调度、提供服务和应用请求等。

2. 撤销进程

进程完成其任务之后，操作系统应及时收回它占有的全部资源，以供其他进程使用。具体来说，撤销进程的过程是：根据提供的欲被撤销进程标识符，在 PCB 链中查找对应的 PCB，执行相应的资源释放工作，主要是释放该进程的程序和 PCB 所占用的主存空间，以及其他分配的资源。

3. 阻塞进程

阻塞进程的实现过程是：首先中断CPU，停止进程运行，将进程的当前运行状态信息保存到PCB的现场保护区中；然后将该进程状态设为阻塞状态，并把它插入到资源等待队列中（当多个进程都同时需要某个资源时，该资源就有一个等待队列）；最后系统执行进程调度程序，将CPU分配给另一个就绪的进程。

4. 唤醒进程

当某进程被阻塞的原因消失（例如，获得了被阻塞时需要的资源）时，操作系统将其唤醒。唤醒进程的过程是：首先通过进程标识符找到被唤醒进程的PCB，从阻塞队列中移出该PCB，将PCB的进程状态设为就绪状态，并插入就绪队列。

5. 进程调度

当CPU空闲时，操作系统将按照某种策略从就绪队列中选择一个进程，将CPU分配给它，使其能够运行。按照某种策略选择一个进程，使其获得CPU的工作称为进程调度。引起进程调度的因素有很多，例如正在运行的进程结束运行、运行中的进程要求I/O操作、分配给运行进程的时间片已经用完等。

进程调度策略的优劣，将直接影响到操作系统的性能。目前常用的调度策略有：

- 先来先服务。按照进程就绪的先后顺序来调度进程，到达得越早，就越先执行。获得CPU的进程，未遇到其他情况时，一直运行下去。
- 时间片轮转。系统把所有就绪进程按先后次序排队，并总是将CPU分配给就绪队列中的第一个就绪进程，分配CPU的同时分配一个固定的时间片（如50ms）。当该运行进程用完规定的时间片时，系统将CPU和相同长度的时间片分配给下一个就绪进程（见图4-6）。每个用完时间片的进程，如未遇到任何阻塞事件时，将在就绪队列的尾部排队，等待再次被调度运行。

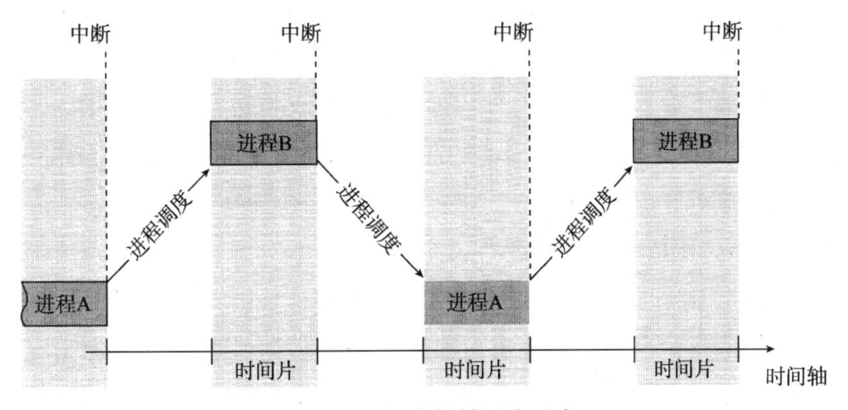

图4-6 时间片轮转调度示意

- 优先级法。把CPU分配给就绪队列中具有最高优先级的就绪进程。根据已占有CPU的进程是否可被抢占这一原则，又可将该方法分为抢占式优先级调度策略和非抢占式优先级调度策略。前者当就绪进程优先级高于正在CPU上运行进程的优先级时，将会强行停止其运行，将 CPU 分配给就绪进程；而后者不进行这种强制性切换。短进程优先策略是一种优先级策略，每次将当前就绪队列中要求 CPU 服务时间最短的进程调度执行，但是对长进程而言，有可能长时间得不到调度运行。

- 多级反馈队列轮转。把就绪进程按优先级排成多个队列，赋给每个队列不同的时间片，一般高优先级进程的时间片比低优先级进程的时间片小。调度时按时间片轮转策略先选择高优先级队列的进程投入运行。若高优先级队列中还有其他进程，则按照轮转法依次调度执行。只有高优先级就绪队列为空时，才从低一级的就绪队列中调度进程。

4.3 存 储 管 理

存储器是计算机中最重要的资源之一，是用来存放程序和数据的部件。操作系统的存储管理，主要是指对主存储器的管理。随着现代技术的发展，主存容量越来越大，但它仍然是一个关键性的、紧缺的资源，尤其是在多道程序环境之中，主存紧张的问题依然突出。所以，存储管理是操作系统功能的重要组成部分，能否合理有效地利用主存在很大程度上影响着整个计算机的性能。

4.3.1 存储管理概述

存储管理的主要目的一是要满足多个用户对主存的要求，使多个程序都能运行；二是能方便用户使用主存，使用户不必考虑程序具体放在主存哪块区域。因此，目前操作系统的存储管理一般要实现下列基本功能。

1. 主存的分配和回收

主存的分配可以是在进程运行之前，为进程的所有程序和数据一次性分配主存空间。也可以是在进程运行过程中，根据进程需要逐步分配。在进程撤销时，要适时回收分配给它的主存。分配和回收时，要考虑到将进程放在什么位置、如主存不够时如何安排等问题。通常，主存中所有空闲区和已分配的区域可使用分区说明表、空闲区链表和存储分块表等形式进行组织。

2. 实现程序中的逻辑地址到物理地址的转换

首先需要明确逻辑地址、物理地址等概念。物理地址就是主存地址。程序是指令序列，对序列中的每条指令也存在编号的问题，每个程序都是以 0 为基址顺序进行编址的，在程序的这种编址中，每条指令的地址和指令中要访问的操作数地址统称为逻辑地址。程序存在于自己的逻辑地址空间中，运行时，要将其装入主存地址空间，这两个地址空间是不同的，必须进行地址转换才能正确执行程序。

图 4-7 给出了某个程序的物理地址和逻辑地址的示意图。假如把程序装入到主存第 1000~1299 号单元处。可以看出，若只是简单地装入第 1000~1299 号单元，执行 mov R1,

[200]指令时，会把主存中 200 号单元的内容送入 R1，显然这样会出错。只有把 1200 号单元的内容送入 R1 才是正确的。

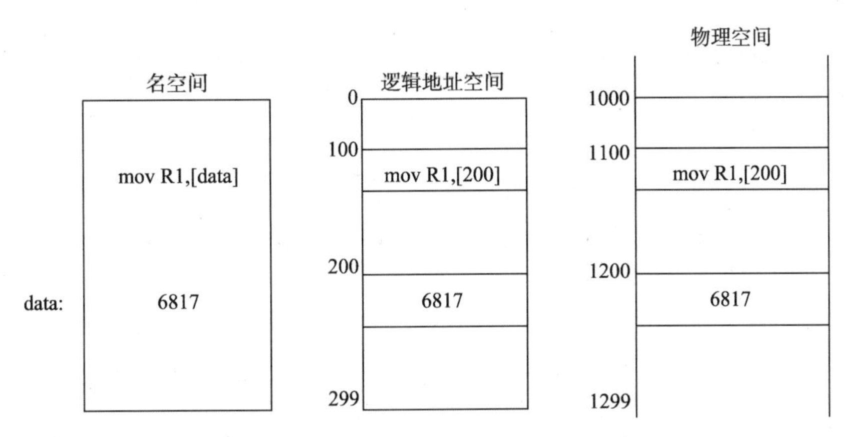

图 4-7 进程的逻辑地址和物理地址示例

把程序装入主存时，对有关指令的逻辑地址部分的修改称为地址重定位，其主要任务是建立程序的逻辑地址与物理地址之间的对应关系。通常有静态地址重定位和动态地址重定位两种方法。静态方法根据要装入的主存起始地址，如图 4-7 中为 1000 号单元，直接修改指令中涉及的逻辑地址，将主存分配给该程序的区域的起始地址加上逻辑地址得到正确的主存地址，如 100 号单元的 mov R1，[200]被装入到 1100 号主存单元，则指令被改为 mov R1，[1200]。动态方法通常使用一个重定位寄存器，保存程序装入主存的起始地址，在每次进行存储访问时，对取出的逻辑地址加上重定位寄存器的内容，形成正确的物理地址。图 4-7 中，程序装入主存的起始地址是 1000，则重定位寄存器保存 1000 这个地址值。执行 mov R1，[200]时，逻辑地址 200 将与重定位寄存器保存的 1000 相加，形成正确的指令 mov R1，[1200]。

3. 为操作系统和用户程序提供主存区域的保护

在多道程序环境中，要保证各程序只能在自己的存储区中活动，不能对别的程序产生干扰和破坏，必须对主存信息采取各种保护措施，这也是存储管理的一个重要功能。常用的主存保护方法有上下界保护和基址—限长保护方法。

上下界保护方法中，系统为每个程序设置一对上、下界寄存器，分别用来存放当前运行的程序在主存空间的上、下边界地址，用它们来限制用户程序的活动范围。程序访问主存单元时，都要检查经过重定位后产生的主存地址是否在上、下界寄存器所规定的范围之内。

基址—限长存储保护方法中，系统为每个程序设一个基址寄存器和一个限长寄存器，基址寄存器存放该程序在主存的起始地址，限长寄存器存放该程序的长度。每当程序要访问主存单元时，都要检查指令中的逻辑地址是否超过限长寄存器的值。

存储保护除了防止访问越界外，还可对某一特定区域进行专门的保护。例如，对某一区域进行禁止做任何操作，或只能读、能读/写等限制。

4. 实现主存的逻辑扩充，为用户提供更大的存储空间

目前普遍采用虚拟存储管理技术对主存进行逻辑上的扩充。基本思想是把有限的主存空间与大容量的外存（一般是硬盘的一部分）统一管理起来，构成一个远大于实际主存的、虚拟的存储器。此时，外存是作为主存的逻辑延伸，用户并不会感觉到内、外存的区别，即把两级存储器当作一级存储器来看待。一个程序运行时，其全部信息装入虚存，实际上可能只有当前运行所必需的一部分程序和数据存入主存，其他则存于外存，当所访问的信息不在主存时，系统自动将其从外存调入主存。当然，主存中暂时不用的信息也可调至外存，以腾出主存空间供其他程序使用。

虚拟存储思想的理论依据是程序的局部性原理，因此，对一个程序，只需要装入其中的一部分就可以有效运行。信息在主存和外存之间的动态调度都由操作系统和硬件相配合自动完成，这样的计算机系统好像为用户提供了一个存储容量比实际主存大得多的存储器。对用户而言，只感觉到系统提供了一个大容量的主存。用户在编程时可以不考虑实际主存的大小，认为自己编写多大程序就有多大的虚拟存储器与之对应。每个用户可以在自己的逻辑地址空间中编程，在各自的虚拟存储器上运行。这给用户编程带来了极大的方便。

一般来说，虚拟存储器的最大容量取决于计算机的地址结构。例如，某计算机系统的主存大小为64MB，其地址总线是32位的，则虚存的最大容量为2^{32}=4GB，即用户编程的逻辑地址空间可高达4GB，远比其主存容量大得多。

4.3.2　存储管理方式

常见的存储管理方式有连续存储管理、分页式存储管理、虚拟存储器管理等。下面对这几种存储管理策略进行详细的介绍。

1. 连续存储管理

连续存储管理指的是为程序分配的主存空间是连续的区域。常用的连续存储管理技术有固定分区存储管理和可变分区存储管理。

在固定分区存储管理方式中，预先由操作系统把主存可用空间划分成若干个固定大小的存储区，除操作系统占用一个区域外，其余区域为系统中多个程序共享。在程序运行时，可分配到一块足够大的区域，程序一次性全部装入到分配的区域，并限制程序只能在这个分区中运行。图 4-8 所示是固定分区存储管理的一般情形，此时主存分区如图 4-8（a）所示，除操作系统自身占用的区域外，剩余区域被分为 4 个大小不等的分区。为了管理这些分区，有一张对应的分区说明表，如图 4-8（b）所示，记录了各分区的起始地址、分区大小和分区的状态（空闲为 0，已分配为 1）。某程序要运行时，假设其大小为 30k，系统首先查询分区说明表，从中找到一个满足程序要求的空闲分区，如第二分区，将其相应表项的状态位置为 1，然后向用户返回分区号或分区起始地址，完成主存的分配工作。此时，第二分区的空间只被使用了 30k，有 2k 空闲，但是这 2k 空间也

不能被分配给其他程序使用。通常将这种分区被占用后未被使用的空闲空间称为碎片。如没有能满足程序要求的空闲区，则无法分配。当一个程序结束运行后，释放其占用的主存分区，系统根据分区号或起始地址找到分区说明表相应表项，将其状态置为 0，表示该分区已空闲，可供其他程序使用。

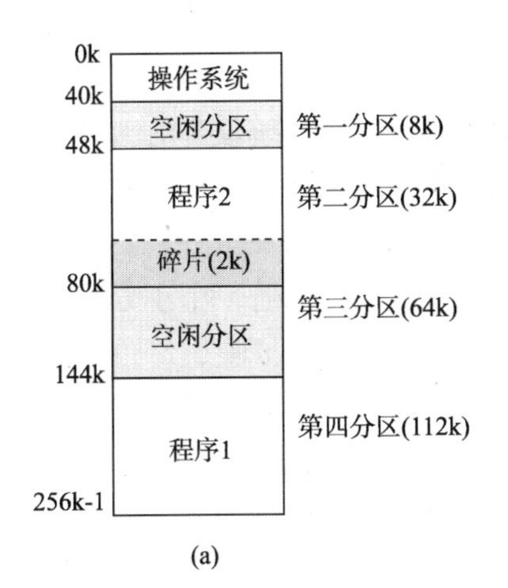

(a)

分区号	起始地址	分区大小	状态
1	40k	8k	0
2	48k	32k	1
3	80k	64k	0
4	144k	112k	1

(b)

图 4-8　固定式分区主存分配示意图和固定式分区说明表

可变式分区是指在程序装入时,依据它对主存空间实际的需求量来划分主存的分区，因此，每个分区的尺寸与进入它的程序大小相同。如图 4-9 所示，在可变式分区存储管理中，图 4-9（a）所示是系统开始运行时的主存状态，图 4-9（b）所示是有 4 个程序运行时的状态，图 4-9（c）所示是程序 1 和 3 结束运行并释放主存空间后的状态。

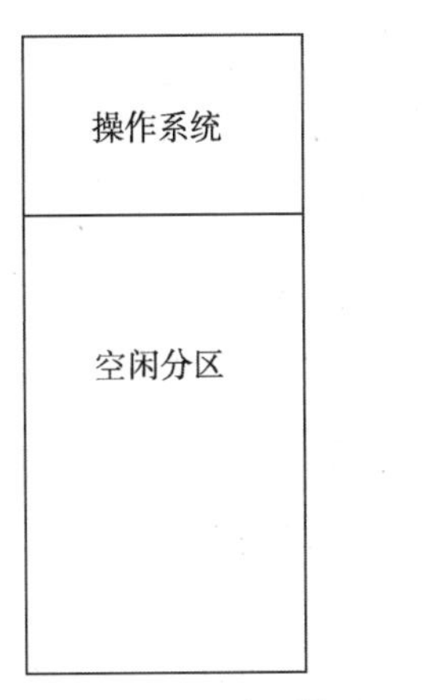

(a) 可变式分区运行开始

操作系统
程序1 (46k)
程序2 (32k)
程序3 (38k)
程序4 (40k)
空闲 (60k)

(b) 程序1、2、3、4进入内存

操作系统
空闲1 (46k)
程序2 (32k)
空闲2 (38k)
程序4 (40k)
空闲3 (60k)

(c) 程序1、3释放后内存

图 4-9　可变式分区主存使用情况示意图

在连续存储管理中，可以看到，由于空闲区大小一般不可能刚好等于程序大小，所以固定分区方法中常常出现整个分区被分配给某个程序，而分区中有部分未被使用的空闲区。而可变分区方法中，在主存空间被多次使用后，出现很多空闲的、不连续的但非常小的分区，以后无法使用。这种情况通常称为主存碎片。固定分区存储管理的缺点是容易产生内部碎片，而可变式分区存储管理可以有效解决固定式分区的内部碎片问题，能较有效地利用主存空间，提高了多道程序系统对主存的共享，但是容易产生外部碎片。因此，这两种方法各有优缺点，为了解决碎片问题，都需要额外的硬件资源进行支持。

2. 分页式存储管理

为了更高效地利用主存空间，减少主存碎片，在操作系统设计时，开始考虑打破一个程序必须装入主存连续区域的限制，把一个程序分配到几个不连续的区域内，从而不需移动主存原有的数据，就可有效地解决碎片问题。由此出现了分页式存储管理方式。

分页式存储管理把主存空间分成大小相等、位置固定的若干个小分区，每个小分区称为一个存储块，简称块，并依次编号为 0，1，2，3，…，*n* 块，每个存储块的大小由系统决定，一般为 2 的 *n* 次幂，如 1KB、2KB、4KB 等，一般不超过 4KB。而把用户的逻辑地址空间分成与存储块大小相等的若干页，依次为 0，1，2，3，…，*m* 页。当程序提出存储分配请求时，系统首先根据存储块大小把程序分成若干页。程序的每一页可存储在主存的任意一个空闲块内。此时，只要建立起程序的逻辑页和主存的存储块之间的对应关系，借助动态地址重定位技术，处于主存中不连续分区的程序就能够正常运行。

分页式存储管理中，存储块的分配与回收算法比较简单。当程序有存储分配请求时，可以根据逻辑空间的大小计算出需要多少存储块，然后将合适个数的空闲块分配给它们使用。图 4-10 给出了一个分页式存储管理的示意图。从图中可以看出分页式存储管理的一般实现方法。通常可在主存中为每个进程开辟一块特定区域，建立进程的逻辑页与存储块之间的对应关系表格，常称为页面映象表，简称页表。最简单的页表只包含页号、块号两个内容。页表的起始地址、长度，放在该进程的进程控制块中。在进程执行过程中，由硬件地址分页结构自动将每条程序指令中的逻辑地址解释成两部分，页号 p 和页

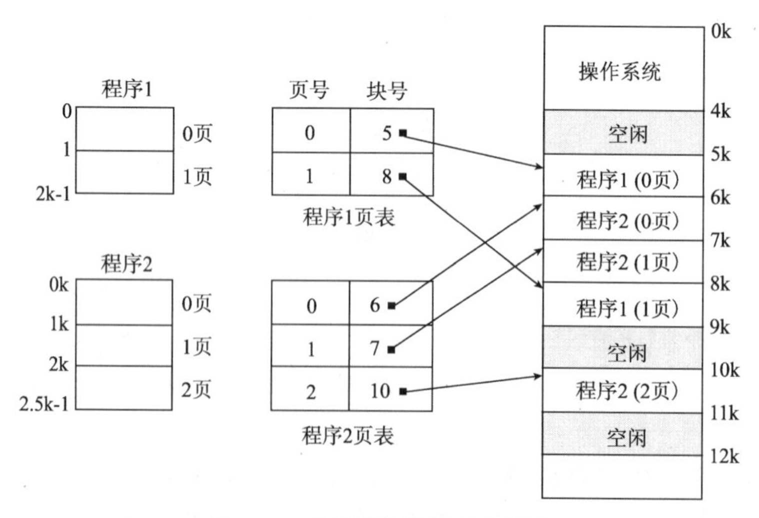

图 4-10　分页式存储管理示意图

内地址 w。通过页号查页表得到存储块号 b，与页内地址 w 合成，形成物理地址。逻辑地址分为页号 p 和页内地址 w 是系统自动进行的，用户不需要关心。

3. 虚拟存储器管理

前面介绍的连续存储管理和分页存储管理技术，都要求程序在执行之前必须全部装入主存，并且程序的逻辑地址空间不能比主存空间大，否则就无法装入主存运行，这就存在大程序与小主存的矛盾，此外，多道程序并发运行时，这些进程所需的存储空间总量可能会超过主存容量。

对虚拟存储器的管理，可以采用分页式储管理方式，但是与原方式略有不同，在虚拟存储器的帮助下，是采用按需分配的方式，产生了请求页式存储等管理方法。

请求页式存储管理先把主存空间划分成大小相等的块，将用户逻辑地址空间划分成与块相等的页，每页可装入到主存的任一块中，这都类似于分页式存储管理。但是一个程序运行时，不要求把程序的全部信息装入主存，而只装入目前运行所要用到的若干页，其余的仍保存在外存，等到需要时再请求系统调入，这也就是请求页式存储管理名称的由来。请求页式存储管理与分页式存储管理在主存块的分配与回收，存储保护等方面都十分相似，不同之处在于地址重定位问题。在请求页式存储管理的地址重定位时，可能会出现所需页面不在主存的情况，此时需要将外存的页面调入主存，如果主存没有空闲页面，还将涉及采用何种策略将主存页面交换到外存中。常用的交换策略有最优算法、先进先出算法和最近最久未使用算法等。例如，在最近最久未使用策略中，最近一段时间内没有被读写过的主存页面，将被选择交换到外存中。

4.4 文件管理

操作系统的功能之一是对计算机系统的软件资源进行管理，而软件资源通常是以文件形式存放在磁盘或其他外部存储介质上的，对软件资源的管理是通过文件系统来实现的。在计算机系统中，对软件资源的使用也相当频繁，因此文件系统在操作系统中占有非常重要的地位。

文件系统应具备的功能有：实现文件的按名存取，分配和管理文件的存储空间；建立并维护文件目录；提供合适的文件存取方法，实现文件的共享与保护，提供用户使用文件的接口等。

4.4.1 文件与文件系统

在计算机系统中，将文件定义为存储在外部存储介质上的、具有符号名的一组相关信息的集合。而文件系统是对文件实施管理、控制与操作的一组软件。

为了方便用户使用，每个文件都有一个名称，即文件名。文件名是文件的标识，用户通过文件名来使用文件而不必关心文件存储方法、物理位置以及物理访问方式等。文件系统的基本功能就是实现文件的按名存取。文件包括两个部分内容：一是文件内容，二是文件属性。文件属性是对文件进行说明的信息。文件属性主要有文件创建日期、文件长度、文件权限、文件存放位置等，这些信息主要被文件系统用来管理文件。不同的文件系统通常有不同种类和数量的文件属性。

- 文件名称。文件名称是供用户使用的外部标识。这是文件最基本的属性。文件名称通常由一串 ASCII 码或者汉字构成，现在常常由 Unicode 字符串组成。通常每种操作系统都会规定哪些字符不能用于构成文件名。
- 文件内部标识。有的文件系统不但为每个文件规定了一个外部标识，而且规定了一个内部标识。文件内部标识只是一个编号，可以方便管理和查找文件。
- 文件物理位置。具体标明文件在外部存储介质上所存放的物理位置。
- 文件拥有者。操作系统通常是多用户的，不同的用户拥有各自不同的文件，对这些文件的操作权限也不同。通常文件创建者对自己所建的文件拥有一切权限，而对其他用户所建的文件则拥有有限的权限。
- 文件权限。文件拥有者定义的对文件操作的权限，例如，可允许自己读写和执行；允许同组的用户读写，而只允许其他用户读等。
- 文件类型。可以从不同的角度来对文件进行分类，例如普通文件或设备文件，可执行文件或文本文件，等等。
- 文件长度。文件长度通常是其数据的长度。长度单位通常是字节。
- 文件时间。文件时间有很多，如最初创建时间、最后一次的修改时间、最后一次的执行时间、最后一次的读时间等。

为了有效、方便地组织和管理文件，常从不同的角度对文件进行分类。按用途可将文件分为系统文件（由系统软件构成的文件）、库文件（由标准的和非标准的子程序库构成的文件）和用户文件（用户自己定义的文件）。按性质可将文件分为普通文件（系统所规定的普通格式的文件）、目录文件（包含普通文件与目录的属性信息的特殊文件）和特殊文件（如将输入/输出设备看做是文件）等。按保护级别可分为只读文件（允许授权用户读，但不能写）、读写文件（允许授权用户读写）、可执行文件（允许授权用户执行，但不能读写）和不保护文件（用户具有一切权限）等。按文件数据形式可分为源文件（源代码和数据构成的文件）、目标文件（源程序经过编译程序编译，但尚未链接成可执行代码的目标代码文件）和可执行文件（编译后的目标代码由链接程序连接后形成的可以运行的文件）等。不同操作系统对文件的管理方式不同，由此对文件的分类也有很大的差异。

现代操作系统的文件系统通常向用户提供各种调用接口，以方便用户使用文件系统。用户通过这些接口来对文件进行各种操作。对文件的操作一般可分为两大类，一类是对文件自身的操作，例如，建立文件、打开文件、关闭文件、读写文件等。一类是对文件内容的操作，如查找文件中的字符串，以及对文件内容进行插入和删除等。

随着操作系统的不断发展，功能强大的文件系统不断涌现。这里，列出一些具有代表性的文件系统。

- EXT2。Linux 最为常用的文件系统，易于向后兼容，所以新版的文件系统代码无须改动就可以支持已有的文件系统。

- NFS。网络文件系统，允许多台计算机之间共享文件系统，易于从网络中的计算机上读文件，或向网络中的计算机写文件。
- HPFS。高性能文件系统，是 IBM OS/2 的文件系统。
- FAT。经过了 MS-DOS、Windows 3.x、Windows 9x、Windows NT、Windows 2000/XP 和 OS/2 等操作系统的不断改进，它已经发展成为包含 FAT12、FAT16 和 FAT32 的庞大家族。
- NTFS。NTFS 是微软为了配合 Windows NT 的推出而设计的文件系统，为系统提供了极大的安全性和可靠性。

4.4.2　文件组织结构

文件组织结构分为文件的逻辑结构和文件的物理结构。前者是从用户的观点出发，所看到的、独立于文件物理特性的文件组织形式，是用户可以直接处理的数据及其结构。而后者则是文件在外存上具体的存储结构。

文件的逻辑结构通常分为记录式文件和流式文件。记录式文件在逻辑上总是被看成一组顺序的记录集合，即文件内容被划分成多个记录，记录可以按顺序编号为记录 0，记录 1，…，记录 n。记录式文件又可分为定长记录文件和变长记录文件。流式文件又称无结构文件，是指文件内部不再划分记录，它是由一组相关信息组合成的有序字符流，文件长度直接按字节计算。

文件的物理结构是由存储介质决定的，例如磁盘存储文件的物理结构由存储该文件信息的所有磁盘扇区构成。而逻辑结构由文件存储的信息决定，例如，一个保存公司员工信息的文件将包含多个员工的信息；一个文档文件将包含多个段落或多页。一般来说，文件的物理结构与逻辑结构不是一一对应的，文件在逻辑上看都是连续的，但在物理介质上存放时却不一定连续。例如，员工信息逻辑结构大小超过了 1 个扇区，但未满 2 个扇区，但是物理结构上，却占用了 2 个（相邻或不相邻的）扇区来保存一个逻辑记录。下面介绍常见的物理结构。

1. 链接文件

链接文件把一个逻辑上连续的文件分散地存放在不同的物理块中，这些物理块既不要求连续，也不必顺序排列。为了使系统能找到下一个逻辑块所在的物理块，可在各物理块中设立一个指针（称为连接字），它指示该文件的下一个物理块。图 4-11 中所示的

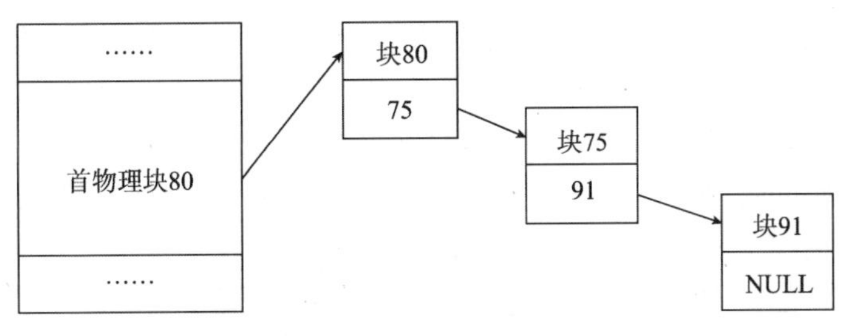

图 4-11　链接文件示例

文件，在逻辑上有 3 块，编号分别为 0、1 和 2。而对应的物理块号却是 80、75 和 91，最后一块的连接字为 NULL，表示该块是文件结尾，即没有后继块。

2. 索引文件

索引文件也是一种非连续分配的文件，系统为每个文件建立一个索引表，其中的表项指出存放该文件的各个物理块号，而整个索引表由文件说明项指出，如图 4-12 所示。

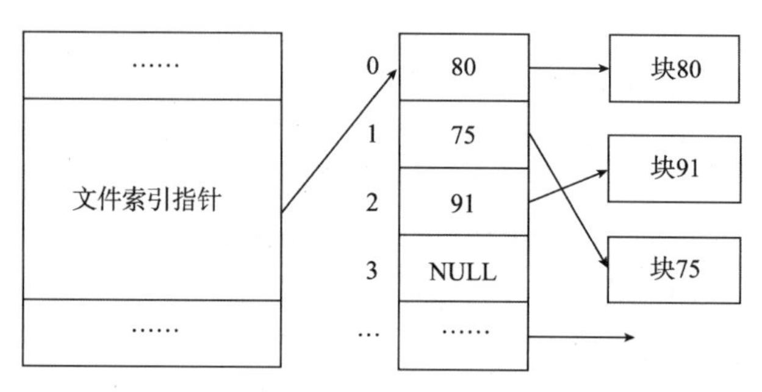

图 4-12　索引文件示例

3. 多重索引文件

多重索引文件是索引文件的一种扩展，采用多级索引结构。第一级索引中的每一项指向第二级索引所在的盘片，第二级的索引项指向第三级索引所在的盘片……最后一级索引指向数据所在的盘片。通常索引的级别为 2 ~ 3 级。

4.4.3　目录与文件

具体实现文件系统时，不能回避“目录”这一概念，因为文件系统一般通过目录将多个文件组织成不同结构。从概念上看，目录是文件的集合；从实现上看，目录也是一个文件，所谓目录文件，其中保存它所直接包含的文件的描述信息。目录可以包含不同类型的文件，目录文件也不例外。如果一个目录包含另一个目录，则被包含的目录称为子目录，包含者称为父目录，不被任何目录包含的目录称为根目录。由于计算机硬盘可存储或包含任何文件，因此也是目录，且是根目录。目录的这种包含关系可以衍生很多目录结构，从逻辑即用户角度来说，常用的文件目录结构有单级目录结构、二级或多级层次目录结构等。

常用的目录操作有：

- 创建目录。在外部存储介质中，创建一个目录文件以备存取文件属性信息。
- 删除目录。从外部存储介质中，删除一个目录文件。
- 检索目录。首先，系统利用文件名对文件目录进行查询；然后，得出文件所在外部存储介质的物理位置；最后，如果需要，可启动磁盘驱动程序，将所需的文件数据读到主存中。
- 打开目录。如要用的目录不在主存中，从外存上读入相应的目录文件。
- 关闭目录。当所用目录使用结束后，应关闭目录文件以释放其所占主存空间。

文件系统对文件的操作是“按名”进行的，因此必须建立文件名与外存空间中的物理地址的对应关系。在具体实现时，每一个文件在文件目录中登记一项，作为文件系统建立和维护文件的清单。每个文件的文件目录项又称文件控制块(File Control Block，FCB)，FCB 一般应该包括以下内容：

- 文件存取控制信息。如文件名、用户名、文件主存取权限、授权者存取权限、文件类型和文件属性，即读写文件、执行文件、只读文件等。
- 文件结构信息。包括文件的逻辑结构和物理结构，如文件所在设备名、文件物理结构类型、记录存放在外存的相对位置或文件第一块的物理块号等。
- 文件使用信息。如已打开该文件的进程数、文件被修改的情况、文件大小等。
- 文件管理信息。如文件建立日期、文件最近修改日期、文件访问日期等。

当创建一个新文件时，系统就要为它设立一个 FCB，其中记录了这个文件的所有属性信息。当用户要访问某个文件时，系统首先查找目录文件，找到相对应的文件目录，然后，通过比较文件名就可找到所要访问文件的 FCB，根据其中记录的文件信息相对位置或文件信息首块物理位置等就能依次存取文件信息。

为了方便用户使用文件系统，文件系统通常向用户提供各种调用接口。用户通过这些接口实现对文件的各种操作。对文件的操作可以分为两大类：一类是对文件自身的操作，例如，建立文件，打开文件，关闭文件，读写文件，等等；另一类是对文件内容的操作，例如，查找文件中的字符串，以及插入和删除，等等。以下是一些常用的文件操作。

- 文件创建。创建文件时，系统首先为新文件分配所需的外存空间，并且在文件系统的相应目录中，建立一个目录项，同时创建该文件的 FCB。
- 文件删除。当已经不再需要某个文件时，便可以把它从文件系统中删除。这时执行的是与创建新文件相反的操作。系统先从目录中找到要删除的目录项，使之成为空项，紧接着回收该文件的存储空间，以便重复使用。
- 文件截断。如果一个文件的内容已经很陈旧而需要进行全部更新时，可以先删除文件再建立一个新文件。但是，如果文件名及其属性并没有发生变化时，可截断文件。即将原有文件的长度设为 0，也可以说是放弃文件的内容。
- 文件读。通过给定的读入数据位置，将位于外部存储介质上的数据读入到主存缓冲区。
- 文件写。通过给定的写入数据位置，将主存数据写入到位于外部存储介质上的文件中。
- 文件的读写定位。前面介绍的读写操作只是提供了文件的顺序存取手段，而若对文件的读写进行定位操作，也即改变读写指针的位置，通过这个操作，可以从文件的任意位置开始读写，为文件提供随机存取的能力。
- 文件打开。在开始使用文件时，首先必须打开文件。这可以将文件属性信息装入主存，以便以后快速查用。
- 文件关闭。在完成文件使用后，应该关闭文件。这不但是为了释放主存空间，而且也因为许多系统常常限制可以同时打开的文件数。

4.4.4　文件存储空间管理

文件存储空间管理的主要功能之一是在外部存储介质上为创建文件分配空间，为删除文件回收空间，以及管理存储介质上的空闲空间。目前计算机系统常用的外部存储介质是磁盘。针对磁盘，文件存储空间管理的主要功能是磁盘空闲空间的分配，以及磁盘空闲空间的有效管理。

要合理组织磁盘空间的分配和回收，就要求文件系统随时掌握磁盘空间的分配情况，以便随时分配给新的文件或目录。为了记录空闲磁盘空间，系统通常维持一个空闲空间表。这个表记录了所有的尚未分配给文件或目录的磁盘块。常用的空闲空间表实现方式有以下几种：

- 空闲表法。系统为外存上的所有空闲区建立一张空闲表，每个空闲区对应于一个空闲表项，其中包括表项序号、该空闲区的第一个盘块号、该区的空闲盘块数等信息，再将所有的空闲区按其起始盘块号递增的次序排列。在系统为某新创建的文件分配空闲盘块时，先顺序地检索空闲表的各表项，直至找到第一个大小能满足要求的空闲区，将该盘区分配给文件，同时修改空闲表。系统在对用户所释放的存储空间进行回收时，要考虑回收区是否与空闲表中插入点的前区和后区相邻接，对相邻接者应予以合并。
- 空闲链表法。基本思想是将磁盘上的所有空闲区域串连成一个链表。根据构成链表的基本元素，又可分为空闲盘块链和空闲盘区链。前者以盘块为单位，后者以空闲盘区（可能包含多个盘块）为单位。当系统需要给文件分配存储空间时，分配程序从空闲块链表的链首摘取所需的若干块，链首指针相应后移。与此相反，当删除文件回收空闲块时，则把释放的空闲块添加到空闲块链的链尾上。图 4-13 给出了一种实现。

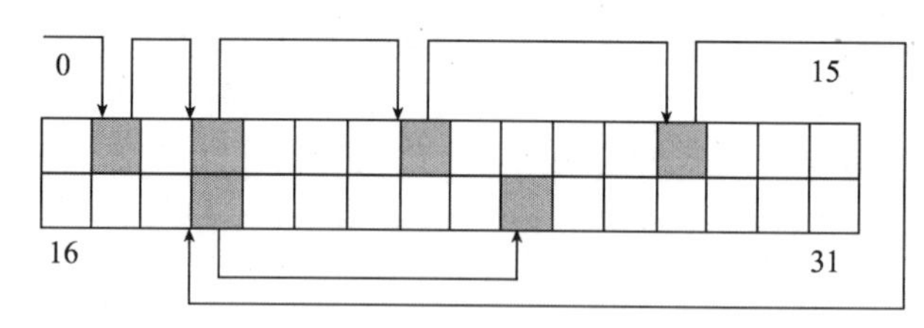

图 4-13　空闲链表法示例

- 位示图法。用位图或矢量来表示空闲空间，每个磁盘块用 1 位来表示，如该磁盘块空闲，则该位置为 0，否则置为 1。图 4-14 给出了一个示例，其中第 2、4、5、10、11、12、13、14、15、22、23、24、25、26、27、28 等块为已分配的，其他的块为空闲的。

00101100	00111111	00000011	11111000

图 4-14　位示图法示例

此外，还有很多空闲空间组织方法。例如，结合了空闲表法和空闲链表法的成组链接法，适用于大型文件系统。此处不赘述。

4.5 设备管理

随着计算机软、硬件技术的飞速发展，各种各样的外部设备不断出现，如扫描仪、数码相机等。同时在多道程序运行环境中要并行处理多个进程的 I/O 请求，对设备管理提出了更高要求。因此为了方便用户，提高外设的并行程度和利用率，由操作系统对种类繁多、特性和方式各异的外设进行统一管理显得极为重要。

在第 3 章中，根据传输速率将设备分为低速设备、中速设备和高速设备，这是从硬件的角度进行的分类。在操作系统中，各种进程竞争设备资源。因此，有必要从进程使用的角度，即设备的共享属性对设备进行分类。按照共享属性，可将设备划分为：

- 独占设备。指不能共享的设备，即在一段时间内只允许一个进程访问的设备。系统一旦把这类设备分配给某个进程后，便由该进程独占，直至用完释放。如打印机就属于独占设备。
- 共享设备。指在一段时间内允许若干个进程同时使用的设备。例如，磁盘就是典型的共享设备。
- 虚拟设备。通过虚拟技术把一台独占设备变换为可由多个进程共享的逻辑设备。虚拟设备指这种逻辑设备。

4.5.1 设备管理任务和策略

现代计算机系统中常配有各种类型的设备，并且同一类型的设备可能有多台，为了标识每台设备，系统按照某种原则为每台设备分配一个唯一的编码，用作外设控制器识别设备的代号，称作设备的绝对号（物理设备名），就如同主存中每一个单元都有一个地址一样。

在多道程序环境中，多个用户共享系统中的设备，但是只能由操作系统根据当时设备的具体情况决定哪些用户使用哪些设备。这样用户在编写程序时就不必通过设备绝对号来使用设备，只需向系统说明他要使用的设备类型就可以了。为此，操作系统为每类设备规定了一个编号，即设备的类型号（逻辑设备名）。当系统接受到用户程序使用设备的申请时，由操作系统进行地址转换，将逻辑设备名变成物理设备名。

这两种设备名的引入也是实现设备无关性的基础。操作系统中设备无关性的含义是应用程序独立于具体使用的物理设备，即使设备更换了，应用程序也不用改变。在应用程序中使用逻辑设备名来请求使用某类设备，而系统在实际执行时，使用物理设备名。这种转换是由操作系统的设备管理功能自动完成的。

除了进行上述设备地址转换外，设备管理还有下述主要任务和功能：

- 设备分配与释放。根据一定的算法选择和分配输入/输出设备。
- 实现数据交换。控制 I/O 设备和 CPU（或主存）之间进行数据交换。

- 提供接口。给用户提供一个友好透明的接口，把用户程序与设备的硬件特性分开，使得用户在编写应用程序时不必涉及具体使用的物理设备，而且用户应用程序的运行也不依赖于特定的物理设备。此外，还提供与进程管理系统的接口，当进程申请设备时，该接口将进程的请求转送给设备管理程序，对设备进行分配，并根据是否可获得设备，对进程进行调度。
- 统一管理。种类繁多的外设其特征各不相同，为了方便用户，避免出错，必须将设备的具体特性和驱动它们的程序分开，实现对复杂外设的统一管理，并在设备工作期间维护设备状态。
- 分配与释放。计算机系统中的外部设备资源是有限的，当有很多进程申请使用外设时，就出现了对资源的竞争使用。此时，需要设备管理系统来进行设备的分配与释放。

设备分配方式有静态分配和动态分配两种。静态分配方式是在用户进程开始执行之前，由系统一次分配给该进程所要求的全部设备、控制器和通道。一旦分配之后，这些设备、控制器和通道就一直为该进程所占用，直到该进程被撤销。动态分配在进程执行过程中根据执行需要进行分配。当进程需要设备时，通过系统调用向系统提出设备请求，由系统按照事先规定的策略给进程分配所需要的设备、I/O 控制器和通道，一旦用完之后，便立即释放。现代操作系统设备管理系统中一般采用动态分配方式，静态分配方式很少使用。当多个进程需要外设时，常用的分配策略有：

- 先来先服务策略，即先申请的，先被满足。当有多个进程对同一设备提出 I/O 请求时，或者是在同一设备上进行多次 I/O 操作时，系统按照进程对该设备提出请求的先后顺序排成一个设备请求队列，当设备空闲时，设备分配程序总是把此设备首先分配给队首进程。
- 优先级策略，即优先级高的进程的 I/O 请求先被满足。这种策略的设备 I/O 请求队列按请求 I/O 操作的进程优先级的高低排列，高优先级进程排在设备队列前面，低优先级进程排在后面。当有一个新进程要加入设备请求队列中时，并不是简单地把它挂在队尾，而是根据进程的优先级插在适当的位置。这样就能保证在该设备空闲时，系统能从 I/O 请求队列的队首取下一个具有最高优先级进程，并将设备分配给它。
- 时间片轮转策略。与进程调度中时间片轮转策略类似，只是此时被轮流使用的是设备，而不是 CPU。该策略对独占型设备是不合适的。

设备管理系统进行设备分配时，首先根据进程申请的物理设备名在系统中搜索对应的设备。其次，根据设备忙闲情况，或将进程插入到该设备的进程等待队列，或分配该设备给请求进程。然后，找到与设备相连的设备控制器，并根据控制器忙闲情况，或将进程插入控制器等待队列，或分配该控制器给请求进程。至此，经过上面的流程，请求 I/O 的进程依次获得了设备和控制器，则可在设备处理程序的控制下，启动 I/O 设备进行信息传输。

4.5.2　输入/输出软件系统

除第 3 章介绍的硬件支持的输入/输出控制方式外，要实现具体的输入/输出操作还需要有相应的软件,这也是设备管理的主要构成之一。

输入/输出软件的设计目标就是将软件组织成一种层次结构，底层的软件用来屏蔽输入/输出硬件的细节，从而实现上层的设备无关性，高层软件则主要为用户提供一个统一、规范、方便的接口。操作系统一般把输入/输出软件组织分成中断处理程序、设备驱动程序、与设备无关的 I/O 软件、用户层的输入/输出软件四个层次（见图 4-15）。

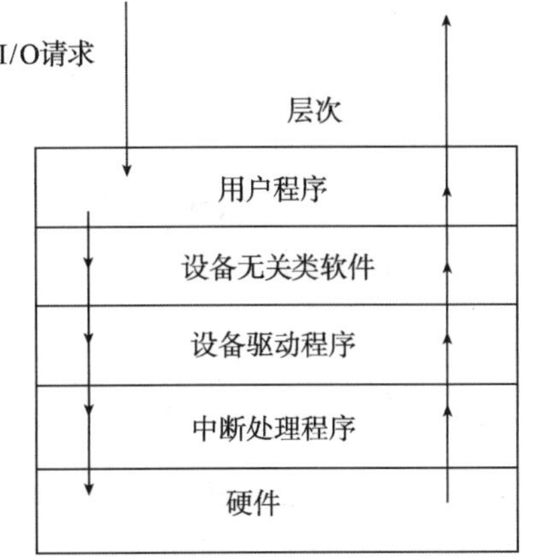

图 4-15　输入/输出软件系统

一般来说，当进程要从外设读一个数据块时，设备无关软件调用设备驱动程序向硬件提出相应的请求。用户进程随即进入阻塞，直至数据块读出。当外设读数据操作结束时，硬件发出一个中断，它将激活中断处理程序。中断处理程序则从设备获得返回状态值，并唤醒被阻塞的用户进程来结束此次 I/O 请求，随后用户进程将继续运行。向外设写数据的流程与此类似。

下面对四个层次的软件自底向上进行介绍。

- 无论硬件上是采用哪种 I/O 方式（程序控制、DMA、通道等），当有 I/O 请求时，在输入/输出软件层次中，位于最下方的中断处理程序都会被激活。一般来说，在设备控制器的控制下，I/O 设备完成了 I/O 操作后，控制器便向 CPU 发出一个中断请求，CPU 响应后便转向中断处理程序。无论哪种 I/O 设备，其中断处理程序的处理过程大体相同。一般要经过检查 CPU 响应中断的条件是否满足、关中断、保护被中断进程现场、分析中断原因执行中断处理程序、恢复被中断进程现场、开中断和返回中断点等步骤。
- 设备驱动程序是指驱动物理设备和 DMA 控制器等直接进行 I/O 操作的子程序集合。当进程申请 I/O，并获得设备、控制器后，是在设备驱动程序的作用下实现真正 I/O 操作的。设备驱动程序相当于硬件的接口，操作系统只能通过这个接口，才能控制硬件设备的工作，如果某设备的驱动程序没有安装，便不能正常工作。设备驱动程序是一种软件，与设备驱动器交互向设备发送各种操作。每个设备驱动程序都是针对其特定设备（如打印机、磁盘驱动器、显示器等）设计的，将各种通用的对设备的操作转化为设备特定的细化操作。例如，打印机驱动程序要实现读写打印机状态信息、同步握手等操作。设备驱动程序也是一种抽象思维的体现，有了设备驱动程序，其他软件要使用外设时，只要将这些设备的通用操作发送给设备驱动程序即可，而不需要再去实现与设备相关的操作。
- 设备驱动程序是一个与硬件（或设备）紧密相关的软件，为了实现设备独立性，就必须在驱动程序之上设置一层与设备无关的软件。它提供适用于所有设备的常用 I/O 功能，并向用户层软件提供一个一致的接口。设备无关软件的主要功能包括向用户层软件提供统一接口、设备维护、将逻辑设备名映射到相应的物理设备和设备驱动程序、缓冲管理和差错控制等。

- 用户层的 I/O 软件是 I/O 系统软件的最上层软件，面向用户，负责与用户和设备无关的 I/O 软件之间的通信。当接收到用户的 I/O 指令后，把具体的请求发送到设备无关的 I/O 软件，进行进一步的处理。用户层的 I/O 软件主要包含用于 I/O 操作的库例程和 SPOOLing 系统。前者向用户提供统一的接口，屏蔽具体的硬件细节，SPOOLing 是在多道程序设计中将一台独占设备改造为共享设备的一种常用的有效技术。

4.6 用户接口

用户接口是操作系统五大功能之一，它负责用户与操作系统之间的交互。通过用户接口，用户能向计算机系统提交服务请求，而操作系统通过用户接口提供用户所需的服务。

操作系统面向不同的用户提供了不同的用户接口——人—机接口和 API 接口。前者给使用和管理计算机应用程序的人使用，包括普通用户和管理员用户。后者是应用程序接口，供应用程序使用。

通常，为使用和管理计算机应用程序的用户提供的用户接口称为命令控制界面，它由一组以不同形式表现的操作命令组成。当然，对普通用户和管理员用户提供的命令集是不一样的。命令控制界面的常见形式有命令行界面和图形用户界面。API 接口由一组系统调用组成。通过系统调用，程序员可以在程序中获得操作系统的各类底层服务，能使用或访问系统的各种软硬件资源。

在命令行界面（Command-Line Interface，CLI）中，用户通过键盘输入一个命令串，操作系统执行该命令，并将结果以字符形式输出。图 4-16 所示是 Windows 操作系统的命令行界面，显示的是命令 ipconfig 及其输出。在命令行界面中，通常有一个命令解释器，负责对用户输入的命令串进行接收、分析和执行。命令行通常带有一个命令提示符，提示用户可输入命令，用户输入命令以回车结束，此时命令解释器开始分析执行命令。命令所附加的参数让同一个命令可有多种可能的执行动作。通常，用户熟练掌握命令的使用后，通过命令行与系统交互，比通过图形界面更高效。但是，通过命令行界面使用操作系统时，必须对系统提供的命令，包括命令名、参数个数、命令格式等都有非常清晰的了解。

通过命令行使用计算机系统的方式有脱机控制方式和联机控制方式。脱机方式中，用户编写一个文本文件，文件中包含了一系列命令，这些命令组合一起完成某个任务。命令解释器对该文件的执行是批量式的，从文件开始处逐条命令执行，在执行过程中用户无法与系统交互，直到命令执行结束时才能根据输出信息判断执行情况。联机方式中，用户通过逐条输入命令交互式地控制系统。

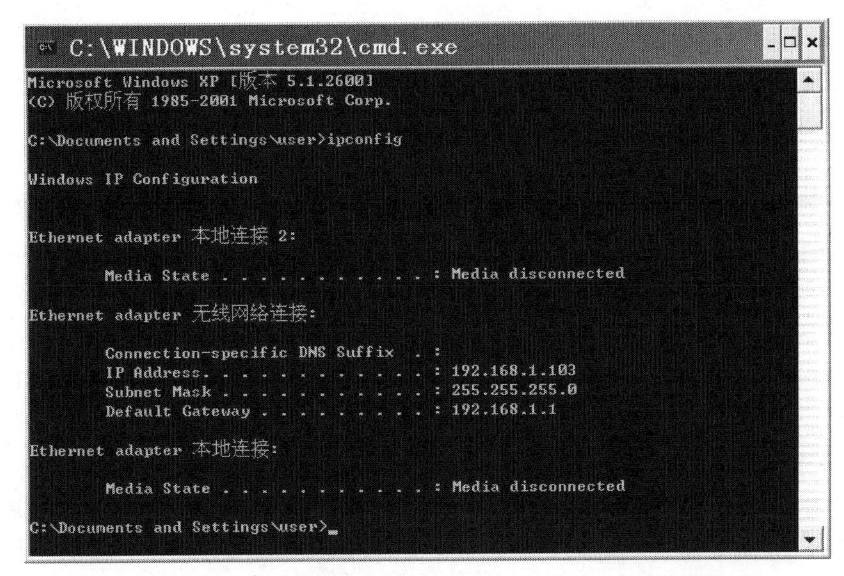

图 4-16　命令行用户界面示例（Windows XP——ipconfig 命令）

图形用户界面（Graphical User Interface，GUI）是指采用图形方式显示的计算机操作环境用户接口（见图 4-17）。与命令行用户界面不同，图形用户界面通过各种图形化的元素，将操作系统能提供给用户的所有资源和操作展现给用户，用户通过在各界面元素上进行选择来向操作系统发送命令。图形用户界面主要由以下要素构成：

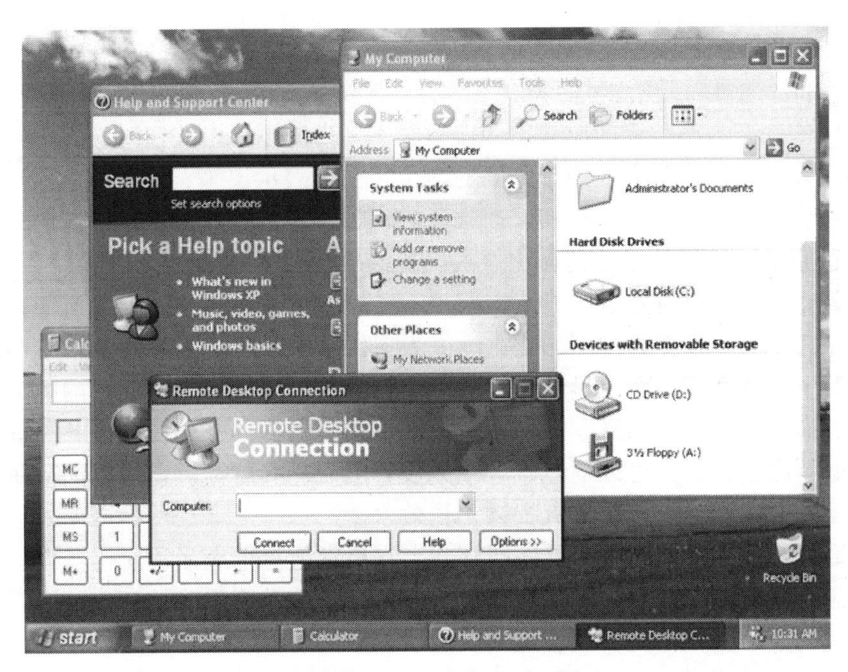

图 4-17　图形用户界面示例

- 桌面。在操作系统启动后显示，它是界面中底层的构成，有时也指代包括窗口、文件浏览器在内的“桌面环境”。在桌面上可以重叠显示窗口，因此可以实现多任务化。一般的界面中，桌面上放有各种应用程序和资源的图标，用户可以依此开始工作。

- 窗口。应用程序为用户提供的图形交互环境。应用程序和数据在窗口内实现一体化。在窗口中，用户可以操作应用程序，进行数据的管理、生成和编辑文档。通常在窗口四周设有菜单、图标，数据显示在中央。在窗口中，根据各种数据/应用程序的内容设有标题栏，一般放在窗口的最上方，并在其中设有最大化、最小化（隐藏窗口，并非消除数据）、最前面、缩进（仅显示标题栏）等动作按钮，可以简单地对窗口进行操作。通常可将窗口分为单一文件窗口和多文件窗口。
- 菜单。将系统可以执行的命令以层级的方式显示出来的一个界面。菜单是命令和子菜单的集合，具有层次结构，可分为弹出式、下拉式、层级式菜单。通过点击菜单名可显示菜单列表。菜单一般置于画面的最上方或者最下方，应用程序能使用的所有命令几乎全部都能放入。重要程度一般是从左到右，越往右重要程度越低。菜单的层次根据应用程序的不同而不同，一般重视文件的操作、编辑功能，因此放在最左边，然后往右有各种设置等操作，最右边往往设有帮助。一般使用鼠标的第一按钮进行操作。
- 对话框。对话框是一种特殊的窗口，用来在用户界面中向用户显示信息，或者在需要的时候获得用户的响应。之所以称为“对话框”是因为它们使计算机和用户之间构成了一个对话——或者是通知用户一些信息，或者是请求用户的输入，或者两者皆有。
- 按钮。程序或网页最常用的一个控件。在程序中，按钮是最常见的用于触发事件的控件，也可以开始、中断和结束一个进程。按钮接受最常用的事件为单击事件，按钮的状态为两种，即原状态和按下状态。当鼠标单击按钮时，按钮处于按下状态。有时也将菜单中使用频率高的命令用图形表示出来，配置在应用程序中，成为按钮。应用程序中的按钮，通常可以代替菜单。一些使用程度高的命令，不必通过菜单一层层翻动才能调出，极大提高了工作效率。

与早期计算机使用的命令行界面相比，图形界面对于用户来说更为简便易用，也可以说图形界面是命令行方式的图形化，已成为现代操作系统的主要用户接口形式。在图形用户界面中，计算机画面上显示窗口、图标、按钮等图形表示不同目的的动作，用户通过鼠标等指针设备进行选择。键盘在图形用户界面仍是一个重要的设备。键盘不仅可以输入数据的内容，而且可以通过各种预先设置的“快捷键”等键盘组合进行命令操作达到和菜单操作一样的效果，并极大提高工作效率。

窗口管理器是实现图形用户界面的核心，它负责为每个应用程序构建窗口，并在屏幕上分配显示空间。在程序运行过程中，管理器将跟踪应用程序的变化，当应用程序要改变其窗口的显示时，将向窗口管理器发送通知，由窗口管理器对其窗口进行修改。同样地，当用户通过鼠标或键盘操作窗口界面元素时，窗口管理器将计算被操作元素的位置，判断该元素属于哪个应用程序，并将用户的动作传递给元素对应的应用程序，由应用程序进行响应。

操作系统中，系统调用通常以程序库的形式出现，可在各种编程语言编写的程序中调用这些服务。通过系统调用，程序员能获得操作系统的主要功能的支持，包括进程控制、文件管理、设备管理、信息维护和网络等操作系统服务。

4.7　操作系统的加载

本章至此已将操作系统的功能和构成介绍完毕，读者应该了解了操作系统为其他软件提供的基础服务，如启动应用程序等。本节介绍操作系统从计算机加电后，如何接管对计算机系统的管理。

操作系统自身的启动是通过一个称为自举的过程完成的，自举过程是在计算机每次加电时都要执行的动作。要理解自举过程的必要性及其工作原理，首先要回顾计算机的 CPU 工作原理。前一章的介绍中，我们已知 CPU 执行程序时，要从其程序计数器所指向的主存地址处取指令。现代 CPU 在加电启动时，其程序计数器会被设计成指向某个特别的预定义好的主存地址，从这个地址 CPU 能找到其启动时开始执行的程序的第一条指令。因此，只要从这个特殊地址开始保存操作系统，每次计算机加电时，CPU 就能自动加载操作系统运行。但是，计算机关电后，主存内容将全部丢失。操作系统不能在无电的情况下常驻主存的 RAM 区域。如果将操作系统保存在主存的 ROM 区域，有两个问题：①将操作系统保存在 ROM 中，计算机的成本就要增加；②这将使得计算机的操作系统固定不变，用户没有更多选择。因此，需要一种技术在计算机加电时，将操作系统装载到计算机的主存，然后从操作系统的第一条指令开始执行。

因此，现代计算机中，每次加电时 CPU 需要首先执行的程序被存于特殊的存储器——ROM 存储器中，称为自举程序。在加电时，指令计数器中保存的是自举程序在主存的始地址。自举程序将在计算机加电时自动执行，其主要功能是引导 CPU 将外存上某特定区域的操作系统程序加载到主存中，并在加载完成后，修改 CPU 指令计数器，使其指向操作系统在主存中的始地址。自此以后，操作系统将被执行，并接管计算机的管理权。

现代计算机系统中，用于保存自举程序的 ROM 除保存该程序外，通常还保存一组程序，用于提供基本的输入/输出操作。例如，从键盘接收输入、在显示器上显示信息、从外存读入数据等操作。由于其保存在 ROM 中，因此，在操作系统接管计算机控制权之前，可被自举程序用来进行基本的输入/输出操作。例如，可以设置计算机开机密码（不是进入操作系统的密码），此时，从键盘接收用户输入的密码，以及在显示器上显示密码是否正确的信息，使用的就是保存于 ROM 中的这些基本输入/输出程序。因此，这些程序一起被称为基本输入/输出系统（BIOS）。

4.8　本 章 小 结

本章首先介绍了操作系统的发展简史，引入了大量的基本概念。然后从操作系统是计算机系统管理者的角度，依次介绍了进程管理、存储管理、文件管理、设备管理和用户接口等内容。在这些内容的介绍中，重点介绍了各项管理功能所针对的对象、采用何种管理策略，即管理谁、怎么管的问题，进一步探讨了这些管理功能是如何支持程序运行的问题。

通过本章的学习，应从总体上对操作系统有一个整体认识。操作系统管理概念很多都涉及第3章的内容，在学习中，要弄清楚计算机系统软硬件是如何配合起来支持程序运行的，要分清楚哪些支持由硬件提供，哪些由软件提供，它们是如何协调一致构成一个整体的。

延伸阅读材料

相对于操作系统这个重要的计算机科学分支，本章的介绍侧重于基本概念和原理的介绍。如需进一步学习，可以阅读 Windows、Linux 等操作系统的使用手册，以便了解操作系统功能。也可在学习了第9章后，通过阅读一些操作系统的程序来体会本章介绍的功能在实际操作系统中是如何实现的，开源的操作系统有很多，如 Minix、Linux 等都是不错的范本。如要对原理有进一步的学习，可以阅读参考文献（Silbershatz A, Galvin P, Gagne G., 2004; 罗宇, 2011）中的一些相关经典教材。

习　题

1. 什么是操作系统？它的主要功能和特征是什么？
2. 多道程序并发执行的硬件基础是什么？
3. 现代操作系统中为什么要引入“进程”概念？它的含义和特征是什么？与程序有什么区别？
4. 根据以下信息，分别说明使用先来先服务、时间片轮转、短进程优先、不可抢占式优先级法和可抢占式优先级法时进程调度情况。

进程名	产生时间	要求服务时间	优先级
P_1	0	10	3
P_2	1	1	1
P_3	2	2	3
P_4	3	1	4
P_5	4	5	2

5. 存储管理的功能及目的是什么？
6. 什么是物理地址？什么是逻辑地址？
7. 什么是地址重定位？为什么要进行地址重定位？试举例说明实现动态地址重定位的过程。
8. 假设某系统主存共256KB，其中操作系统占用低址20KB，有这样一个程序执行序列：程序1（80KB），程序2（16KB），程序3（140KB），连续进入系统，经过一段时间运行，程序1、3先后完成。此时，程序4（120KB），程序5（80KB）要求进入系统，假设系统采用连续存储管理中的可变分区存储管理策略处理上述程序序列，试完成：

（1） 画出程序1、2、3进入主存后，主存的分配情况。

（2） 画出程序1、3完成后，主存分配情况。

（3） 画出程序4、5进入主存后，主存的分配情况。

9. 文件管理的主要功能是什么?

10. 请比较不同文件物理组织方式的优缺点。

11. 设备管理的主要任务和功能是什么? 如何实现设备管理?

12. 什么是设备无关性? 为什么要在设备管理中引入设备无关性?

13. 操作系统提供的用户接口有哪几种? 各自的优缺点是什么?

14. 请简述在引入了操作系统后，一个程序在软硬件支持下的运行过程，假设运行过程中涉及输入/输出操作。

第 5 章　计算机网络及应用

【学习内容】

本章学习计算机网络及其应用相关的内容，主要知识点包括：

- 计算机网络基础知识；
- 局域网；
- Internet 基础及其应用；
- 无线网络。

【学习目标】

通过本章的学习，读者应该：

- 了解计算机网络的发展历史、各种分类及其依据；
- 理解计算机网络分层体系结构和协议的概念；
- 了解计算机网络常用传输介质，常用设备及其作用；
- 了解局域网基础概念，熟悉局域网拓扑结构和介质访问控制协议；
- 理解 TCP/IP 协议工作原理，以及相关的基本术语；
- 理解 Internet 及其常见应用相关的概念，掌握常见应用的使用方法；
- 了解无线网络分类、协议类型，理解无线局域网工作原理。

本章将介绍计算机科学中一个重要的知识域——计算机网络，解释如何将计算机连接起来实现信息和资源的共享。介绍的内容将包含网络体系结构、协议、网络应用等。首先介绍计算机网络的发展历史、各种分类方法、ISO/OSI 分层体系结构与协议、常见传输介质和设备。然后重点介绍常见的局域网相关基础技术、Internet 基础技术及其应用。最后，介绍无线网络出现的背景、类型和相关的协议。通过本章的学习，读者将掌握网络环境下的信息表示和处理方法，体会到抽象、分层、共享等计算思维思想。

5.1　计算机网络基础

计算机技术和通信技术的紧密结合并迅速发展，导致了计算机网络的诞生和广泛应用。计算机网络是 20 世纪最伟大的科技成就之一。计算机网络被应用于政治、军事、商业、医疗、远程教育、科学研究等领域，在社会和经济发展中起着越来越重要的作用。网络已经渗透到人类生活的各个角落。现在，几乎没有无通信的计算，也几乎没有无计算的通信。

计算机网络是指利用通信设备和线路将具有独立功能的计算机连接起来而形成的计算机系统。计算机网络促进了人类的通信和资源共享，提升了生活质量，拓展了信息处理能力。学习和掌握计算机网络技术，有效应用其解决学习、生活和工作中的信息相关问题，是信息化时代人所必备的能力。

5.1.1　计算机网络发展历史

计算机网络从 20 世纪 60 年代发展至今，其历史可以分为四个阶段。

- 第一阶段，20 世纪 60 年代末期到 20 世纪 70 年代初期，出现了面向终端的计算机网络，是局域网的萌芽阶段。
- 第二阶段，20 世纪 70 年代中期到 20 世纪 70 年代末期，是计算机局域网的形成阶段，计算机局部网络作为一种新型的计算机组织体系而得到认可和重视。
- 第三阶段，20 世纪 80 年代初期是计算机局部网络发展的成熟阶段。在这一阶段，计算机局部网络开始走向产品化和标准化，形成了开放系统的互联网络。
- 第四阶段，20 世纪 90 年代至今，网络技术发展更加成熟，覆盖全世界的大型互联网络 Internet 诞生，并广泛使用。

随着 1946 年世界上第一台电子计算机问世，计算机作为一种能力强大的科学计算工具，应用于科学研究和大型工程计算等领域。由于当时的计算机体积庞大、费用高昂、只能单机工作，其使用局限于很狭窄的范围，计算机的计算能力和应用潜力都不能得到充分的发挥。这与广泛的计算需求之间存在巨大的矛盾。但是，当时通信技术相对发达，通信线路和通信设备的价格相对便宜。为此，人们把具有收发功能的电传机与计算机相连，形成一个自动化程度较高的输入/输出终端。终端就是不具有处理和存储能力的计算机，主机负责终端用户的数据处理和存储，以及主机与终端之间的通信。用户可以在终端输入数据，通过通信线路将其发往远距离的计算机，而计算机处理后的结果也可以回送给终端用户。虽然这只是一种简单的信息处理设备的连接[称为主从式网络，如图 5-1（a）所示]，但是开启了计算机技术与通信技术相结合的进程。这就是第一代网络。

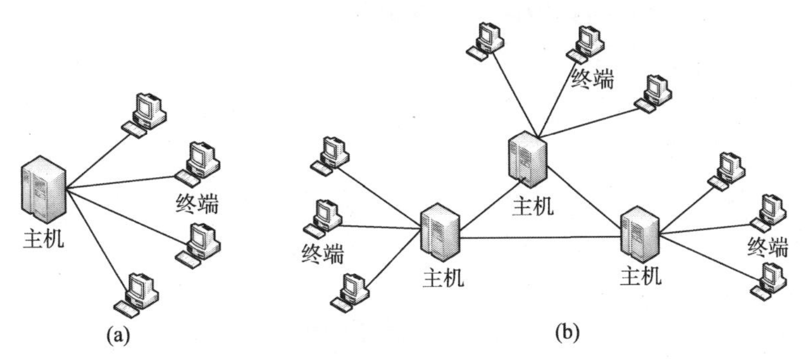

图 5-1　主从式网络和多级互联网络

随着终端用户对主机资源的需求量增加，第一代网络出现了变化，将通信任务从主机中独立出来，出现了通信控制处理机（Communication Control Processor，CCP）。其主要作用是完成全部的通信任务，让主机专门进行数据处理，以提高数据处理的效率。

为了克服第一代计算机网络的缺点，提高网络的可靠性和可用性，人们开始研究多台计算机相互连接的方法，产生了第二代网络。从 20 世纪 60 年代中期到 20 世纪 70 年代中期，形成了以多处理机为中心的网络，在这种网络中，利用通信线路将多台主机连接起来，为终端用户提供服务，如图 5-1（b）所示。

第二代网络是在计算机和通信网的基础上，利用计算机网络体系结构和协议形成的计算机初期网络。其中最典型的就是 Internet 的前身 ARPANET，由资源子网和通信子网构成（见图 5-2）。通信子网一般由通信设备、网络介质等物理设备所构成，而资源子网的主体为网络资源设备，如主机、网络打印机、数据存储设备等。现代网络系统中这两个子网也是必不可少的。

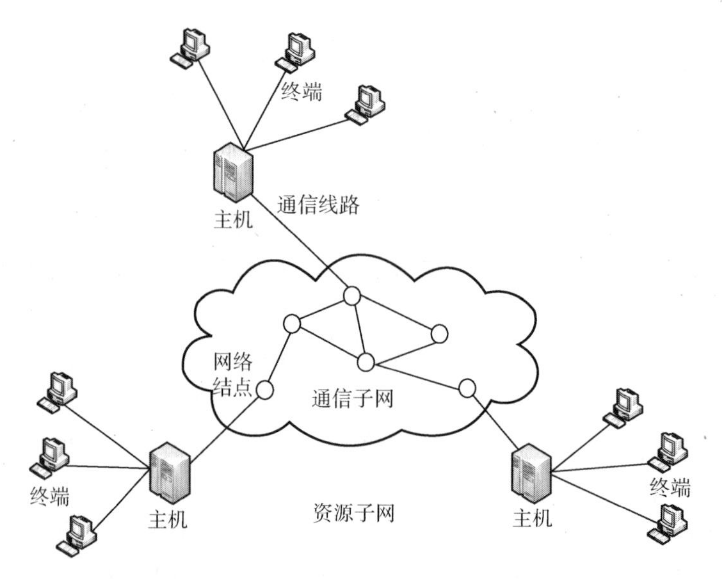

图 5-2　资源子网与通信子网

20 世纪 80 年代是计算机局域网络的发展和盛行的时期。特点是使用具有统一的网络体系结构，并遵守国际标准的开放式和标准化的网络。在第三代网络出现以前不同厂家的网络协议和设备是不兼容的，无法互连，有时甚至同一厂家的不同版本的产品也不兼容。1977 年国际标准化组织（International Organization for Standardization，ISO）提出了一个标准框架——七层 OSI 模型（Open System Interconnection/ Reference Model，开放系统互连参考模型），并于 1984 年正式发布，促使各厂家设备、协议达到全网互联。

20 世纪 90 年代后出现的计算机网络都属于第四代网络。第四代网络是随着数字通信的出现和光纤的接入而产生的。特别是 1993 年美国宣布建立国家信息基础设施（National Information Infrastructure，NII）后，全世界许多国家纷纷制定和建立本国的 NII，从而极大地推动了计算机网络技术的发展，使计算机网络进入了一个崭新的阶段。目前，全球以美国为核心的 Internet 已经形成，Internet 已经成为人类最重要的、最大的知识宝库。

未来计算机网络将朝着更开放的网络体系结构、更高性能、更智能化的趋势发展。

5.1.2　计算机网络的分类

计算机网络分类方法有很多种，同一种网络也可能会有很多种不同的名词说法，在很多时候这些名词可以互换。例如，局域网、总线网和以太网等。了解了计算机网络分类方法能更好地理解计算机网络。

1. 按计算机网络传输技术分类

网络的传输技术决定了网络的主要技术特点，因此根据网络所采用的传输技术对网络进行划分是一种很重要的方法。在通信技术中，通信信道分为广播通信信道与点到点通信信道。网络要通过通信信道完成数据传输任务，相应的计算机网络也有两类——点到点式网络和广播式网络。

点到点式网络中每两台主机、两台结点交换机之间或主机与结点交换机之间都存在一条物理信道。广播式网络中所有联网计算机都共享一个公共通信信道。

2. 按传输速率分类

传输速率的单位是 bit/s（每秒比特数）。一般将传输速率在 Kbit/s~Mbit/s 范围的网络称低速网，在 Mbit/s~Gbit/s 范围的网络称高速网。网络的传输速率与网络的带宽有直接关系。带宽是指传输信道的宽度，度量单位是 Hz。一般将 kHz~MHz 带宽的网称为窄带网，将 MHz~GHz 的网称为宽带网。通常情况下，高速网就是宽带网，低速网就是窄带网。

3. 按传输介质分类

传输介质是指数据传输系统中连接发送装置和接收装置的物理媒体，按其物理形态可分为有线网和无线网。有线网采用有线介质连接，常用的有线传输介质有双绞线、同轴电缆和光导纤维等。无线网利用空气中的电磁波作为介质来传输数据，目前主要采用微波通信、红外线通信和激光通信等技术。

4. 按计算机网络规模和覆盖范围分类

按照规模和覆盖范围，计算机网络可分为局域网、城域网和广域网。局域网的覆盖范围限定在较小区域内，一般小于 10km，传输速率通常为 10Mbit/s~2Gbit/s。局域网是组成其他两种类型网络的基础。城域网规模局限在一座城市的范围内，一般是 10~100km 的区域，传输速率为 2Mbit/s 至数 Gbit/s。广域网跨越国界、洲界，甚至覆盖全球范围，如 Internet。

5. 按计算机网络拓扑结构分类

所谓拓扑，是指网络中通信线路和结点（计算机或通信设备）的几何排列形式。一般可分为：网络中所有的结点共享一条数据通道的总线型网络，各结点通过点到点的链路与中心站相连的星型网络，各站点通过通信介质连成一个封闭的环形的环型网络，以及在这些拓扑结构上扩展出来的树型网络和网型网络等。

6. 按计算机网络的服务模式分类

按照服务模式，计算机网络可分为对等网、客户机/服务器和专用服务器。对等网络中，所有计算机的地位平等，没有从属关系，也没有专用的服务器和客户机。客户机/服务器模式中服务器是指专门提供服务的高性能计算机或专用设备，客户机是用户计算机。这是客户机向服务器发出请求并获得服务的一种服务模式，多台客户机可以共享服务器提供的各种资源。专用服务器模式是对客户机/服务器的一种加强，服务器在分工上更加明确。例如，文件打印、Web、邮件、域名服务等专门服务器。

7. 按计算机网络管理性质分类

按照管理性质，计算机网络可分为公用网、专用网和利用公用网组建的专用网。公用网由电信部门或其他提供通信服务的经营部门组建、管理和控制，网络内的传输和转接装置可供任何部门和个人使用。专用网是由用户部门组建经营的网络，不容许其他用户和部门使用。利用公用网组建的专用网直接租用电信部门的通信网络，并配置一台或者多台主机，向社会各界提供网络服务。

5.1.3　计算机网络体系结构与协议

计算机网络中，通过通信信道和设备互连的多个不同地理位置的计算机系统，要协同工作实现信息交换和资源共享，必须具有并使用共同的语言。交流什么、怎样交流以及何时交流，都必须遵循某种互相都能接受的规则。例如，网络中一个微机用户和一个大型主机的操作员进行通信，由于这两个数据终端所用字符集不同，因此操作员所输入的命令彼此不认识。为了能顺利通信，通常会要求每个终端将各自字符集中的字符进行变换（如约定变换为标准字符集的字符），才进入网络传送。信息到达目的终端之后，再将变换后字符变换为该终端字符集的字符进行显示和处理。当然，对于不相容终端，还有其他特性，如显示格式、行长、行数、屏幕滚动方式等也需做相应的变换。这样的约定和转换通常称为虚拟终端协议。又如，通信双方常常需要约定何时开始通信和如何通信，这也是一种协议。所以，协议是通信双方为了实现通信所制定和采用的约定或对话规则，这些规则明确规定了所交换的数据的格式以及相关的同步方式。为进行网络数据交换而建立的规则、标准或约定就称为网络协议，是计算机网络不可缺少的部分。

一个网络协议主要由以下三个要素组成：

- 语法。数据与控制信息的结构或格式。
- 语义。数据与控制信息的含义。例如，需要发出何种控制信息，完成何种协议，以及做出何种应答。
- 同步。规定事件实现顺序的详细说明，即确定通信状态的变化和过程，如通信双方的应答关系。

简单来说，协议的三要素中，语义定义了网络通信“做什么”、语法定义了“怎么做”，而同步定义了“何时做”。

将一个复杂系统分解为若干个容易处理的子系统，然后“分而治之”，这种结构化设计方法是工程设计中常见的手段。分层就是系统分解的有效方法之一。层次结构一般用垂直分层模型表示，在分层结构中，每一层是其下一层的用户，既使用下一层提供的服务，又为上一层提供服务。分层结构中，从上到下看可以理解为逐层功能分解，而从下到上看又可理解为逐级抽象，使得每一层只与其上下两层交互，而屏蔽了其下的具体细节。这样，每一层的任务更加明确，只需实现一种相对独立的功能。分层结构还有利于交流、理解和标准化。网络协议基本采用这种分层方法。

图 5-3 给出了一个实际生活中分层的例子。沿着箭头方向行进就是一次通信所要经历的操作流程。例如，作为发信者，只使用邮局提供的服务，而不需要了解信件如何被送给收信者，而邮局与邮件传送部门之间，邮局只需将邮包交给该部门，而不需要关心采用何种方式（空运、铁路等）运输邮包。为了实现这种信件传送方式，需要在分层模型中进行相邻层和同等层之间的约定。

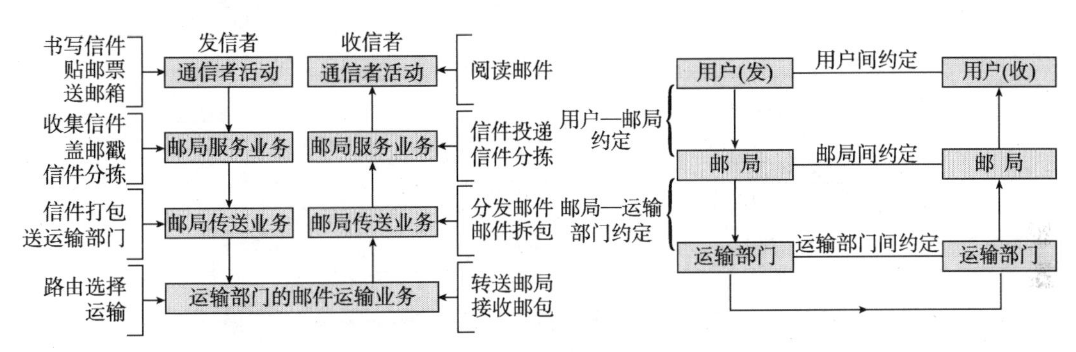

图 5-3　邮政系统通信分层模型

计算机网络的体系结构就是指计算机网络各层次及其协议的集合（见图 5-4）。从图 5-4 可以看出，除了在物理媒体上进行的是实通信之外，其余各对等实体间进行的都是虚通信，对等层的虚通信必须遵循该层的协议。n 层的虚通信是通过 $n/n-1$ 层间接口处 $n-1$ 层提供的服务和 $n-1$ 层的通信（通常也是虚通信）来实现的。

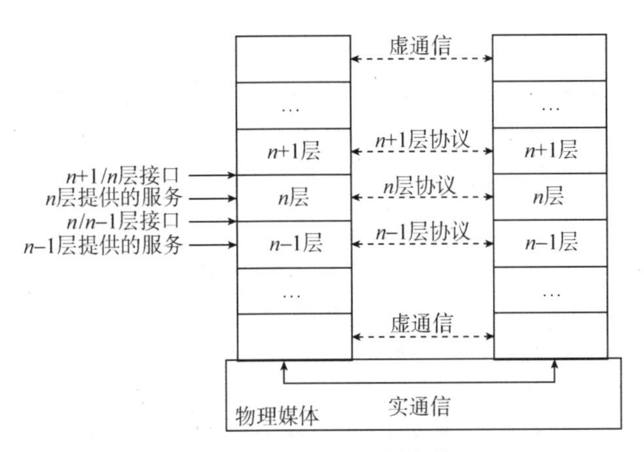

图 5-4　计算机网络分层模型

需要说明的是，计算机网络的体系结构只是精确定义了网络及其部件所应该完成的功能，而这些功能究竟由何种硬件或软件完成，则是遵循这种体系结构的实现问题。因此，体系结构是抽象的、存在于纸上的，而体系结构的实现是具体的，是存在于计算机软件和硬件之上的。

为了解决计算机网络各种体系结构的互通互连，发展出了多种标准体系结构。例如，ISO 的七层 OSI 体系结构，国际电信联盟电信标准化部门（ITU-T）的 V 系列和 X 系列标准，电气和电子工程师协会（IEEE）的局域网和城域网的 802 系列标准等。此处，将重点介绍 ISO/OSI 体系结构。

ISO/OSI 参考模型的逻辑结构如图 5-5 所示，它由 7 个协议层组成。

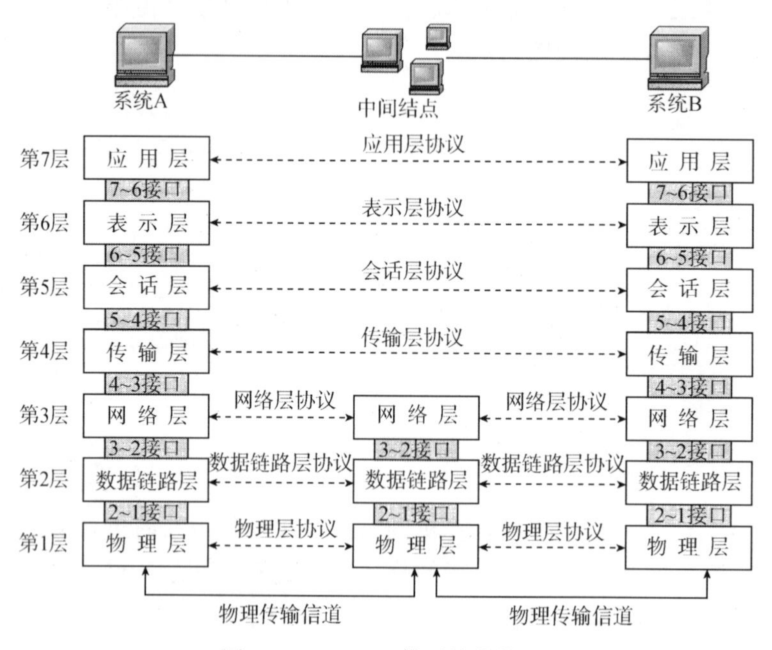

图 5-5　ISO/OSI 体系结构模型

- 物理层（Physical Layer）：负责在相邻结点之间进行比特流的传输、故障检测和物理层管理，定义了网络的物理特性，包括物理联网媒体，以及建立、维护和拆除物理链路所需的机械、电气、功能和规程特性。
- 数据链路层（Data Link Layer）：在物理层提供的服务的基础上，为相邻结点的网络层之间提供可靠的信息传送机制。在该层上传递的信息称为数据帧，它将物理层的比特流进行了改造，以实现应答、差错控制、数据流控制和发送顺序控制，确保接收数据的顺序与原发送顺序相同等功能。
- 网络层（Network Layer）：在数据链路层提供的两个相邻结点之间的数据帧传送基础上，通过综合考虑发送优先权、网络拥塞程度、服务质量以及可选路由的花费等因素，选择最佳路径，将数据从源结点经过若干个中间结点传送到目的结点。
- 传输层（Transport Layer）：负责确保数据可靠、顺序、无差错地从一个结点传输到另一个结点（两结点可能不在同一网络段上）。传输层是整个协议层次结构中最重要最关键的一层，是唯一负责总体数据传输和控制的一层。因为网络层不一定保证服务的可靠，而用户也不能直接对通信子网加以控制，因此通过定义传输层以改善传输质量。它既是负责数据通信的最高层，又是面向网络通信的低三层和面向信息处理的高三层之间的中间层。提供建立、维护和拆除传输连接、监控服务质量、提供端到端可靠透明数据传输、差错控制和流量控制等功能。

- 会话层（Session Layer）：通常“会话”指的是在两个实体之间建立数据交换的连接。该层提供两个进程之间建立、维护、同步和结束会话连接，将计算机名字转换成地址，以及会话流量控制和交叉会话等功能。
- 表示层（Presentation Layer）：该层如同应用程序和网络之间的翻译官，主要解决用户信息的语法表示问题，即为异种机通信提供一种公共语言，以及相应的格式化表示和转换数据服务。此外还提供数据表示、数据压缩和数据加密等功能。
- 应用层（Application Layer）：是直接面向应用程序或用户的接口，并提供常见的网络应用服务。通常提供的网络服务包括文件服务、电子邮件服务、打印服务、集成通信服务、目录服务、域名解析服务、网络管理、安全和路由互连服务等。

总的来说，ISO/OSI 参考模型的 1~3 层是依赖网络的，涉及将两台通信计算机连接在一起所使用的数据通信网的相关协议，实现通信子网功能。5~7 层是面向应用的，涉及允许两个终端用户应用进程交互的协议，通常是由本地操作系统提供的一套服务，实现资源子网功能。中间的传输层为面向应用的上三层遮蔽了与网络有关的下三层的操作细节。从实质上讲，传输层建立在由下三层提供的服务基础上，为面向应用的高层提供网络无关的信息交换服务。

在 ISO/OSI 参考模型中，假设 A 系统的用户要向 B 系统的用户传送数据，其通信过程如图 5-6 所示。A 系统用户的数据先送入应用层。该层给它附加控制信息 AH（头标）

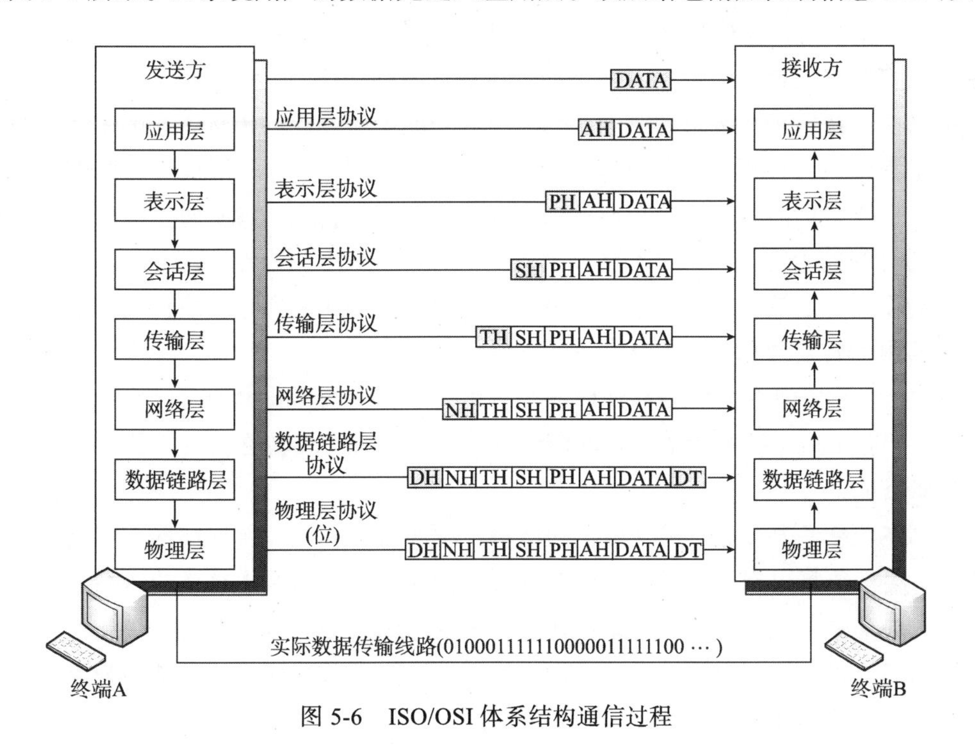

图 5-6　ISO/OSI 体系结构通信过程

后，送入表示层。表示层对数据进行必要的变换，并加头标 PH 后送入会话层。会话层亦加头标 SH 送入传输层。传输层将长报文分段后并加头标 TH 送至网络层。网络层将信息变成报文分组，并加组号 NH 送数据链路层。数据链路层将信息加上头标和尾标（DH 及 DT）变成帧，整个数据帧在物理层就作为比特流通过物理信道传送到接收端（B 系统）。这种逐层在原来信息上添加控制信息的传输方式称为封装。B 系统接收到信息后，按照与 A 系统相反的动作，层层剥去控制信息，最后把原数据传送给 B 系统的用户。这个逐层去掉发送端各层所加上的控制信息的过程称为数据解装。每层传输的数据格式称为协议数据单元（Protocol Data Unit，PDU），每一层封装或解装的 PDU 都不一样。此外，两系统之间只有物理层是实通信，而其余各层均为虚通信。

在基于 ISO/OSI 参考模型的数据传输过程中，都是假设参与数据传输的计算机 A 和 B 互相知道各自在网络上的位置，并且假设数据在网络上传输时能知道自己的目的地，并能自己找到到达目的地的路径。实际上，这些被省略掉的机制和功能涉及网络的几个重要概念。

- 标识计算机。通常可以用名字来标识一台计算机。但在计算机网络中，通常用地址来标识计算机。在 OSI 模型中，有会话地址、物理地址（如 MAC 地址）、网络地址（IP 地址）和端口等机制来进行标识。
- 交换。传统的交换是数据链路层的概念。数据链路层的功能是在网络内部传输帧。所谓“网络内部”，是指这一层的传输不涉及不同网络间的设备和网络间寻址。“帧”是指所传输的数据的结构，通常包括帧头和帧尾，帧头中包含了源地址和目的地址，帧尾中通常包含校验信息，头尾之间的内容就是用户的数据。而现在的交换则是指数据链路层在不同的网络间进行数据帧传输。
- 路由。路由是网络层的概念。网络层的功能是端到端的传输，这里端到端的含义是无论两台计算机相距多远，中间相隔多少个网络，这一层保障它们可以互相通信。路由是网络层这种功能的保证。路由是指把信息从源穿过（多个）网络传递到目的地的行为，在传输路径上，至少遇到一个中间结点。路由包含两个基本的动作：确定最佳路径（如时间最短、距离最短等）和通过网络传输信息（即通过路由器转发数据）。

上述几个重要概念的核心都是地址，引用非定义性的经典说明可以更好地理解这些概念——“名字指出我们所要寻找的资源，地址指出那个资源在何处，路由告诉我们如何到达那个地方”。

ISO/OSI 参考模型是一种理想化的结构，存在各种问题，例如结构太复杂、有些功能在每一层都重复出现，使得效率比较低下，同时，要完全实现这样的体系结构是非常困难的，现实中也没有哪个厂家完全实现了 OSI 模型。实际上，ISO/OSI 开放式网络体系结构的理论指导作用大于其实际应用，但 ISO/OSI 开放式网络体系结构为人们描述了进行网络互连的理想框架和蓝图。

5.1.4　计算机网络传输介质与设备

1. 计算机网络传输介质

在计算机网络中，涉及传输介质的主要是物理层。传输介质分有线和无线两种，此处主要介绍有线传输介质。目前，常用的有线传输介质有双绞线、同轴电缆和光导纤维等。

1）双绞线

双绞线由两根具有绝缘保护的铜导线组成，把一对或多对双绞线放在一条导管中，便成了双绞线电缆。双绞线可分为非屏蔽双绞线和屏蔽双绞线两种。双绞线可用于传送模拟和数字信号，特别适用于较短距离（100m 内）的信息传输。

2）同轴电缆

由一根空心的外圆柱导体及其所包围的单根导线组成。其频率特性比双绞线好，能进行较高速率的传输，其特点是屏蔽性能好，抗干扰能力强。按照直径可分为粗缆与细缆，一般来说，粗缆传输距离较远，而细缆只能用于传输距离为 500m 以内的数据。同轴电缆常用于总线型拓扑结构网络。

3）光导纤维

一种传输光束的细小而柔韧的介质，通常由非常透明的石英玻璃拉成细丝，由纤芯和包层构成双层通信圆柱体。纤芯用来传导光波，而包层有较低的折射率，当光线碰到包层时就会折射回纤芯。这个过程不断重复，光就沿着光纤传输下去。光纤在两点之间传输数据时，在发送端要置有发光机，在接收端要置有光接收机。发光机将计算机内部的数字信号转换成光纤可以接收的光信号，光接收机将光纤上的光信号转换成计算机可以识别的数字信号。

2. 计算机网络设备

在计算机网络中，除了用于传输数据的传输介质外，还需要连接传输介质与计算机系统，以及帮助信息尽可能快地到达正确目的地的各种网络设备。认识和了解这些设备是学习计算机网络必不可少的。目前，常用的网络设备有网络接口卡、集线器、网桥、交换机、路由器和网关等。下面分别予以介绍。

1）网络接口卡（NIC）

又称为网络适配器，简称网卡。是一种连接设备，属于物理层设备，它使工作站、服务器、打印机或其他结点与传输介质相连，进行数据接收和发送。网卡的类型依赖于网络传输系统（如以太网与令牌环网）、网络传输速率、连接器接口、主机总线类型等因素。网卡是有地址的，并且全球唯一，称为介质访问控制（Media Access Control，MAC）地址。由 48 位二进制数表示，其中前面 24 位表示网络厂商标识符，后 24 位表示序号，采用六个十六进制数来表示一个完整的 MAC 地址，如 00:e0:4c:01:02:85。数据链路层传输的数据帧中的源地址和目的地址就是 MAC 地址。

2）集线器（HUB）

物理层设备，主要功能是对接收到的信号进行再生放大，以扩大网络的传输距离。是计算机网络中连接多个计算机或其他设备的连接设备，是对网络进行集中管理的最小单元。它有一个端口与主干网相连，并有多个端口连接一组工作站。集线器可有多种类型，按尺寸可分为机架式和桌面式，按带宽可分为 10Mbit/s 集线器、100Mbit/s 集线器、10/100Mbit/s 自适应集线器，按管理方式分为哑集线器和智能集线器，按扩展方式可分为堆叠式集线器和级联式集线器等。

3）网桥（Bridge）

数据链路层设备，用于连接两个局域网，根据数据帧目的地址（MAC 地址）来转发帧。随着交换和路由技术的发展，目前很难再见到把网桥作为一种独立设备使用的情况。

4）交换机（Switch）

数据链路层设备，是一种高性能网桥。一个交换机相当于多个网桥，交换机的每一个端口都扮演一个网桥的角色，而且每一个连接到交换机上的设备都可以享有它们自己的专用信道。交换机内部有一个地址表，标明了 MAC 地址和交换机端口的对应关系。当交换机从某个端口收到一个数据帧时，首先读取帧头中的源 MAC 地址，得到源 MAC 地址的机器所连接的端口，然后，读取帧头中的目的 MAC 地址，并在地址表中查找相应的端口，将数据帧直接复制到该端口。交换机的主要任务就是建立和维护自己的地址表。广义上来说，交换机分为广域网交换机和局域网交换机。前者主要应用于电信领域，提供通信用的基础平台。后者应用于局域网络，用于连接终端设备。从传输介质和传输速度上可分为以太网交换机、快速以太网交换机、千兆以太网交换机、FDDI 交换机、ATM 交换机和令牌环交换机等。

5）路由器（Router）

网络层设备，是一种多端口设备。其一个功能是用于连接多个逻辑上分开、使用不同协议和体系结构的网络。另一个功能是根据信道的情况自动选择和设定两结点间的最近、最快的传输路径，并按先后顺序发送信号。路由器内部有一个路由表，标明了如果要去某个地方，下一步应该往哪走。路由器从某个端口收到一个数据包，它首先把链路层的包头去掉，读取目的网络地址，然后查找路由表，若能确定下一步往哪送，则再加上链路层的帧头把该数据包转发出去。

6）网关（Gateway）

又称为网间连接器、协议转换器。网关不能完全归为一种网络硬件，它是能够连接不同网络的软硬件的综合。特别地，它可以使用不同的格式、通信协议或结构连接两个系统。网关实际上通过重新封装信息以使它们能被另一个系统读取。为了完成这项任务，网关必须能运行在 OSI 模型的几个层上，具备与应用通信、建立和管理会话、传输已经编码的数据、解析逻辑和物理地址数据等功能。网关可以设在服务器、微机或大型机上。常见的网关有电子邮件网关、因特网网关、局域网网关等。

5.2 局 域 网

5.2.1 局域网概述

局域网是指范围在几十米到几千米内办公楼群或校园内的计算机相互连接所构成的

计算机网络。一个局域网可以容纳几台至几千台计算机。计算机局域网被广泛应用于校园、工厂及企事业单位的个人计算机或工作站的组网方面。

从技术上来说，局域网只提供了 OSI 参考模型的物理层和数据链路层功能（见图 5-7），它只是一个通信网络，仅提供通信功能。连接到局域网的数据通信设备必须加上高层协议和网络软件才能组成计算机网络。局域网具有覆盖范围小（房间、建筑物、园区范围）、传输率高（10 ~1000Mbit/s）、低误码率（10^{-8}~10^{-10}）、专用性（为一个单位所拥有，自行建设，不对外提供服务）等特点。

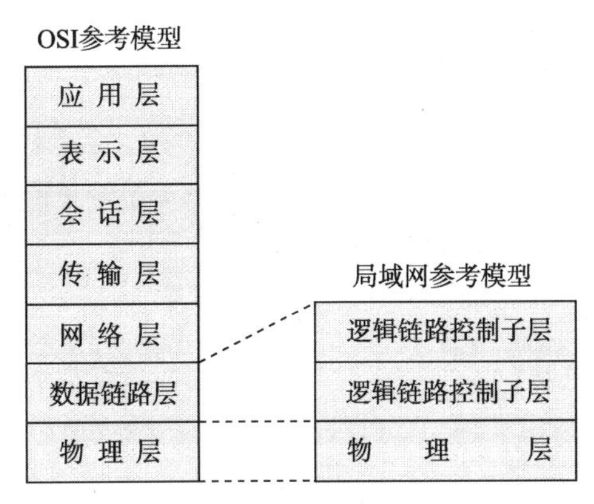

图 5-7　OSI 模型和局域网参考模型

局域网的标准是由电气电子工程师学会（Institute of Electrical and Electronics Engineers，IEEE）制定的，对于不同传输介质的不同局域网，IEEE 局域网标准委员会定制了不同的标准，适用于不同的网络环境。IEEE 802 各标准之间的关系如图 5-8 所示。

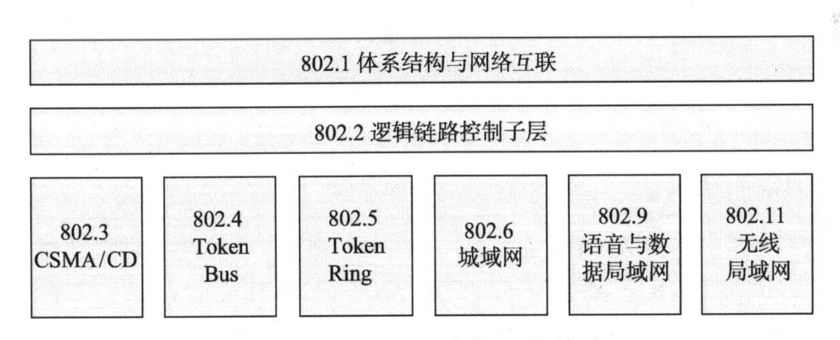

图 5-8　IEEE 802 各标准的关系

局域网的特性由传输介质、拓扑结构和介质访问控制方法三个技术因素决定。用于局域网的传输介质有双绞线、同轴电缆、光纤、微波、短波和红外线等有线和无线介质。典型的局域网拓扑结构有总线型、星型、环型等。局域网的信道是广播信道，所有结点共享一个信道。介质访问控制协议规定了在多个结点共享同一个信道时，如何将带宽合理地分配给各结点的方法，这也是局域网所特有的。

局域网的拓扑结构包括物理上和逻辑上的。物理拓扑结构是组成局域网的所有网络部件的几何排列。逻辑拓扑结构是指可以相互通信的网络结点之间的可能连接，它说明哪两个结点能够互相通信，以及这些成对结点是否可以通过物理连接直接通信。本节只讨论物理拓扑结构。

拓扑是一种研究与大小、形状无关的构成图形（线、面）特性的方法，即抛开网络中的具体设备，把工作站、服务器等网络单元抽象为“结点”，把网络中的电缆等通信介质抽象为“线”。这样，网络的物理拓扑结构就是一个网络的通信链路和结点的几何排列或物理图形布局。图 5-9 给出了三种流行拓扑的示意图。

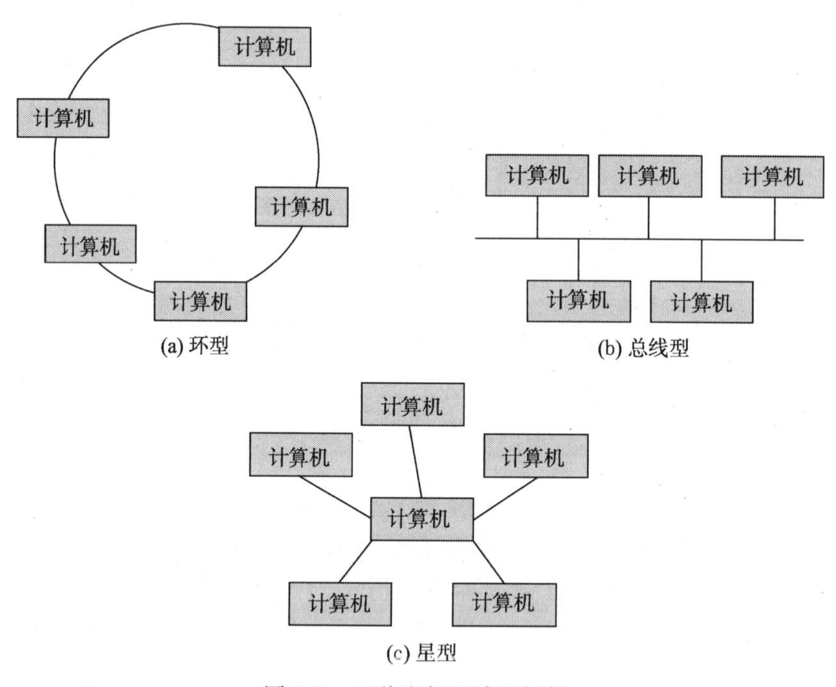

图 5-9　三种流行局域网拓扑

5.2.2　介质访问控制协议

介质访问控制方法是局域网最重要的一项基本技术，对局域网体系结构、工作过程和网络性能产生决定性影响。介质访问控制方法将决定如何使众多用户能够合理而方便地共享通信媒体资源，从而实现对网络传输信道的合理分配。将传输介质的频带有效地分配给网上各结点的方法称为介质访问控制方法。介质访问控制方法的主要内容有两个方面：一是要确定网络上每一个结点能够将信息发送到介质上去的特定时刻；二是要解决如何对共享介质访问和利用加以控制。

介质访问控制协议的主要任务是划分通信信道。信道划分通常有两种方法：静态划分信道和动态介质接入控制。前者是传统的方法，采用频分复用、时分复用、波分复用和码分复用等办法将单个信道划分后，静态地分配给多个用户，用户只要得到了信道就不会和别的用户发生冲突。后者又称为多点接入，其特点是信道并非在用户通信时固定分配给用户。动态方法通常又分为随机接入和受控接入。在随机接入方式中，所有的用户可随机地发送信息，因此，必然会在共享介质上产生冲突，必须有解决冲突的网络协议。以太网采用的带冲突检测的载波侦听多路访问（CSMA/CD）协议和在卫星通信中使用的 ALOHA 协议属于随机接入类型。受控接入的特点是用户不能随机发送信息，必须服从一定的控制。使用这种接入方式的典型代表是分散控制的令牌环局域网。

下面分别介绍常用的介质访问控制方法：带冲突检测的载波侦听多路访问 CSMA/CD 方法、环型结构的令牌环（Token Ring）访问控制方法和令牌总线（Token Bus）访问控制方法。

1. 带冲突检测的载波侦听多路访问协议

CSMA/CD 通常用于总线型拓扑结构和星型拓扑结构的局域网。由于每个结点都能独立决定发送帧，若两个或多个结点同时发送，即产生冲突。为了避免数据传输的冲突，CSMA/CD 中每个结点都能判断是否有冲突发生，如果冲突发生，则等待随机时间间隔后重发，以避免再次发生冲突。CSMA/CD 的工作原理可概括成：先听后发，边发边听，冲突停止，随机延时后重发。具体过程如下：

（1）当一个结点想要发送数据的时候，它首先检测网络是否有其他结点正在传输数据，即侦听信道是否空闲。

（2）如果信道忙，则等待，直到信道空闲。

（3）如果信道闲，结点就传输数据。

（4）在发送数据的同时，结点继续侦听网络，以确定没有其他结点在同时传输数据，因为可能两个或多个结点都同时检测到网络空闲，然后几乎在同一时刻开始传输数据。如果两个或多个结点同时发送数据，就会产生冲突。

（5）当一个传输结点识别出一个冲突，它就发送一个拥塞信号，这个信号使得冲突的时间足够长，让其他的结点都能发现。

（6）其他结点收到拥塞信号后，都停止传输，等待一个随机产生的时间间隙后重发。

总之，CSMA/CD 采用的是一种“有空就发”的竞争型访问策略，因而不可避免会出现信道空闲时多个结点同时争发的现象，无法完全消除冲突，只能是采取一些措施减少冲突，并对产生的冲突进行处理。

2. 令牌环访问控制方法

令牌环方法由 IEEE 802.5 标准定义，它通过在环型网上传输令牌的方式来实现对介质的访问控制。只有当令牌传送至环中某结点时，它才能利用环路发送或接收信息。令牌环控制方法用于令牌环网，构建令牌环网络时，需要令牌环网卡、令牌环集线器和传输介质等，形成一个环的结构。

令牌环网利用一种称之为“令牌（TOKEN）”的短帧来选择占有传输介质的结点，只有拥有令牌的结点才有权发送信息。令牌平时不停地在环路上流动，当一个结点有数据要发送时，必须等到令牌出现在本结点时截获它，即将令牌的独特标志转变为信息帧的标志（或称把闲令牌置为忙令牌），然后将所要发送的信息附在之后发送出去。环路上只能有一个令牌存在，只要有一个结点发送信息，环路上就不会再有空闲的令牌流动。采取这样的策略，可以保证任一时刻环路上只能有一个发送结点，因此不会出现竞争局面，环网不会因发生冲突而降低效率。

环上信息沿着环逐个结点不断向前传输，一直到达目的结点。目的结点一方面接收这个帧，另一方面在此信息帧后附上已接收标志再转发给下一个结点。该信息在环路上转了一圈后，必然会回到发送数据的源结点，源结点对返回的数据不再进行转发，而是对其进行检查以判断本次发送是否成功。当所发信息的最后一个比特绕环路一周返回到源结点时，源结点必须生成一个新的令牌，将令牌发送给下一个结点，等待着某个结点去截获它。总之，截获令牌的结点要负责在发送完信息后再将令牌发至环网，以备下次信息发送，发送信息的结点要负责从环路上收回它所发出的信息。

令牌环工作过程如图 5-10 所示。当没有计算机要发送信息时，令牌 T 在环中流动。图 5-10（a）中，假设结点 C 有信息要发送至结点 A，则只有截获了令牌后才能开始发送信息，并且发送的信息中会包含目的地结点信息。结点 C 获得令牌后，开始发送数据，数据到达结点 A 时，经分析该信息为结点 C 发送给它的，则结点 A 接收并转发数据[见图 5-10（b）]。该信息绕环一周后到达结点 C，此时结点 C 正在等待并接收它所发的帧，收到后将该帧从环上撤离[见图 5-10（c）]。最后，当结点 C 收完所发帧的最后一个比特后，重新产生令牌发送到环上[见图 5-10（d）]，此后各结点按照上述过程可截获令牌发送信息。

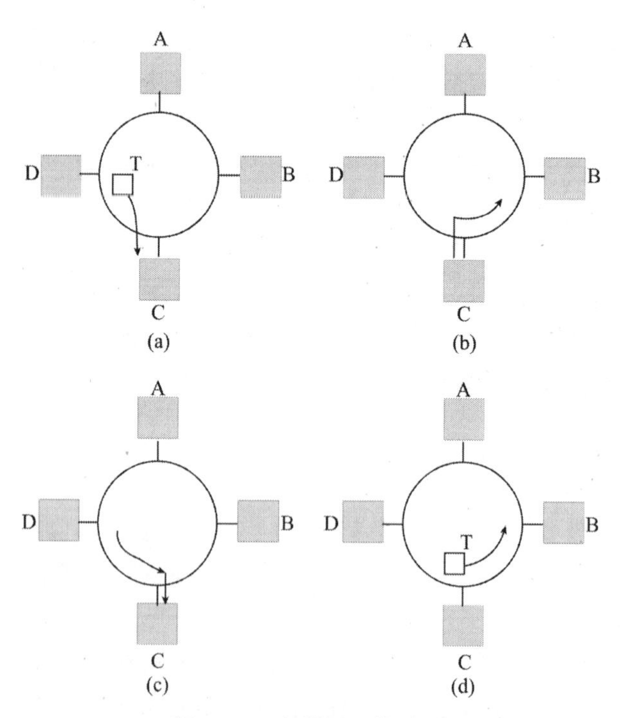

图 5-10　令牌环工作过程

令牌环网适合于传输距离远、负载重和实时要求严格的应用环境。但其缺点是令牌传送方法实现较复杂，而且所需硬件设备也较为昂贵，网络维护与管理也较复杂。

5.2.3 以太网

以太网（Ethernet）是相对于令牌环而言的，它是现有局域网采用的最通用的通信协议标准，产生于 20 世纪 70 年代早期。以太网不是一种具体的网络，是一种技术规范，一种传输速率为 10Mbit/s 的常用局域网（LAN）标准。在以太网中，所有结点共享传输介质，采用 CSMA/CD 协议解决共享介质冲突问题。如今以太网更多地被用来指各种采用 CSMA/CD 技术的局域网。以太网的标准由 IEEE 802.3 工作组制定，因此也被称为 802.3 局域网。

1973 年，位于加利福尼亚 Palo Alto 的 Xerox 公司提出并实现了最初的以太网。Robert Metcalfe 博士被公认为以太网之父，他研制的实验室原型系统运行速度是 2.94Mbit/s。此后，以太网的发展经历了四个阶段：

- 1973~1982 年，是以太网的产生阶段，从实验室走入应用，并开始标准化进程，产生了 IEEE 802 计划。
- 1982~1990 年，10Mbit/s 以太网发展成熟，出现了第一个 802.3 标准。1990 年，IEEE 通过了使用双绞线介质的以太网（10Base-T）标准，该标准很快成为办公自动化应用中首选的以太网技术。
- 1992~1997 年是快速以太网产生阶段，运行速度达到 100Mbit/s，提出了快速以太网标准 IEEE95，这是十五年来以太网速度的第一次提升。
- 1996 年至今，是千兆以太网和万兆以太网飞速发展阶段。千兆以太网是在快速以太网发布后一年开始研究的，速度达到了 1000Mbit/s。2002 年 IEEE 正式发布 802.3ae 万兆以太网标准。

传统的以太网有三种类型，即 10Base-5、10Base-2 和 10Base-T。名称中的 10 代表传播速率为 10Mbit/s，Base 代表基带传输，数字 5 和 2 分别表示最大延伸距离接近 500m 和 200m，在这个距离内不需要中继器。T 表示双绞线，最远距离为 100m。10BASE-5，又称粗缆或黄色电缆，是最早实现的 10Mbit/s 以太网，这一标准实际已经丢弃，被 10BASE-2 所淘汰。10BASE-2，又称细缆或模拟网路，仅能连接 30 台计算机。

快速以太网的类型有多种，其中 100BASE-TX、100BASE-T4 和 100BASE-T2 统称为 100BASE-T，传输速率为 100Mbit/s，介质为双绞线，最长距离为 100m。100BASE-FX 使用多模光纤，最远支持 400m。

千兆以太网也有几种类型。1000Base-T 传输介质为双绞线，传输距离为 100m，传输速率为 1Gbit/s。1000Base-CX 用一种特殊规格的 150Ω 高质量平衡双绞线对的屏蔽铜缆作为介质，最长传输距离为 25m，传输速率为 1.25Gbit/s。1000BASE-SX 使用短波激光作为信号源，采用芯径为 62.5μm 和 50μm 的多模光纤为介质。当使用 62.5μm 多模光纤时，最长传输距离为 275m；使用 50μm 多模光纤时最长传输距离为 550m。1000Base-LX 使用长波激光作为信号源，可使用单模光纤或多模光纤（芯径为 62.5μm 和 50μm）作为网络介质。使用多模光纤时传输距离为 550m；使用单模光纤时传输距离为 5000m。

万兆位以太网不仅再度扩展了以太网的带宽和传输距离，更重要的是使得以太网从局域网领域向城域网领域渗透。在物理层和数据链路层上，与传统以太网相比发生了很大的变化。目前万兆以太网规范已发布了十几个，可分为三类：基于光纤的局域网万兆以太网规范、基于双绞线（或铜线）的局域网万兆以太网规范、基于光纤的广域网万兆以太网规范。

5.3　Internet 基础

Internet 是由成千上万的不同类型 、不同规模的计算机网络和计算机主机组成的全球性巨型网络，Internet 的中文名字叫“因特网”或“国际互联网络”。Internet 网络通信使用的是 TCP/IP 协议。

5.3.1　Internet 概述

Internet 起源于美国的 ARPANET（阿帕网），首批联网的计算机主机只有 4 台。其后，ARPAnet 不断发展和完善，特别是互联网通信协议 TCP/IP 出现后，实现了与多种的其他网络及主机互联，形成了网际网，即由网络构成的网络——Internetwork，简称 Internet。1986 年，美国国家科学基金会（NFS）投资建成了 NFSnet，并取代了 ARPANET 成为 Internet 的骨干网。1991 年，美国企业组成了“商用 Internet 协会”。商业的介入，进一步发挥了 Internet 在通信、资料检索、客户服务等方面的巨大潜力，也给 Internet 带来了新的飞跃。自 1983 年 Internet 建成后，与它联网的计算机和网络迅速增加。到 1996 年 5 月，Internet 覆盖了全球 160 个国家和地区，连接着 6 万多个网络，600 万台以上的主机，拥有大约 6000 万用户。我国于 1994 年 5 月正式接通 Internet，之后 Internet 在中国的发展也异常迅速。据中国互联网络信息中心（China Internet Network Information Center，CINIC）最新统计报告，至 2010 年年底，我国 Internet 用户达到了 4.57 亿。

从技术角度来看，Internet 是一个网络的集合，它是由许许多多网络互联而构成的，从小型的局域网、城域网到大规模的广域网，计算机主机包括了 PC 机、专用工作站、服务器等。这些网络和计算机通过电话线、高速专用线、微波、卫星和光缆连接在一起，在全球范围内构成了一个四通八达的“网际网”。

要给 Internet 下一个准确的定义是比较困难的。其一是因为它的发展十分迅速，很难确定它的范围。其二是因为它的发展基本上是自由化的，Internet 是一个没有警察、没有法律、没有国界，也没有领袖的网络空间。通俗地说，凡是采用 TCP/IP 协议并且能够与 Internet 中的任何一台主机进行通信的计算机都可以看成是 Internet 的一部分。

Internet 的出现给人们的日常生活、工作、学习模式带来了很大的改变，人们已经越来越离不开 Internet 了。Internet 有很多优点，例如：

- 灵活多样的入网方式是 Internet 获得高速发展的重要原因。任何计算机只要采用 TCP/IP 协议进行通信就可以成为 Internet 的一部分。TCP/IP 已成为事实上的国际标准。

- Internet 采用了目前在分布式网络中最为流行的客户—服务器（或 C/S）方式，大大增加了网络信息服务的灵活性。在 Internet 中，提供服务的一方称为服务器，访问该项服务的一方称为客户机。服务器要运行相应的服务器程序，客户机也必须运行相应的客户端程序。用户在使用 Internet 的各种信息服务时可以通过安装在自己主机上的客户程序发出请求，与装有相应服务程序的主机进行通信从而获得所需要的信息。
- Internet 把网络技术、多媒体技术和超文本技术融为一体，体现了当代多种信息技术互相融合的发展趋势。为教学、科研、商业广告、远程医学诊断和气象预报等应用提供了新的手段。多媒体技术和超文本技术只有与网络技术相结合才能真正发挥它们的威力。
- Internet 有极为丰富的信息资源，而且多数是免费的。
- Internet 的丰富信息服务方式使之成为功能最强的信息网络。目前，Internet 提供的服务主要有万维网（WWW）服务、电子邮件（E-mail）服务、搜索引擎服务、文件传输（FTP）服务、电子公告板（BBS）服务、远程登录（Telnet）服务、新闻组（UseNet）服务，以及文件检索（Archive）、分类目录（Gopher）、全局性分类目录（Veronica）、广域信息服务（WAIS）和网上电话、网上传真等服务。

Internet 在给人们带来海量的信息资源、丰富的服务、方便的交流手段等巨大便利的同时，也带来了很多的问题，其中最主要的是信息网络的安全问题，这不仅是一个技术问题，也是一个社会和法律问题。正是 Internet 的开放性、公开性和自治性，使其安全性一直难以尽如人意。除了安全性方面的问题之外，Internet 也还有一些其他美中不足之处。例如，由于信息资源的分散化存储和管理，给用户在查找 Internet 资源方面带来一定的困难；种类繁多的服务方式在给用户带来使用的灵活性同时，也给一些计算机和网络知识比较缺乏的用户造成使用上的不便；自由化的发展模式在赢得广大用户欢欣的同时，也使一些不宜广泛传播的信息失去控制，等等。我们要认识到现代化科学技术具有两面性，要辩证地看待 Internet 的作用。

当用户要使用互联网提供的服务时，必须先接入互联网。所谓接入互联网，实际上是与已连接到 Internet 的某台主机或网络进行连接。用户接入互联网前，都要联系一家 Internet 服务提供商（Internet Service Provider，ISP），如网络中心、电信局等，并由 ISP 提供 Internet 入网连接和信息服务。

一般情况下，用户可以通过以下几种方法接入互联网。

1. 通过公共交换电话网接入互联网

指用户计算机使用调制解调器通过普通电话网与 ISP 服务器相连接，再通过 ISP 接入互联网。用户的计算机与 ISP 的远程接入服务器（Remote Access Server，RAS）均通过调制解调器与电话网相连。用户在访问互联网时，通过拨号方式与 ISP 的 RAS 建立连接，通过 ISP 的路由器访问互联网。在用户端，可以通过调制解调器将一台计算机直接或经过代理服务器与电话网相连。目前这种连接方式的最高速率为 56Kbit/s。这种速率远远不能够满足宽带多媒体信息的传输需求。

2. 通过综合业务数字网接入互联网

综合业务数字网(Integrated Service Digital Network, ISDN)接入技术俗称“一线通”，采用数字传输和数字交换技术，将电话、传真、数据、图像等多种业务综合在一个统一的数字网络中进行传输和处理。用户利用一条 ISDN 用户线路，可以在上网的同时拨打电话、收发传真，就像使用了两条电话线一样。ISDN 上网的速率大多为 64Kbit/s，最大可到 128Kbit/s。

3. 通过非对称数字用户线接入互联网

非对称数字用户线（Asymmetric Digital Subscriber Line，ADSL）是 xDSL 家族中的一员。其非对称性特点尤其适合于开展上网业务，考虑到用户访问 Internet 时，主要是获取信息服务，而上传信息相对较少。ADSL 技术在这种交互式通信中，它的下行线路可提供比上行线路更高的带宽，即上、下行带宽不相等，且一般都在 1:10 左右。ADSL 采用频分复用技术，可将电话语音和数据流一起传输，用户只需加装一个 ADSL 用户终端设备，通过分流器（话音与数据分离器）与电话并联，即可在一条普通电话线上同时通话和上网且两者互不干扰。ADSL 支持的上行速率为 640Kbit/s~1Mbit/s，下行速率为 1~8Mbit/s。它是目前几种主要的宽带网络接入方式之一。

4. 通过线缆调制解调器接入互联网

线缆调制解调器（Cable-Modem）是近几年开始使用的一种超高速 Modem，它利用现成的有线电视（CATV）网进行数据传输，集 Modem、调谐器、加/解密设备、桥接器、网络接口卡、虚拟专网代理和以太网集线器的功能于一身。它无需拨号上网，不占用电话线，可提供随时在线的永久连接。Cable-Modem 的技术实现一般是从 42~750MHz 电视频道中分离出一条 6MHz 的信道，用于下行传送数据。通常下行数据采用 64QAM（正交调幅）调制方式，最高速率可达 27Mbit/s，如果采用 256QAM，最高速率可达 51Mbit/s。随着有线电视网的发展壮大和人们生活质量的不断提高，通过 Cable-Modem 利用有线电视网络访问 Internet 已成为越来越受业界关注的一种高速接入方式。

5. 通过局域网接入互联网

指用户接入局域网，局域网使用路由器通过数据通信网与 ISP 相连接，再通过 ISP 接入互联网。数据通信网有很多种类型，如 DDN、ISDN、X.25、帧中继与 ATM 网等，它们均由电信部门运营与管理。用户端通常是有一定规模的局域网，例如一个企业网或校园网。采用这种方式时，用户计算机通过网卡，利用数据通信专线（如电缆、光纤）连到某个已经与 Internet 相连的局域网上。

5.3.2　TCP/IP 协议

传输控制协议/网际协议（Transmission Control Protocol/Internet Protocol，TCP/IP）是目前最常用的一种通信协议，也是因特网的基础协议。

TCP/IP 协议体系和 OSI 参考模型一样，也是一种分层结构。它由基于硬件层次上的四个概念性层次构成，即网络接口层、互联网层、传输层和应用层。图 5-11 给出了 TCP/IP

协议体系与 OSI 参考模型的对应关系，图的右边显示的是 TCP/IP 协议层次。从图中可以看出，对照 OSI 七层协议，TCP/IP 的应用层组合了 OSI 的应用层和表示层，还包括 OSI 会话层的部分功能。但是，这样的对应关系并不是绝对的，它只有参考意义，因为 TCP/IP 各层功能和 OSI 模型的对应层还是有一些区别的。

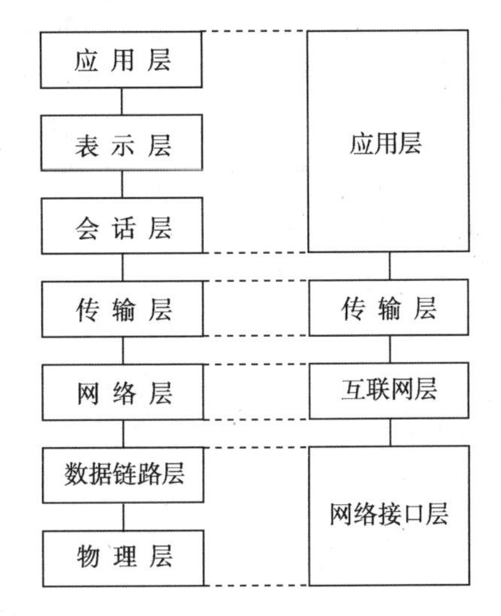

图 5-11　TCP/IP 体系结构与 ISO/OSI 参考模型

- 网络接口层，也称为数据链路层。它是 TCP/IP 的底层，但是 TCP/IP 协议并没有严格定义该层，它只是要求主机必须使用某种协议与网络连接，以便能在其上传递 IP 分组。
- 互联网层（Internet Layer），俗称 IP 层，负责机器之间的通信。它接收来自传输层的请求，传输某个具有目的地址信息的分组。该层把分组封装到 IP 数据报中，填入数据报的报头，使用路由算法来选择是直接把数据报发送到目标机还是把数据报发送给路由器，然后将数据报交给网络接口层中的对应网络接口模块。IP 层还要处理接收到的数据报、检验正确性、使用路由算法来决定对数据报是在本地进行处理还是继续向前传送。
- 传输层。传输层的基本任务是提供应用层之间的通信，即端到端的通信。传输层管理信息流，提供可靠的传输服务，以确保数据无差错的按序到达。为了这个目的，传输层协议软件要进行协商，让接收方回送确认信息及让发送方重发丢失的分组。传输层协议软件将要传送的数据流划分成分组，并把每个分组连同目的地址交给下一层去发送。
- 应用层。在这个最高层，用户调用应用程序来访问 TCP/IP 互联网络提供的多种服务。应用程序负责发送和接收数据。每个应用程序选择所需的传输服务类型，将数据按要求的格式传送给传输层。

实际上，TCP/IP 是一个协议族，这个协议族中有很多协议。TCP 和 UDP（User Datagram Protocol，用户数据包协议）是两种著名的传输层协议，它们都使用 IP 作为网络层协议，TCP 是一种可靠传输，而 UDP 是不可靠传输。IP 是网络层上的主要协议，同时被 TCP 和 UDP 使用。TCP 和 UDP 的每组数据都通过端系统和每个中间路由器中的 IP 层进行传输。ICMP（Internet Control Message Protocol，Internet 控制报文协议）是 IP 协议的附属协议，IP 层用它来与其他主机或路由器交换错误报文和其他重要信息。IGMP（Internet Group Management Protocol，Internet 组管理协议）用来把一个 UDP 数据报多播到多个主机。ARP（Address Resolution Protocol，地址解析协议）和 RARP（Reverse Address Resolution Protocol，逆地址解析协议）是某些网络接口（如以太网和令牌环网）使用的特殊协议，用来转换 IP 层和网络接口层使用的地址。此外，TCP/IP 的应用层还定义了很多协议，如 Telnet、FTP、SMTP 等，将在 Internet 应用中介绍。

当应用程序用 TCP 传送数据时，与 ISO/OSI 参考模型通信过程类似，数据逐层向下直到被当作一串比特流送入网络（见图 5-12）。其中每一层对收到的数据都要增加一些首部和尾部信息，正是这些信息保证数据在网络中被正确地传送到目的地。TCP 传给 IP 的数据单元称作 TCP 报文段，简称为 TCP 段（TCP segment）。IP 层传给网络接口层的数据单元称作 IP 数据报（IP datagram）。通过网络接口层传输的比特流称作帧（Frame）。更准确地说，层之间传送的数据单元应该是分组（packet），它是网络上传输的数据片段。在计算机网络上，用户数据要按照规定划分为大小适中的若干部分，每个部分称为一个分组。网络上使用分组为单位传输的目的是更好地实现资源共享和检错、纠错。分组是一种通称，在不同的协议和不同的层次使用不同名称。例如，前面所述的各种名称。

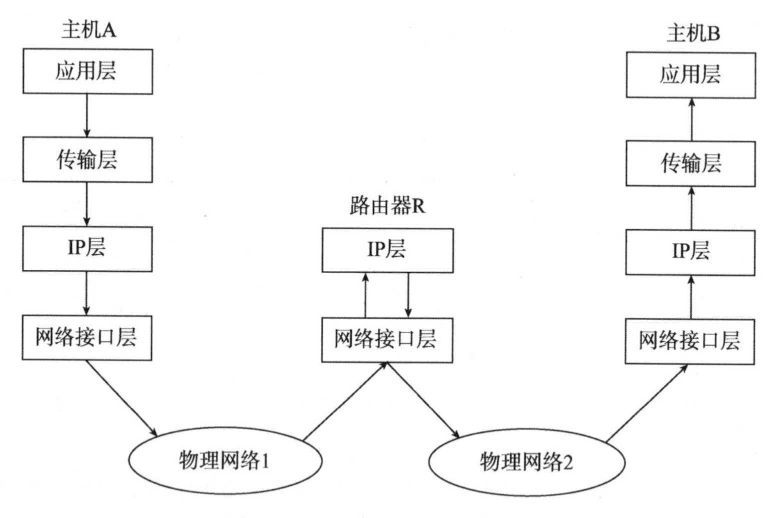

图 5-12　TCP/IP 协议通信过程

在网络上将用户数据划分为若干组，并以组为单位进行传输和交换的方式称为分组交换。TCP/IP 协议采用了分组交换技术。分组交换传输过程中，需在每个分组前加上控制信息（如分组序号等）和地址标识（即分组头），然后在网络中以“存储—转发”的方式进行传送。到了目的地，将分组头去掉，将分割的数据段按顺序装好，还原成发送端的文件交给接收端用户。

每台连接到互联网上的计算机都有一个独有的标识码，即唯一的 Internet 地址，这个地址就是通常所说的 IP 地址。IP 地址由 32 位的二进制构成。为便于记忆，可将其分为四部分，每部分都包含 8 位二进制，并用十进制数表示，部分和部分之间用“.”分隔，这种记法称为点分十进制表示法，如图 5-13（a）所示。IP 地址由网络标识和主机标识组成，分配给这些部分的位数随着地址类的不同而不同，如图 5-13（b）所示。当网络中有多个 IP 地址时，网络标识用于标识各 IP 地址是否在同一个网段，如果网络标识不同则需要路由器连接。网络标识部分的二进制数不能全为 1 或全为 0。主机标识用于标识同一网段内的不同计算机的地址，同样主机标识的二进制数也不能全为 1 或全为 0。如果主机标识位全为 0，则代表是本网段的网络地址号，全为 1 则代表本网段的广播地址。

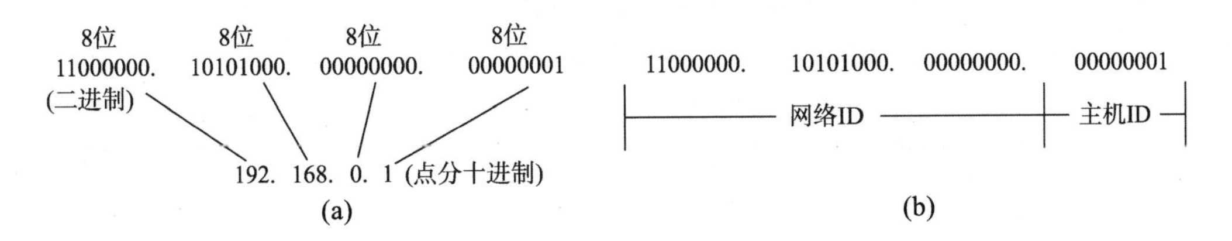

图 5-13　IP 地址的点分十进制表示和 IP 地址分配方式示例

IP 地址共分为五类，依次是 A 类、B 类、C 类、D 类、E 类，如图 5-14 所示。其中在互联网中最常用的是 A、B、C 三大类，而 D 类在广域网中较常见，用于多播，E 类地址是保留地址，主要用于研究的目的。

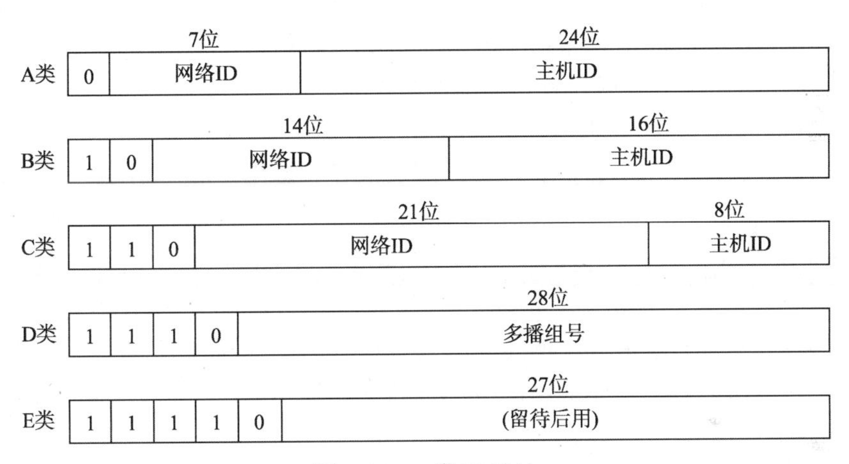

图 5-14　5 类 IP 地址

- A 类地址。A 类地址将 IP 地址前 8 位作为网络标识，并且前 1 位必须是 0，后 24 位作为主机标识。网络标识的范围为 1~126（127 开头的地址是用于回环地址测试，属保留地址），主机标识的范围为 0.0.1~255.255.254。A 类地址每个网段的主机标识的数目为 2^{24}–2=16777214。
- B 类地址。B 类地址将 IP 地址前 16 位作为网络标识，并且前 2 位必须是 10，后 16 位作为主机标识。网络标识的范围为 128.0~191.255，主机标识的范围为 0.1~255.254。B 类地址每个网段的主机标识数目为 2^{16}–2= 65534。
- C 类地址。C 类地址将 IP 地址前 24 位作为网络标识，并且前 3 位必须是 110，后 8 位作为主机标识。网络标识的范围为 192.0.0~223.255.255，主机标识的范围为 1~254。C 类地址每个网段的主机数目最多为 2^{8}–2= 254。

TCP/IP 协议规定，凡 IP 地址中的第一个字节以 1110 开始的地址都叫多点广播地址，即 D 类地址。D 类地址的范围在 244.0.0.0 到 239.255.255.255 之间，每个 D 类地址代表一组主机，共有 28 位可用来标识小组，所以可以同时有多达 25 亿个小组。当向一个 D

类地址发送数据时，会尽最大的努力将它送给小组的所有成员，但不能保证全部送到。E 类地址保留作研究之用，因此 Internet 上没有可用的 E 类地址。E 类地址的第一个字节以 1110 开始，因此有效的地址范围为 240.0.0.0~255.255.255.255。

IP 地址按用途分为私有地址和公有地址两种。公有地址是在广域网内使用的地址，但在局域网也同样可以使用。私有地址就是只能在局域网内使用，而广域网中不能使用的地址，除了私有地址以外的地址都是公有地址。私有地址有：

- A 类，从 10.0.0.1 到 10.255.255.254
- B 类，从 172.16.0.1 到 172.31.255.254
- C 类，从 192.168.0.1 到 192.168.255.254

在一个大的网络环境中，如果使用 A 类地址作为主机地址标识，那么一个大网络内的所有主机都将在一个广播域内，这样会由于广播而带来一些不必要的带宽浪费。事实上，在一个网络中人们并不安排这么多的主机。通常的做法是，由管理员进行子网规划，把主机标识再分成一个子网标识和一个主机标识。这样带来的好处是能充分利用地址、划分管理责任、简化网络管理任务、提高网络性能。

连接到 Internet 的任何主机，在引导时需要做的一个配置是指定主机 IP 地址。大多数系统把 IP 地址存放在一个磁盘文件中，以供引导时读用。除了 IP 地址以外，主机还需要知道地址中有多少位用于子网标识，以及多少位用于主机标识。这是在引导过程中通过子网掩码来确定的。子网掩码是一个 32 位的二进制串，其中值为 1 的位留给网络标识和子网标识，为 0 的位留给主机标识。完成识别 IP 地址的网络标识和主机标识的过程称为按位与，即将 IP 地址和子网掩码的 32 位二进制从最高位到最低位依次对齐，然后每位分别进行逻辑与运算，得到网络标识。将子网掩码取反再与 IP 地址按位与后得到的结果即为主机标识。

假设有一个 C 类地址为 192.9.200.13，其子网掩码为 255.255.255.0。则将 IP 地址 192.9.200.13 转换为二进制得到 11000000 00001001 11001000 00001101，将子网掩码 255.255.255.0 转换为二进制得到 11111111 11111111 11111111 00000000。将两个二进制数按位与运算后得出的结果为 11000000 00001001 11001000 00000000，即网络标识为 192.9.200.0。将子网掩码取反再与 IP 地址按位与后得到的结果为 00000000 00000000 00000000 00001101，即主机标识为 13。

通过 IP 地址可以识别主机上的网络接口，进而访问主机。但是一组 IP 数字很不容易记，且没有什么联想的意义，因此，通常会为网络上的主机取一个有意义又容易记的名字，人们在访问主机资源时，就可以直接使用分派给主机的名字，这个名字就是域名。例如，www.nudt.edu.cn 作为一个域名便和 IP 地址 202.197.9.133 对应。但是由于在 Internet 上能真实辨识主机的还是 IP 地址，所以当用户输入域名后，客户端程序必须要先去一台有域名和 IP 地址对应资料的主机查询域名所对应主机的 IP 地址，这台被查询的主机，就是所说的域名服务器（Domain Name Server，DNS）。

域名是由一串用点分隔的名字组成的、Internet 上某台计算机或计算机组的名称，用于在数据传输时定位主机（如 www.nudt.edu.cn、www.google.com 等）。域名中的名字都由英文字母和数字组成，每一个标号不超过 63 个字符，也不区分大小写字母。标号中除连字符（-）外不能使用其他的标点符号。级别最低的域名写在最左边，而级别最高的域名写在最右边。由多个标号组成的完整域名总共不超过 255 个字符。

域名采用层次结构，每一层构成一个子域名，子域名之间用“.”隔开，自上而下分别为根域、顶级域、二级域、子域、最后一级主机名。顶级域名分为国家顶级域名和国际顶级域名，前者是按国家分配的，如中国是 cn、美国是 us 等；后者按机构类型分配，如表示工商企业的 .com、表示非营利组织的.org 等。二级域名是指顶级域名之下的域名，在国际顶级域名下，它是指域名注册人的网上名称，如 ibm、intel、google 等；在国家顶级域名下，它是表示注册企业类别的符号，如 com、edu、gov、net 等。第三级以下的域名可根据需要和实际意义，按照命名规则命名。例如，域名 www.nudt.edu.cn，顶级域名为 cn，表示中国；二级域名为 edu；表示教育机构；nudt 表示学校名，这是自行命名的，而 www 表明此域名对应着万维网服务。

在 TCP/IP 协议中，域名系统包含一个分布式数据库，由它来提供 IP 地址和主机域名之间的映射信息。此处的分布式是指在 Internet 上的单个站点不能拥有所有的域名映射信息。每个站点（如大学中的系、校园）维护自己的域名数据库，并运行一个服务器程序供 Internet 上的其他系统（客户程序）查询这些映射信息，进行域名与 IP 地址之间的转换。

根域名服务器是一类特殊的域名服务器，全球只有 13 台。它们储存了负责每个域（如 COM、NET、ORG 等）的解析的域名服务器的地址信息。其作用可与电话系统类比，例如，通过北京电信问不到广州市某单位的电话号码，但是北京电信会告诉你去查 020114。

域名与 IP 地址的转换称为域名解析。当人们通过域名访问某个主机时，客户机提出域名解析请求，并将该请求以 UDP 数据报方式发送给本地的域名服务器。当本地的域名服务器收到请求后，就先查询本地的缓存，如果有该记录项，则本地的域名服务器就直接把查询的结果返回，即域名对应的 IP 地址。如果本地的缓存中没有该记录，则本地域名服务器就直接把请求发给根域名服务器，根域名服务器再返回给本地域名服务器一个所查询域的主域名服务器的地址。本地服务器再向上一步返回的域名服务器发送请求，然后接受请求的服务器查询自己的缓存，如果没有该记录，则返回相关的下级的域名服务器的地址。这个过程将重复下去，直到找到正确的记录。本地域名服务器把返回的结果保存到缓存，以备下一次使用，同时还将结果返回给客户机。

TCP/IP 协议的各种服务是通过不同的端口提供的，如果把一台计算机比作一间房子，在 Internet 上这间房子只有一个地址——IP 地址，端口就是进出房子的门，门是可以有多个的。在 Internet 上，各主机之间通过 TCP/IP 协议发送和接收数据，通过 IP 地址定位目标机器和选择传输线路。但是这个数据是给哪个程序使用的呢？此时就需要端口来进行区别。一般来说，操作系统为各种不同的 TCP/IP 协议分配端口，发送到该服务的数据将被转发到为其分配的端口，这样，一台机器中可以就可以处理和提供多种服务了。TCP/IP 中，端口通常用正整数标识。

5.4 Internet 应用

Internet 是一个信息资源的大海洋。为了更加充分地利用 Internet 中的信息资源，各种各样软件工具被开发出来，使人们能够应用它们，从 Internet 中得到越来越丰富的信息服务。由于 Internet 本身的开放性、广泛性和自发性，Internet 上的信息资源几乎是无限的。利用 Internet，人们可以做很多事情，例如，可以迅速而方便地与远方的朋友交流信息；可以把远在千里之外的一台计算机上的资料瞬间复制到自己的计算机上；可以在网上直接访问有关领域的专家，针对感兴趣的问题与他们进行讨论，等等。所有这些都应该归功于 Internet 所提供的各种各样的服务。

Internet 主要提供万维网（WWW）服务、电子邮件（E-mail）服务、搜索引擎服务、文件传输（FTP）服务、域名服务（DNS）等来帮助用户完成相关任务。

5.4.1 万维网

万维网（World Wide Web，WWW，简称 Web，也称为 3W 或 W3）最初是欧洲核子物理研究中心（European organisation for Nuclear Research，CERN）开发的，是近年来 Internet 取得的最为激动人心的成就。

Web 是依附于 Internet 的信息资源网络，逻辑上可看做由超链接联系起来的超文本（Hypertext）的集合。物理上可看做由浏览器（客户端）和 Web 服务器（或 WWW 服务器）组成。

超文本用以显示文本及文本相关信息，其中的文本包含有可以链接到其他文本或文档的超链接。超文本是利用超链接的方法，将各种不同空间的文字信息组织在一起的网状文本。超文本的出现使得原先的线性文本变成可以通向四面八方的非线性文本。读者可以在任何一个关结点上停下来，进入另一重文本，然后再单击进入又一重文本，如图 5-15 所示。

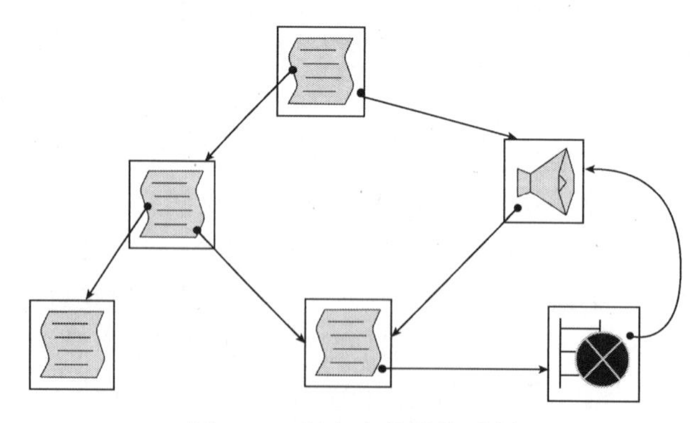

图 5-15　超文本的链接示例

超文本系统是一种提供了超文本的解释的软件系统，在超文本系统中，除了文本外，还包含各类非文本类型的数据，如声音、图像、超链接等，称为超媒体（Hypermedia）。Web 用超链将全球信息资源联系起来，使信息不仅可按线性方式搜索，而且可按交叉方式访问。在 Web 上的一个超媒体文档称为一个页面（Page）或网页。作为一个组织或个人在万维网上开始点的页面称为主页（Homepage）或首页。主页中通常包括有指向其他相关页面或其他结点的指针（超链接）。将在逻辑上视为一个整体的一系列页面的有机集合称为网站（Website 或 Site）。

超文本标记语言（Hypertext Markup Language，HTML）是描述网页文档的一种标记语言。HTML 之所以称为超文本标记语言，是因为语言中包含了超链接点和标记。通过激活（点击）超链接点，可使浏览器方便地获取新的网页。HTML 是一种规范和标准，它通过标记符号来标记要显示的网页中的各个部分。网页文件本身是一种文本文件，通过在文本文件中添加标记符，可以告诉浏览器如何显示其中的内容（如文字如何处理，画面如何安排，图片如何显示等）。浏览器按顺序阅读网页文件，然后根据标记符解释和显示其标记的内容。图 5-16 给出了 HTML 的一个示例及其在浏览器中的显示情况

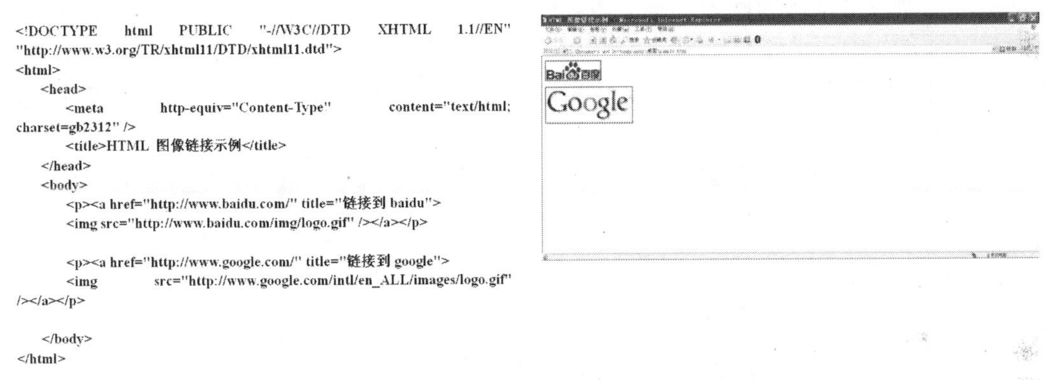

图 5-16　HTML 示例和在浏览器中的显示

利用 WWW 可连接任何一种 Internet 资源、启动远程登录、浏览 Gopher、参加 Usenet 专题讨论等。例如，当 WWW 连接到 Telnet，便会自动启动远程登录 ，用户甚至不必知道主机地址等细节。若连接到 Usenet，WWW 将以简明的超文本格式显示专题文章。WWW 的奇妙之处还在于资源是自动取得的，用户无须知道这些资源究竟存放在什么地方。

总之，WWW 试图将 Internet 的一切资源组织成超文本文件，然后通过链接让用户方便地访问它们。通过阅读文本文件的方式，Web 可以访问 Internet 上的各类资源。

WWW 服务的核心技术主要有下列两种。

1. 超文本传送协议（HTTP）

HTTP 负责规定浏览器和服务器怎样互相交流，规定了在浏览器和服务器之间的请求和响应的交互过程必须遵守的规则。Web 服务器的 TCP 端口 80 始终处于监听状态，以便发现是否有浏览器向它发出建立连接的请求。一旦监听到连接建立请求，并建立了 TCP 连接后，浏览器就向服务器发出浏览某个页面的请求，服务器找到该网页后，就返

回所请求的页面作为响应。此后通信结束，释放 TCP 连接。

2. 统一资源定位符（URL）

URL 是对能从 Internet 上得到的资源的位置和访问方法的一种简洁的表示。在 Internet 上所有资源都有一个独一无二的 URL 地址，并且无论是何种资源，都采用相同的基本语法。URL 由协议类型、主机名和路径及文件名构成，一般形式为“<协议>://<主机名>:<端口号>/<路径>”。其中，协议指定使用的传输协议，如 HTTP、FTP 等；主机名指存放资源的服务器的域名或 IP 地址；各种传输协议都有默认的端口号，如果输入时省略，则使用默认端口号；路径是由零或多个“/”符号隔开的字符串，一般用来表示主机上的一个目录或文件地址。

同 Internet 上其他许多服务一样，WWW 采用客户机/服务器模式，如图 5-17 所示。要访问的网页存放在 WWW 服务器上，客户端使用 Web 浏览器输入要访问网页的 URL。此时，WWW 浏览器根据 URL 定位网页所在的服务器，并向服务器发送访问请求，服务器接收到访问请求后，将在客户端和服务器端建立一个连接，并利用该连接向客户端 WWW 浏览器发送被访问网页数据。WWW 服务器接收到数据后，对数据进行解释并按要求显示网页。网页数据传输结束后，服务器与客户端之前建立的连接将被关闭。当在网页上通过超链接访问其他网页时，将重复上述过程。从 WWW 的观点看，世界上任何

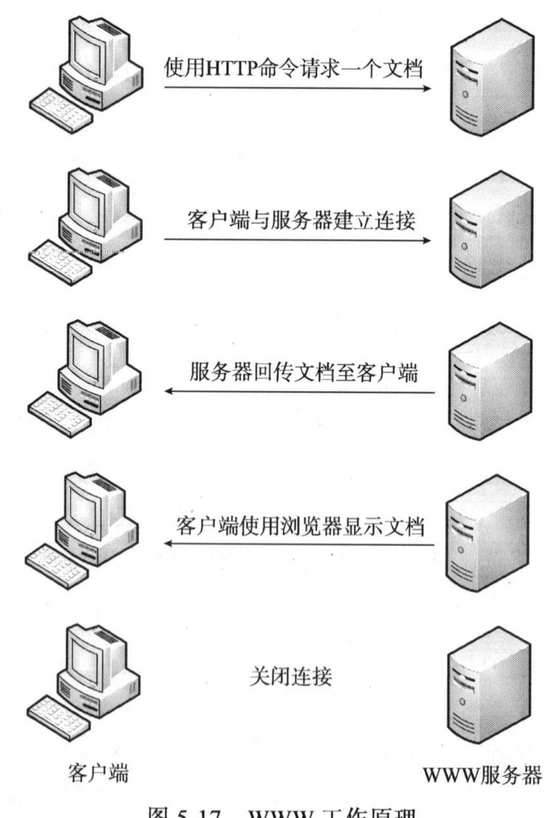

图 5-17　WWW 工作原理

事物，不是文档就是链接，因此，Web 浏览器的基本任务就是读文档和跟随链接浏览。WWW 浏览器知道如何连接到 WWW 服务器上，而实际的定位并返回网页的工作是由 WWW 服务器完成的。

5.4.2　电子邮件

电子邮件是 Internet 的一个基本服务。通过电子邮件，用户可以方便快速地交换信息，查询信息；还可以加入有关的信息公告，讨论与交换意见，获取有关信息。

电子邮件的工作过程是靠计算机技术和通信技术来完成的。发信者注明收件人的姓名与邮件地址，发送方服务器把邮件传到收件方服务器，收件方服务器再把邮件发到收件人的邮箱中。

电子邮件涉及的主要概念：

- 邮件用户代理（Mail User Agent，MUA），通常是帮助用户读写邮件的软件，它接受用户输入的各种命令，将用户的邮件传送至邮件传输代理或者通过 POP、IMAP 协议将信件从传输代理服务器上取到本机上。常见的用户代理有 Foxmail、Outlook 等邮件客户程序。
- 邮件传输代理（Mail Transport Agent，MTA），负责把邮件由一个服务器传到另一个服务器或邮件投递代理。其主要工作是监视用户代理的请求，根据电子邮件的目标地址找出对应的邮件服务器，将信件在服务器之间传输并且将接收到的邮件缓冲或者提交给最终投递程序。
- 邮件投递代理（Mail Delivery Agent，MDA），负责把邮件放到用户的邮箱中。

Internet 统一使用 DNS 来编定资源的地址，因而 Internet 中所有邮箱地址均具有相同的格式——“用户信箱名称@主机名称”，如 david@nudt.edu.cn，其中 david 就是用户信箱名，而 nudt.edu.cn 就是主机名。电子邮件系统的组成与工作过程如图 5-18 所示。

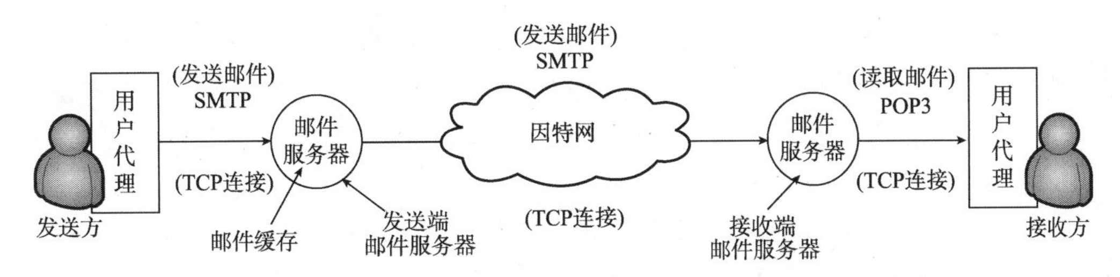

图 5-18　电子邮件系统的组成与工作过程

Internet 的电子邮件系统遵循简单邮件传送协议（SMTP）标准，这是 Internet 上传输电子邮件的标准协议，用于提交和传送电子表邮件，规定了主机之间传输电子邮件的标准交换格式和邮件在链路层上的传输机制。SMTP 通常用于把电子邮件从客户机传输到服务器。

简单邮件传输协议（SMTP）是基于存储转发方式工作的。当用户发送一封电子邮件时，并不能直接将信件发送到对方邮件地址指定的服务器上，首先必须去寻找一个邮件传输代理，并把邮件提交给该代理。邮件传输代理得到了邮件后，首先将它保存在自己队列中。然后，根据邮件的目标地址，邮件传输代理查询到应对这个目标地址负责的邮件传输代理服务器，并且通过网络将邮件传送给它。目的方的邮件服务器接收到邮件之后，将其暂时存储在本地，直到电子邮件的接收者查看自己的电子信箱。显然，邮件传输是从服务器到服务器的，而且每个用户必须拥有服务器存储信息的空间（称为信箱）才能接收邮件。

每个具有邮箱的计算机系统都必须运行邮件服务器程序来接收电子邮件，并将邮件放入正确的邮箱。TCP/IP 包含一个电子邮件信箱远程存取的协议，即邮局协议版本 3（Post Office Protocol - Version 3，POP3）。POP3 是因特网电子邮件的第一个离线协议标准，它允许用户的邮箱位于某个邮件服务器上，并允许用户从他的个人计算机对邮箱的内容进行存取，同时根据客户端的操作，将邮件保存在邮件服务器，或删除邮件服务器上的邮件。POP3 的默认端口是 TCP 端口 110。

一封电子邮件通常包括以下几个部分：

- 标题。邮件标题包含了相关的发件人和收件人的信息。邮件标题的实际内容可随生成邮件的电子邮件系统的不同而有所不同。一般来说，标题包含邮件的主题、发件人、收件人等信息。
- 正文。邮件的正文就是包含实际内容的文本，还可包含签名或由发件方邮件系统插入的自动生成的文本。
- 附件。附件是作为邮件组成部分的若干文件，也可以没有。

5.4.3 文件传输

文件传输服务（FTP）是 Internet 中最早提供的服务功能之一，目前仍被广泛使用。FTP 允许用户在两台计算机之间互相传送文件，并且能保证传输的可靠性。除此之外，FTP 还提供登录、目录查询、文件操作、命令执行及其他会话控制功能。

FTP 的工作原理并不复杂，它采用客户机/服务器模式，如图 5-19 所示。FTP 客户机是请求端， FTP 服务器为服务端。FTP 客户机根据用户需求发出文件传输请求，FTP 服务器响应请求，两者协同完成文件传输作业。FTP 服务器的 TCP 端口 21 始终处于监听状态，当客户端要连接 FTP 服务器时，客户端发起通信，请求与服务器的端口 21 建立 TCP 连接，FTP 服务器认可后，该连接将被建立，建立后该连接用于发送和接收 FTP 控制信息，所以又称为控制连接。此后，客户端可通过该连接向 FTP 服务器发送各种控制命令，通过这些命令，既能将文件从 FTP 服务器复制到本地客户机上，也能将本地文件复制到 FTP 服务器，前者叫下载（Down Load），后者叫上传（Up Load）。当用户通过命令想进行下载或上传时，即在 FTP 服务器与客户端之间要传输数据时，客户端将再次与 FTP 服务器端口 20 建立一个连接，该连接称为数据连接。当传输结束时，数据连接将被关闭。因此，每一次开始传输数据时，客户端都会建立一个数据连接，在该次数据传输结束时立即释放。客户端与 FTP 服务器会话结束时，将会关闭控制连接。

相比于 HTTP，FTP 协议要复杂得多。复杂的原因是 FTP 协议要用到两个 TCP 连接，即控制连接和数据连接，分别用于在 FTP 客户端与服务器之间传递命令，以及用来上传或下载数据。

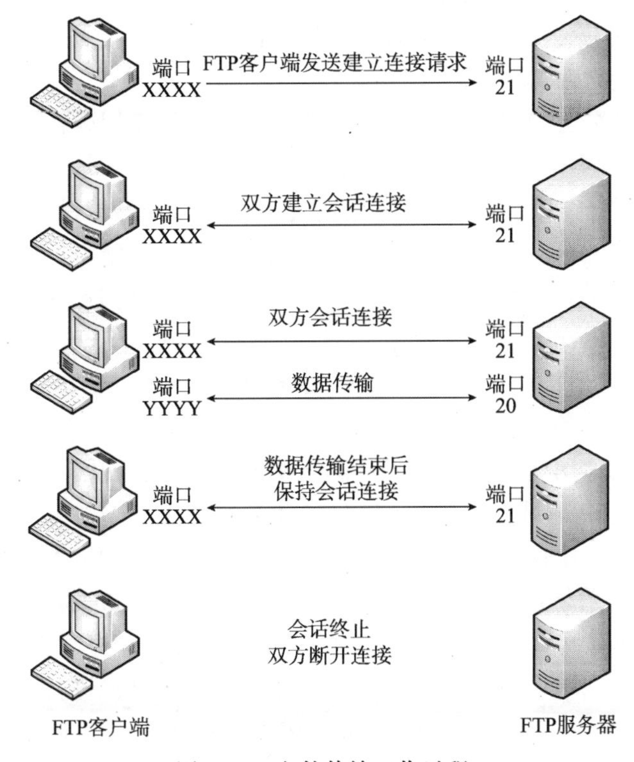

图 5-19　文件传输工作过程

FTP 协议有两种工作方式，分别是主动方式（PORT）和被动方式（PASV）。

- 主动方式的工作过程。客户端向服务器的 FTP 端口（默认是 21）发送连接请求，服务器接受连接，建立一条命令链路。当需要传送数据时，客户端在命令链路上用 PORT 命令告诉服务器："我打开了 XXXX 端口，你过来连接我"。于是服务器从 20 端口向客户端的 XXXX 端口发送连接请求，建立一条数据链路来传送数据。
- 被动方式的工作过程。客户端向服务器的 FTP 端口（默认是 21）发送连接请求，服务器接受连接，建立一条命令链路。当需要传送数据时，服务器在命令链路上用 PASV 命令告诉客户端："我打开了 XXXX 端口，你过来连接我"。于是客户端向服务器的 XXXX 端口发送连接请求，建立一条数据链路用来传送数据。

5.4.4　搜索引擎

获得网站网页资料、能够建立数据库并提供查询的系统，都可以称为搜索引擎。按照工作原理的不同，可以把它们分为两个基本类别：全文搜索引擎（Full Text Search Engine）和分类目录（Directory）。

全文搜索引擎中，依靠一个叫"网络蜘蛛（Spider）"或叫"网络爬虫（Crawlers）"的软件，沿着网络上的各种链接自动获取大量网页信息内容，并按一定的规则分析整理，形成了全文搜索引擎的数据库。Google、百度都是比较典型的全文搜索引擎系统。

分类目录则是通过人工的方式收集整理网站资料形成数据库的，如雅虎中国以及国内的搜狐、新浪、网易分类目录。另外，在网上的一些导航站点，也可以归属为原始的分类目录，如“网址之家”。

全文搜索引擎和分类目录各有优缺点。全文搜索引擎使用软件在 Internet 上搜索信息，并分析整理，数据库可以非常庞大，能向用户提供丰富的信息。但是，它的查询结果往往不够准确；而分类目录依靠人工收集和整理网站，能够提供更为准确的查询结果，但收集的内容却非常有限。为了取长补短，现在很多搜索引擎都同时提供这两类查询，一般对全文搜索引擎的查询称为搜索“所有网站”或“全部网站”，如 Google 的全文搜索（http://www. google.com）；把对分类目录的查询称为搜索“分类目录”或搜索“分类网站”，如新浪搜索和雅虎中国搜索（http://cn.search.yahoo.com/dirsrch）。下面将分别介绍两类搜索引擎的工作原理。

全文搜索引擎的“网络机器人”或“网络蜘蛛”是一种网络上的软件，它遍历 Web 空间，能够扫描一定 IP 地址范围内的网站，并沿着网络上的链接从一个网页到另一个网页，从一个网站到另一个网站采集网页资料。为了保证采集的资料是最新的，它还会回访已抓取过的网页。采集到网页后，还要由其他程序进行分析，根据一定的相关度算法进行大量的计算，建立网页索引，才能添加到索引数据库中。平时看到的全文搜索引擎，实际上只是一个搜索引擎系统的检索界面，当用户输入关键词进行查询时，搜索引擎会从庞大的数据库中找到符合该关键词的所有相关网页的索引，并按一定的排序规则呈现。不同的搜索引擎，网页索引数据库不同，排序规则也不尽相同。所以，当以同一关键词用不同的搜索引擎查询时，查询结果也就不尽相同。

和全文搜索引擎一样，分类目录的整个工作过程也同样分为收集信息、分析信息和查询信息三部分，只不过分类目录的收集、分析信息两部分主要依靠人工完成。分类目录一般都有专门的编辑人员，负责收集网站的信息。随着收录站点的增多，现在一般都是由站点管理者递交自己的网站信息给分类目录，然后由分类目录的编辑人员审核递交的网站，以决定是否收录该网站。如果该站点审核通过，分类目录的编辑人员还需要分析该站点的内容，并将该站点放在相应的类别和目录中。所有这些收录的站点同样被存放在一个“索引数据库”中。用户在查询信息时，可以选择按照关键词搜索，也可按分类目录逐层查找。如果用关键词搜索，返回的结果跟全文搜索引擎一样，也是根据信息关联程度排列网站。需要注意的是，分类目录的关键词查询只能在网站的名称、网址、简介等内容中进行，它的查询结果也只是被收录网站首页的 URL 地址，而不是具体的页面。分类目录就像一个电话号码簿一样，按照各个网站的性质，把其网址分门别类排在一起，大类下面套着小类，一直到各个网站的详细地址，一般还会提供各个网站的内容简介，用户不使用关键词也可进行查询，只要找到相关目录，就完全可以找到相关的网站。

搜索引擎信息收集和分析的工作过程可以分为三步：从互联网上抓取网页→建立索引数据库→在索引数据库中排序。在处理查询服务时，搜索引擎并不真正搜索互联网，它搜索的实际上是预先整理好的网页索引数据库。因此，应认识到搜索引擎只能搜到网页索引数据库中储存的内容。同时也要认识到，如果欲搜索的网页已保存在搜索引擎的网页索引数据库中，而用户没有搜索出来，则可能是用户没有完全掌握搜索技能，需要进一步学习使用搜索引擎的知识，以便提高搜索能力。

5.5　无 线 网 络

前面介绍的各种网络与电话系统类似，都需要传输介质连接网络中的通信设备和计算机。笔记本出现后，人们梦想像使用手机一样，一边在办公室里走动，一边还可以让计算机连接到网络上，不受有线连接的限制。另外，从网络建设成本上来说，当一个企业的占地面积很大时，若要将各个部门的计算机用电缆连接成网，成本会相当高，而使用无线网络，可以节省投资，加快建网速度。此外，当大量持有笔记本的用户在同一个地方同时要求上网时（图书馆、会议大厅等），如用有线连接，则需要很多接口和走线空间，而利用无线网络，则比较容易实现用户的需求。

目前，常用的无线通信介质有：

- 微波通信。载波频率为 2~40GHz。频率高，可同时传送大量信息。由于微波是沿直线传播的，故在地面的传播距离有限。
- 卫星通信。是利用地球同步卫星作为中继来转发微波信号的一种特殊微波通信形式。卫星通信可以克服地面微波通信距离的限制，三个同步卫星可以覆盖地球上全部通信区域。
- 红外通信和激光通信。和微波通信一样，有很强的方向性，都是沿直线传播的。但红外通信和激光通信要把传输的信号分别转换为红外光信号和激光信号后才能直接在空间沿直线传播。

微波、红外线和激光都需要在发送方和接收方之间有一条视线通路，故它们统称为视线媒体。

5.5.1　无线数据网络的分类

无线数据网络解决方案包括无线个人网、无线局域网、无线城域网和无线广域网。

1. 无线个人网（Wireless Personal Area Network，WPAN）

WPAN 主要用于个人用户工作空间，典型距离覆盖几米，可以与计算机同步传输文件，访问本地外围设备，如打印机等。WPAN 通常形象描述为“最后 10 m”的通信需求，目前主要技术为蓝牙（Bluetooth）。蓝牙技术源于 1994 年 Ericsson 提出的无线连接与个人接入的想法。目前蓝牙信道带宽为 1MHz，异步非对称连接最高数据速率为 723.2kbit/s；连接距离大多为 10m 左右。为了适应未来宽带多媒体业务需求，蓝牙速率亦拟进一步增强，新的蓝牙标准 2.0 版拟支持高达 10Mbit/s 以上速率（4Mbit/s、8Mbit/s、12Mbit/s、20Mbit/s）。

2. 无线局域网（Wireless LAN，WLAN）

WLAN 顾名思义是一种借助无线技术取代以往有线布线方式构成局域网的新手段。

WLAN 可提供传统有线局域网的所有功能，是计算机网络与无线通信技术相结合的产物。WLAN 可提供传统有线局域网的所有功能，实现固定、半移动及移动的网络终端对因特网进行较远距离的高速连接访问，支持的传输速率从 2Mbit/s 到 54Mbit/s。WLAN 通常形象描述为“最后 100m”的通信需求，如企业网和驻地网等。1997 年 6 月，IEEE 推出了 IEEE 802.11 标准，开创了 WLAN 先河。IEEE 802.11 主要用于解决办公室无线局域网和校园网中用户终端的无线接入，其业务范畴主要限于数据存取，速率最高只能达 2Mbit/s。由于它在速率、传输距离、安全性、电磁兼容能力及服务质量方面均不尽如人意，从而产生了系列标准——IEEE 802.11x。系列标准中应用最广泛的是 IEEE 802.11b，将速率扩充至 11Mbit/s，并可在 5.5Mbit/s、2Mbit/s 及 1Mbit/s 之间进行自动速率调整，亦提供了 MAC 层的访问控制和加密机制，从而达到了与有线网络相同级别的安全保护，还提供了可供选择的 40 位及 128 位的共享密钥算法，从而成为目前 IEEE 802.11 系列的主流产品。而 IEEE 802.11b+还可将速率提升至 22Mbit/s。IEEE 802.11a 工作在 5GHz 频带，数据传输速率将提升到 54Mbit/s。

目前，IEEE 802.11 系列得到了许多半导体器件制造商的支持，这些制造商成立了一个无线保真联盟 Wi-Fi（Wireless Fidelity）。Wi-Fi 实质上是一种商业认证，表明具有 Wi-Fi 认证的产品要符合 IEEE 802.11 无线网络规范。无疑，Wi-Fi 为 IEEE 802.11 标准的推广起到了积极的促进作用。

3. 无线城域网（Wireless MAN，WMAN）

WMAN 是一种有效作用距离比 WLAN 更远的宽带无线接入网络，通常用于城市范围内的业务点和信息汇聚点之间的信息交流和网际接入。有效覆盖区域为 2~10km，最大可达 30km，数据传输速率最快可高达 70Mbit/s。目前，WMAN 的主要技术为 IEEE 802.16 系列。该标准于 2001 年 12 月获得批准，可支持 1~2GHz、10GHz，以及 12~66GHz 等多个无线频段。借鉴 Wi-Fi 模式，一个同样由多个顶级制造商组成的全球微波接入互操作联盟（Wireless Interoperability Microwave Access，WiMax）宣告成立。WiMax 的目标是帮助推动和认证采用 IEEE 802.16 标准的器件和设备具有兼容性和互操作性，促进这些设备的市场推广。

4. 无线广域网（Wireless WAN，WWAN）

WWAN 主要解决超过一个城市范围的信息交流无线接入需求。IEEE 802.20 和 3G 蜂窝移动通信系统构成了 WWAN 的标准。IEEE 802.20 标准初步规划是为以 250km/h 速度前进的移动用户提供高达 1Mbit/s 的高带宽数据传输，这将为高速移动用户使用视频会议等对带宽和时间敏感的应用创造条件。ITU 早在 1985 年就提出工作在 2GHz 频段的移动商用系统为第三代移动通信系统，国际上统称为 IMT-2000 系统（International Mobile Telecommunications-2000），简称 3G（3rd Generation）。其设计目标为高速移动环境支持 144kbit/s，步行慢速移动环境支持 384Kbit/s，室内环境下支持 2Mbit/s 的数据传输，从而为用户提供包括话音、数据及多媒体等在内的多种业务。3G 的三大主流无线接口标准分别是 W-CDMA、CDMA2000 和 TD-SCDMA。其中 W-CDMA 标准主要起源于欧洲和日本，CDMA2000 系统主要是由美国高通北美公司为主导提出，时分同步码分多址接入标准 TD-SCDMA 由中国提出，并在此无线传输技术（RTT）的基础上与国际合作，完成了 TD-SCDMA 标准，成为 CDMA TDD 标准的一员，这是中国移动通信界的一次创举，也是中国对第三代移动通信发展的贡献。

5.5.2　无线局域网

无线局域网采用电磁波作为载体传送数据信息。对电磁波的使用有两种常见模式：窄带和扩频。窄带微波（Narrowband Microwave）技术适用于长距离点到点的应用，可以达到 40km，最大带宽可达 10Mbit/s，但受环境干扰较大，不适合用来进行局域网数据传输。所以，目前无线局域网的数据传输通常采用无线扩频技术 SST（Spread Spectrum）。常见的扩频技术包括两种：跳频扩频（Frequency-Hopping Spread Spectrum，FHSS）和直接序列扩频（Direct Sequence Spread Spectrum，DSSS），它们工作在 2.4~2.4835GHz。直接序列扩频技术是无线局域网 IEEE 802.11b 采用的技术，将 83.5MHz 的频带划分成 14 个子频道，每个频道带宽为 22MHz。直接序列扩频技术用一个冗余的位格式来提供更高的传输速率。直接序列扩频技术提供的最高带宽为 11Mbit/s，并且可以根据环境因素的限制自动降速至 5.5Mbit/s、2Mbit/s 或 1Mbit/s。

IEEE 802.11 为无线局域网定义了两种工作模式：有基站的模式和无基站的模式。第一种模式下，所有通信都经过基站。第二种模式下，计算机之间直接发送数据，这种模式有时也称为专用网络。

无线局域网组网分两种拓扑结构：对等网络和结构化网络。对等网络（Peer to Peer）用于一台计算机（无线工作站）和另一台或多台计算机（其他无线工作站）的直接通信，该网络无法接入有线网络中，只能独立使用。对等网络中的一个结点必须能“看”到网络中的其他结点，否则就认为网络中断。因此，对等网络只能用于少规模用户的组网环境，如 4~8 个用户，并且他们离得足够近。

结构化网络由访问点 AP、无线工作站 STA（Station）以及分布式系统（DSS）构成，覆盖的区域分基本服务区（Basic Service Set，BSS）和扩展服务区（Extended Service Set，ESS）。无线访问点 AP 也称无线集线器，用于在无线工作站（STA）和有线网络之间接收、缓存和转发数据。无线访问点通常能够覆盖几十至几百用户，覆盖半径达上百米。基本服务区由一个无线访问点以及与其关联的无线工作站构成。

基于 IEEE 802.3 标准的以太网使用 CSMA/CD 的访问控制方法，在这种介质访问机制下，准备传输数据的设备首先检查载波通道，如果在一定时间内没有侦听到载波，那么这个设备就可以发送数据。如果两个设备同时发送数据，冲突就会发生，并被所有冲突设备检测到。这种冲突延缓了这些设备的重传，使得它们在间隔某一随机时间后才发送数据。而 IEEE 802.11b 标准的无线局域网使用的是带冲突避免（Collision Avoidance）策略，字面一字之差，实际差别很大。因为在无线传输中侦听载波及冲突检测都是不可靠的，侦听载波有困难。另外，通常无线电波经天线送出去时，自己是无法监视到的，因此冲突检测实质上也做不到。在 IEEE 802.11 中侦听载波由两种方式来实现，一个是实际侦听是否有电波在传，然后加上优先权控制。另一个是虚拟侦听载波，告知等待多久的时间要传输，以防止冲突。CSMA/CA 通信方式将时间域的划分与帧格式紧密联系起来，保证某一时刻只有一个站点发送，实现了网络系统的集中控制。因传输介质不同，CSMA/CD 与 CSMA/CA 的检测方式也不同。CSMA/CD 通过电缆中电压的变化来检测，当数据发生碰撞时，电缆中的电压就会随之发生变化；而 CSMA/CA 采用能量检测（ED）、载波检测（CS）和能量载波混合检测三种检测信道空闲的方式。

5.6　本 章 小 结

本章首先介绍计算机网络的基本概念，包括发展历史、各种分类方法、ISO/OSI 分层体系结构与协议、常见传输介质、设备及其作用。结合日常使用计算机网络的情况，重点介绍了局域网和 Internet。局域网重点关注了几种拓扑结构、介质访问控制协议。Internet 的介绍重点关注其基础协议族 TCP/IP 相关概念，如 IP 地址等。在介绍 Internet 上常用的应用时，偏重于这些应用相对应的协议及其工作原理的介绍。由于近年来无线网络的不断发展和应用，进一步介绍了与其相关的基础知识，包括分类和对应的协议等，而重点在无线局域网的工作模式和介质访问控制方法等内容。

延伸阅读材料

计算机网络涉及的知识很多，本章不过是很浅显的介绍。更详细的介绍可以参考本章介绍的各标准化组织发布的协议文件。参考文献（Tanenbaum A S, 2005; Kurose J F, Ross K W, 2009; Stallings W, 2006; Comer D E, 2005; 谢希仁, 2003; St allings W, 2006）中列出了一些计算机网络方面的经典教材，有兴趣的读者可以进一步阅读。

习　　题

1. 计算机网络的发展可分为几个阶段？每个阶段的特点是什么？
2. 网络体系结构为什么要采用分层结构？
3. 网络协议的三要素是什么？协议与服务有何区别和联系？
4. 局域网的主要特点是什么？主要的介质访问控制协议是什么？简述其工作过程。
5. 试比较 TCP/IP 和 OSI 体系结构，讨论其异同之处。
6. 简述 HTTP 协议工作过程。

7. 电子邮件涉及的协议有哪些？其工作过程是什么？
8. 简述搜索引擎的原理和工作过程。
9. 无线网络的优点有哪些？如何分类？简述各类无线网络对应的协议标准及其特性。

第 6 章　多媒体技术基础

【学习内容】

本章介绍多媒体技术的相关内容，主要知识点包括：

- 多媒体和多媒体技术的基本概念；
- 多媒体计算机系统的组成；
- 声音的基本概念，数字音频的获取、处理及文件格式；
- 颜色的基本概念和颜色模型，数字图像的分类、获取、处理及文件格式；
- 视频和动画的基本知识；
- 多媒体数据压缩的基本概念。

【学习目标】

通过本章的学习，读者应该：

- 掌握多媒体和多媒体技术的基本概念；
- 掌握多媒体计算机系统的组成；
- 理解声音的数字化过程，掌握数字音频的技术指标，了解常见的音频文件格式；
- 理解图像的数字化过程，掌握数字图像的分类和属性，了解常见的图像文件格式；
- 了解数字视频的基本概念，了解常见的视频文件格式；
- 了解计算机动画的基本原理和分类，了解常见的动画文件格式；
- 理解多媒体数据压缩的重要性，了解数据压缩的分类，了解 JEPG 和 MPEG 的压缩标准。

早期的计算机只能处理和呈现数字和文字，而人类主要是通过眼睛和耳朵来接受外部的视觉与声音信息，枯燥的数字和文字并不适合人的心理特点和欣赏习惯。如何让计算机发出美妙动听的声音？如何在计算机屏幕上呈现丰富多彩的画面？伴随着音频处理技术、图形图像处理技术、视频技术、动画技术等的迅速发展，以及这些技术的融合，诞生了计算机科学技术的一个非常具有活力的分支——多媒体技术。多媒体技术使得计算机具有综合处理文字、声音、图形、图像和视频信息的能力，形象丰富的声、文、图、像等多媒体信息，极大地改善了人机交互界面，改变了人们使用计算机的方式，给人们的工作和生活带来了巨大的变化。

多媒体技术要解决的首要问题是计算机系统如何采集、存储和处理声音、图像、视频等多种媒体信息。不管声音、图像还是视频，要让计算机能够处理，都必须数字化，即经过采样、量化和编码这三个步骤，用二进制格式来表示。数字化后的多媒体信息的数据量非常庞大，给存储器的存储容量以及通信网络的带宽带来极大的压力，多媒体数据压缩技术可以缓解这一压力，并使多媒体的实时处理成为可能。

本章首先介绍多媒体和多媒体技术的基本概念、多媒体计算机系统的组成，然后介绍多媒体技术中声音、图形、图像、视频、动画等媒体的处理方法，最后介绍多媒体数据的压缩。

6.1　多媒体概述

多媒体技术是计算机技术的重要技术领域，多媒体技术使得计算机从原来只能处理数字、文字信息发展到可以处理声音、图形、图像、视频等多种媒体信息。多媒体技术的广泛应用给科学进步和人类生活带来了重大影响。

6.1.1　多媒体的基本概念

多媒体译自英文的 Multimedia 一词，它由 multiple（多重的、多样的）和 medium（媒介、方法）复合而成。媒体是信息表示和传播的载体。国际电信联盟远程通信标准化部门（International Tele-communication Union Telecommunication Standardization Sector，ITU-T）将媒体分为如下五类：

（1）感觉媒体（Perception Medium），是指直接作用于人的感觉器官，使人能产生直接感觉的媒体，如人类的语言、声音、音乐、图形、图像等。

（2）表示媒体（Representation Medium），是指为了加工、处理和传输感觉媒体而人为研究、构造出来的媒体形式，如平时我们接触到的条形码、电报码以及在计算机中使用的各种文本编码、图像编码和声音编码等。

（3）显示媒体（Presentation Medium），是指用于通信的电信号与感觉媒体之间转换用的一类媒体，是一些输入、输出设备，如键盘、鼠标器、扫描仪、话筒、音箱、显示器、打印机等。

（4）存储媒体（Storage Medium），指用于存储表示媒体的物理介质，如计算机的硬盘、光盘、磁带、半导体存储器等。

（5）传输媒体（Transmission Medium），是指用来将表示媒体从一个地方传输到另一个地方的物理载体，如电话线、双绞线、光纤、微波等。

在上述的五类媒体中，表示媒体是核心。计算机通过显示媒体的输入设备将感觉媒体所感知的信息输入并转换为表示媒体的信息，然后存储在存储媒体中。计算机从存储媒体中取出表示媒体的信息，经过加工处理，最后用显示媒体的输出设备将表示媒体的信息还原成感觉媒体展示出来，当然也可以通过传输媒体将表示媒体传输到另一台计算机上。

在多媒体技术中所说的媒体一般是指感觉媒体，而多媒体是指媒体的多种形式。人的感觉器官能感知的主要有视觉、听觉、触觉、味觉和嗅觉。目前计算机中能处理的感觉媒体主要是视觉类媒体、听觉类媒体和触觉类媒体，其他类型媒体的处理技术也都在进一步的研究之中。视觉类媒体包括文字、图形、图像、视频等。听觉类媒体包括话音、音乐等。触觉类媒体是通过直接或间接与人体接触，使人感觉到对象的大小、方位、质地等性质。

通常所说的多媒体，往往不是指多种媒体信息本身，而是指处理和应用多媒体信息的一整套相关技术，即多媒体技术。多媒体在实际应用中常常被当作多媒体技术的同义词。多媒体技术就是利用计算机来综合处理文字、声音、图形、图像、视频等多媒体信息，使其建立逻辑连接，并集成为一个交互式的多媒体系统的技术。多媒体技术是计算机技术、通信技术、音频技术、图形图像技术、视频技术、压缩技术等多种技术的融合。多媒体技术具有以下特点：

1）多样性

多媒体技术的多样性体现在信息的采集、存储、处理以及传输过程中，要涉及多种媒体。例如，有最简单的文本，与空间有关的图形图像，与时间有关的音频，与时空有关的视频等。

2）集成性

多媒体技术的集成性主要体现在两个方面，一是多种媒体信息的集成，二是处理这些媒体的设备的集成。在早期的计算机中，信息往往是孤立存在的，在处理时很少会出现相互关联的情况。但对于多媒体信息而言，不同媒体之间可能存在着某种紧密联系，这就需要将不同的媒体信息有机组合在一起，形成一个完整的整体。这种集成包括信息的多途径获取，统一存储、组织和合成信息等各个方面。多媒体设备的集成包括了硬件和软件两方面：硬件方面，不仅包括计算机本身，还包括输入/输出设备、存储设备、处理设备、传输设备等的集成；软件方面，有集成一体的多媒体操作系统、多媒体信息管理的软件系统以及各类应用软件等。

3）交互性

多媒体技术的交互性是指用户与计算机系统可进行交互式操作，用户可以按照需求来处理数据，从而更加有效地控制和使用信息。

交互性是多媒体与传统媒体最大的不同。电视、广播等传统媒体也可以传送文字、声音、图像，但不具有交互性，因为信息的传送是单向的，人们只能被动地接受播放的节目。

多媒体系统为用户提供交互使用、处理和控制信息的各种手段。通过交互活动，用户可以参与信息的组织、控制信息的传播并获取更多的信息。多媒体技术的交互性为用户提供更加自然的信息处理手段，也为多媒体技术的应用开辟了更加广阔的领域。

4）实时性

音频和视频都是与时间有关的媒体，再加上网络处理信息的需求，因此，在处理、存储、传输和播放时，需要考虑时间特性。例如，在播放音频时，一定要保证声音的连续性。这就意味着多媒体系统在处理信息时有着严格的时间要求和很高的处理速度。

6.1.2 多媒体计算机系统组成

多媒体计算机系统是指能综合处理多种媒体信息的计算机系统，由多媒体硬件系统和多媒体软件系统组成。多媒体硬件系统包括基本计算机硬件以及多媒体外部设备和接口卡。多媒体软件系统包括多媒体操作系统、多媒体工具软件以及多媒体应用软件。

多媒体计算机系统的层次结构如图 6-1 所示。

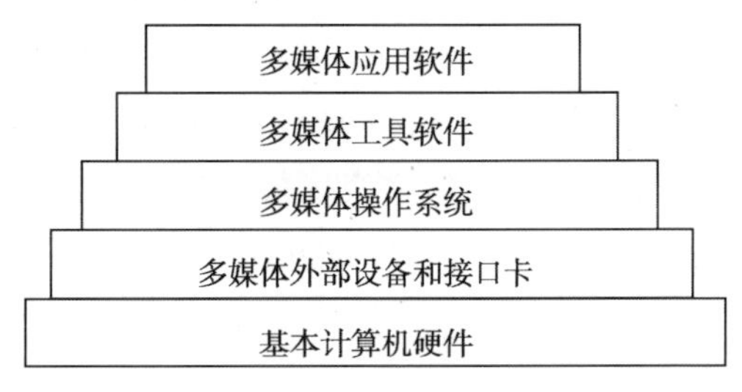

图 6-1　多媒体计算机系统层次结构

1. 多媒体硬件系统

多媒体计算机的硬件系统除了要有基本计算机硬件如主机、显示器、键盘、鼠标以外，还需要具备一些多媒体信息处理的外部设备和接口卡。

多媒体计算机主机可以是微机，也可以是专用的多媒体计算机（工作站）。具有多媒体处理功能的微机习惯上称为多媒体个人计算机（Multimedia Personal Computer，MPC）。在这里所说的多媒体计算机一般是指多媒体个人计算机。

1）多媒体外部设备

多媒体外部设备种类繁多，按其功能一般可分为四类：

- 输入设备，如话筒、数码照相机、摄像机、扫描仪、MIDI 合成器等。
- 输出设备，如音箱、立体声耳机、投影仪、绘图仪等。
- 人机交互设备，如触摸屏、光笔等。
- 存储设备，如硬盘、光盘、U 盘等。

2）多媒体接口卡

多媒体接口卡又称为功能卡，一般插接在计算机主板上，用来连接各种外部设备，完成各种媒体信息的输入/输出及处理。常用的接口卡有显卡、声卡、视频卡、电视卡等。

2. 多媒体软件系统

多媒体软件系统按其功能一般可分为多媒体操作系统、多媒体工具软件和多媒体应用软件三类。

1）多媒体操作系统

多媒体操作系统是多媒体软件系统的核心，它除了具有一般操作系统的功能外，还能实现多媒体环境下的多任务调度，提供多媒体信息的各种基本操作和管理，保证多媒体信息处理的实时性。现在常用的 Windows、Linux 操作系统都是多媒体操作系统。

2）多媒体工具软件

多媒体工具软件是用于开发多媒体应用的工具软件，包括多媒体素材制作软件和多媒体创作软件。

- 多媒体素材制作软件用于采集、编辑、处理、转换各种媒体信息，按媒体类型分类有音频处理软件（如 CoolEdit、Wave Studio、GoldWave 等）、图形图像处理软件（如 Photoshop、CorelDRAW、ACDSee 等）、视频处理软件（如 Premiere、Ulead Video Studio、After Effects 等）、动画制作软件（如 Flash、Animator、3D MAX、Cool 3D 等）。

- 多媒体创作软件提供多媒体应用系统的编辑和制作环境，可将多媒体信息进行合成与处理，制作成具有交互功能的多媒体应用系统，如 Authorware、ToolBook、Director、PowerPoint 等，也包括一些高级程序设计语言，如 VC、VB、Delphi、Java 等。

3）多媒体应用软件

多媒体应用软件是指与特定多媒体应用有关的应用程序，如 Windows Media Player、Real Player、暴风影音、Winamp、千千静听等，还包括涉及教育、商业、会议等的多媒体应用软件，如电子图书、多媒体辅助教学系统等。

6.1.3　多媒体技术的主要应用

多媒体技术的应用领域极其广泛，已渗透到人类生活的各个领域，下面选取几个领域作为例子，介绍多媒体技术的应用情况。

1. 教育领域

教育领域是应用多媒体技术最早的领域，也是发展最快的领域之一。以多媒体技术为核心的现代教育技术使得教育手段和方法更加丰富多彩，利用多媒体技术，可以制作各种图形、图像、声音，可以通过视频再现实验的操作过程，可以通过动画动态地演示相关的原理和技术。相对于传统的教学手段来说，多媒体信息的多样化和多媒体系统的交互性使得学习过程更灵活、更有趣。依靠多媒体技术和网络通信技术，多媒体远程教育系统可以使远隔千里的教师和学生实时、双向交流，教育资源得到共享和有效利用。

2. 电子出版

电子出版物以数字形式将文字、声音、图形、图像、视频等信息存储在光、磁等存储介质上，通过计算机或相关设备进行阅读。传统的书籍、杂志、报纸等都可以电子出版物的形式发行。电子出版物不仅可以阅读，还可以用交互方式动态执行，演示出活动的效果，其表现力更加丰富。电子出版物具有容量大、体积小、成本低、检索快、易于保存和复制、能存储图文声像信息等特点，已成为最受人们欢迎的媒体形式之一。

3. 文化娱乐

影视、音乐、游戏、广告等相关领域是多媒体技术应用较广的地方。例如动画片的制作经历了从传统的手工绘制到电脑绘制、从平面动画发展到体现高科技的三维动画。由于计算机的介入，使得动画的表现内容更加丰富多彩、更加惊险刺激。随着多媒体技术的日趋成熟，在影视娱乐中，使用先进的计算机技术已成为一种趋势，大量的电脑特技被注入到影视作品中，从而增加了艺术效果和商业价值。

4. 现实模拟

在现实中，化学反应、医学手术、飞行训练、作战模拟、火山喷发等情景和过程的再现需要很长的时间和很高的费用，也常常充满危险。利用多媒体表现形式和虚拟现实技术，只需操作相应模拟设备，就能达到像操作真实设备一样的感受，给人一种身临其境的感觉。

6.2　声音数字化技术

声音是人们传递信息、交流情感极其重要的媒体，是多媒体技术研究中的一个重要内容。本节将介绍声音的基础知识、声音的数字化过程以及声音的处理和保存。

6.2.1　声音概述

声音是由物体振动引发的一种物理现象，声源是一个振荡源，它使周围的介质（如空气、水等）产生振动，并以波的形式进行传播。声音随时间连续变化，可以近似地看成是一种周期性的函数。如图 6-2 所示，它可用三个物理量来描述。

（1）振幅，即波形最高点（或最低点）与基线的距离，它表示声音的强弱。

（2）周期，即两个相邻波峰之间的时间长度。

（3）频率，即每秒钟振动的次数，以 Hz 为单位。

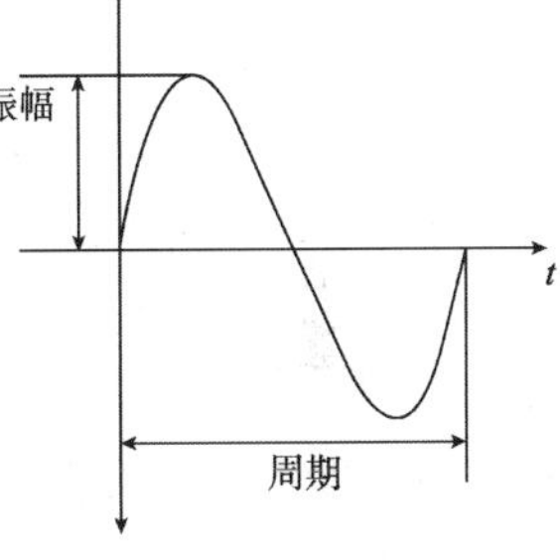

图 6-2　函数

不同的声音有不同的频率范围。人耳能听到的声音频率大约在 20Hz ~ 20kHz 之间。人们把频率低于 20Hz 的声音称为亚音信号或次音信号，而高于 20kHz 的声音称为超音信号或超声波。人说话的声音信号频率大约为 300Hz~3kHz，这种频率范围内的信号通常称为语音信号。在多媒体技术中，研究和处理的主要是频率范围为 20Hz~20kHz 的声音信号，它包括音乐、话音、风声、雨声、鸟叫声、机器声等。

早期记录声音的技术，是利用设备的物理参数随着声波的连续变化而变化的特性，来模拟和记录声音，如通过话筒进行录音。当人对着话筒讲话时，话筒能根据它周围空气压力的变化而输出相应连续变化的电压值，以电压的大小表示声音的强弱。这种变化的电压值便是一种对人的讲话声音的模拟，是一种模拟量，它不仅在时间上连续，在幅值上也是连续的。声音的录制是将代表声音波形的电信号，通过相应的设备将电信号转换成对应的电磁信号记录在录音的磁带上，这样便记录了声音。我们把在时间和幅值上都连续的信号称为模拟信号。模拟信号“在时间上是连续的”是指在一个指定时间范围内，声音信号的幅值有无穷多个，“在幅值上连续”是指幅值的数值也有无穷多个。

目前，计算机只能处理离散量。在计算机中，只有数字形式的信息才能被接收和处理。因此，对连续的模拟声音信号必须先进行数字化离散处理，转换为计算机能识别的二进制表示的数字信号，才能对其进行进一步的处理。声音信号用一系列二进制数字表示，称为数字音频。

6.2.2　声音的数字化

把模拟的声音信号转换为数字音频的过程称为声音的数字化。这个过程包括采样、量化和编码三个步骤，如图 6-3 所示。

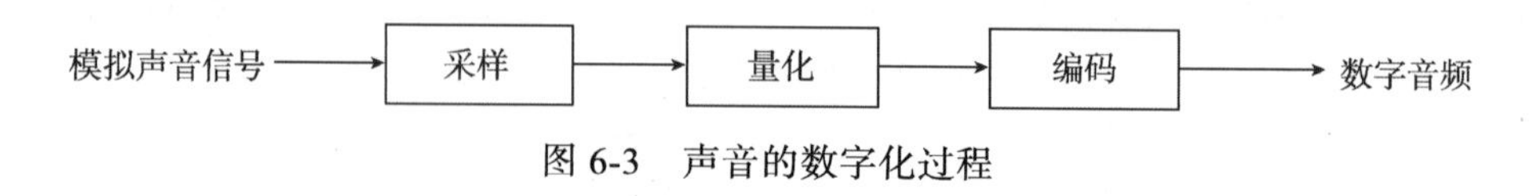

图 6-3　声音的数字化过程

1. 采样

当把模拟声音变成数字音频时，需要每隔一个时间间隔测量一次声音信号的幅值，这个过程称为采样，测量到的每个数值称为样本，这个时间间隔称为采样周期。这样就得到了一个时间段内的有限个幅值。采样的时间间隔可以相同，也可以不同。如果用相同的时间间隔进行采样，则称为均匀采样，否则称为非均匀采样。

2. 量化

采样后得到的每个幅度的数值在理论上可能是无穷多个，而计算机只能表示有限精度。因此，还要将声音信号的幅度取值的数量加以限制，用有限个幅值表示实际采样幅值的过程称为量化。幅度的划分可以是等间隔的，也可以是不等间隔的。如果幅度的划分是等间隔的，则称为线性量化，否则称为非线性量化。例如，假设所有采样值可能出现的取值范围在 0~1.5 之间，而我们只记录有限个幅值：0、0.1、0.2、0.3、…、1.4、1.5 共 16 个值。那么，如果采样得到的实际幅值是 0.4632，则近似地用 0.5 表示，如果采样得到的幅值是 1.4167，就取其近似值 1.4。

3. 编码

声音数字化的最后步骤是将量化后的幅度值用二进制形式表示，这个过程称为编码。对于有限个幅值，可以用有限位的二进制数来表示。例如，可以将上述量化中所限定的 16 个幅值分别用 4 位二进制数 0000~1111 依次来表示，这样模拟的声音信号就转化为数字音频。编码所用的二进制位数与量化后的幅值个数有关，如果量化后有 32 个值，需要用 5 位二进制数进行编码，如果量化后有 256 个值，就需要 8 位二进制数来表示。

下面用图 6-4 来说明对模拟声音信号使用均匀采样、线性量化及 4 位二进制编码的数字化过程。在横坐标上，t_1~t_{20} 为采样的时间点，纵坐标上假定幅值的范围在 0~1.5，并且将幅值量化为 16 个等级，然后对每个等级用 4 位二进制数进行编码。例如，在 t_1 采样点，它的采样值为 0.335，量化后取值为 0.3，用编码 0011 表示。

上述的音频编码方法也称为脉冲编码调制（Pulse Code Modulation，PCM），它是使用最早，也是使用最为广泛的音频编码方法，但它编码后的数据量较大。为了便于数字音频的存储和传输，有必要将这些数据先进行压缩，在还原时再进行解压缩。不仅是声音数据需要压缩，多媒体中的其他信息如图像、视频等都需要进行数据压缩。关于多媒体数据的压缩，将在后面的小节中介绍。

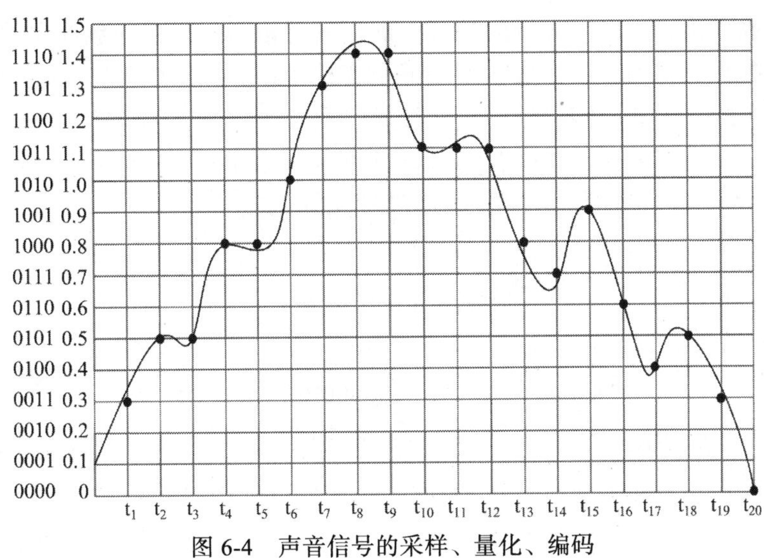

图 6-4 声音信号的采样、量化、编码

6.2.3 数字音频的技术指标

数字音频的质量主要取决于数字化过程中的采样频率、量化位数和声道数等技术指标。

1. 采样频率

单位时间内采样的次数称为采样频率，通常用赫兹（Hz）表示。显然，采样频率越高，则经过离散数字化的声音波形越接近其原始的波形，从而声音的还原质量也越好，但是采样频率越高，所需的信息存储容量也就越大。一般采样频率由奈奎斯特（Nyquist）采样定理和声音信号的最高频率确定。奈奎斯特采样定理指出，只要采样频率不低于声音信号最高频率的两倍，就能够将采样信号还原成原来的声音。例如，电话语音信号的频率约为 3.4kHz，那么只要采样频率大于等于 6.8kHz，采样后的信号就可以不失真地还原。考虑到信号的衰减等因素，电话语音的采样频率一般取为 8kHz。

常用的采样频率有 44.1kHz、22.05kHz、11.025kHz、8kHz 等。

2. 量化位数

量化位数是指用来表示量化的采样数据的二进制位数，也称为采样精度。例如，量化位数为 8 位，则可以表示 256（2^8）种不同的幅值，而 16 位量化位数可表示 65536（2^{16}）种不同的幅值。根据对人类听觉的响应感觉的测定，用 8 位量化位数进行采样可以满足电话通信的要求，用 16 位量化位数进行采样，则可以用高质量的家用立体声播放设备重现理想的声音效果，相当于 CD 音质。到底要用多少个二进制位来表示不同的幅值，要根据实际需要来确定。量化位数越多，即声音振幅的幅度划分得越细，越能细腻地表示声音信号的变化，减小量化过程中的失真，当然量化后所需存储容量也越大。

3. 声道数

声道数是指产生声音的波形数。单声道只产生一个波形，而双声道产生两个声音波形，双声道又称为立体声。立体声的效果比单声道声音更丰富更具有空间感，但存储容量增加一倍。

声音信号数字化后，产生大量的数据，数据的总量影响对应的数据文件的大小，也受限于计算机的存储空间。根据数字音频的上述技术指标，可以计算出声音信号经过数字化后，所产生的、未经压缩的数据量。计算公式如下：

音频数据量（字节）=（采样频率×量化位数×声道数×持续时间（秒））/ 8

【例 6-1】 对于电话声音，采样频率为 8kHz，量化位数为 8 位；对于调频立体声广播，采样频率为 44.1kHz，量化位数为 16 位，双声道。分别计算这两种持续一分钟的声音信号数字化后，所产生的、未经压缩的数据量。

解：电话声音的数据量为

$$(8000\times 8\times 60)/8=480000\text{B}\approx 468.8\text{KB}$$

调频立体声广播的数据量为

$$(44100\times 16\times 2\times 60)/8=10584000\text{B}\approx 10.1\text{MB}$$

由上可知，提高采样频率和增加量化位数将使相应的数据量大大增加，给声音信号的存储和传输带来困难，因此需要在声音质量与数据量之间做出适当的选择，也需要对数字化后的数据选择适当的压缩方法进行数据压缩。

6.2.4 数字音频处理

数字音频的处理是指对音频数据进行编辑、变换、加工等处理的过程。常用的一些处理如下。

1. 音频编辑

1） 剪辑和拼接

在音频处理软件中可以通过设置起点和终点，将音频分成一个个的片段，对片段进行编辑，如删除片段、复制片段、改变片段顺序、用一个片段替换另一个片段等，也可将不同音频文件的内容进行合并。通过对音频的编辑可删除音频文件中不需要的声音片段，如杂音、重复、过长的停顿等，可改变声音的内容和语序。

2）声道编辑

可以将单声道的声音转化为双声道的声音，或将双声道的声音变成单声道声音以节省存储空间。

3）音量调节

将原来音量偏高或偏低的音频调节到合适的音量高度，这实际上是调节波形的振幅。

4）降噪处理

由于受录音条件的限制，在录音时难免存在一些噪音，如环境噪音、设备本身的电流声、外界的干扰声、喷麦声、唇齿音等，这些噪声直接影响最终的效果。音频处理软件中，一般都有降噪的功能。

2. 特效处理

1）淡入淡出

淡入指声音从静音到正常音量逐渐升高，有逐渐走近的效果；淡出正好相反，就是使原有的声音慢慢降低至静音，有渐渐远去的效果。淡入淡出常用于节目的开始、结尾和两段声音之间的过渡，使声音的出现和消失更加自然和缓，不显突兀。

2）混响效果

混响是室内声音的一种自然现象。声波在室内传播时，要被墙壁、天花板等障碍物反射，每反射一次都要被障碍物吸收一些。这样，当声源停止发声后，声波在室内要经过多次反射和吸收，最后才消失，我们就会感觉到声源停止发声后声音还继续一段时间，这种现象叫做混响。通过设置混响效果可以使声音产生清脆、低沉、更富有层次的效果。用音频处理软件模拟混响的原理是将滞后一段的声音提前加到原声音上播放。根据叠加声音的音量和滞后时间长度的设置，可以调制出不同大小房间、音乐厅、礼堂、山谷等环境的音响效果。

3）声音的混合

声音混合是将两种或多种声音混合在一起，可以是多种乐器声、人声、歌声和音乐。如为自己的朗诵或歌曲配上音乐。可以将各种声音同时放在左声道或右声道上，也可以分别放在左、右声道上。

3. 语音识别和文语转换

语音识别是将人发出的言语、字或短语转换成文字符号，或者给出响应，如执行控制、做出回答。不同的语音识别系统，虽然具体实现细节有所不同，但所采用的基本技术相似。语音识别系统实现的过程一般可分为训练和识别两个阶段。训练阶段是在计算机中建立被识别语音的样板或模型库，或者对计算机中已有的样板或模型做特定发音人的适应性修整。在识别阶段，将被识别的语音特征参数提取出来，与模型库比较（模式匹配），相似度最大者即为被识别语音。语音识别是多媒体音频技术的一个重要研究方向，其最终目标是实现人与计算机进行自然语言通信。目前，一些实用的语音识别系统已得到广泛使用，如 IBM 公司的 ViaVoice。ViaVoice 中文语音识别系统是在 Windows 上使用的中文普通话语音识别听写系统。Microsoft 公司的 Office 软件中也包含了语音识别软件。

显然，语音识别是属于“倾听”部分，既然有“倾听”，必然有“诉说”，这就是文语转换（Text-to-Speech，TTS）。文语转换是将计算机中文本形式的信息转换成自然语音的一种技术，它是语音合成技术的延续。文语转换力图使计算机能够以清晰自然的声音，以各种各样的语言，甚至以各种各样的情绪来朗读任意的文本。TTS 系统在通信、教育、医疗、家电等领域都有广泛的用途。

6.2.5　常用音频文件格式

对于同样的音频信号，可以采用不同的音频编码方式或不同的压缩方法进行压缩，相应地，保存这些数据的文件也有不同的格式类型。在计算机数字音频制作与处理系统中，常用的音频文件格式有以下几种。

1. WAV 文件格式

文件扩展名为 wav。它是 Windows 操作系统下最广泛使用的音频文件格式。WAV 文件来源于对模拟声音信号波形的采样、量化，最终转换成二进制数存入磁盘文件中，因此也称波形文件。该文件的特点是声音层次丰富、还原性好。但由于该文件是由采样数据形成的，所以它所需要的存储容量较大。该文件主要用于自然声音的保存与重放。

2. MP3 文件格式

文件扩展名为 mp3。MP3 是目前流行的音频文件格式，它是采用 MPEG 制定的 MP3 算法压缩生成的音频数据文件。MPEG（Moving Picture Experts Group）是运动图像专家组的英文缩写，是由国际标准化组织（ISO）和国际电工委员会（IEC）联合成立的一个专家组，负责制定运动图像及其伴音编码的标准。这个专家组研究制定了一系列运动图像压缩算法的国际标准，通常称为 MPEG 标准。MPEG-1 是该专家组制定的第一个标准。在 MPEG-1 中有关声音部分，根据压缩的质量和编码复杂程度分为三个层次：MPEG-1 Audio Layer-1、MPEG-1 Audio Layer-2 和 MPEG-1 Audio Layer-3，分别对应 MP1、MP2、MP3 三种声音文件，其中 MP3 算法最复杂，压缩比最高，可达 10:1~12:1。由于该文件的压缩比高以及压缩后的音质效果基本保持不失真，所以得到广泛的使用。

3. Windows Media Audio 文件格式

文件扩展名为 wma，它是由 Microsoft 公司开发的。这种格式的特点是同时兼顾了音频质量的要求和网络传输需求。WMA 采用的压缩算法使音频数据文件比 MP3 文件小，而且音质也很好，它的压缩比一般可以达到 18:1 左右。

4. RealAudio 文件格式

文件扩展名为 ra 或 rm，是由 Real Networks 公司开发的一种音乐压缩格式，压缩比可达 96:1，RealAudio 文件的最大特点是可以在网络上一边下载一边播放，而不必把全部数据下载完再播放，常用于网络的在线音乐欣赏。

5. MIDI 文件格式

计算机记录的声音有两种产生的途径，一是通过声音的数字化直接获取，另一种是利用声音合成技术实现。乐器数字接口（Musical Instrument Digital Interface，MIDI）是由世界上主要的电子乐器制造厂商建立起来的一个通信标准，它规定计算机音乐程序、电子合成器及其他电子设备之间交换信息与控制信号的方法。根据这个规定，计算机或其他数码乐器设备就可以模拟钢琴、小提琴等乐器来生成数字音频。MIDI 不是把音乐的波形进行数字化采样和编码，而是将数字式电子乐器的弹奏过程记录下来，如按了哪个键，力度多大，时间多长等。当需要播放这首乐曲时，根据记录的乐谱指令，通过音乐合成器生成音乐声波，经放大后由扬声器播出。因此，MIDI 文件记录的不是乐曲本身，而是一组描述乐曲演奏过程中的指令，因而它占用的存储空间比 WAV 文件要小的多。该文件的扩展名是 mid。

MIDI 文件适合应用于对资源占用要求苛刻的场合，如在游戏等多媒体光盘中作为背景音乐。但是 MIDI 文件的录制比较复杂，需要学习一些使用 MIDI 创作并改编作品的专业知识，还需要有专门工具，如键盘合成器。

6.3　数字图像处理技术

有统计资料显示，人们获得的信息的 70%来自于视觉系统。自然界中的景物通过人的视觉观察，在大脑中留下印象，这就是图像。以数字形式表示的图像就称为数字图像。本节将介绍颜色和颜色模型、图像的数字化过程、图像的处理及保存。

6.3.1　图像的颜色

1. *颜色*

颜色是人的视觉系统对可见光的感知结果。从物理学上讲，可见光是指波长在 380~780nm 之间的电磁波。对于不同波长的可见光，人眼感知为不同的颜色，例如对长波长的光产生红色的感觉，对短波长的光产生蓝色的感觉。人们看到的大多数光不是一种波长的光，而是由许多不同波长的光组合而成的。

物体呈现颜色有多种方式。人们看到的发光体的颜色由物体本身发射的光波形成，如灯光、电视、显示器等。人们看到的非发光体的颜色是由这些物体反射、透射、折射光波等形成的。如在阳光下看到的红色物体，就是由于该物体吸收了白光中的绿光和蓝光、反射了红光而形成的。

2. *颜色模型*

在不同的应用场合，人们需要用不同的描述颜色的量化方法，这便是颜色模型。例如，显示器采用 RGB 模型；打印机采用 CMYK 模型；从事艺术绘画的人习惯用 HSB 模型等。在一个多媒体计算机系统中，常常涉及用几种不同的颜色模型表示图像的颜色，因此，进行数字图像的生成、存储、处理及输出时，对应不同的颜色模型需要做不同的处理和转换。

1）RGB 模型

自然界任何一种颜色都可以由红、绿、蓝三种基本颜色组合而成。采用红、绿、蓝三种颜色的不同比例的混合来产生颜色的模型称为 RGB 模型。RGB 是 Red（红）、Green（绿）和 Blue（蓝）的缩写。RGB 颜色模型通常用于电视机和显示器使用的阴极射线管 CRT。阴极射线管使用三个电子枪分别产生红、绿、蓝三种波长的光，发射到荧光屏上，其颜色是不同强度的红、绿、蓝混合的效果。组合这三种光波产生特定颜色的方法称为相加混色，因此 RGB 模型也可称为 RGB 相加混色模型。

从理论上讲，任何一种颜色都可以用红、绿、蓝三种基本颜色按不同的比例混合得到。这三种颜色的光越强，到达人的眼睛的光就越多，它们的比例不同，看到的颜色就不同。如果没有光到达眼睛，就是一片漆黑。某一种颜色和这三种基本颜色的关系可以用下面的式子来描述：

颜色=R（红色的百分比）+G（绿色的百分比）+B（蓝色的百分比）

当三种基本颜色等量相加时，得到白色；等量的红绿相加而蓝为 0 时得到黄色；等量的蓝绿相加而红为 0 时得到青色；等量的红蓝相加而绿为 0 时得到品红色。这三种基本颜色相加的结果如图 6-5 所示。

2）CMY 模型

CMY 是 Cyan（青）、Magenta（品红）、Yellow（黄色）的缩写。CMY 模型是采用青色、品红、黄色三种基本颜色按一定比例合成颜色的方法。CMY 模型和 RGB 模型不同，因为颜色的产生不是直接来自于光线的颜色，而是由照射在颜料上反射回来的光线所产生。CMY 模型通常用于彩色打印机和彩色印刷系统。彩色打印和彩色印刷的纸张一般是白色的，在纸张上印上不同的油墨，纸张表面就会吸收不同成分的光线，而反射其余的光线，这些被反射的光线到达人的眼睛就形成颜色的感觉。用这种方法产生的颜色也称为相减混色，是因为它减少了为视觉系统识别颜色所需要的反射光。CMY 模型也可称为 CMY 相减混色模型。

当在白纸上涂上青色颜料时，青色颜料是从白光中滤去红光，使纸面上不反射红光，所以青色是白色减去了红色。类似地，品红颜料吸收绿色，黄色颜料吸收蓝色。如果在纸上涂了青色、品红和黄色的混合，则所有的红、绿、蓝都被吸收，那么呈现的是黑色。三种基本颜色相减结果如图 6-6 所示。

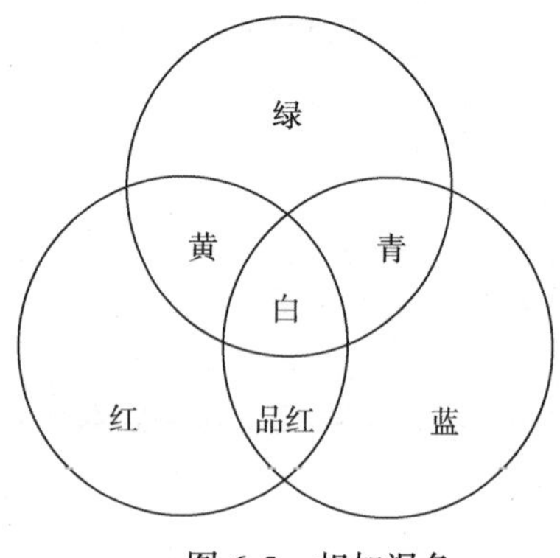

图 6-5　相加混色

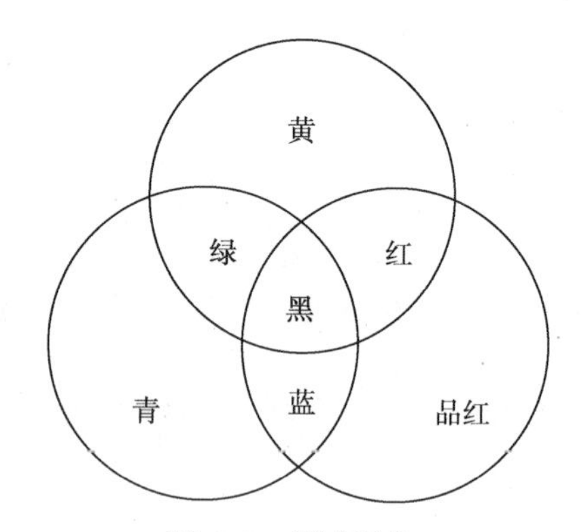

图 6-6　相减混色

由于彩色墨水和颜料的化学特性，用等量的青色、品红和黄色得到的黑色不是真正的黑色，因此在印刷中经常加入真正的黑色（Black）。由于 B 已经用于表示蓝色，因此黑色用 K 表示，所以 CMY 颜色模型又写成 CMYK 颜色模型。

3）HSB 模型

HSB 颜色模型是从人的视觉系统出发，用色调（Hue）、饱和度（Saturation）和明度（Brightness）来描述颜色。色调又称色相，指颜色的外观，用于区别颜色的种类；饱和度是指颜色的纯度，用来区别颜色的深浅程度；明度是光作用于人眼所引起的明亮程度的感觉，它与被观察物体发光强度有关。由于人的视觉对亮度的敏感程度远强于对颜色浓淡的敏感程度，为了便于颜色处理和识别，人的视觉系统经常采用 HSB 颜色模型。

6.3.2　图像的数字化

对于现实世界的自然景物或使用光学透镜系统在胶片上记录下来的图像中任何两点

之间有无穷多个点，图像颜色的变化也会有无穷多个值。这种在二维空间中位置和颜色都是连续变化的图像叫做连续图像。用计算机进行图像处理首先要把这种连续图像转换成计算机能够记录和处理的数字图像，这个过程就是图像的数字化过程。和声音数字化类似，图像的数字化也要经过采样、量化和编码这三个步骤。

1. 采样

一幅彩色图像可以看做是二维连续函数 $f(x, y)$，其颜色 f 是坐标 (x, y) 的函数，图像数字化的第一步是按一定的空间间隔自左到右、自上而下提取画面颜色信息，假设对二维连续函数 $f(x, y)$ 沿 x 方向以等间隔 Δx 采样，采样点数为 N，沿 y 方向以等间隔 Δy 采样，采样点数为 M，采样后得到的各个点，称为像素。颜色函数 $f(x, y)$ 在这些像素上的取值，构成一个 $M \times N$ 的离散像素矩阵 $[f(x, y)]_{M \times N}$。

2. 量化

采样后的每个像素的颜色可以是无穷多个颜色中的任何一个，也即颜色的取值范围仍然是连续的。计算机只能处理有限种颜色，因而，需要对颜色的取值进行离散化处理，即把近似的颜色划分为同一种颜色，将颜色取值限定在有限个取值范围内，这一离散化过程称为量化。例如，假设限定一幅图像的颜色只有黑白两种，则该幅图中每个像素颜色的取值只能是黑或者白；如果量化的颜色取值有 16 个，则该幅图每个像素颜色的取值只能是这 16 种颜色中的某一种。

3. 编码

将量化后每个像素的颜色用不同的二进制编码表示，于是就得到 $M \times N$ 的数值矩阵，把这些编码数据一行一行地存放到文件中，就构成了数字图像文件的数据部分。一般完整的数字图像文件中，除了这些表示图像的数据外，还有一些关于图像的控制信息，如

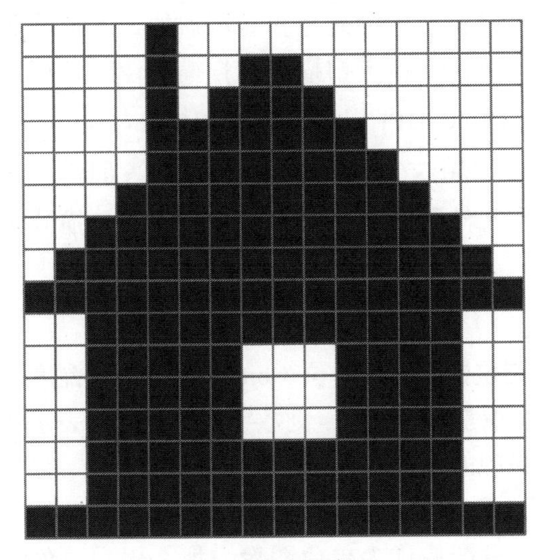

图 6-7　图像的数字化

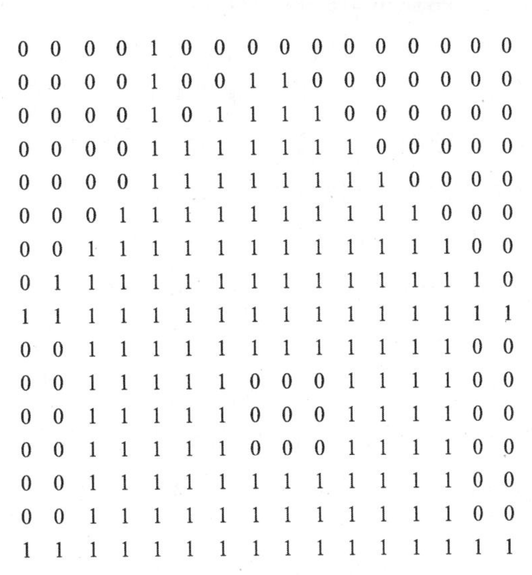

0 0 0 0 1 0 0 0 0 0 0 0 0 0 0 0
0 0 0 0 1 0 0 1 1 0 0 0 0 0 0 0
0 0 0 0 1 0 1 1 1 1 0 0 0 0 0 0
0 0 0 0 1 1 1 1 1 1 1 0 0 0 0 0
0 0 0 0 1 1 1 1 1 1 1 1 0 0 0 0
0 0 0 1 1 1 1 1 1 1 1 1 1 0 0 0
0 0 1 1 1 1 1 1 1 1 1 1 1 1 0 0
0 1 1 1 1 1 1 1 1 1 1 1 1 1 1 0
1 1 1 1 1 1 1 1 1 1 1 1 1 1 1 1
0 0 1 1 1 1 1 1 1 1 1 1 1 1 0 0
0 0 1 1 1 1 1 0 0 0 1 1 1 1 0 0
0 0 1 1 1 1 1 0 0 0 1 1 1 1 0 0
0 0 1 1 1 1 1 0 0 0 1 1 1 1 0 0
0 0 1 1 1 1 1 1 1 1 1 1 1 1 0 0
0 0 1 1 1 1 1 1 1 1 1 1 1 1 0 0
1 1 1 1 1 1 1 1 1 1 1 1 1 1 1 1

图 6-8　数字图像的表示

图像大小、颜色种类、压缩算法等。

下面通过一个例子来说明图像的数字化过程。图 6-7 所示是一幅图像，从左到右、自上而下各取 16 个采样点进行采样，就得到一个 16×16 的像素矩阵。由于这幅图是单色图，只有黑白两种颜色，在计算机中只需要 1 个二进制位来表示这两种颜色。假设用 1 表示黑色，0 表示白色，于是就得到一个 16×16 的数值矩阵，如图 6-8 所示。最后，将这些数据一行一行地存放到图像文件中，一幅单色图像就经过数字化处理在计算机中存储了。当然，图像文件中除了这些图像数据以外，还包括其他一些控制信息。

6.3.3 数字图像的属性

数字图像的质量与图像的数字化过程有关，影响数字图像质量的主要因素有图像分辨率和像素深度。

1. 图像分辨率

图像分辨率指数字图像的像素数量，它是图像的精细程度的度量方法，一般用它纵向和横向所含像素数量的乘积的形式来表示，即"像素/行×行/幅"。例如图像分辨率为 1024×768，表示组成该图像的像素每行有 1024 个像素，共有 768 行，它的总像素数量是 786432(1024×768)。图像分辨率实际上是对一幅模拟图像采样的数量。对同样尺寸的一幅图，数字化时图像分辨率越高，则组成该图的像素数量越多，看起来就越细致。

与图像分辨率相关的还有屏幕分辨率和扫描分辨率。屏幕分辨率是指一个显示屏上能够显示的像素数量。通常用横向的像素数量乘以纵向的像素数量来表示，如 1280×1024。图像分辨率与显示分辨率有何关系？如果图像分辨率为 1024×768，显示器分辨率也设置为 1024×768，图像就可以满屏显示。当图像分辨率大于屏幕分辨率时，显示器上只能显示出图像的局部，只有通过滚动图像或缩小图像来浏览它。显然，图像分辨率是图像固有的属性，而屏幕分辨率体现显示设备的显示能力。显示器的最大屏幕分辨率与它的硬件参数以及显示卡有关。扫描分辨率用于指定扫描仪在扫描图像时每英寸所包含的像素，单位是 DPI(Dot Per Inch)。例如，用 300DPI 扫描分辨率扫描一幅 4in×6in 的彩色照片，得到的数字图像的图像分辨率是(4×300)×(6×300)=1200×1800。同样，扫描分辨率越高，得到的数字图像越细致，而图像文件所需的存储容量也越大。扫描分辨率可以在扫描图像时根据需要进行设置。

2. 像素深度

像素深度是指每个像素的颜色所使用的二进制位数，单位是位（bit），也称为位深度。像素深度决定了彩色图像可以使用的最多颜色数。像素深度越高，则数字图像中可以表示的颜色越多，该数字图像就可以更精确表示原来图像中的颜色。例如，像素深度为 1 位，只能表示两种不同的颜色；若像素深度为 8 位，则可以表示 2^8=256 种不同的颜色。

如果图像的每个像素只有黑白两种颜色，这种图像称为单色图像。那么表示单色图像，像素深度只需 1 位就可以了。

图像中的每个像素都可以分解成 RGB 三个分量。如果 RGB 每个分量都用一个字节(8bits)表示，那么表示一个像素就需要 24 位，这样图像的颜色数量可达到 $2^8 \times 2^8 \times 2^8 =$ 16777216 种，这已经超出了人眼能够识别的颜色数，称为真彩色图像。

如果图像的亮度信息有多个中间级别，但不包括彩色信息，这样的图像称为灰度图像。例如，把由黑—灰—白连续变化的灰度值量化为 256 个灰度值，表示亮度从深到浅，对应图像中的颜色从黑到白，每个像素的灰度数值用一个字节表示，称为 256 级（8 位）灰度。图像也可以有 16 级（4 位）、65536 级（16 位）灰度。

图像分辨率越高、像素深度越高，则数字化后的图像效果越逼真，图像的数据量也越大，当然它所需的存储容量也就越大。如果已知图像分辨率和像素深度，在不压缩的情况下，该图像的数据量可用下面的公式来计算：

$$\text{图像数据量(字节)}=(\text{图像的总像素}\times\text{像素深度}) / 8$$

【例 6-2】　一幅分辨率为 1024 × 768 的真彩色图像，计算其数据量。

解：真彩色图像的像素深度为 24 位，在不压缩的情况下，该图像数据量为

$$(1024\times768\times24) / 8=2359296\text{B}=2304\text{KB}$$

高质量的图像数据量很大，会消耗大量的存储空间和传输时间。在多媒体应用中，要考虑好图像质量与图像存储容量的关系。在不影响图像质量或可接受的质量降低前提下，人们希望用更少的存储空间来存储图像，因此，数据压缩是图像处理的重要内容之一。

6.3.4　位图与矢量图

计算机中的数字图像可分为两大类，一类是位图图像，另一类是矢量图形。

前面介绍的在空间和颜色上都离散化的图像称为位图图像，简称位图或图像。像素是组成位图最基本的元素。每个像素用若干个二进制位来描述。位图通常用于表现色彩丰富细腻的人物和自然景物。位图与分辨率有关，如果在屏幕上以较大的倍数放大显示位图，则会出现马赛克现象。位图通常是通过扫描仪、数码相机等设备获得的，这些设备把连续图像转换为数字图像数据，再通过图像处理软件如 Photoshop、ACDSee 等对位图进行处理。图 6-9（a）和图 6-9（b）所示分别为位图放大前后的效果。

计算机中另一种描述数字图像的方法是用一组计算机绘图指令来描述和记录一幅图，称为矢量图形，简称矢量图或图形。矢量图可以分解为线段、弧线、多边形、文字等简单图形元素，称为对象。在对矢量图进行编辑时，可以对每个对象分别实施操作；矢量图显示时，按照绘制的过程逐一地显示。由于矢量图形文件并不保存每个像素的颜色，而是包含了计算机创建这些对象的形状、尺寸、位置和色彩等的指令，因此，文件的存储容量很小。矢量图不能像位图那样表现出丰富的图像颜色，它主要用于以线条和色块为主的图案和文字标识设计、工艺美术设计和计算机辅助设计等领域。矢量图与分辨率无关，无论放大和缩小，矢量图都有相同平滑的边缘和清晰的视觉效果。矢量图通常是由计算机图形软件绘制和处理。CorelDraw、Adobe Illustrator、AutoCAD 等软件就是以矢量图为基础进行处理的。图 6-10(a)和图 6-10(b)所示分别为矢量图放大前后的效果。

(a)

(b)

图 6-9 位图图像

(a)

(b)

图 6-10 矢量图形

计算机图形学主要研究如何在计算机中表示图形，以及利用计算机进行图形的计算、处理和显示的相关原理与算法。计算机图像处理的主要研究对象为图像，研究内容包括对图像的采样、量化、编码以及对数字图像进行分析、处理和数据压缩的相关原理与算法。随着计算机技术发展，图形处理技术与图像处理技术日益接近和融合，利用真实感的渲染算法，可以将图形数据转换成图像；利用模式识别技术，可以从图像中提取几何特征，把图像转换成图形。

6.3.5 图像的加工处理

在多媒体系统中，使用图像处理技术可以对数字化后的图像进行编辑、分析、加工、转换等处理。从图像处理的方法来分，可以将这些处理技术分为几何处理和算术处理两大类：

（1）几何处理主要包括对图像的缩放、裁剪、旋转、移动、变形、投影等操作；几何处理的本质是改变图像文件中表示像素的数值的排列顺序或数量。

（2）算术处理主要对图像施加加、减、乘、除等运算。在处理时可以是只对某个像素进行处理，不考虑其周围的像素，如对像素的亮度及对比度调整等；也可以是对某一像素及其周围的某个区域内的所有像素进行处理，如平滑处理、模糊处理、浮雕效果等。

从图像处理的应用方式来讲，图像处理主要包括以下内容：

（1）图像增强。图像增强主要是指突出图像中的重要信息，减弱或去除不需要的信息，从而使有用的信息得到加强，便于区分或解释。

（2）图像复原。各种因素对成像系统的影响，可使图像变得模糊，这种现象叫做图像退化。图像复原是对退化的图像进行校正处理，滤去退化痕迹，恢复图像的本来面目，其原则是尽可能地重现或逼近无退化的真实图像。

（3）图像分割。图像分割是指将图像分割成不同的部分或区域的过程，其目的是进一步对图像进行分析和理解。例如，在一张卫星拍摄的地球图像中，需要把水域与陆地分割开来；在一张田野的照片上，需要把农田与道路分割开来等。

（4）图像重建。图像增强、图像复原和图像分割都是从图像到图像的处理，即输入的是图像，输出的也是图像。图像重建是指从数据到图像的处理，即输入的是一组与图像有关的数据，经过处理后得到的结果是图像。计算机 X 射线断层扫描（X-ray Computed Tomography，简称 X-ray CT 或 CT）就是图像重建处理的典型应用实例。

（5）图像编码。利用图像信号的特性以及人类视觉的特性对图像信息进行高效编码，数据压缩是其主要内容。数据压缩技术的目的是在保证图像质量的前提下压缩数据，便于存储和传输，以解决数据量大的矛盾。

（6）图像识别。图像识别是利用计算机对图像进行处理、分析和理解，以识别各种不同模式的目标和对象的技术。这是一种从图像到特征数据、特征图像的处理，其输出结果不是一幅完整图像本身，而是将经过增强、复原等预处理后的图像，再经分割和描述提取有效的特征，进而加以判断或分类。

6.3.6　常用图像文件格式

图像文件格式是指图像数据的组织形式，图像文件有多种不同类型的格式。对于同一幅数字图像，采用不同的文件格式保存时，所得的图像文件的数据量、色彩数量和表现力是不同的。应用软件可以处理的图像文件格式不尽相同。不同格式的图像文件可通过图像处理软件进行转换。常用的图像文件格式有以下几种。

1. BMP 文件格式

BMP（BitMap File）是指位图文件。它是标准的 Windows 图像文件格式，在 Windows 环境下运行的图像处理软件一般都支持这种文件格式。位图文件不进行数据压缩，因此所占的存储空间较大。它的文件扩展名为 bmp。

2. GIF 文件格式

GIF（Graphics Interchange Format）文件是由 CompuServe 公司开发的图像文件格式，是网页上常用的图像文件格式。GIF 文件采用无损压缩技术进行存储，不丢失信息，同时减少存储空间。GIF 可以用 1~8 位表示颜色，因此最多可表示 256 种颜色。一个 GIF

文件中可以存储多幅图像，而且这多幅图像可以按一定的时间间隔显示，形成动画效果。该文件的扩展名为 gif。

3. JPEG 文件格式

JPEG（Joint Photographic Experts Group）是联合图像专家组的英文缩写，这是一个由国际标准化组织（ISO）和国际电工委员会（IEC）联合组成的专家组，负责制定静态数字图像的压缩标准。该专家组制定的静态数字图像数据压缩的国际标准，就称为 JPEG 标准或 JPEG 算法。该算法是一种有损压缩算法，其压缩比可以达到 5:1~50:1。使用该算法压缩的图像文件就是 JPEG 文件，其文件扩展名为 jpg。

4. TIFF 文件格式

TIFF（Tag Image File Format）是由 Alaus 和 Microsoft 公司共同研制开发。它是一种灵活的跨平台的图像文件格式，它与计算机结构、操作系统以及图像处理硬件无关，适用于大多数的图像处理软件。其文件扩展名为 tiff 或 tif。

5. PNG 文件格式

PNG（Portable Network Graphics）是为适应网络数据传输而设计的一种图像文件格式。它采用无损的压缩算法来减少文件大小。存储彩色图像时，像素深度可高达 48 位。PNG 的缺点是不支持动画应用效果。文件的扩展名为 png。

6.4　视频和动画技术

在观察景物时，当看到的影像消失后，人眼仍能继续保留其影像 0.1~0.4s 的时间，这种现象被称为视觉暂留现象。那么将一幅幅独立的图像按照一定的速率连续播放，在眼前就形成了连续运动的画面，这就是动态图像或运动图像，其中每一幅图像称为一帧。

根据每一帧图像的产生方式，可以将动态图像分为不同的种类：当每一帧的图像是实时获取的自然景物图像时，称为动态影像视频，简称视频；当每一帧的图像是由人工或计算机产生的图像时，称为动画。下面将分别介绍视频和动画的基本概念。

6.4.1　视频基础

按照处理方式的不同，视频可以分为模拟视频和数字视频。

1. 模拟视频

模拟视频是一种用于传输图像和声音，并且其信号在时间和幅度上都连续的电信号。早期视频的记录、存储和传输都是采用模拟方式。如早期的电视机上我们所看到的图像，就是以模拟电信号的形式来记录的，并依靠模拟调幅的手段在空中或有线电视电缆中传播，可以再用录像机将它以模拟信号的方式录制在盒式磁带上。将图像和声音转换成电信号是通过使用合适的传感器来完成的。人们所熟悉的模拟摄像机便是一种将自然界中真实图像和声音转换为电信号的传感器。模拟视频经过长时间的保存或多次复制后，其画面的质量将大大地降低，而且模拟视频也不适合网络传输。

2. 数字视频

数字视频是指将模拟视频信号经过数字化处理，转换成二进制格式表示的视频信号。数字视频便于利用计算机进行存储、编辑和播放。数字视频无论复制还是在网络上传输，都不会造成视频图像质量的下降。视频信号数字化的过程和静态图像的数字化过程类似，要经过采样、量化、编码三个步骤。当然，视频信号是按帧进行处理的。

描述视频信号时常用的一个技术参数是视频帧率。视频帧率表示视频图像在屏幕上每秒显示帧的数量。根据视频制式，NTSC 制式为 30 帧/秒，PAL 制式为 25 帧/秒。NTSC（National Television System Committee）是 1952 年美国国家电视标准委员会制定的彩色电视广播标准，美国、加拿大等大部分西半球国家以及日本、韩国和中国台湾地区采用这种制式。PAL（Phase Alternation Line）是 1962 年德国制定的彩色电视广播标准，德国、英国等一些西欧国家以及中国、朝鲜等国家采用这种制式。

数字视频的获取主要有两种方式：一是通过数字化的设备如数码摄像机、数码照相机、数字光盘等获得；二是通过模拟视频设备如摄像机、录像机（VCR）等输出模拟信号，再由计算机的视频采集卡将其转换为数字信号存入计算机。

常用的视频编辑软件有 Adobe Premiere、Ulead Video Studio（会声会影）、Movie maker、After Effects 等。

6.4.2 常用视频文件格式

1. AVI 格式

AVI（Audio Video Interleave）即音频视频交错格式。它是一种将音频信息与同步的视频信息结合在一起存储的数字视频文件格式，不需要特殊的设备就可以将视频和声音同步播出。它以帧为存储的基本单位，对于每一帧，都是先存储音频数据，再存储视频数据。它由 Microsoft 公司在 1992 年推出。文件扩展名是 avi。

2. MPEG 格式

以 MPEG 标准记录的视频称为 MPEG 格式文件，文件扩展名是 mpg 或 mpeg。它使用 MPEG 标准的有损压缩方法减少运动图像中的冗余信息，最高压缩比可达 200:1。

3. ASF 格式

ASF（Advanced Stream Format）是由 Microsoft 公司推出的一种视频格式，可以直接使用 Windows 中的 Windows Media Player 进行播放。它使用 MPEG-4 压缩算法，有较好的压缩比，适合网络传输。

6.4.3 计算机动画概述

动画是由一组有序的画面组成，其相邻两张画面之间有一些细微的差别，当画面快速、连续地播放时，使人感觉到是一个连续的动作，而产生动感。动画的基本原理是基于人眼具有“视觉暂留”的特性，利用这一特性，在一幅画面还没有从视觉里消失，马上播放出下一幅画面，就给人造成一种流畅的视觉变化效果。动画中的每一幅画面称为一帧。传统动画的每一帧都是由动画师手工绘制的。一分钟的动画大概需要 720~1800 帧的图像，所以用手工来制作动画是一项艰巨的工作。

计算机动画是指利用计算机来创作的动画。计算机动画的原理与传统动画基本相同，只是在传统动画的基础上，把计算机技术用于动画的处理。例如，在传统的动画片制作中，熟练的动画师设计动画片中的关键画面，也即所谓的关键帧，而关键帧之间的一系列中间帧则由一般的动画师设计完成。在计算机动画中，中间帧的生成可由计算机来完成。计算机动画使得多媒体信息的呈现更加生动、更富于表现力，并可以达到传统动画所达不到的效果。计算机动画技术以计算机图形学为基础，涉及图像处理技术、视频技术、运动控制原理、视觉心理学、生物学、人工智能等多个领域，已发展成为一个多种学科和技术交叉的综合技术。

根据视觉空间的不同，计算机动画可分为二维动画和三维动画。二维动画是指平面的动画表现形式，它运用传统动画的概念，通过平面上物体的运动或变形来实现动画的过程。常用的二维动画制作软件有 Flash、Animator Pro、GIF Animator 等。三维动画是指模拟三维立体场景中的动画效果，虽然它也是由一帧帧的画面组成的，但它表现了一个完整的立体世界。通过计算机可以塑造一个三维的模型和场景，而不需要为了表现立体效果而单独设置每一帧画面。常用的三维动画制作软件有 3D MAX、Maya、Cool 3D 等。

6.4.4 动画文件格式

1. GIF 格式

GIF 不仅是图像文件格式，还可以是动画文件格式。GIF 文件能够存储多幅图片。如果将其存储的图片逐一显示，就可以形成连续的动画。但 GIF 文件的一帧只能有 256 种颜色。

2. SWF 格式

SWF 格式是 Flash 制作软件的动画文件格式。它采用矢量而不是位图技术生成画面，因此缩放动画时画面不会失真。SWF 格式还可以增添 MP3 音乐，并能实现动画和音乐同步播放的效果，被广泛应用在动画短片、网络广告、多媒体课件等场合。

3. FLIC 格式

FLIC 格式是 FLI 和 FLC 的统称，它是 Autodesk 公司的动画制作软件 Autodesk Animator、Animator Pro 和 3D MAX 中采用的彩色动画文件格式。它采用无损数据压缩方法，首先压缩并保存整个动画序列中的第一幅图像，然后逐帧计算前后两幅相邻图像的差异或改变部分，并对这部分数据进行压缩。由于动画序列中前后相邻图像的差别通常不大，因此可以得到较高的压缩比。FLC 是 FLI 的扩展格式，它采用了更加高效的数据压缩技术，所有具有比 FLI 更高的压缩比。

6.5　多媒体数据压缩

6.5.1　数据压缩概述

多媒体技术中采用数字化方式对声音、图像、视频等媒体信息进行处理。在数字化的过程中，为了获得满意的音频效果，可能采用更高的采样频率和量化位数；为了获得满意的图像或视频画面，可能采用更高的图像分辨率和像素深度。然而质量的提高带来的是数据量的急剧增加，给存储和传输造成极大的困难。因此，我们希望在保证一定质量的同时，减少数据量。数据压缩技术则是一个行之有效的方法。数据压缩是指对原始数据进行重新编码，去除原始数据中冗余数据的过程。将压缩数据还原为原始数据的过程称为解压缩。

1. 数据压缩的必要性

下面通过几个例子对多媒体信息的数据量进行分析。在不压缩情况下，计算存储这些多媒体数据所需的存储容量。

【例 6-3】　计算存储 2 分钟的、一段 CD 音质的立体声音乐所需的存储容量。

解：对于 CD 音质的声音，采样频率是 44.1kHz，量化位数为 16 位。因此，1 秒钟所需的存储容量为

$$(44.1\times1000\times16\times2)\ /\ 8=176400\text{B}\approx172.3\text{KB}$$

2 分钟的一段 CD 音乐需要的存储容量大约为

$$172.3\text{KB}\times120=20676\text{KB}\approx20\text{MB}$$

【例 6-4】　计算存储一幅 640 × 480 的真彩色的图像所需要的存储容量。

解：对于真彩色的图像，其每个像素用 3B 表示，即像素深度为 24 位，因此该图像所需的存储容量为

$$(640\times480\times24)\ /\ 8=921600\text{B}=900\text{KB}$$

【例 6-5】　计算 1 分钟视频所需的存储容量。假设分辨率为 352 × 240，真彩色，PAL 制式 25 帧/秒，不含音频数据。

解：一帧图像所需的存储容量为

$$(352\times240\times24)\ /\ 8=253440\text{B}=247.5\text{KB}$$

1 分钟视频所需的存储容量为

$$247.5\text{KB}\times25\times60=371250\text{KB}\approx362.5\text{MB}$$

从以上例子可以看出，数字化后的多媒体信息的数据量是惊人的，这需要大容量的存储器，并且在网络上传输时也需要很高的带宽，而单靠增加存储容量和提高网络带宽也是不现实的，因此，我们需要通过数据压缩来减少多媒体信息的数据量。

2. 数据压缩的可能性

多媒体信息的数据量巨大，但其中也存在大量的数据冗余，而冗余数据则是无用多余的数据，可以通过数据压缩来尽可能地消除这些冗余数据。多媒体信息的冗余主要体现在两个方面：一是相同或相似信息的重复；二是在实际应用中，信息接受者由于受条件限制，导致一部分信息分量被过滤或屏蔽。

例如：有一幅图，其大部分区域的背景为白色，在这个区域中，相邻的像素具有相同的颜色特征。在原始数据中需要连续记录每个像素的 RGB 值。如果改用一个简单的记法，先记录这个像素的 RGB 值，再记录这个像素连续重复出现的次数，则表达的信息量并没有发生变化，但使用的数据量将会大大减少。

在视频中，相邻两帧的画面可能几乎相同，差异部分很小，此时就没有必要记录相同的画面，对于后一帧只需记录与前一帧的差异即可。

人的听觉系统对于不同频率的声音的敏感性是不同的，并不能察觉所有频率的变化，因此那些不被听觉所感知的变化可以被忽略，没有必要存储或传输。同样，人的视觉系统也有这样的特性。

3. 数据压缩的方法

数据压缩可分为两种类型：一种是无损压缩，一种是有损压缩。

无损压缩又称可逆压缩，是指被压缩的数据经过解压缩（又称还原）后，可以得到与原始数据完全相同的数据。无损压缩常用于对信息还原要求很高的情况，如计算机程序、原始数据文件等。常用的无损压缩方法有行程编码（Run-length Encode）、哈夫曼（Huffman）编码、算术编码等。

有损压缩又称不可逆压缩，是指被压缩后的数据经过解压缩后，不能得到与原始数据完全相同的数据。有损压缩常用于声音、图像和视频等数据的压缩，虽然该压缩方法不能完全还原出原始数据，但是所损失部分对理解原始数据所表达的内容影响较小，减少这些信息并不影响人们听觉效果和视觉效果。常用的有损压缩方法有预测编码、变换编码、混合编码等方法。

评价数据压缩性能的指标之一是压缩比，即压缩前的数据量与压缩后的数据量之比。有损压缩较无损压缩能提供较高的压缩比。通常人们希望在保证还原质量要求的前提下，压缩比尽量地大。

下面通过例子来介绍行程编码的压缩方法。计算机在处理文字、图像、声音等多媒体数据时，常常会出现大量连续重复的字符或数值，行程编码就是利用连续数据单元有相同数值这一特点对数据进行压缩的。行程编码的思想是：重复的数据用该值以及重复的次数来代替。重复的次数称为行程长度。

【例 6-6】　假设有一幅真彩色图像，第 n 行的像素值如下所示：

(150,20,30)(150,20,30)…(150,20,30) (255,255,255)(255,255,255) (0,100,10)

|←　　55　　→| |←　　2　　→| |← 1 →|

(0,0,200)(0,0,200)…(0,0,200) (150,20,30)(150,20,30) …(150,20,30)

|←　　8　　→| |←　　68　　→|

试使用行程编码对该行数据进行压缩，并计算压缩比。

解：对上述数据进行行程编码后得到的结果为

55(150,20,30) **2**(255,255,255) **1**(0,100,10) **8**(0,0,200) **68**(150,20,30)

括号中数值代表像素的颜色，每对括号前的数字表示行程长度。假设行程长度的值用 2 字节存储，则用行程编码后该行所需的存储容量为

$$(2B + 3B) + (2B + 3B) + (2B + 3B) + (2B + 3B) + (2B + 3B) = 25B$$

而原来所需的存储容量为

$$55 \times 3B + 2 \times 3B + 1 \times 3B + 8 \times 3B + 68 \times 3B = 402B$$

对该段数据使用行程编码进行压缩，得到的压缩比为 402B/25B≈16.1:1。

行程编码的压缩方法简单、直观，它的解压缩过程也很容易，只需按行程长度重复后面的数值，还原后得到的数据与压缩前的数据完全相同，因此，行程编码是无损压缩。行程编码所能获得的压缩比主要取决于数据本身的特点。

6.5.2　数据压缩标准

1. JPEG 静态图像压缩标准

JPEG 专家组负责制定静态的数字图像数据压缩编码标准，这个专家组开发的算法称为 JPEG 算法，已成为国际上通用的标准，又称为 JPEG 标准。JPEG 标准是一个适用范围很广的静态图像数据压缩标准，既可用于灰度图像又可用于彩色图像。

JPEG 专家组开发了两种基本的压缩算法，一种是有损压缩算法，另一种是无损压缩算法。由于在有损压缩算法中利用了人的视觉系统特性，在压缩比为 25:1 的情况下，压缩图像与原始图像比较，非图像专家很难找出它们之间的区别，因此得到了广泛的应用。

JPEG 2000 是 2000 年公布的新的 JPEG 标准。JPEG 2000 格式的图像压缩比可在原有的 JPEG 基础上再提高 10%~30%，而获得的图像质量更好。

2. MPEG 运动图像压缩标准

MPEG 专家组负责制定运动图像及其伴音编码的压缩标准，这个专家组研究制定的视频及其伴音的压缩编码标准，通常称为 MPEG 标准。

目前，已出台的 MPEG 标准主要有以下几种：

（1）MPEG-1。1992 年正式发布的数字电视编码标准，包括图像数据和声音数据的编码，主要用于 VCD 和 MP3 等产品中。MPEG-1 的声音压缩编码分为三个层次：

- 层 1（Layer 1）。编码简单，用于数字盒式录音磁带。
- 层 2（Layer 2）。编码复杂度中等，用于 VCD 等。
- 层 3（Layer 3）。编码复杂，用于 Internet 上的传输、MP3 音乐。

（2）MPEG-2。1994 年发布的数字电视标准，是 MPEG-1 的扩充，主要用于 DVD、HDTV（High Definition Television，高清晰度电视）中，以及一些具有较高要求的视频编辑和处理。

（3）MPEG-4。1999 年发布的多媒体应用标准，它的全称是“广播、电视和多媒体

的应用”。主要应用在多媒体通信、数字电视和人机互动系统等产品中。

（4）MPEG-7。2001 年发布，正式名称是“多媒体内容描述接口”。它的主要目标是支持多媒体信息基于内容的检索，支持用户对媒体资料的快速和有效的查询。它可以应用于数字图书馆、多媒体目录服务、教育、旅游信息、娱乐和购物等领域。

6.6 本 章 小 结

多媒体技术涉及的领域众多，各种相关技术的研究和发展迅速，因此许多概念还在扩充、深入和更新。本章从多媒体技术的基础内容出发，介绍了多媒体技术的相关概念。首先介绍了媒体、多媒体和多媒体技术的基本概念以及多媒体计算机系统的组成；然后介绍了多媒体技术中对声音、图像的数字化处理过程和方法，简要介绍了视频和动画的基本概念；最后从多媒体数据压缩的必要性和可能性出发，介绍了多媒体数据压缩的基本概念。

通过本章的学习，希望读者对多媒体技术的相关内容有一个初步的了解，对多媒体技术的基本概念、多媒体信息的获取、表示、存储、处理的基本原理及主要技术有所理解。

延伸阅读材料

本章对多媒体技术的介绍只是起一个导引的作用。如果读者需要进一步学习多媒体技术的相关内容，可以选择参考文献（Vaughan T, 2010; Steinmetz R, Nahrstedt K, 2002; 林福宗, 2009）来阅读，其中参考文献（Vaughan T, 2010）第 7 版的中文版已于 2008 年 4 月由清华大学出版社出版。如果读者想进一步学习计算机图形处理的相关内容，可选择参考文献（Hill F S, Kelley S M, 2009）；如果想进一步学习数字图像处理的相关内容，可选择参考文献（Gonzalez R C, Woods R E, 2010），该书第 2 版的中文版已于 2007 年 8 月由电子工业出版社出版。

习　　题

1. 什么是多媒体技术？根据你的预测，未来多媒体技术可能渗透和应用到哪些领域？
2. 简述声音信号的数字化过程以及影响数字音频质量的几个主要因素。
3. 什么是位图图像？什么是矢量图形？如何获取它们？两者有何主要区别？
4. 简述视频和动画有何异同。
5. 举例说明数据压缩的必要性。
6. 计算采样频率为 22.05kHz、采样精度为 16 位、双声道、播放时间为 1 分钟的数字音频信号所需占用的存储器的容量为多少字节。
7. 一幅 640×480 分辨率的真彩色图像，在不进行任何压缩的情况下，计算这幅图像需要占用的存储空间。

8. 一段视频，按每秒播放 30 帧的速度，能够播放 1 分钟。其中每一帧是 640×480 分辨率的真彩色图像。在数据不压缩的情况下，这段视频信息需要占据多少存储空间？一张容量为 650MB 的光盘，最多能播放多长时间？

9. 设有一段信息为 AAAAAACTEEEEEHHHHHHHSSSSSSSS，使用行程编码对其进行数据压缩，试计算其压缩比。假设行程长度用 1 字节存储。

10. 使用 Windows 自带的录音机，分别以 22.05kHz、16 位、单声道以及 44.1kHz、16 位、单声道录制一段 30s 的音频并保存。试比较二者的声音质量及文件大小。将录制的两段音频连接成一段音频，并添加回音效果。

11. 从网络下载一幅 JPG 彩色图片并保存，然后使用 Windows 的“画图”工具，将该图片分别保存为 24 位位图和 256 色位图。试比较三者的图像质量及文件大小。

第 7 章　数据库技术应用基础

【学习内容】

本章介绍数据库技术的相关内容，主要知识点包括：

- 数据库的基本概念；
- 数据库管理系统软件；
- 数据库系统的设计步骤；
- 关系数据库的操作实例。

【学习目标】

通过本章的学习，读者应该：

- 了解数据管理的发展史；
- 理解数据库的基本概念；
- 理解数据模型的基本概念，掌握数据库建模的步骤和方法；
- 理解数据自描述的含义；
- 理解数据完整性的含义；
- 了解数据库设计的基本步骤。

本章首先概述数据管理技术的发展脉络、数据库的基本概念和数据库的应用，然后介绍数据模型的概念、数据库建模的步骤和方法，以及数据库管理系统的概念和功能，最后简述了管理信息系统与数据库之间的关联。

7.1　数据库技术概述

在开始本章的学习之前，有这样一个问题需要读者综合应用前面所学的知识来解决：如何将你在大学期间所学每一门课的考试成绩都记录存档？学习了文件系统之后，读者一定能够在第一时间想到利用文件来记录和保存这些信息（还要提醒读者的是要做好定期备份，以防有效数据丢失）。假设需求进一步升级为：

（1）要求记录班上所有同学大学期间所有选课及考试信息。

（2）要求记录全校学生大学期间所有选课及考试信息。

（3）要求记录所有学生的年龄、姓名、性别、籍贯、政治面貌等信息，并且能够存储每个学生的一张免冠证件照。

除了上述对所存储的数据结构的需求之外，如果信息的使用者还提出了下列操作需求：

（4）输入学号，就能够查找到对应学生的所有信息。

（5）输入课程编号，就能够列出所有选修了该门课程的学生的考试情况，并同时给出平均分及分数的分布规律。

（6）为了进一步保护隐私权，要求不同权限的用户看到的信息是不同的。例如，同学之间除了能够查阅到某个学号所对应的学生姓名、性别以外，不允许看到其他的任何信息；任课教师只能够看到所有选修了自己所讲授课程的学生的学号和姓名并能够进行成绩录入之外，不再拥有其他权限；教务人员则只允许查看所有与教学内容相关的信息而不允许涉及其他类别的信息。

对于第一个查询请求，读者可以借助于文件系统的查找功能实现；对于第二个查询请求，则可以利用电子表格的计算、分析功能解决；而对于最后一个操作需求，显然超出了文件系统的能力范围。能够解决上述所有需求（包括大数据量的存储、多媒体数据的存储、多种复杂查询操作的请求以及采用授权等方法对数据实施安全保护等）的技术之一是数据库技术。

什么是数据库？一般来说，数据库是依照某种数据模型组织起来并存放于外部存储器中的数据集合。这种数据集合具有如下特点：尽可能不重复；以最优方式为某个特定组织的多种应用服务；其数据结构独立于使用它的应用程序；对数据的增、删、改、查（检索）由统一软件进行管理和控制。在数据管理的发展史上，数据库处于较高级阶段，它是通过文件系统发展起来的。

在数据库中，信息的表示形式包括了文字、图片、图表、动画、音频和视频等，这些信息的表示与数据模型紧密相关。数据模型按不同的应用层次可以划分成三种类型：概念数据模型、逻辑数据模型和物理数据模型。现有的数据库技术提供了丰富的信息处理机制，能够对大量涌现的信息进行分门别类的存储，并提供多种信息检索手段以满足用户对信息的查询要求。

使用数据库可以带来许多好处：降低数据的冗余度，节省数据的存储空间，易于实现数据资源的充分共享等。此外，数据库技术还为用户提供了非常简便的使用手段，使用户易于编写有关数据库的应用程序。

数据库软件的前身是电子表格软件。电子表格软件最让人喜爱的优点是将人们从大量的重复性计算工作中解脱出来。另外，人们对电子表格软件寄予了更高的期望，期望它能够回答更为复杂的问题。例如，在投资理财方面，希望电子表格能够帮助用户分散风险，给出合理的投资建议；在教学上能够避开教师以及教室的冲突，合理安排每学期教室使用计划；在商业上，除了能够记录公司历年生产销售情况的数据以外，还能够根据历史数据制定下一年度的商业计划。电子表格软件的应用领域尽管非常广泛，但是仍然无法满足人们的需求，在潜意识里，人们期望使用一种更加智能的软件处理信息，既能存储、检索又能分析、决策，也许数据库软件能够解决一些问题。

目前，数据库技术能够处理的信息类别包括天文气象、水文水利、商品、学生选课信息、高考招生录取信息等。人们可以查看某地震活跃地区百年来地质活动的历史信息，并利用地震预报模型进行预测，越来越多的人在网上商城购物，越来越多的学校建立了网络教学管理体系。可以预见的是在不久的将来，几乎所有的信息都会接入网络。因此，为了满足人们对信息的各种可能需求，需要提供更加丰富、有效的信息存储、处理、检索、统计、推理机制，需要开发多种功能各异的管理信息系统，数据库是支撑这些系统的基础技术之一。

在世界已进入信息化社会的今天，数据库的建设规模、数据库信息的多少和使用频度已经成为衡量一个国家信息化程度的重要标志。

本章将介绍数据库技术的基本概念和数据库建模方法等基础知识，本章内容学习结束之后，读者应该能够从一个计算机的简单使用者（如文字录入、文字处理工作、上网、收发电子邮件）成长为信息系统的组织者和开发者：能够了解数据管理技术对人类社会生活的重要影响；能够具有使用数据库技术进行信息处理的意识；能够掌握数据库系统设计的一般方法。学习了多媒体技术的相关知识后，能够理解多媒体信息在数据库中的表示和压缩等技术，学习了信息安全技术的知识以后，还能够了解如何在各个层面上加强对数据库系统的安全设置。

7.1.1　数据管理发展简史

数据管理，即对数据资源的管理，是利用计算机硬件和软件技术对数据进行有效的收集、存储、处理和应用的过程。随着计算机技术的发展，数据管理经历了人工管理、文件系统管理和数据库系统管理三个阶段。

1. 人工管理阶段

在 20 世纪 50 年代中期以前，计算机只相当于一个计算工具，没有操作系统，没有管理数据的软件，这一阶段是计算机用于数据管理的初级阶段——人工管理阶段。这一时期数据管理的主要特点是：主要面向科学计算；数据并不长期保存；数据的管理由程序员个人考虑安排，因此用户程序被迫需要与物理地址直接打交道，效率低下；数据与程序不具备独立性，数据是程序的一部分，因此数据共享性差。

2. 文件系统管理阶段

从 20 世纪 50 年代后期到 60 年代中期，计算机有了磁盘、磁带等直接存取的外存储器设备，操作系统有了专门管理数据的软件——文件系统，数据管理进入了文件系统管理阶段。这一时期的特点是：计算机大量用于数据管理，数据需要长期保存，数据可以被存放在外存上，因而可以被反复处理和使用；数据文件可以脱离程序而独立存在，应用程序可以通过文件名来存取文件中的数据，实现简单数据共享；所有文件由文件管理系统进行统一管理和维护。不足之处主要体现在数据冗余度高、数据一致性差、数据之间的联系比较弱。

3. 数据库系统管理阶段

20 世纪 70 年代初，随着数据库管理技术的出现，数据管理进入了数据库系统管理阶段。这一阶段的数据管理克服了文件系统的缺点，所有数据由数据库管理系统（Database Management System，DBMS）统一管理。该方式能够解决多用户多应用共享数据的需求，具有如下特点：采用复杂的数据模型（结构），既能够描述数据本身，还能够描述数据之间的联系；数据的存取和更新操作均由 DBMS 统一管理；DBMS 还能够实现对数据的安全性控制、完整性控制、并发性控制和数据恢复；数据库系统提供了方便的用户接口。

7.1.2　数据库的基本概念

本节将对数据库领域的部分术语做一个简单的、不涉及过多技术细节的解释。很难找到比“数据库”这个词的含义更不精确的术语了。数据库可以是某个电子表格程序（如 Excel）里的一份消费清单；可以是电信公司的日志文件，文件记录着每天百万次的电话接听情况，包括单次通话记录、月话费账单、点对点通信账单等信息。简单的数据库可以是一种单机系统，任何时刻只能支持单个用户对驻留在一台本地计算机里的数据进行的操作。复杂的数据库则允许成千上万，甚至百万、千万的用户同时使用，数据通常分散存储在相互连接的多台计算机和几十个硬盘上。一个数据库可以小到几千个字节，也可以大到需要以太比特作为计量单位。

数据库系统是一个实际可运行的存储、维护数据的应用软件，通常涉及存储介质、处理对象和数据库管理系统等方面。一个完整的数据库系统应该包括用户为实现特定功能而开发的应用程序、数据库、DBMS 和数据库管理员（DataBase Administrator，DBA）四个部分，如图 7-1 所示。

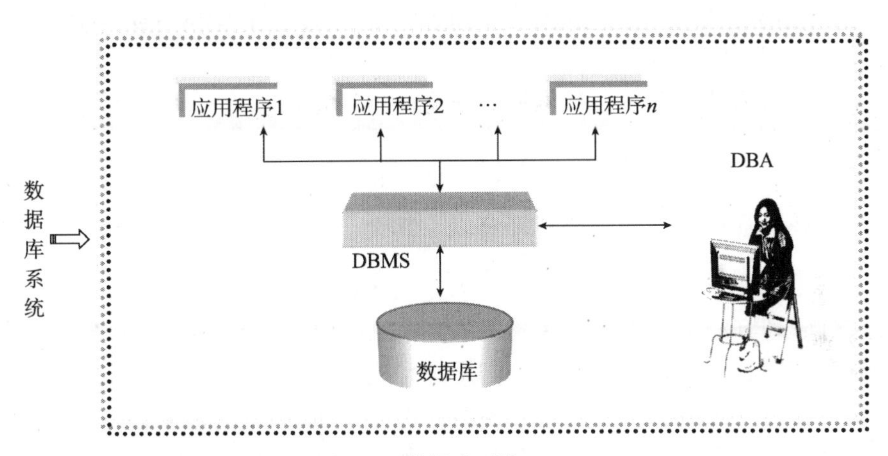

图 7-1　数据库系统

（1）数据库存放的是原始数据的集合以及描述这些数据如何组织的数据，后者被称为元数据。元数据的存在，实现了数据的自描述性。在存储器上，数据是以数据文件的形式逻辑存在的。

（2）DBMS 是一种操纵和管理数据库的大型系统软件，用于建立、使用和维护数据库，DBMS 对数据库进行统一的管理和控制，以保证数据库的安全性和完整性。用户通过 DBMS 访问数据库中的数据，数据库管理员也通过 DBMS 实现数据库的维护工作。DBMS 的内部机制可以保证多个应用程序和用户通过多种方法同时正确地操作数据库，如建立、修改和询问数据库。

（3）应用程序是使用宿主语言（如 C、C++、Java 等）开发的软件，该软件实现了一些较为复杂的功能，为用户的常规工作提供了人机交互界面。应用程序并不直接访问数据库中的原始数据或者元数据，而是将操作请求交由 DBMS 执行。若用户为高级用户，也可以通过 DBMS 直接操作数据库。

（4）正如一个大型公共图书馆需要有专门的工作人员负责规划、设计、协调、维护和管理一样，为保证数据库系统的正常运行和服务质量，有关人员需要进行与建立、存储、修改和访问数据库中信息相关的管理工作，完成这些工作的个人或集体就称为 DBA。数据库管理的主要内容有：数据库的建立、调整、重组、重构、安全控制；数据的完整性控制；为用户提供技术支持等。DBA 通过 DBMS 提供的界面访问数据库，DBA 一般是由业务水平较高、资历较深的人员担任。

需要进一步指出的是当用户访问数据库系统的时候，尽管在存储器上，数据是以数据文件的形式逻辑存在的，但是对这些文件的 I/O 操作并不是由 DBMS 完成的而是交由操作系统完成。也就是说，DBMS 的正确运行需要依托于特定的操作系统，这就是为什么数据库管理系统软件开发商要分别发行 Windows 版和 UNIX 版等多种版本 DBMS 软件的原因。

目前流行的数据库管理系统有许多种，大致可分为小型桌面数据库、大型商业数据库、开放源代码（简称开源）数据库、Java 数据库。国际主流 DBMS 软件有 Access、SQL Server、DB2、Oracle、Sybase 等，而最受欢迎的开源 DBMS 是 MySQL，最先进的开源 DBMS 是 PostgreSQL。

在不引起混淆的情况下，数据库系统有时也简称数据库。

7.1.3　数据库技术的主要特征

数据库技术管理数据的主要特征有以下几个。

1. 集中控制数据

在文件管理方法中，无法按照统一的方法来控制、维护和管理数据。而数据库能够集中控制和管理有关数据，以保证不同用户和应用可以共享数据。例如，全国联网的火车订票系统，尽管有成千上万个售票窗口，但是由于该系统能够统一管理所有的数据，因此能够满足不同用户在同一时刻的订票操作，避免出现一票两卖的错误结果。

2. 数据冗余度小

冗余是指数据的重复存储。冗余数据的存在有两个缺点：增加了存储空间；容易出现数据不一致。若某公司的财务部门与人事部门分别用文件保留了公司员工的财务信息和人事信息，则两个文件中包含有相同的信息，即有数据冗余。当人事部门更改了某员工的姓名而财务部门没有得到通知进行相应的修改时，数据的一致性就遭到了破坏。基于文件系统的数据管理方法中，数据冗余度大。数据库系统能够最大限度地降低数据冗余。但是需要澄清的是：在现有技术条件下，即使是数据库方法也不能完全消除冗余数据，并且为了提高数据处理效率，有时也允许存在一定程度的数据冗余。

3. 数据独立性强

数据的独立性是指数据库中的数据与应用程序相互独立，即应用程序不因数据的改变而改变。数据的独立性分为两级：物理数据独立性和逻辑数据独立性。

物理数据独立性是指数据的物理结构变化不影响应用程序，可以不必修改或者重写应用程序。当前的技术水平可以提供以下几个方面的物理数据独立性：

（1）改变存储设备或引进新的存储设备。

（2）改变数据的存储位置，例如把它们从一个区域迁移到另一个区域。

（3）改变物理记录的体积。

逻辑数据独立性意味着数据库逻辑结构的改变不影响应用程序。逻辑数据独立性比物理数据独立性更难以实现。通常情况下，可以提供下列逻辑数据独立性：

（1）在模式中增加新的记录类型，只要不破坏原有记录类型之间的联系。

（2）在原有记录类型之间增加新的联系。

（3）在某些记录类型中增加新的数据项。

4. 维持复杂的数据模型

数据模型能够表示现实世界中各种各样的数据组织以及数据间的联系。复杂的数据模型是实现数据集中控制、减少数据冗余的前提和保证。采用数据模型是数据库方法与文件方式的一个本质差别。当前主流的数据模型依然是关系模型，但是越来越多的商用 DBMS 支持带有面向对象特征的关系模型，这种模型也被称为对象—关系模型。

5. 提供数据的安全保障

能够保障数据的安全是数据库技术流行的动因之一。一旦数据库中的数据遭到破坏，就会影响数据库的功能，甚至使整个数据库失去作用。数据的安全保障主要包括两个方面的内容：安全性控制和完整性控制。

（1）安全性控制是指使用各种访问控制机制，密码和审计等技术保护所存储数据的安全性，使未经授权的人不能访问、改变和破坏数据。

（2）完整性控制的目的是保护数据项之间的结构不被破坏，保持数据的正确、有效，使同一数据的不同副本尽可能一致、协调，提高数据对用户的可用性。

7.1.4　数据库的应用

数据库是计算机领域中发展最为迅速的重要分支，数据库技术在各行各业中已得到广泛应用：信息管理、商业管理、企业管理、地理信息系统（Geographic Information System，GIS）、银行、办公自动化、计算机辅助设计、情报检索、辅助决策等各个方面，都已经建立了成千上万个数据库系统。以下是一些数据库应用的经典案例。

案例 1：网上填报高考志愿——访问国家教育委员会的数据库系统。

案例 2：购买火车票、飞机票——访问全国铁路、航空数据库系统。

案例 3：到银行取钱——访问银行的数据库系统。

案例 4：在学校选课——访问学校的学籍管理数据库系统。

案例 5：到图书馆借书——访问图书馆的数据库系统。

案例 6：上网浏览、网上购物——访问网站的后台数据库系统。

通常情况下，网站的后台支撑技术是数据库。因为在实际应用中，网站需要保存大量的数据：想象一下最火爆的购物网站一共有多少买家、卖家注册，每天又有多少商品上架、下架，以及这些数据之间存在着怎样紧密的关联。简单来说，用户只要能够连接到因特网并且安装了 Web 浏览器，就能够操作数据库。其过程是：用户向 Web 服务器发出数据操作请求；Web 服务器收到请求以后，按照特定的方式将请求转发给数据库服务器；数据库服务器执行这些请求并将结果数据返回给 Web 服务器；Web 服务器则以页面的形式将结果数据返回用户的 Web 浏览器；用户通过 Web 浏览器查看请求结果，如图 7-2 所示。

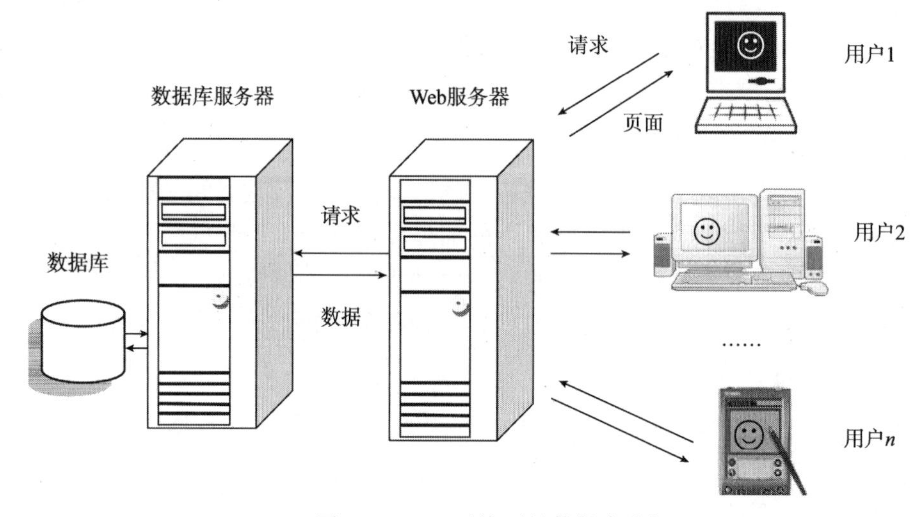

图 7-2　Web 环境下的数据库访问

随着微电子技术和存储技术的发展，嵌入式系统的内存和各种永久性存储介质容量都在不断增加，这也就意味着嵌入式系统的数据处理能力不断增加。随着嵌入式系统的广泛应用和嵌入式实时操作系统的不断普及，为嵌入式环境提供数据管理成为亟待解决的重要问题，在这种情况下，数据库技术被引入嵌入式系统。

因此，当前的数据管理不仅限于大型通用的后台数据库，还广泛应用于各种网络设备、移动通信设备、计算和娱乐设备、数据采集与控制设备、数字家庭智能家电产品以及交通、建筑、医疗智能设备等领域，计算和数据技术向微型化、网络化、移动性方向发展，业界预测将来会出现数以亿计的嵌入式设备存在数据管理的需要，数据采用集中式方法进行管理是远远不够的，这些都是嵌入式数据库应用的潜在市场。

下面将以娱乐和定位导航为例，说明嵌入式数据库的数据管理需求。娱乐和定位导航是移动通信终端和车载智能终端的两项主要应用。对于电子娱乐设备，需要管理语音、图像等媒体数据。对于车载设备中的嵌入式数据库，则需要管理大量的空间地理数据，这些数据与汽车车辆定位、导航、调度、交通等信息密切相关。为此，需要研究针对多媒体信息的、基于内存的内容检索和索引技术，以及基于内存的空间数据索引和检索技术。

在基于嵌入式数据库的应用解决方案中，嵌入式应用是直接使用嵌入式数据库的第一级应用。在目前各种应用解决方案中，基本上都采用了图 7-3 所示的体系结构。在这个嵌入式架构中，嵌入式数据库系统能够和嵌入式操作系统有机地结合在一起，为应用开发人员提供有效的本地数据管理手段。

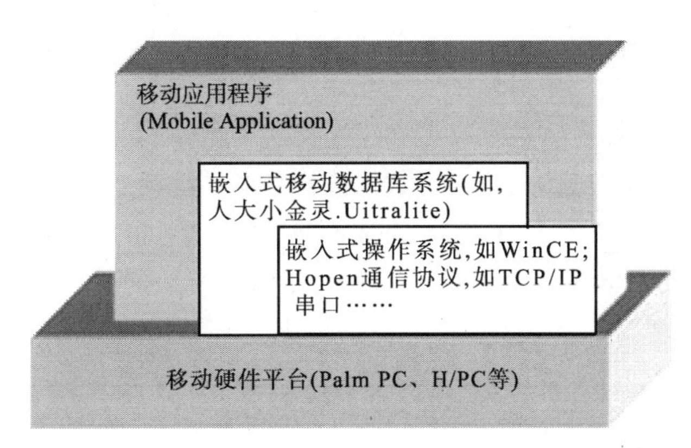

图 7-3　嵌入式应用体系结构

7.2　数 据 模 型

模型是对现实世界的抽象。在数据库中，由数据模型负责描述和说明数据，数据以及描述数据的数据共同构成数据库。数据模型是数据库系统的核心和基础。通常，数据模型由以下三部分组成：

数据模型=数据结构+数据操作+数据完整性约束

数据结构、数据操作和数据完整性约束也被称为数据模型的三要素。

1. 数据结构

数据结构是指对象和对象间联系的表达和实现，是对系统静态特征的描述，包括数据本身和数据之间的联系两个方面。例如，在表 7-1 中，包括两部分数据：一部分数据描述了学生、教师和课程的信息；另一部分数据描述了学生、教师和课程之间的联系。其中，描述学生的数据包括学号、学生姓名、籍贯等，描述教师的数据包括教师姓名、职称，描述课程的数据包括课程编号和课程名称，这些就是“数据本身”的基本含义；而哪些学生选修了哪些教师讲授的课程以及得了多少分这类信息就属于“数据之间的联

表 7-1　student 表

学号	学生姓名	籍贯	教师姓名	职称	课程编号	课程名称	成绩
XS001	任思远	湖南	李广志	副教授	KC001	高等数学	80
XS001	任思远	湖南	陈　述	讲师	KC002	大学英语	90
XS001	任思远	湖南	王学山	教授	KC003	大学计算机基础	86
XS002	陈建平	广东	李广志	副教授	KC001	高等数学	88
XS002	陈建平	广东	陈　述	讲师	KC002	大学英语	75
XS002	陈建平	广东	王学山	教授	KC003	大学计算机基础	90

系”。实际应用要比这个例子复杂得多。另外，该表的结构显然不够好，比如当任思远同学的籍贯录入有误时，则至少需要同时修改三处。因此实际制表时，很自然地会把教师和学生的信息分别放在两个表中。

2. 数据操作

数据操作是指对数据库中对象的实例允许执行的操作集合，主要指检索和更新（插入、删除、修改）两类操作。数据模型必须定义这些操作的确切含义、操作符、操作规则（如优先级）以及实现操作的语言。数据操作是对系统动态特性的描述。例如：假设表 7-1 已经存在于 MS Office Access 的某数据库中，则可以使用下列查询语句检索表 student 中籍贯是湖南的学生的姓名：

```
SELECT  学生姓名
FROM    student
WHERE  籍贯 = “湖南”;
```

3. 数据完整性约束

数据完整性是指数据的正确性、有效性和相容性。所谓正确性，是指数据是否合法；有效性是指数据是否在定义的有效范围内；相容性是指同一事实的两个数据应该相同。如果数据库中存储有不正确的数据值，则称该数据库丧失了数据完整性。数据完整性约束的存在是为了保证数据的正确性、有效性和相容性。数据完整性约束是一组完整性规则的集合，规定数据库状态及状态变化所应满足的条件。例如，数据完整性约束可以实现下列约定：规定学生年龄的数据类型应该是整数类型并且取值范围应该大于等于 0；信用卡的透支额度不能超过 5 万元等。

数据模型按不同的应用层次可以划分成三种类型：概念数据模型、逻辑数据模型和物理数据模型。在开发数据库系统时，最基础、最关键的部分是数据库的设计。数据库设计是一个发现应用实体、联系和约束，以及将应用实体、联系和约束映射到所给商品数据库的数据结构中去的过程，这是数据库设计的主要目标。除此之外，还包括为提高性能的索引技术、对现有应用实践的转换和用户界面设计。数据库建模指的是对现实世界各类数据的抽象组织，确定数据库需管辖的范围、数据的组织形式等，直至转化成现实的数据库。一般的数据库设计工作分为以下三个步骤：

（1）建立概念数据模型。

（2）将概念数据模型转化为逻辑数据模型。

（3）将逻辑数据模型转化为物理数据模型。

数据库应用程序设计与开发第一阶段的工作就是数据库设计，这项工作的好坏对应用程序执行效率的高低、前期编程和后期维护工作的难易程度，以及能否在今后灵活修改设计方案等问题将产生巨大深远的影响。在设计阶段埋下的隐患会在其后给开发者和使用者带来无穷的烦恼和痛苦。数据库的设计是一项十分复杂的工作，而数据库设计并没有什么捷径可走，数据库设计方案的好坏与设计者的知识和经验是否丰富有着密切关联。后文给出的示例仅仅演示了数据库设计的一般方法，更加详细的设计步骤和更多的数据库设计技巧需要读者翻阅更加专业的书籍。

7.3　概 念 模 型

概念数据模型（Conceptual Data Model），简称概念模型，是面向数据库用户的实现世界的模型，主要用来描述世界的概念化结构。概念模型的建模工作与具体的 DBMS 无关。概念数据模型必须转换成逻辑数据模型，才能在 DBMS 中实现。在概念数据模型中最常用的是实体—联系（Entity-Relation，E-R）模型、扩充的 E-R 模型及谓词模型。近年来概念模型得到越来越多的重视，而早些时候在数据库系统设计阶段的工作中，尤其在小型数据库系统的设计阶段，数据库设计人员往往会忽略掉它。

数据库概念模型实际上是现实世界到机器世界的一个中间层次。数据库概念模型用于信息世界的建模，是现实世界到信息世界的第一层抽象，概念模型是最终用户对数据存储的看法，反映了最终用户综合性的信息需求。概念模型是数据库设计人员进行数据库设计的有力工具，也是数据库设计人员和用户之间进行交流的语言。在有些数据模型的设计过程中，概念模型和逻辑模型是合并在一起进行设计的。

7.3.1　E-R 模型的相关概念和 E-R 图

本节将以一个简化的学生选课系统为例，介绍 E-R 模型的相关概念以及用 E-R 图描述该类模型的方法，并讲述数据库在概念建模阶段需要完成的工作。其后的建模工作以及在某个具体数据库管理系统上的实现都是基于这个概念模型。

E-R 模型（或实体—联系模型）认为世界是由一组称为实体的基本对象及其之间的联系构成的。E-R 模型有助于将现实世界中的对象及其相互关联映射到概念模式。许多数据库设计工具都支持创建 E-R 模型。

为了更好地说明 E-R 模型的概念，我们将以读者熟悉的教学管理系统为例建立一个概念模型，这是一个为简化的学生选课系统而建立的 E-R 模型。该系统的应用背景涉及学生、课程、教师、办公室、学习、任课等多个方面。在该系统中，要求管理的相关信息如下：

- 学生的学号、姓名、性别和籍贯；
- 课程的课程编号、课程名和学时数；
- 教师的教师编号、姓名和职称；
- 办公室所在的办公楼名称和房间号；
- 一名学生可以学习多门课程，每门课程可以被多名学生学习，每名学生学习的每门课程都有一个分数；
- 每位教师可以讲授多门课程，每门课程只能被一位教师讲授；
- 每位教师都拥有一间办公室，每间办公室都只能被一位教师使用（该假设与现实情况稍有出入）。

E-R 模型一般用一种图形语言表示，用这种图形语言描述的具体 E-R 模型称为 E-R

图，如图 7-4 所示，其中 7-4（d）是上述学生选课系统的 E-R 图。E-R 模型所涉及的几个主要概念是实体、实体集、属性、实体关键字（实体键）和联系。

1. 实体

观念世界中，我们把凡是可以互相区别的客观事物和概念统一抽象为实体，实体是现实世界中可以相互区分的对象。例如，每一个学生就是一个实体。实体可以是实际存在的客观事物，如一位雇员、一位经理、一台计算机、一个桌子。也可以是抽象的，如贷款，或者一个概念。

2. 实体集

实体集是具有相同类型和相同性质（或属性）的实体集合。在 E-R 图中实体集用矩形框表示，在矩形框里写明实体集名，实体集名通常用名词，如图 7-4（a）所示。图 7-4（d）中显示了“学生”、 “教师”、 “课程”和“办公室”四个实体集的图形化表示。当不引起误解时，实体集也可简称为实体。

3. 属性

属性是实体集中每个成员具有的描述性性质，是对实体特征的描述，每个属性都有其取值的范围，称为域。每个实体都由若干属性描述其特征，例如，雇员编号、姓名、出生日期、雇佣日期和联系电话，表示了实体“雇员”的五个方面的特征，而实体“商品”具有属性：商品编号、商品名称、供应商编号、类别编号、单价、库存量、订购量等。属性通常用椭圆表示，如图 7-4（b）所示。无向边将属性与相应的实体连接起来，图 7-4（d）中，描述学生的属性包括学号、姓名、性别和籍贯，描述教师的属性有教师编号、姓名和职称，描述课程的属性是课程编号、课程名和学时数，描述办公室的属性则是办公楼名称和房间号。

在同一实体集中，每个实体的属性及域是相同的，但属性取值可能不同。值得注意的是，实体与属性的划分存在一定的相对性，此相对性是由于描述事物的抽象层次不同或观察问题的角度不同而引起的。例如，实体“商品”具有属性“商品编号”、 “商品名称”和“供应商”等，而供应商必要时又可视为由“供应商编号”、“供应商名称”、“联系人姓名”、“供应商地址”等属性描述的实体。所以，在构造实体模型时，要辩证地研究客观事物，争取最自然、最合理、最贴切地反映客观世界。

4. 实体关键字

实体关键字也称实体键，是由能够唯一标识一个实体的属性或者属性组组成的。例如，学号可以作为学生的实体键。能唯一标识实体的极小属性组称为此实体集的实体键。若一个实体集有多个实体键存在，则从中选择一个作为实体集的主关键字。通常在组成实体键的属性下面加上一条下划线。如图 7-4（d）中，学号可以作为学生的实体键，而姓名则不可以，因为可能存在重名情况；教师和课程的实体键则分别为教师编号和课程编号；但是办公室的实体键则是由办公楼名称和房间号共同组成，因为同在一个办公楼里工作的教师有很多，拥有相同房间号的办公楼也有多栋。

对于一些相对简单的数据库应用程序，则有可能在 E-R 图中列出每个实体的所有属性。然而，对于复杂的数据库应用程序，只能列出那些构成实体集的主关键字的属性。

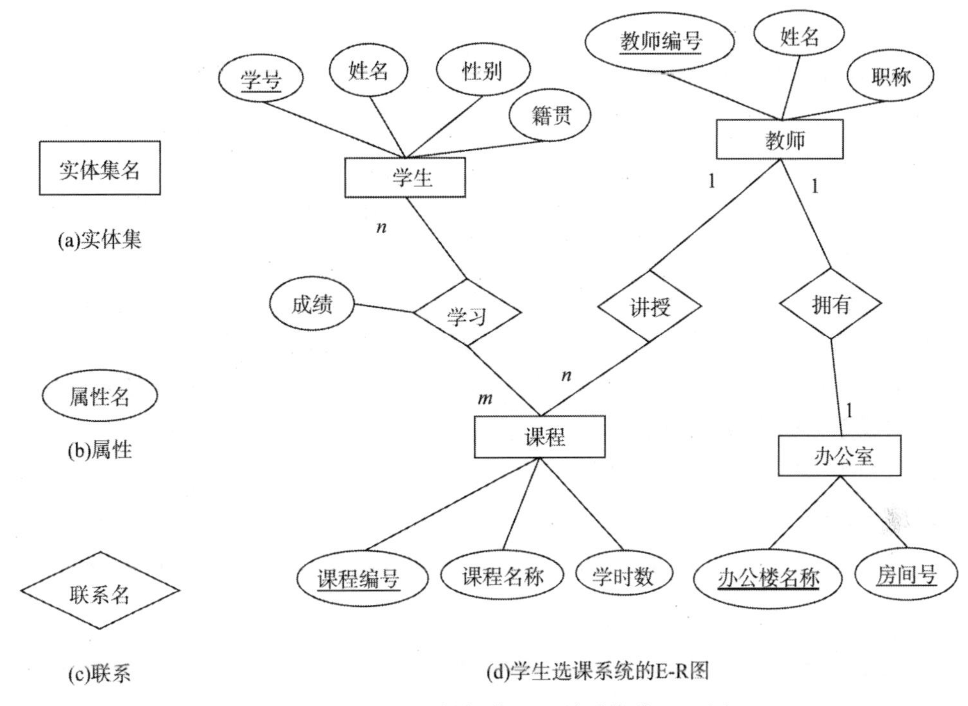

图 7-4　E-R 图图例与学生选课系统的 E-R 图

5. 联系

实体之间往往存在各种关系，例如供货商与商品之间存在供应关系，雇员与部门之间又有管理关系，这种实体间的关系抽象为联系。联系通常用菱形框表示，如图 7-4（c）所示，菱形框内写明联系名，并用无向边分别与相关实体连接起来，同时在无向边旁标明联系的类型，图 7-4（d）中出现的联系有“学习”、“讲授”和“拥有”。

设有实体集 A 和 B，其间建立了某种二元联系，若对参与联系的实体加以约束，联系可分为下面三类：

1）一对一联系（1：1）

如果 A 中的任一实体至多对应于 B 中的一个实体；反过来，B 中的任一实体，也至多对应于 A 中的一个实体，则称 A 对 B 是一对一的联系。例如，电影院中观众与座位之间、乘车旅客与车票之间、病人与床位之间、学校与校长（不包括副校长）之间都是一对一联系。在 E-R 图中，要明确表明联系的类型。一对一类型的联系其无向边两端都需要标示 1，例如图 7-4（d）中的联系“拥有”。

2）一对多联系（1：n）

如果 A 中至少有一个实体对应于 B 中一个实体；但 B 中任一个实体至多对应于 A 中的一个实体，则称 A 与 B 是一对多联系。例如，省对县、城市对街道、班级对学生等都是一对多联系。一对多联系要求在一方写 1，在多方写 *n*。图 7-4（d）中，“讲授”是教师与课程之间的一对多联系，因此，在连接教师（一方）的无向边旁写 1，在连接课程（多方）的无向边旁写 *n*。

3）多对多联系（*m*∶*n*）

如果 A 中至少有一个实体对应于 B 中一个实体；反过来 B 中也至少有一个实体对应于 A 中一个实体，则称 A 与 B 是多对多联系。例如学生与课程、工厂与产品、商场与顾客等都是多对多联系。多对多联系要求在两个实体连线方向各写 *n*、*m*。图 7-4（d）中，“学习”是学生与课程之间的多对多联系，因此在连接学生与课程的无向边旁分别标示了 *n* 和 *m*。

联系也可以有自己的属性，如图 7-4（d）中的联系“学习”具有属性成绩。

为了更好地分析二元联系，下面以学生和教师之间的联系为例做进一步的说明。假设一个学生至多被一位教师指导，一位教师至多指导一个学生，则教师与学生之间存在着一对一的联系，如图 7-5（a）所示。假设一个学生至多被一位教师指导，一位教师可以指导多名学生，则教师与学生之间存在一对多的联系，如图 7-5（b）所示。假设一个学生可以被多位教师指导，一位教师可以指导多名学生，则教师与学生之间存在多对多的联系，如图 7-5（c）所示。因此对于联系类型的确定，要针对问题描述中给出的约束关系进行具体分析。

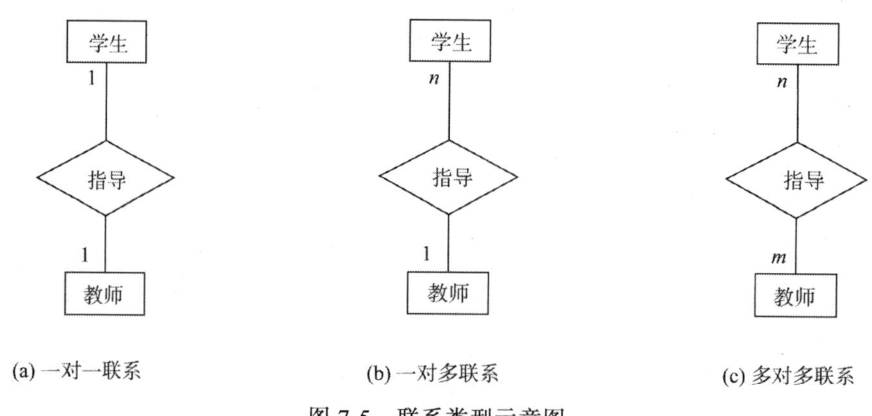

图 7-5　联系类型示意图

E-R 图描述的是一种静态实体模型，只反映实体的当前状态，因而只能回答有关实体当前状态的问题。例如回答“某学生的籍贯”、“某课程的学时数”、“某学生学习某课程的分数”等。但不能反映实体状态的变化过程。目前数据库多是根据这种模型设计的。

7.3.2　概念建模的基本步骤

下面将以学生选课系统为例，说明概念建模的前 5 个基本步骤：

（1）确定实体集。在有关学生选课系统的需求说明中，可以提取出“学生”、“教师”、“课程”、“办公室”等四个实体集。实体通常是需求说明文档中出现的名词。因此，学习、讲授都不是实体集。而学号、姓名、性别、籍贯等虽然属于名词，但不是可以互相区别的客观事物和概念，因此不能作为实体。

（2）标识联系。在这一步，将建立上一步提取出来的实体集之间的关联。根据前面的分析，为学生选课系统提取出“学习”、“讲授”和“拥有”三种联系。联系通常为动词。

（3）标识属性并将属性与实体或联系相关联。本步骤将分析实体和联系的描述属性，根据前面的分析，学生的属性包括学号、姓名、性别、籍贯，课程的属性是课程编号、课程名、学时数，描述教师的属性有教师编号、姓名、职称，描述办公室的属性有办公楼名称和房间号，而联系学习也拥有自己的属性——分数。属性通常为名词。

（4）确定属性域。

（5）确定实体键。学生的实体键为学号，教师的实体键为教师编号，课程的实体键为课程编号。

概念建模工作结束之后，还需将其进一步转化为逻辑模型。

另外，由于当前还没有 E-R 模型的标准表示方法，相关的大部分书籍在描述关系数据库管理系统的数据库设计时，常常使用下述三种表示法之一：

（1）Chen 表示方法，即用矩形框表示实体，用菱形框表示联系，用无向边连接矩形框和菱形框。本文使用的就是 Chen 表示方法。

（2）Crow Feet 表示方法，仍用矩形框表示实体，用实体间的连线表示联系，但是在一对多联系连线的一端标有一个鸦足标记。

（3）UML 表示法。业界近年比较一致的意见是应该使用最新的、称为 UML 的面向对象建模语言的标准表示方法。

7.4　逻 辑 模 型

逻辑数据模型（Logical Data Model），简称逻辑模型，这是用户从数据库所能看到的模型，是具体的 DBMS 所支持的数据模型。此模型既要面向用户，又要面向系统。在逻辑数据模型中最常用的是层次模型、网状模型和关系模型，其中应用最广泛的是关系模型。逻辑数据模型的目标是尽可能详细地描述数据，但并不考虑数据在物理上如何实现。逻辑数据建模不仅会影响数据库设计的方向，还间接影响最终数据库的性能和管理。

逻辑模型反映的是系统分析设计人员对数据组织的观点，是对概念数据模型进一步的分解和细化。如果在实现逻辑数据模型时投入的足够多，那么在物理数据模型设计时就可以有许多可供选择的方法。

各种 DBMS 软件都是基于某种逻辑数据模型的。根据逻辑数据模型的发展，数据库技术经历了三代的演变：第一代是网状、层次数据库系统；第二代为关系数据库系统；第三代是面向对象的数据库系统。

7.4.1　层次模型和网状模型

基于层次模型的数据库和基于网状模型的数据库奠定了现代数据库发展的基础。

第一代基于层次模型的数据库管理系统的代表是 1969 年 IBM 公司研制开发的 IMS（Information Management System）。层次数据模型的提出首先是为了模拟现实世界中按层次组织起来的事物。以大学的机构设置为例，学校一层下设多个学院，每个学院又下设多个系、所，每个系、所又下设教研室，这是一种层次关系。在层次模型中从一个结点到其父结点的映射是唯一的，所以对每一个记录型（除根结点外）只需要指出它的“父亲”，就可以表示出层次模型的整体结构。层次数据模型是以记录集为结点的有向树或者森林。树的主要特征之一是：除根结点以外，任何结点只有一个父结点，这种父子对应关系一般不会混淆，所以不必命名。父结点表示的实体集与子结点表示的实体集必须是一对多的联系，即一个父记录对应于多个子记录，而一个子记录只对应一个父记录。故层次模型的实例就是以记录集为结点的森林。

图 7-6 给出了一个层次数据模型。该模型描述了某学院教研室、教师、学生和课程的层次信息：学院下面包含有多个教研室、多名学生并且可以开设多门课程；教研室拥有多名教师；学生可以选修多门课程；每门课程可以被多个学生学习。从图上可以看出，除根结点以外，任何结点只有一个父结点。

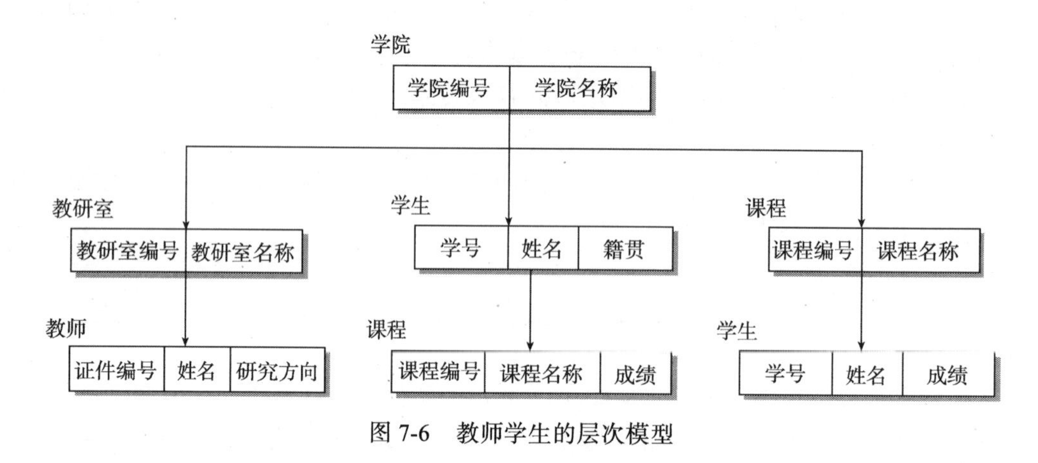

图 7-6　教师学生的层次模型

该模型能够回答的问题示例为：

（1）某一学院包括哪些教研室？

（2）某位教师是否隶属于某教研室？

（3）某位学生是否已经选修了某门课程？

（4）选修了某门课程的同学都有哪些？他们分别考了多少分？

该模型无法直接回答下述问题：考了某课程最高分的同学是否隶属于某学院？要想回答这个问题，需要进行两次查询，第一次先查找考了某门课程最高分的学生的学号、姓名，然后再根据学号、姓名判断该同学是否在某学院就读。因为在层次的数据模型中，只能回答从根开始的某条路径提出的询问。

层次模型限定了每一个子结点只能有一个父结点，父结点和子结点之间只能是一对多的关系，例如在图 7-6 中一个学院包含多个教研室，一个教研室拥有多位教师。而为了表示学生和课程之间多对多的联系，图 7-6 采用了冗余结点法，即通过增设两个冗余结点，将这个多对多的联系转变成了两个一对多的联系，这样处理的优点是结构清晰，缺点是增加了潜在的不一致性。

世界上第一个网状数据库管理系统是 1964 年美国通用电气公司研制开发的 IDS（Integrated Data Store）系统，这也是数据库史上的第一个 DBMS 系统，IDS 奠定了网状数据库的基础，并在当时得到了广泛的发行和应用。网状数据模型和语言则是 1971 年由美国数据系统语言委员会（Conference on Data Systems Languages，CODASYL）下属的数据库任务组（DataBase Task Group，DBTG）在 DBTG 报告中提出来的。

网状模型则允许一个子结点有多个父结点，父结点和子结点之间的关系可以是一对多的也可以是多对多。例如，图 7-7 与图 7-6 的不同之处在于选课和学生与课程之间都存在着父子关联，这种联系超出了层次模型的描述能力。网状模型是用有向图表示实体及实体间的联系。网状模型的数据结构具有两个特点：一是允许一个以上的结点无父结点；二是允许一个结点拥有多于一个的父结点。

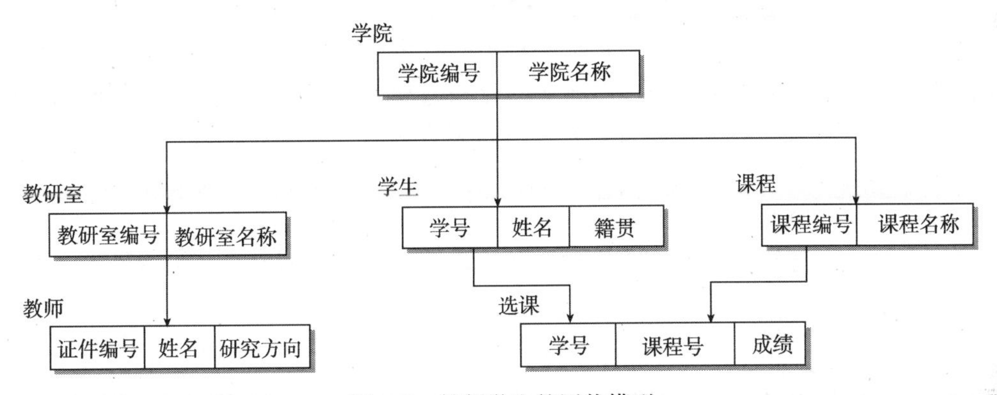

图 7-7　教师学生的网状模型

在 20 世纪 70 年代，曾经出现过大量的网状数据库的 DBMS 产品。网状数据库模型对于层次和非层次结构事物的描述较层次模型更加自然，在关系数据库出现之前，网状 DBMS 比层次 DBMS 得到了更为普遍的应用。这两种数据库操作的语言都是导航式的，即必须指出访问路径。尽管这两种模型都流行一时，但并不能描述所有现实的数据关系，数据库技术又得到了进一步的发展。

7.4.2　关系模型

第二代数据库支持关系数据模型。网状数据库和层次数据库已经很好地解决了数据的集中和共享问题，但是在数据独立性和抽象级别上仍有很大欠缺。用户在对这两种数据库进行存取时，仍然需要明确数据的存储结构，指出存取路径。而关系数据库则较好地解决了这些问题。

关系数据库理论出现于 20 世纪 60 年代末 70 年代初。1970 年，IBM 的研究员 E.F.Codd 博士在《大型共享数据银行的关系模型》一文中提出了关系模型的概念。1974 年在 ACM

组织的研讨会上，就支持与反对关系数据库进行了激烈的辩论。正是这次辩论推动了关系数据库的发展，使其最终成为现代数据库产品的主流。关系模型有着严格的数学基础，抽象级别较高，简单清晰，易于理解和使用。

1. 关系模型的基本概念及实例

关系数据库以关系模型为基础，关系数据库可以看做许多张表的集合，每张表代表一个关系。关系模型涉及的基本概念有：

（1）关系。在关系模型中，将图 7-8 中所示的二维表格称为关系。

（2）属性。表的每一列称为一个属性。属性在某个值域中取值，不同属性的值域可以不同或相同。

（3）元组。表中除第一行之外的每一行称为关系的一个元组，它由属性的值组成。

（4）超关键字。关系中能够唯一标识每个元组的属性集合称为关系的超关键字。

（5）候选关键字。能唯一标识每个元组的极小属性集合称为关系的候选关键字。

（6）主关键字。组织物理文件时，通常选用一个候选关键字作为插入、删除、检索元组的操作变量。被选用的候选关键字称为主关键字，有些书上也称为主键或者主码。

（7）外部关键字。关系的一个外部关键字是其属性的一个子集，这个子集是另一个关系的超关键字。正常情况下，外部关键字与其相匹配的超关键字共享相同的名称。外部关键字是关系之间的联结纽带，在进行跨表查询时，起到联结多个表的作用。

（8）关系模式。关系模式是关系的描述。关系模式通常需要描述与关系对应的二维表的表结构，即属性、属性的域以及属性和域之间的映像关系，另外关系模式还要描述所有可能的关系必须满足的完整性约束条件等内容。一般情况下，关系模式可以简化为一个 n 元组：

$$R(A1, A2, A3, \cdots, An)$$

其中，R 为关系名，A1、A2、A3、…、An 为属性名。例如，图 7-8（a）所示的关系模式可以简化表示为

学生关系（学号，姓名，性别，籍贯）

关系模式与关系的区别是关系模式描述了关系数据结构和语义，是关系的型。而关系是一个数据集合，是关系的值，是关系模式的一个关系实例。

属于同一个事物或个体的信息可能分散在若干表中，表和表之间通过外部关键字建立关联，将多个表的信息重新联结组合起来就可以得到数据库中存储的属于某一个事物或个体的完整信息。图 7-8（a）给出了一个学生关系的示例，该关系模式包括四个属性：学号、姓名、性别、籍贯。在学生关系里，主关键字为学号，若能够确保该表中没有重名的人存在，则姓名也可以作为主关键字。

在图 7-8（d）所示的学习关系中，由于一个学生可以选修多门课程，每门课程可以被多位学生选修，任意单独一个属性都无法唯一标识一个元组，因此主关键字是由学号和课程编号共同组成的。在图 7-8（e）中，主关键字为办公楼名称和房间号。图 7-8 记录了学生、教师、课程以及学生考试的一些信息，表和表之间的关联是通过属性建立的。例如要查找学习了简清教师所讲授课程的学生姓名时，首先查阅教师关系找到简清教师

的教师编号为 JS003；然后在课程关系中查找到授课教师编号为 JS003 的元组有两个，讲授的课程编号为 KC002；继而查阅学习关系，在该关系中可以看到课程编号为 KC002

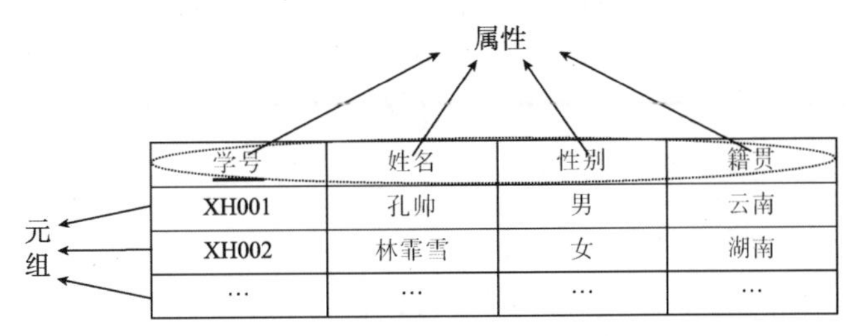

(a) 学生关系

教师编号	教师姓名	职称
JS001	谢一凡	教授
JS002	夏柳	副教授
JS003	简清	讲师
…	…	…

(b) 教师关系

课程编号	课程名称	学时数	授课教师编号
KC001	大学计算机基础	40	JS001
KC002	数据库	30	JS003
KC003	程序设计基础	60	JS001
KC004	大学英语	90	JS002
…	…	…	

(c) 课程关系

学号	课程编号	分数
XH001	KC001	85
XH001	KC003	82
XH002	KC001	70
XH002	KC002	88
XH002	KC003	95
…	…	…

(d) 学习关系

办公楼名称	房间号	教师编号
天河楼	305	JS001
银河楼	209	JS002
天河楼	403	JS003
…	…	…

(e) 办公室关系

图 7-8　学籍管理系统的关系模型示例

的元组有一个，所对应的学号为 XH002；最后通过查阅学生关系，确定学号为 XH002 的学生姓名是林霏雪。“林霏雪”就是本次检索返回的信息。

关系数据模型是以集合论中的关系概念为基础发展起来的。关系模型中无论事物还是事物间的联系均由单一的结构类型——关系来表示。不同于层次模型和网状模型，对基于关系模型的数据库的操作是高度非过程化的，用户不需要指出特殊的存取路径，路径的选择由 DBMS 的优化机制来完成。

2. 关系模型的基本运算

关系模型的基本运算包括选择、投影和联结。关系模型的运算结果仍然是关系。

1）选择

选择操作是指在指定的关系中按照用户给定的条件进行筛选，将满足给定条件的元组放入结果关系。

【例 7-1】　从图 7-8（a）“学生关系”中查找来所有女生的信息，满足条件的元组组成新的关系“女生信息一览表”。查询条件可以写为：性别=“女”，操作结果如图 7-9 所示。

学号	姓名	性别	籍贯
XH002	林霏雪	女	湖南
…	…	…	…

图 7-9　关系“女生信息一览表”

【例 7-2】　从图 7-8（d）“学习关系”中查看学号为 XH001 的学生每门课程的成绩，满足条件的元组组成新的关系“XH001 成绩一览表”。查询条件可以写为：学号=“XH001”，操作结果如图 7-10 所示。

学号	课程编号	分数
XH001	KC001	85
XH001	KC003	82
…	…	…

图 7-10　关系“XH001 成绩一览表”

2）投影

投影操作是指从指定关系的属性集合中选取属性或属性组组成新的关系。

【例 7-3】　查看图 7-8（a）“学生关系”中所有学生的学号和姓名，即选取“学号”和“姓名”两列组成新的关系“学生基本信息表”，操作结果如图 7-11 所示。

学号	姓名
XH001	孔帅
XH002	林霏雪
…	…

图 7-11　关系“学生基本信息表”

【例 7-4】　查看图 7-8（c）"课程关系"中所有课程的名称及其授课教师编号，即选取"课程名称"和"授课教师编号"两列组成新的关系"授课信息一览表"，操作结果如图 7-12 所示。

课程名称	授课教师编号
大学计算机基础	JS001
数据库	JS003
程序设计基础	JS001
大学英语	JS002
…	

图 7-12　关系"授课信息一览表"

3）联结

联结是将两个关系中的元组按指定条件进行组合，生成一个新的关系。

【例 7-5】　将图 7-8（a）和（d）的"学生关系"、"学习关系"按照相同学号对元组进行合并，组成新的关系"学生考试成绩一览表"，操作结果如图 7-13 所示。

学号	姓名	性别	籍贯	课程编号	分数
XH001	孔帅	男	云南	KC001	85
XH001	孔帅	男	云南	KC003	82
XH002	林霏雪	女	湖南	KC001	70
XH002	林霏雪	女	湖南	KC002	88
XH002	林霏雪	女	湖南	KC003	95
…	…	…	…	…	…

图 7-13　关系"学生考试成绩一览表"

【例 7-6】　将图 7-8（b）和（c）的"教师关系"、"课程关系"按照相同教师编号对元组进行合并，组成新的关系"教师授课一览表"，操作结果如图 7-14 所示。

教师编号	教师姓名	职称	课程编号	课程名称	学时数
JS001	谢一凡	教授	KC001	大学计算机基础	40
JS001	谢一凡	教授	KC003	程序设计基础	60
JS002	夏柳	副教授	KC004	大学英语	90
JS003	简清	讲师	KC002	数据库	30
…	…	…	…	…	…

图 7-14　关系"教师授课一览表"

3. 关系模型的完整性约束

不同属性的取值来自不同的集合。比如姓名和编号的取值是由字母和数字组成的，这种数据类型叫做字符型，而学时数、分数则是数字，这种数据类型叫做数值型，数值型包括实数类型和整数类型。定义数据模型时除了要定义每条记录是由哪些属性描述的

（即记录的型）以外，还要说明属性的数据类型，数据类型决定了操作数据的方式。除此之外，还可以定义其他完整性约束，比如限定属性的取值范围：约束“分数”的取值在 0 到 100 之间。如果需要，用户还应该显式地定义如果违反了完整性约束应该如何处理，通常对完整性约束的检验是由 DBMS 系统自动完成的。

完整性约束条件是数据模型的一个重要组成部分，它保证数据库中数据与现实世界的一致性。关系数据模型的完整性约束可以分为下面四类：

1）域完整性（Domain Integrity）约束

域完整性约束主要规定属性值必须取自于值域以及属性能否取空值（NULL）。域完整性约束是最基本的约束，一般关系 DBMS 都支持此项约束检查。

2）实体完整性（Entity Integrity）约束

实体完整性约束规定组成主关键字的属性不能取空值，否则无从区分和识别元组（实体）。目前，大部分 DBMS 都支持实体完整性约束检查，但并不是强制性的。

3）引用完整性（Referential Integrity）约束

实体完整性约束主要考虑一个关系内部的制约，而引用完整性约束则考虑不同关系之间或同一关系的不同元组之间的制约。引用完整性约束规定外部关键字要么取空，要么引用一个实际存在的候选关键字。例如，图 7-8（d）所示学习关系中，若存在元组（XH003,KC005,90），而在课程关系中不存在课程编号（课程关系的候选关键字）为 KC005 的元组，或在学生关系中不存在学号（学生关系的候选关键字）为 XH003 的元组，则学习关系不满足引用完整性约束。

4）用户自定义完整性约束

上述三类完整性约束是最基本的，应为关系数据模型普遍遵循。此外，一般系统都支持数据库设计者根据数据的具体内容定义语义约束，并提供检验机制。

至此，我们基本上给出了关系模型的一个完整示例，虽然简单但是却涵盖了数据模型三要素，即数据结构、数据操作和数据完整性约束。

7.4.3　E-R 模型到关系模型的转化

7.3 节完成了学生选课系统在概念建模阶段需要进行的工作，下面将要讨论如何将图 7-4 所示的概念模型（E-R 模型）转化为图 7-8 所示的逻辑模型（关系模型）。

将概念模型转化为关系模型时，可以遵从下述转化规则：

（1）实体的转化。每一个实体都转化为一个关系，原来描述实体的属性直接转化为关系的属性，实体的主关键字转化为关系的主关键字。根据这个原则，可以将图 7-4 中的四个实体直接转换为图 7-8（a）、（b）、（c）和（e）。

（2）一对一联系的转化。将任意一方的主关键字放入另外一方的关系中。若联系本身还具有属性，则也将属性放入这一关系中。在图 7-4 中，教师和办公室之间存在着一对一的关系，因此，可以将教师的主关键字教师编号放入图 7-8（e）中，也可以将办公室的主关键字办公楼名称和房间号放入图 7-8（b）中，本书采用的是前一种方法。

（3）一对多联系的转化。将一方的主关键字放入多方的关系中，作为多方的外部关键字。若联系本身还具有属性，则也将属性放入多方的关系中。教师和课程之间存在着一对多的联系，因此可以将教师的主关键字放入课程关系中，作为课程关系的外部关键字，如图 7-8（c）所示。

（4）多对多联系的转化。为多对多联系创建一个新的关系，将参与这个多对多联系的双方的主关键字放入这个关系，作为外部关键字，双方的主关键字合在一起构成新创建关系的主关键字。若联系还具有自己的属性，则这些属性也要放入这个关系。学生与课程之间存在着多对多联系，因此为这一联系创建一个新关系——学习关系，同时将学号和课程编号放入学习关系，分别作为这个关系的外部关键字，另外还要将该联系具有的属性成绩也放入学习关系中，如图 7-8（d）所示。

7.4.4　面向对象模型

第三代数据库技术产生于 20 世纪 80 年代，随着科学技术的不断进步，关系型数据库已经不能完全满足需求。关系模型的表达能力有限，这种平面结构无法表达客观世界中实体间复杂的层次和嵌套关系。新的应用需求希望数据库能够支持多种数据类型，能够更加自然地刻画现实，允许动态扩充。各个行业领域对数据库技术也提出了更多需求，于是产生了第三代数据库。第三代数据库支持多种数据模型（如关系模型、对象—关系模型和面向对象模型），并和诸多新技术（如分布处理技术、并行计算技术、人工智能技术、多媒体技术、模糊技术）相结合，广泛应用于多个领域，由此也衍生出多种新的数据库技术，如分布式数据库、多媒体数据库、移动数据库、数据仓库等。

第三代数据库技术支持的典型数据模型是面向对象（Object Oriented，OO）的数据模型。面向对象方法的特点是尽可能按照人类认识世界的方式和思维模式来分析和解决问题。客观世界由许多具体的事物或事件、抽象的概念、规则等组成。因此，面向对象的方法将任何感兴趣或要加以研究的事物概念都看做“对象”。例如，每一个人都可以看做一个对象，每一张桌子也是一个对象。面向对象方法很自然地符合人类的认知规律，计算机实现的对象与真实世界具有一对一的对应关系。

面向对象模型的核心概念是对象，对象是对客观世界中实体的抽象。在该类软件开发技术中，对象描述由属性和方法组成。其中对象的属性对应着实体的属性，方法表示可以对该实体进行的操作。面向对象模型具有封装的特性，将数据和对数据的操作封装在一起。这种封装机制对后面将讨论的数据独立性、数据完整性和安全保护都将带来好处。与其他模型不同的是，一个对象属性的值又可为另一对象，这种嵌套构造能力使得面向对象的方法能够构造任意复杂的对象。

在构造面向对象模型时，把同类对象抽象为类（Class），同类对象有相同的属性和方法，一个类定义由类名、属性和方法三部分构成。图 7-15 中定义了图书管理数据库系统中“书籍”类的定义，每个书籍都将有书籍编号、书名、出版社、作者、出版号、价格属性，通过调用“计算折扣价”的方法可以得到随市场变动的书籍的价格。类下面又可以划分为子类。例如，书籍类下面包括自然科学类和社会科学类，书籍类是自然科学类和社会科学类的父类或者超类，自然科学类和社会科学类称为书籍类的子类，计算机类和医学类是自然科学类的子类，哲学类和法学类是社会科学类的子类。子类除了继承其超类的所有属性和方法外，还可定义新的属性和方法，一个系统中各类之间的这种继承关

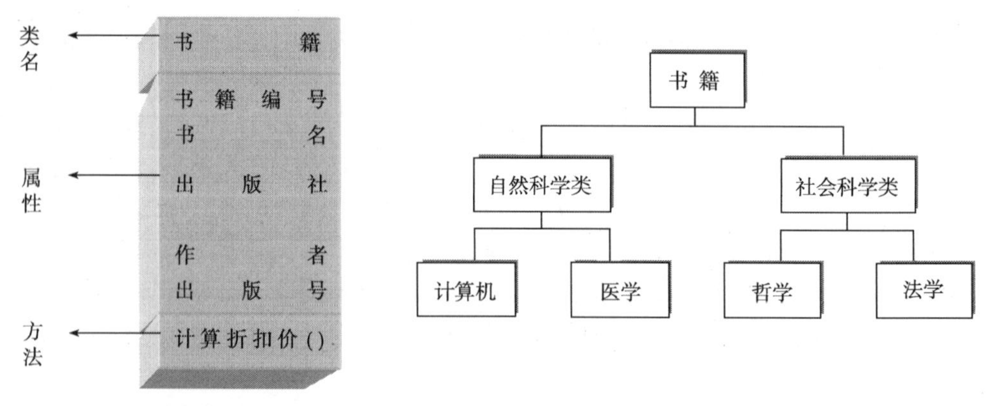

图 7-15　面向对象模型示例

系构成一个类层次结构。

7.5　物 理 模 型

逻辑数据模型的设计是独立于具体的 DBMS 软件的，但事先需要选定一种逻辑数据模型，如关系数据模型。下一阶段的主要工作是将逻辑数据模型转化为物理数据模型。

物理数据模型（Physical Data Model），简称物理模型，是面向计算机物理表示的模型，描述了数据在储存介质上的组织结构。物理模型不仅与具体的 DBMS 有关，还与操作系统和硬件有关。DBMS 为了保证其独立性与可移植性，大部分物理数据模型的实现工作由系统自动完成，而设计者只需要设计索引等特殊结构。每一种逻辑数据模型在实现时都有其对应的物理数据模型。物理数据模型是在逻辑数据模型的基础上，真正实现数据在数据库中的存放。

在物理模型设计阶段，可能会影响逻辑模型设计阶段的某些结果。例如，在关系模型中，若设定学生姓名为字符类型，且用 50 个字符表示，如果最终所选用的 DBMS 最多只能支持 25 个字符，则需要对原设计进行修改。由于物理模型的设计涉及到具体的 DBMS，因此具体的操作请参见与本书配套的实验教程。

逻辑数据库设计者关注"是什么"，物理数据库设计者则关注"怎样做"。例如，物理数据库的设计者必须知道计算机系统怎样处理 DBMS 的操作，并需对目标 DBMS 的功能有充分的了解。因为现在的各种系统提供的功能在很多方面都有很大的不同，物理数据库的设计必须适应某种特定的 DBMS。

数据库的物理模型设计阶段需要确定基本关系、用户视图、文件的组织方式以及为实现数据高效访问而建立的索引和任何完整性约束、安全策略等。所涉及的概念解释如下：

（1）基本关系。图 7-8 中的学生、教师等关系均为基本关系。

（2）用户视图。由基本关系按照特定规则导出的关系。在实际使用的校园学生选课系统中，教师和学生、学生和学生看到的信息不同，是因为他们访问了不同的视图，而不是访问了不同的数据库。

（3）文件的组织方式。常用的文件组织方式包括顺序文件和索引文件。顺序文件是指按记录进入文件的先后顺序存放、其逻辑顺序和物理顺序一致的文件。索引文件通常是在文件本身（主文件）之外，另外建立一张表，它指明逻辑记录和物理记录之间一一对应的关系，这张表就叫做索引表，它和主文件一起构成索引文件。

在物理实现上的考虑，可能会导致物理数据模型和逻辑数据模型有较大的不同。数据库设计本身是一个反复迭代的过程，某个步骤中获取的信息可能会改变前一步骤的决策。例如，在物理设计阶段，为提高系统性能做出的一些取舍，如合并关系等，可能会影响到逻辑数据模型的结构，这又将影响到应用设计。

7.6 数据库管理系统

在讨论 DBMS 的功能和特点之前，首先对文件系统与数据库系统在数据管理方面的区别进行简单讨论，以此说明 DBMS 软件为何能够成为现代数据管理的基础性、核心性软件。

文件系统和数据库系统在数据管理方面有很大的区别。若直接通过文件系统存储管理数据，则关于数据结构的定义是附属于应用程序的，而非独立存在，用户需要为数据文件设计物理细节，并且一旦文件的物理结构发生变化，则需要修改或重写应用程序。在早期，一种格式的文件通常只能被特定的应用程序读写，例如.doc 格式的文件就不能被 Notepad 这样的应用程序打开（打开之后为乱码），原因就在于 Notepad 不知道.doc 文件的物理结构，因此文件系统无法支持高度共享。此外，由于在文件系统中访问数据的方法事先由应用程序在代码中确定和固定，不能根据需要灵活改变，而此后出现的数据库技术成为比文件更为有效的数据管理技术。

数据库的模型、语言和设计是数据库管理系统的基本成分；数据库管理系统的许多高级特征都是建立在这些基本概念之上的，如并发、故障恢复、安全性和查询优化等和性能相关的问题。

简单地说，DBMS 主要负责将用户（应用程序）对数据库的一次逻辑操作，转换为对物理级数据文件的操作。DBMS 的功能包括以下几个方面。

1. 数据库的定义

DBMS 提供数据定义语言（Data Description Language，DDL），描述的内容包括数据的结构和操作（对面向对象数据库而言）以及数据的完整性约束和访问控制条件等，并负责将这些信息存储在系统的数据字典中，供以后操作或控制数据时查用。使用 DDL 语言定义数据模型时，需要为记录类型每个字段定义其数据类型，通过定义数据类型，可以在一定程度上保证数据的完整性。

2. 数据库的数据管理

数据库中物理存在的数据包括两部分：一部分是元数据，即描述数据的数据；另一部分是原始数据。以关系数据库系统为例：元数据描述了一个数据库中包含了多少个表

（关系），每个表又是由哪些属性构成其关系框架的，还要描述每个属性的域，表示表和表之间联系的属性（组），每个表的主关键字以及合法用户的信息等内容；原始数据则构成物理存在的数据库，DBMS 一般提供多种文件组织方法，比如用户可以选择将文件组织为流水文件，即系统按记录到达的时间顺序组织文件，或者可以选择顺序文件的组织方式，将文件中的记录按照某一个（些）属性排序。

3. 数据库的操作及优化

DBMS 提供数据操作语言（Data Manipulation Language，DML），用于实现对数据库的检索、插入、删除和修改等操作。例如，在一张表中查找信息或者在几个相关的表或文件中进行复杂的查找；使用相应的命令更新一个字段或多个记录的内容；用一个命令对数据进行统计，甚至可以使用数据库管理系统工具进行编程，以实现更加复杂的功能。

数据库的优化通常可以通过对网络、硬件、操作系统、数据库参数和应用程序的优化来进行。最常见的优化手段就是对硬件的升级。根据统计，对网络、硬件、操作系统、数据库参数进行优化所获得的性能提升，全部加起来只占数据库系统性能提升的 40%左右，其余的 60%系统性能提升来自对应用程序的优化。许多优化专家认为，对应用程序的优化可以得到 80%的系统性能的提升。优化机制的好坏直接反映一个 DBMS 的性能。

4. 数据库的并发控制

数据库技术能够支持多个用户并发地访问数据库，充分实现共享，因此 DBMS 必须对数据提供一定的保护措施，保证在多个用户共享数据时，只有被授权的用户才能查看或修改数据。为了实现对数据的充分共享，DBMS 提供并发控制机制、访问控制机制和数据完整性约束机制，避免多个读/写操作并发执行可能引发的冲突、重要数据被盗、安全性和完整性被破坏等一系列问题。

5. 数据库的故障恢复与维护

在数据库系统运行的过程中，难免会出现各种错误或者故障。用户一定不希望下面的情况发生：正在银行自动存款机中进行存款操作，操作未全部完成时，机器由于某种原因停机，系统恢复以后，已经显示存入的 1000 元钱却没有留下任何记录。DBMS 为了解决因各种故障而导致系统崩溃或者硬件失灵的问题，采取了多种措施，其中之一就是日志。DBMS 将系统的运行状态和用户对系统的每一个操作都记录在日志中，一旦出现故障，根据这些历史可维护性信息就能够将数据库恢复到一致的状态。此外，当发现数据库性能严重下降或系统软硬件设备变化时也能重新组织或更新数据库。在故障恢复机制的帮助下，银行系统就能够保证一旦机器恢复正常工作，对用户所有的历史操作都不会否认，要么将 1000 元钱入账，要么退还用户。

6. 提供数据库的多种接口

为了满足不同类型用户的操作需求，DBMS 通常提供多种接口，用户可以通过不同的接口使用不同的方法和交互界面操作数据库。用户群包括常规用户、应用程序的开发者、DBA 等。主流的 DBMS 除了提供命令行式的交互式使用接口以外，通常都提供了图形化接口，用户使用 DBMS 时就像使用 Windows 操作系统一样方便。

7. 安全性

关于数据库管理系统的安全机制请读者参考第 8 章。

7.7　管理信息系统与数据库

所谓管理信息系统（Management Information System，MIS），是一个由人、计算机及其他外围设备等组成的能进行信息的收集、传递、存储、加工、维护和使用的系统，其主要任务是最大限度地利用现代计算机及网络通信技术加强企业的信息管理，通过对企业拥有的人力、物力、财力、设备、技术等资源的调查了解，建立正确的数据，加工处理并编制成各种信息资料及时提供给管理人员，以便进行正确的决策，不断提高企业的管理水平和经济效益。目前，企业的计算机网络已成为企业进行技术改造及提高企业管理水平的重要手段。随着我国与世界信息高速公路的接轨，企业通过计算机网络获得信息必将为企业带来巨大的经济效益和社会效益，企业的办公及管理都将朝着高效、快速、无纸化的方向发展。

MIS 系统通常用于系统决策，例如，可以利用 MIS 系统找出目前迫切需要解决的问题，并将信息及时反馈给上层管理人员，使他们了解当前工作发展的进展或不足。换句话说，MIS 系统的最终目的是使管理人员及时了解公司现状，把握将来的发展路径。

一个完整的 MIS 应包括辅助决策系统（DSS）、工业控制系统（IPC）、办公自动化系统（OA）及数据库、模型库、方法库、知识库和与上级机关及外界交换信息的接口。其中，特别是办公自动化系统、与上级机关及外界交换信息等都离不开 Intranet 的应用。可以这样说，现代企业 MIS 不能没有 Intranet，但 Intranet 的建立又必须依赖于 MIS 的体系结构和软硬件环境。

传统的 MIS 系统的核心是 CS（Client/Server，客户端/服务器）架构，而基于 Internet 的 MIS 系统的核心是 BS（Browser/Server，浏览器/服务器）架构。BS 架构比起 CS 架构有着很大的优越性，传统的 MIS 系统依赖于专门的操作环境，这意味着操作者的活动空间受到极大限制；而 BS 架构则不需要专门的操作环境，在任何地方，只要能上网，就能够操作 MIS 系统，这其中的优劣差别是不言而喻的。

基于 Internet 上的 MIS 系统是对传统 MIS 系统概念上的扩展，它不仅可以用于高层决策，而且可以用于进行普通的商务管理。通过用户的具名登录（或匿名登录），以及相应的权限控制，可以实现在远端对系统的浏览、查询、控制和审阅。随着 Internet 的扩展，现有的公司和学校不再局限于物理的有形的真实的地域，网络本身成为事实上发展的空间。基于 Internet 上的 MIS 系统，弥补了传统 MIS 系统的不足，充分体现了现代网络时代的特点。随着 Internet 技术的高速发展，因特网必将成为人类新社会的技术基石。基于 Internet 的 MIS 系统必将成为网络时代的新一代管理信息系统，前景极为乐观。

市场营销的 MIS 是企业或组织整体 MIS 的一部分。MIS 是一个信息系统，它通过程式化的程序从各种相关的资源（公司外部和内部的都包括）收集相应的信息，为经理们提供各层次的功能，以使得他们能够对自己所应该负责的各种计划、监测和控制活动等做出及时、有效的决策。

MIS 的本质是一个关于内部和外部信息的数据库，这个数据库可以帮助人们做分析、决策、计划和设定控制目标。因此，重点是如何使用这些信息，而不是如何形成这些信息。

7.8 本章小结

本章属于数据库技术的入门教程，所涉及的知识点包括数据管理发展史、数据库的基本概念、数据库应用、数据库建模、DBMS 的功能等，并且以学生选课系统为例，讲述了数据库的设计、创建、维护以及查询的相关操作。

与文件系统的比较，使我们更加清楚地认识到人们为何需要数据库技术来解决绝大部分信息的存储与管理。通过对本章内容的学习，读者会逐步建立对数据的存储、维护和查询等问题的兴趣，或许这些兴趣能够成为你将来追求专业解决之道的推动力。

数据库设计工作的好坏对应用程序执行效率的高低、前期编程和后期维护工作的难易程度等问题将产生巨大深远的影响。概念模型是数据库设计人员和用户之间进行交流的语言；逻辑模型反映的是系统分析设计人员对数据组织的观点；物理模型则真正实现数据在数据库中的存放。

延伸阅读材料

目前，每隔几年，国际上一些资深的数据库专家就会汇聚一堂、探讨数据库研究现状、存在的问题和未来需要关注的新的技术焦点。过去已有的几个类似报告包括：1989 年 Future Directions in DBMS Research-The Laguna Beach Participants，1990 年 Database Systems: Achievements and Opportunities，1995 年的 Database Research; Achievements and Opportunities into the 21st Century，1996 年 Strategic Directions in Database Systems-Breaking Out of the Box 和 1998 年的 The Asilomar Report on Database Research，详见参考文献（Bernstein P A, Dayal U, DeWitt D J, Gawlick D, et al., 1989; Silberschatz A, Stonebraker M, Ullman J D, 1991; Silberschatz A, Stonebraker M, Ullman J D, 1996; Silberschatz A, Zdonik S, 1996; Bernstein P, Brodie M, Ceri S, DeWitt D, et al., 1998）。

独立于具体的数据库系统而专门探讨数据库设计理论和介绍 SQL 语言的图书很多，而评价这些图书优劣好坏的标准更是千变万化。下面是几本笔者认为值得一读的图书：

- Morgan Kaufmann Publishers 出版公司 2010 年出版的文献（Celko J, 2010）。尽管这不是一本为 SQL 初学者写的书，但这部示例丰富的著作仍不失为一本关于 SQL 的最佳参考书。
- Addison-Wesley 出版公司 2001 年出版的文献（Bowman J S, Emerson S L, Darnovsky M, 2001）。
- Addison-Wesley 出版公司 2003 年出版的文献（Hernandez M J, 2003）。这本书前

部分略显冗长，后半部分却写得非常精彩。

- R&D Books 出版公司 1999 年出版的文献（Gulutzan P, Pelzer T, 1999）。这本书经常被人们提起。

对数据库技术非常感兴趣的读者可以到网上去找找由 Fernando Lozanow 编写的关于关系数据库设计入门的文章（http://www.edm2.com/0612/mysql17.htm）。

关于 E-R 模型，最经典的文章是 1976 年 Peter P. Chen 发表的（Chen P P, 1976）。在这篇文章中，他谈到他是在中国文字的启迪下提出了现在流行的 E-R 模型，本文是计算机领域被引用最多的论文之一。在对 1000 多个计算机科学教授做的一次新近的调查中，它被选举为在计算机科学中最有影响的论文之一。

习　题

1. 数据库和数据库系统有何异同？
2. 简述数据库中构成数据结构的三要素。
3. 简述数据库设计的三个步骤。
4. 分析下列每个描述给出的联系的类型：

（1）每个教师可以指导多名学生，每个学生可以被多位教师指导。

（2）每个学生属于一个学院，每个学院拥有多名学生。

（3）每个学院可以开设多门课程，每门课程可以被多个学院开设。

（4）每个学院都有且仅有一名院长。

（5）每个学院都拥有多名教师，每个教师只能属于一个学院。

5. 某公司要开发一个员工管理信息系统，其数据存储管理需求如下所述：

- 一个公司有四个部门，每个部门只属于一个公司，每个部门都有部门 ID、部门名称、一名主管经理；
- 每个部门有多个雇员，每个雇员只在一个部门工作，每位雇员都有雇员 ID、姓名、性别、籍贯；
- 每个雇员可以参与一到多个项目，每个项目可以有多个雇员参与，每个项目都有项目 ID、名称、地点。

请回答下列问题：

（1）从上述描述中可以提取的实体有哪些？

（2）分析这些实体可能拥有的属性。

（3）分析这些实体之间的联系。

（4）画出 E-R 图。

（5）将 E-R 模型转换为关系模型。

6. 某大学要开发一个教学管理系统，其数据的存储管理需求如下所述：

- 某大学有 10 个学院，每个学院都有学院 ID、名称、院长；
- 每个学院有学生若干，每个学生只属于一个学院，每个学生都有学号、姓名、性别和籍贯；
- 每个学院拥有教师若干，每个教师只能在一个学院任职，每位教师都有教师 ID、姓名和职称；
- 每个教师可以指导一到多名学生，每个学生可以被一到多位教师指导；
- 每个教师可以讲授多门课程，每门课程可以由多位教师讲授，每门课程都有课程编号、课程名称、学时数；

- 每个学生可以选修多门课程，每门课程可以被多位学生选修。

请回答下列问题：

（1）从上述描述中提取实体。

（2）为每个实体提取相应的属性，并指出每个实体的实体键。

（3）分析这些实体之间的联系。

（4）画出 E-R 图。

（5）将 E-R 模型转换为关系模型。

7. 假设下列关系模式是某个关系数据库逻辑数据模型的一部分，

Hotel(hotelNo，hotelName，city)

Room(roomNo，hotelNo，type，price)

Booking(hotelNo，guestNo，dateFrom，dateTo，roomNo)

Guest(guestNo，guestName，guestAddress)

Hotel 中包含酒店的详细资料，hotelNo 是它的主关键字；

Room 中包含每个酒店的房间信息，(roomNo，hotelNo)是它的主关键字；

Booking 中包含各种登记资料，(hotelNo，guestNo，dateFrom)是它的主关键字；

Guest 中包含客人的详细资料，guestNo 是它的主关键字。

（1）指出这个模式中所有的外部关键字。

（2）给出这些关系框架的一个实例，并为这个模式制定一些适当的企业约束。

（3）使用 MS Office Access 实现上面给出的模型。

8. 假设有以下两个关系：

论坛表：

论坛 ID	**论坛名称**	**版主 ID**
board001	IT	user004
board002	游戏	user002
board003	情感	user001

用户表：

用户 ID	**昵称**	**密码**	**用户威望值**	**论坛职务**
user001	蚂蚁上树	abc123	大学生	版主
user002	前年隐身	xhbuyi92ye	中学生	版主
user003	踏雪寻煤	1234567love	小学生	无
user004	大掌柜	chainshine888	研究生	版主

执行下列操作，给出结果关系：

（1）利用投影操作，给出所有用户的 ID、昵称和用户威望值。

（2）利用选择操作，找出没有论坛职务的用户信息。

（3）利用联结操作，将两个表联结在一起，形成一个新的关系。

（4）综合利用投影、选择和联结操作，找出 IT 版版主的昵称。

（5）在 MS Office Access 中实现上述操作。

9. 通过查阅相关资料，撰写一篇与数据管理技术发展历程相关的研究报告。

10. 讨论文件系统在支持数据共享上的进步。

11. 针对一种 DBMS 软件，在对其功能进行深入研究的基础上，体会数据库系统与文件系统相比的优越性。

第8章　信息安全技术

【学习内容】

本章将介绍信息安全基本概念及常用技术，主要知识点包括：

- 信息安全、计算机安全和网络安全的概念；
- 硬件系统、软件系统和网络中的安全问题；
- 计算机病毒基本概念及其防治技术；
- 信息安全常用技术。

【学习目标】

通过本章的学习，读者应该：

- 理解信息安全、计算机安全和网络安全的概念；
- 了解硬件系统、软件系统、网络中的安全问题及主要解决方法；
- 熟悉计算机病毒的定义、特征、分类，以及计算机病毒主要传播方式与传播途径；
- 了解反计算机病毒技术的发展；
- 了解信息安全常用技术。

随着计算机网络的飞速发展和信息系统的广泛应用，社会信息化特征越发明显，信息作为继物质和能源之后第三类资源，对人们的工作、生活的影响日益深刻，人们生产和生活的质量将愈来愈多地取决于对知识信息的掌握和运用的程度，信息成为影响国民经济和社会发展的重要战略资源。

构建在计算机与计算机网络之上的信息系统已被广泛应用于政治、军事、经济、科研、教育、商业、金融、人力资源、大众传媒等各个领域，涉及国家安全、部门机构机密、个人隐私信息的大量关键数据被集中存放在这些系统当中。各种计算机系统都不同程度地存在着安全隐患，极易成为攻击目标，因计算机系统被攻击而导致的信息安全问题在全世界层出不穷。

计算机和计算机网络面临的信息安全问题越来越受到广泛的关注，人们努力通过技术的、管理的和法律的手段解决信息安全问题。信息安全技术是指保证信息在生成、存储、传输和使用过程中的安全，以及降低信息处理系统故障和受攻击风险的技术手段和措施，它已经成为信息技术领域重要的研究方向。

本章将主要从计算机技术的角度讨论信息安全的相关问题和主要的信息安全技术。首先介绍信息安全、计算机安全和网络安全的概念，讨论硬件系统、软件系统和网络中存在的安全问题以及主要解决办法；接着介绍计算机病毒的定义、特征、分类等基本概念，分析计算机病毒的主要传播方式与传播途径，介绍反计算机病毒技术的发展过程；最后介绍七种常用的信息安全技术。

8.1　信息安全概论

信息安全早期关注于保护数据处理与传递过程中的安全性，注重信息的机密性，强调通信安全。随着计算机信息系统的广泛应用，信息安全概念被拓展，信息系统的访问控制、信息的完整性保护也成为信息安全的重要内容，强调计算机系统安全。计算机网络的发展扩大了信息系统的应用范围，很多信息系统的运行和信息的传输都依赖计算机网络。因此，计算机网络安全又成为信息安全必须考虑的因素。

8.1.1　信息安全基本概念

信息安全是指保护信息和信息系统的安全，以防止其在未经授权的情况下被访问、使用、泄露、修改或破坏。

信息安全具有机密性、完整性和可用性三个核心属性。机密性是指信息不被非授权访问。非授权用户即使获得信息也无法或很难知晓信息内容，使之不能正常使用。完整性是指信息或数据在生成、传输、存储和使用过程中不被非授权修改。可用性是指保障授权用户在需要时能够访问和使用信息相关资源的特性。

根据信息系统的构成要素，信息安全可以分成物理安全、运行安全、数据安全和管理安全四层。信息系统的构建和运行离不开基础设施，如各种通信设备、信道、计算机系统和输入/输出设备等，它们是信息系统赖以存在、运作的物理基础，物理安全就是指对信息基础设施的保护。运行安全是指对计算机网络或信息系统运行过程和运行状态的保护，防止因为使用不当或被攻击而引起系统不可用或信息被窃取、篡改、冒充、抵赖和破坏。数据安全是指数据生成、处理、传输、使用过程中的保护，确保数据只被授权访问，不被窃取、篡改、冒充、抵赖和破坏。管理安全是指用综合手段对信息和信息系统运行进行的有效管理，以保证它们的安全。

计算机安全是信息安全的延伸，主要关注计算机系统的物理安全、运行安全和数据安全。国际标准化组织（ISO）对计算机安全的定义是：为数据处理系统而采取的技术的和管理的安全保护，保护计算机硬件、软件、数据不因偶然的或恶意的原因而遭到破坏、更改、显露。计算机安全同样具有机密性、完整性和可用性的特征。

计算机网络安全是指通过技术和管理手段，保护在公共计算机网络系统中传输、交换和存储的信息的机密性、完整性、可用性、不可否认性和可控性，保护公共计算机网络系统的运行安全。

由于计算机网络环境的开放性，网络安全除了机密性、完整性与可用性的特征外，还强调不可否认性和可控性。所谓不可否认性，是指保证通信双方在信息交互过程中都不可能否认或抵赖本人的真实身份，所提供信息的原样性、所完成的操作和承诺的真实性。可控性是指能够对网络系统中信息传播以及信息的内容实施有效控制的特性，即网络系统中的任何信息应是在一定传输范围和存储空间中可控的。

下面将从硬件系统、软件系统和计算机网络系统三个方面来分析计算机安全和网络安全面临的主要问题。

8.1.2　硬件系统的安全

硬件系统的安全是指保护计算机硬件和计算机网络设备、设施等免遭自然或人为破坏。硬件系统是信息和信息处理过程依存的物质基础，硬件系统的安全是信息安全的基本保证。硬件系统安全主要包括环境安全和硬件系统的访问控制两个方面。

1. 环境安全

计算机和网络硬件中存在大量的微电子设备、精密机械设备和机电设备，这些设备的性能很容易受环境条件的影响，如果环境条件不能满足设备的要求，系统的可靠性就会降低，元器件及材料就会加速老化，设备故障率增加，使用寿命缩短，严重时，不仅会导致系统瘫痪，还可能丢失重要数据，造成不可挽回的损失。

对计算机硬件和网络通信设备正常工作影响较大的环境因素主要包括温度、湿度、灰尘、振动、电源和电磁。

计算机硬件中大量使用的是中、大规模集成电路，包含了大量的电子元器件，电子元器件在工作时会产生大量的热量，加上为了节约管理成本，通常机房中会集中放置大量此类设备，如果没有有效的散热措施，机房温度很容易超过规定范围。过高的温度会导致系统可靠性下降，加速设备，特别是电路的老化。

如果计算机所处环境湿度过大，会使硬件表面附着湿气，金属材料被氧化腐蚀；使印制线路板的绝缘性能变差，引起错误；导致系统内部的接插件及相关接触部分出现漏电或接触不良的现象，影响系统的正常工作，甚至出现短路而烧毁某些部件。机房过于干燥，又会导致硬件中静电荷的聚集，静电不仅可能产生放电引发火灾，还可能对电子线路产生干扰，引起数据丢失或改变，它也会使设备更易吸附灰尘，造成短路或磁盘读写错误。

灰尘的积聚会给硬件系统造成漏电、静电感应、硬件故障等问题。硬件设备中最怕灰尘的是磁盘存储器，由于硬盘是封闭结构，因此，这里的外存储器主要是指密闭性能较差的软盘和光盘等，灰尘一旦落在盘片上，当驱动器的磁头读写磁盘数据时，高速旋转的磁盘以及磁头就可能因而损伤，造成读写错误和数据丢失。此外，灰尘的积聚也不利于集成电路的散热，甚至还可能导致短路或断路。

振动也可能对计算机造成影响，特别是对诸如硬盘、软盘驱动器、光盘驱动器等，这些设备在工作过程中，盘片高速旋转，磁头或光头贴近盘面进行读写，此时遇见强烈振动很可能损坏磁头、光头或盘片，导致设备损坏，数据丢失。

电子设备工作离不开电力，稳定、可靠的电源是计算机和网络硬件正常工作的保证，机房应提供良好的供电环境，避免电源扰动、干扰、停电等原因对系统造成的损害。

计算机和网络多以电磁信号处理和传输数据，一般情况下，环境中的电磁场不会对系统产生影响，但是，如果遇见强电磁环境，就有可能降低电气设备、仪表的工作性能，导致错误。

针对这些安全威胁，可以从环境建设、技术、管理等多个方面来做好硬件安全工作。

在环境建设方面，应选择合适的场地建设机房，尽量避免自然灾害的影响。机房环境选择应注意以下几个方面的问题：应具有稳定的电源供应；避开环境污染、灰尘大的区域，如水泥厂、采石场等；避开有强振动源、强噪音源的场所，如工厂、工地、闹市等；避开潮湿、雷电频繁的区域。

电磁防护除了要防止电磁干扰，还要防止电磁泄漏。电子设备中的电磁能量会通过导线或空间向外扩散，任何处于工作状态的电磁信息设备都存在不同程度的电磁泄漏。如果泄漏中夹带有设备正在处理的信息，就会导致电磁信息泄漏。通过侦测电磁泄漏来获取情报是一些国家和组织的情报部门常常使用的窃听手段。

电磁防护可以采取多种措施，主要包括屏蔽技术、电磁干扰技术和低辐射技术。屏蔽是将计算机、网络设备用屏蔽材料封闭起来，这样既可以防止内部的电磁信号泄漏出去，也可以阻止外来电磁信号进入屏蔽区域，既可以防电磁泄漏，也可以防电磁干扰。电磁干扰和低辐射技术是电磁防护的两种主要技术手段。

（1）电磁干扰。运用电磁干扰设备也是一种有效的防电磁泄漏措施。它通过在电磁辐射信号中增加干扰信号，增大了辐射信号被截取还原的难度，从而达到隐藏真实信息的目的。

（2）低辐射技术。使用低辐射设备是防止电磁泄漏的根本措施，低辐射设备在设计和生产时，对可能产生信息辐射的元器件、集成电路、连接线、显示器等都采取了防辐射的措施，可以将设备的信息辐射抑制到最低限度。

在管理方面，应着重防火、防水等。大多数时候，硬件设备受到自然因素的损害都是由于人员疏忽、管理不到位造成的，加强计算机机房管理和设备管理，建立周期检查制度，安排专门人员定期检查环境安全和设备工作状态，及时发现并纠正安全隐患，可以有效降低安全威胁，避免硬件损失。

2. 访问控制

硬件作为一个实体，很容易成为犯罪分子偷窃和破坏的对象，而由于操作、使用和维护人员的疏忽大意引发的故障，也是硬件安全的重要威胁。

加强对硬件的访问控制，可以有效避免设备被盗、被控制、被破坏等事件。对硬件访问控制的目标是限制对重要设备和重要区域的访问，减少安全风险。访问控制可以从技术和管理两个方面进行。

技术上，可以采取诸如指纹识别系统、门禁系统等限制非授权人员进出重要区域，如放置重要设备的机房。也可以给设备装配专门的防盗装置，如为机箱加锁等，减少非授权用户直接接触硬件的可能性。此外，将设备放置在人员不易到达的位置也是有效降低安全风险的好方法。还可以通过加装安全软件来实现对用户访问行为的控制，防止恶意用户利用软件来控制或破坏硬件系统。

管理上，应制定详细的规章制度。包括机房管理规章制度，对进出机房人员的行为进行规范；设备使用管理规章制度，对人员使用设备的行为进行规范；人员培训制度，对操作重要设备的人员进行培训，可以减少因误操作带来的损失。

8.1.3　软件系统的安全

软件由程序、数据和文档组成，其中程序是软件的核心部分。操作系统负责计算机软硬件资源的管理与调度，是用户和应用程序与计算机硬件的接口，信息处理系统的运行都离不开操作系统。数据库是大多数信息处理系统的组成部分，负责信息存储、维护和访问。因此，软件、操作系统和数据库对于保证信息系统正常运行发挥着关键性的作用，它们的安全性对信息和信息系统的安全具有极其重要的影响。

1. 程序安全

所谓程序的安全性，是指对程序能够实现期望的机密性、完整性和可用性的信任程度。它是一个较为主观的评价指标，不同的人从不同角度考虑，对程序安全性的评估结果也会不同。例如，一个普通用户可能会将软件能否长时间无错运行作为程序安全的标准，而另一个具有计算机背景的用户可能会将任何与安全需求相抵触的潜在的程序缺陷都理解为程序不安全。但是，无论如何考虑，程序安全涉及两个主要问题，其一是如何避免和消除程序中的缺陷；其二是在程序缺陷不可避免的情况下，如何保护计算机系统安全。

通常，软件开发者会把软件中的错误数量与种类作为软件质量度量的依据。我们经常提到的软件 Bug，或者是软件需求说明时的一个错误，或者是软件设计的一个缺陷，或者是一段代码中的错误，或是一个可能导致系统出错或崩溃的因素，而这个因素可能并不为人事先所知。

一种最常见的保证程序安全的工作方式是“查找错误并打补丁”模式。测试专家通过对软件进行大量分析和测试而找到程序中的错误，开发者开发相应的补丁程序以修复软件安全问题。修改错误数量的多少可以反映出软件的安全质量，一些软件测试文献已经表明，早期就发现了大量错误的软件很可能还有更多的错误没有被发现。如果软件能够经受住测试专家的测试而不出错或崩溃，软件就被认为是安全的。这种工作方式常见的一个案例就是微软 Windows 操作系统的更新，每当 Windows 被报道存在某种安全漏洞，微软公司随后就会开发出修复相应漏洞的补丁程序。但是，“查找错误并打补丁”经常不能真正起到修复安全问题的作用。程序错误往往发生在局部范围，这使得开发者很容易只专注于错误的直接原因，而忽视设计或需求上更深层次的原因。其后果是，在修复一个错误的同时还可能导致另一个错误的出现。因此，就会出现软件的补丁程序不断，可软件的安全漏洞还是不断的情况。

为了弥补“查找错误并打补丁”模式的不足，人们考虑用对比系统需求和系统行为的方法来保证程序满足安全需求，即检查程序的行为是否符合设计者或用户的需求。程序代码中会存在一些不足，它们会引起程序出现一些不恰当的行为，这就是程序安全缺陷。程序安全性缺陷可以源自任何种类的软件错误，既可以是恶意设计的代码，也可以是疏忽开发的代码。通过对比系统需求和系统行为，不仅可以找出程序失效或错误的原因，而且还能找出导致程序失效或错误的原因，找出程序安全缺陷，避免因此而引发的安全灾难。

尽管可以通过更新补丁程序的方法来修正程序安全缺陷，但是，最好的保证程序安全的方式仍是预防而非修复，我们可以考虑在软件开发过程中，对编写规范、软件设计、编码、测试等环节实施控制来寻找和消除程序中的缺陷。软件工程较全面地提出了减少软件缺陷、提高软件质量的工程和技术途径，感兴趣的读者可以参阅相关书籍。在此，主要从软件开发控制的角度介绍一些程序安全技术。

从软件设计方法上看，我们经常在程序设计中提到模块化、封装性和信息隐藏等概念，这些都是非常有效的保证程序安全的程序编制方式。

所谓模块化，它是软件工程的一个重要设计原则，是一种软件系统开发方法，即将代码分解成小型的、独立的单元，称为组件或模块，程序就是一组组件的有机结合。由于程序中组件具有一定独立性，因此可以很容易地定位存在错误的组件，找出错误原因，并将错误的危害控制在尽可能小的范围之内。程序模块化设计使软件系统维护变得容易。

虽然模块化要求组件的独立性，但这种独立是相对的，联系是必然的，如组件之间会发生信息共享，它们之间要进行消息传递等。使用一种机制将信息和程序封装起来，隐藏程序实现细节和私有信息，通过良好定义的接口与其他组件发生联系，限制联系渠道并避免隐性相互作用，这是封装和信息隐藏的基本含义。封装性和信息隐藏可以减少恶意代码创建隐蔽通道的可能性，保证程序的安全。

除了软件设计方法，测试也是软件开发过程中常用的软件缺陷控制方法。软件测试是旨在暴露软件缺陷的活动和过程，是提高软件质量的有效措施。软件测试一般包括组件测试、集成测试、接收测试和安装测试等，它们在不同范围和环境下，测试软件的不同特性。经过严格、系统和高强度测试的软件，在运行时出现故障的几率更小。

2. 操作系统安全

操作系统安全的核心问题是多任务环境下系统资源的访问控制，它至少包含两个层面的含义：一是确保多任务进程不会因为共享资源而彼此影响，导致错误；二是确保只发生已授权访问。

主流操作系统都是支持多任务多用户的系统，系统允许多道任务的并行处理，由于系统资源的有限性和可共享性，因此，不同的任务会使用相同的系统资源，这就可能使不同任务的进程在执行过程中彼此影响而发生严重的错误，操作系统必须保证多任务处理的安全。

受操作系统保护的可共享资源包括内存、可共享的程序或子程序、可共享的数据、非独占型可共享 I/O 设备（如磁盘）、独占型可共享 I/O 设备（如打印机）和网络等。操作系统主要是在进程级上控制系统资源的共享，即按进程分配系统资源，最基本的保护方法是分离控制。所谓分离控制，是指操作系统保证每个进程所使用的资源对象都独立于其他进程，这样就可以避免进程之间因共享资源而相互影响，导致错误。分离控制主要有四种方式：

（1）物理分离，即不同程序的进程使用不同的物理对象。例如，按照安全级别，不同的进程访问不同的打印机。

（2）时间分离，即使不同的进程在不同时间段执行。

（3）逻辑分离，即由操作系统控制进程可以访问的对象范围，如操作系统为进程开辟的内存缓冲区，进程不能访问缓冲区外的数据，逻辑上使进程之间互不干扰。

（4）密码分离，即通过加密进程的数据和计算，使其他进程无法理解，也就无法干扰其执行。

这几种分离控制方法的实现复杂度按序递增，但是，提供的分离安全程度却是按序递减的。但是，物理分离和时间分离过于严格，会导致资源利用率降低，所以，主流的操作系统主要采用后两种分离控制方式，尤其是逻辑分离方式。

用户访问权限的管理也是操作系统安全的重要内容，操作系统可以根据用户的权限来控制其对系统资源的访问和操作，只有获得授权的访问与操作才得到操作系统的允许。操作系统对进程管理的实质是控制其对各种系统资源的访问和操作。操作系统可以在比特、字节、字、字段、记录、文件和磁盘分区等各个粒度上实现控制，通常，控制的粒度越大，控制越容易实现，反之则越难实现。有关访问控制技术更为详细的内容请参看 8.3.2 节。

与访问控制相关的一项技术是用户鉴别，操作系统提供的大部分保护都是以知道用户身份为基础的。计算机系统的用户鉴别机制通常使用下列三种属性之一来确认用户的身份：

（1）用户已知的事情。如口令、口令短语、只有用户知道的某个问题等，这已在计算机系统中被广泛使用，如操作系统口令、QQ 口令、QQ 密码找回认证等。

（2）用户拥有的东西。如身份证、学生证、手机号码等用户拥有的可以表明自己身份的实物。如在用手机号码申请 QQ 号码时，用户就需要用手机号码表明自己身份。

（3）用户的一些生物特征。它是以用户的物理特征为基础鉴别符，如指纹、视网膜纹、相貌和声音样品等。尽管对于人类而言，这种鉴别方式很传统，但是对于计算机系统而言，却是一种新兴的鉴别方法。如在一些先进的笔记本上已经安装有指纹识别系统，用户可以通过指纹识别登录操作系统，操作系统可以和用户口令一样鉴别用户的身份。

3. 数据库安全

当前主流的数据库管理系统都是基于操作系统的，因此，数据库安全可以用图 8-1 所示的分层模型来描述。在底层，存储在介质的数据用加密技术进行加密；在操作系统一级，实施操作系统的安全保护；在数据库管理系统一级，实施数据库安全保护；在人与数据库管理系统的交互级别上，实施用户鉴别。数据库安全保护目前主要是数据库访问控制、数据完整性和一致性保护。

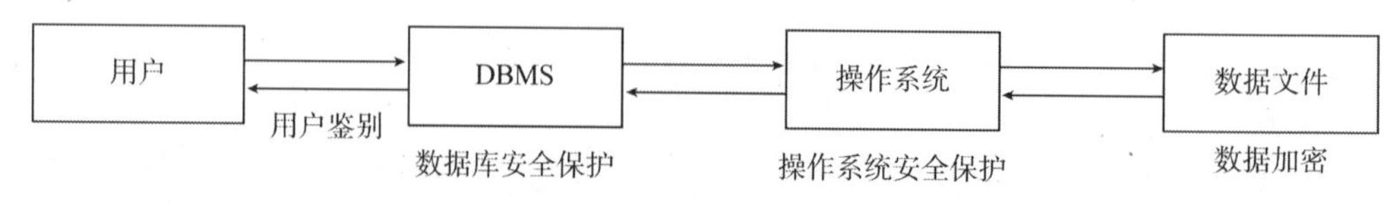

图 8-1　数据库安全分层模型

1）数据库访问控制

表面上，数据库的访问控制与操作系统的访问控制类似。但是，由于数据库中的数据往往是彼此联系的，而操作系统所管理的资源通常是各不相干的，文件之间相互独立，因此，数据库的访问控制更为复杂。数据库管理系统不仅要保证数据只能被授权访问，而且还应提供一定的机制防止通过可访问数据推导出不可访问数据，也就是数据库中的推理问题。

数据库管理系统提供了较为完备的用户权限管理机制。用户的权利由两个要素组成：数据库对象和操作类型。定义用户的存取权限称为授权，即定义该用户可以在哪些数据库对象上进行哪些类型的操作。关系数据库系统中存在的主要对象有基本表、视图、索引等，针对这些对象的主要操作有创建表、创建视图、创建索引、插入记录、删除记录、修改记录、查询等。通常，由数据库管理员对用户授权，用户也可以将自己建立的基本表和视图的操作权限授予其他人，如果用户具有“继续授权”的权限，还可以把获得的权限授予其他用户。用户权限管理更为详细的内容请参看 8.3.2 节。

数据库管理系统都具有视图机制。我们知道，关系数据库中的数据都是以二维表的形式被逻辑地组织在一起，从用户的角度看，数据库就是一组二维表。但是，这些表可以是真实的逻辑表，也可以是由这些逻辑表通过查询操作导出的视图。真实的逻辑表，也称为基本表，是指数据库设计过程中形成的表，它们是数据库中最基本的逻辑表结构，基本表与文件数据存在着对应关系。所谓视图，是指通过查询操作得到的虚拟表，它形式上和基本表一样，也具有列和行，并且可以执行各种表操作，如查询、插入记录、修改记录、删除记录等，但是，它与数据文件中的数据没有直接的对应关系。视图中的数据可以来自基本表，也可以来自其他视图；既可以来自一张表或视图，也可以来自多张表或视图；既可以是文件中的原始数据，也可以是经过统计或计算得出的新值。视图通常是以 SQL 语句的形式被存储在数据库中，当引用视图时再动态生成视图数据。视图机制不仅使复杂的查询更易于理解和使用，而且实现了数据的访问控制，根据权限确定用户可以访问的视图，就把不可访问的数据隐藏了起来。如银行账户管理系统在转账过程中，只会给用户提供账号、姓名等信息，账户的余额、历史交易信息等则都被隐藏了起来，而这些信息实际都存储在数据库中。

为了避免推理问题带来的数据泄露问题，通常采取三种途径来控制。其一，禁止对不可访问数据的访问请求。这种方式易于实现，但是可能对禁止数据做出错误选择，而使用户无法访问到本来可以访问的数据。其二，跟踪用户已经访问到的数据，以判断可能推导出的结果。这种方式虽然有可能在最大程度上避免推理泄漏问题，但是，它的实现代价也是相当大的，必须为每个用户维护查询信息，而其中大部分用户的访问操作都是合法的。其三，伪装数据，如在访问结果中加入噪音数据，如用随机数扰乱结果数据，使用户得到的数据稍微有点不精确或不一致，从而限制部分需要精确值才能进行的推理。

2）数据完整性和一致性保护

数据完整性和一致性都是对数据正确性的描述。完整性在数据库设计中体现为一组完整性约束条件，如规定年龄只能介于 0 至 120 岁之间。通常完整性约束条件会作为数据库的一部分存入数据库中，数据库管理系统会根据约束条件检查每一条输入数据库的记录，拒绝不符合约束条件的数据进入数据库。一些数据库应用系统也会将完整性约束检查放在应用程序中进行，保证进入数据库的数据是符合完整性约束的正确数据。

尽管通过完整性约束检查可以保证进入数据库的数据是正确的，但是，其他的一些因素仍然可能对数据正确性产生威胁，会使数据库中的数据出现不一致的状态。这些因素包括系统故障、介质故障和事务处理错误。

因停电、操作系统故障、数据库管理系统故障等而导致系统停止运转的情况就是系统故障。这类故障会导致正在处理的事务被中断，内存缓冲区的内容丢失，可能使数据库处于不一致的状态。

数据库主要存储在磁介质上，如果发生了磁盘损坏、磁头刮擦、强磁场干扰等介质故障情形，后果通常会非常严重，数据库或部分数据库被破坏，所有正在处理的事务也会受到影响。

事务是数据库中的一个十分重要的概念，它是对数据库访问操作的执行单元。例如，假设有一个银行账户管理系统，要在两个账户 A 和 B 之间进行转账操作，从 A 账户中取 1000 元存入 B 账户。对系统而言，它需要执行以下的操作序列：

（1）读取 A 账户余额；

（2）将余额减 1000 写回 A 账户；

（3）读取 B 账户余额；

（4）将余额加 1000 写回 B 账户。

如果只完成了其中一个写操作，数据库中的钱款总额就会出现多了 1000 元或少了 1000 元的情况，此时，就称数据库处于不一致的状态。而当所有的这些操作依次被完整地执行后，数据库中的钱款总额、A 和 B 账户中的余额就都会是正确值，操作也就是有意义的。我们称这个操作序列就是一个事务。

由于数据是在数据库中统一集中管理的，系统对数据的所有访问都会交给数据库处理，因此，数据库事务请求通常会很多，往往一个事务还没有处理完，其他的事务就已经到了。为了提高事务处理性能，数据库管理系统必须采取更为有效的方式对并发的事务进行处理。直观地，可以选择并行的方式来执行不同事务的操作。例如，当一个事务在做读或写操作访问存储器的时候，另一个事务则可以占用 CPU 资源进行运算。但是，这并不总是有效的，当多个并发的事务处理的是同一数据时，如果不进行控制就可能导致错误，导致数据库不一致的状态。例如，有 A 和 B 两个事务，A 事务的结果要写回 x 变量，B 事务的执行需要先读取 x 变量，假设 A 事务在前，B 事务在后。如果 B 事务在 A 事务没有完成写操作之前就读取了 x 变量，那么，B 操作就会因为没有正确读到 A 事务的结果而产生错误，当 B 事务再将错误的结果写回数据库时，就会导致数据库处于不一致的状态。

这些故障或错误对数据库的影响可以分为两类：一类是数据库本身被破坏，需要重建；一类是数据库本身没有被破坏，但是数据出现不一致的状态。

对第一类情况，数据库系统通常采取备份的方式来提高系统的可靠性。从操作系统的角度看，数据库中数据存放在一个个文件中，数据库管理系统是管理这些数据文件的软件。因此，可以通过定期备份数据库文件的方式来控制灾难性故障，通过导入备份文件将数据库恢复到备份时刻的状态。

但是，备份需要消耗大量的资源和时间，不能每时每刻都进行，而在备份之后，数据库系统还可能发生了新的操作，对某些应用而言，这些新操作也是非常重要的，如银行账户管理系统。这就需要一些新的机制，可以将数据库恢复到尽可能近的一致状态下。

数据库管理系统内部维护了一个日志系统，它按时间顺序记录了对数据库的每一步操作。有了它，就可以在将备份文件导入后，按日志的记录把备份时刻以后已经完成的事务操作重新做一遍，恢复那些不能丢失的事务。数据库重建过程如图 8-2 所示。

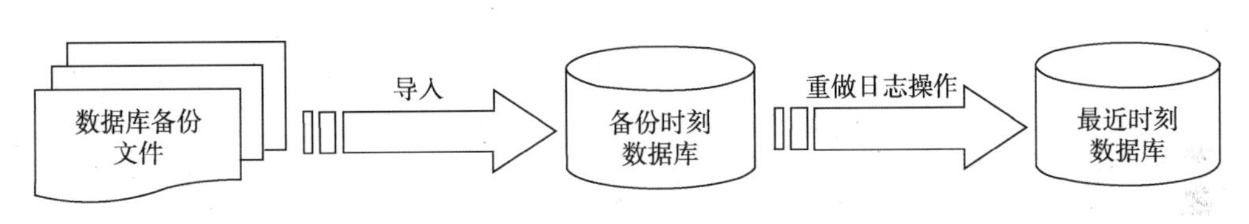

图 8-2　数据库重建示意图

对于第二类情况，故障或错误恢复的基本思想是：先将当前数据库恢复到历史上某个状态，再把这个状态时刻已经开始，但是到故障时刻还没有完成的事务“撤销”，然后再把该状态时刻之后故障时刻之前完成的事务操作重新执行一遍。

被恢复的历史状态称为一个检查点。从日志角度看，检查点可以理解为其中的一条特殊记录。数据库管理系统每隔一段时间就会在日志文件中写上一个检查点记录。当写检查点记录时，数据库管理系统会将在内存中的数据都写回到外存上，这样可以保证已经执行的操作产生的数据不会丢失。此外，数据库管理系统还会记录当前数据库的运行状态，如已经开始但还没有完成的事务的列表等。显然，系统恢复的历史状态就是日志中距离故障时刻最近的检查点，这样可以有效减少恢复过程的工作量。与备份不同，检查点记录的数据量有限，因此速度很快。

将数据库从故障时刻恢复到检查点，就是按照日志记录从故障时刻开始反序执行所有的操作，直至检查点记录。反序执行时，不是重做原操作，而是用旧值替换新值，恢复每一步操作前的数据库状态。我们称这种反序执行过程为回滚。

恢复到检查点后，在检查点时刻已经开始，但是到故障时刻还没有结束的事务需要继续执行回滚操作，直至这些事务的起点。由于无法预知这些事务的结束时刻，也无法预计它们在故障时刻之后的操作，因此，这些事务必须被彻底放弃，也就是“撤销”，它们对数据库的所有操作也必须被回滚。

之后，从检查点开始，将检查点之后才完成的事务的操作（事务的起点可以在检查点之前，也可以在检查点之后）按照日志记录的顺序重新执行一遍，即完成对数据库的恢复过程。

8.1.4 计算机网络安全

网络的快速发展不仅方便了人们的通信，还提供了获取丰富共享资源的途径。但是，网络的开放性使面临的安全威胁也大大增加。与单机安全环境相比较，网络安全环境具有以下特征：

- 共享性。网络的一个重要特点是它允许共享资源。其潜在的网络用户远比单机用户要多。理论上任何一个连接到网络的终端都可以访问到共享资源。因此，沿用单机系统的访问控制策略对网络而言是远远不够的。
- 访问的匿名性。网络隐藏了通信者绝大多数的特征，如相貌、声音、背景等。因此，攻击者很容易隐藏在网络之后发起攻击，无须和被攻击的系统、系统的管理员或者系统用户进行直接联系，相对于其他攻击方式要安全得多。
- 攻击点多。网络攻击点既指攻击的目标多，也指发动攻击的地点多。独立的计算机系统是一个自包含的系统，做好了本机的访问控制，即可保证数据的机密性。但是，网络数据的传递是远程的、自动的、路由相异的过程，一个文件被分成多个数据包传到网络上，数据包在网络主机之间自动传递，为了维持和提高网络的可靠性和性能，数据通信的路由通常是动态分配的，使得两次传输的路径可能是不一样的。因此，即便用户在传输的两个端点机上采取了严格的安全策略，网络中的主机一样可能遭到攻击。攻击可以来自任何主机，也可以针对任何主机。
- 传输路径的不确定性。数据包在网络中传递路径的不确定性，除了会增加攻击点，同时也会增加选择安全路径的难度，用户很难选择一条所有主机都提供了相应安全措施的路径进行数据传递。
- 系统的复杂性。网络需要互联的计算机系统可能是异构的，不同的主机上安装的操作系统可能是不同的，在这样的系统中进行控制显然要比对单一操作系统进行安全控制难得多。
- 边界的不确定性。网络是可扩展的，这也意味着网络的边界是不确定的。两个网络可能共用一台主机，结果是，两个网络的用户都可以通过该主机相互访问。当两个网络都采取不同的安全策略，那么，很可能出现矛盾的规则，成为安全漏洞。

1. 网络攻击手段

网络攻击的手段多种多样，根据美国国家安全局公布的《信息保障技术框架》3.0 版本中的分类，攻击可以划分成 5 种类型：被动攻击、主动攻击、物理临近攻击、内部人员攻击和软硬件装配攻击。

被动攻击以破坏信息的机密性为目标，攻击者未经授权获取用户信息，但是不修改信息。被动攻击常用的手段是窃听和监听，这种攻击方式的目标就是获取正在传输的信息，由于不对传输内容做任何修改，没有明显的攻击痕迹，因此，被动攻击通常很难被检测和发现。对抗被动攻击的重点在于预防，如对传输内容进行加密可以有效降低被动攻击的威胁。

主动攻击主要有四种方式，包括假冒、重放、篡改消息和拒绝服务。

假冒就是攻击者假冒他人或另一个进程。假冒攻击主要通过被动攻击方式获取用户鉴别信息，假冒用户访问系统。假冒攻击的另一种方式是利用可信任系统间接假冒，有一些系统会设定指定主机或其他主机上指定用户是可信任的，如果事先对这些系统进行攻击，就可以通过它们间接访问该系统。除此以外，利用没被修改的系统默认口令或猜测用户口令的方式攻击目标系统，也可以认为是一种假冒攻击的方式。

重放攻击通过将截获的数据复制重新发送，以产生一个非授权的效果。

篡改消息攻击将合法数据包的内容进行修改，或使数据包被延迟、改变顺序，以产生一个非授权的效果。

拒绝服务攻击是指使系统拒绝授权用户对系统服务和资源的访问的攻击方式。如用垃圾数据包使系统缓冲区溢出，从而拒绝接收任何新数据包，包括授权用户的数据包。拒绝服务攻击是黑客攻击的重要手段，一旦发动攻击，被攻击系统瘫痪，停止服务。而网络中充斥了大量的垃圾数据，大量带宽被占用，网络性能降低。

黑客是网络主动攻击的重要力量。黑客是指利用系统安全漏洞对网络进行攻击破坏或窃取资料的人。由于网络访问的匿名性、共享性、容易攻击的特点，网络就成为众多黑客竞技的平台。通常黑客攻击都需要利用目标系统的安全漏洞。但是，由于攻击是从网络外部发起，攻击者对系统内部情况了解有限，他们通常会花较长时间来收集目标机尽可能多的资料，寻找其安全漏洞。常用办法之一是端口扫描。攻击者会针对一个特定的 IP 地址，用扫描程序扫描该主机。攻击者可以通过端口扫描知道三件事情：目标系统上有哪些标准端口或者服务正在运行并响应请求；目标系统安装的是哪一种操作系统；目标系统上有哪些程序在提供服务，其版本是多少。一旦获得了这些信息，攻击者就可以通过查找某种软件已知漏洞的列表来决定利用哪个特定漏洞实施攻击。这也是黑客发动攻击的一般工作方式。一旦攻击成功，攻击者会窃取目标机上的机密信息、植入木马后门程序或对系统进行其他破坏，如涂改网页、破坏系统文件等。

物理临近攻击以破坏网络系统的可用性为目标，攻击人员物理接近网络、系统或设备实施攻击活动，如切断网络连线，破坏计算机系统、服务器、网络设备等。

内部人员攻击主要是指从局域网或组织内部进行的攻击，由于攻击者处于局域网或组织内部，对内部情况更了解，通常还具有一定的访问权限，因此破坏更有针对性，也更难检测。

软硬件装配攻击主要指在软硬件生产、装配过程中在系统内部植入恶意代码或者具有攻击逻辑的芯片，在适当时候激活，进行攻击和破坏。

当前，网络安全受到的又一个重要的威胁来自恶意程序，典型的、影响最大的恶意程序有病毒程序和木马程序。借助网络，病毒程序和木马程序在网络上的扩散速度达到了惊人的地步，往往一个病毒或木马刚刚出现，很快就会在全世界范围内蔓延。它们或是攻击计算机系统，或是攻击网络本身，或是窃取用户信息，是信息安全、计算机安全和计算机网络安全的重要威胁。关于这部分内容请参看 8.2 节。

2. 网络安全的保护

从技术上看，网络安全保护的手段主要有网络结构设计、数据加密、数字签名、防火墙、入侵检测系统和虚拟私有网络。

网络结构设计通常采取的方法有网络分段和资源冗余。网络分段是指将主机根据需要分在不同的网络段中，这样可以有效减少网络段中的用户，减少威胁的数量，同时也可以限制损失的范围。资源冗余是指在两个或者更多的网络结点上实现相同的功能，这样当一个系统失效时，另一个系统可以接替继续工作。这种方式在很多大型网站中被采用。

为防止被动攻击，一种比较有效的方式就是对传输的数据进行加密。网络数据的加密既可以在应用层、表示层进行，也可以在数据链路层或物理层进行，前者称为端到端加密，后者称为链路加密。

数字签名的实质就是使用非对称加密算法实现网络身份认证。具体内容请参看 8.3.1 节。

防火墙是一套协助确保信息安全的设备，它既可以是一台专门的硬件也可以是部署在一般硬件上的一套软件。它被设计用来完成数据包过滤的工作，同时防火墙也可以承担一些审计工作，检查网络攻击行为。具体内容请参看 8.3.4 节。

入侵检测系统是一种安置在受保护网络内部的设备，用来监视网络。它可以在攻击开始、进行过程中或攻击发生以后对攻击行为进行检测。一旦发现攻击行为，系统就会发出警告，提示用户采取相应的防御措施。具体内容请参看 8.3.5 节。

利用公共网络来构建的私有专用网络称为虚拟私有网络（Virtual Private Network，VPN）。私有网络的边界清晰，安全性高也易于管理，在公共网络上组建的 VPN 可以像私有网络一样提供安全性和可管理性。具体内容请参看 8.3.7 节。

8.2 计算机病毒及其防治

8.2.1 计算机病毒的定义与特征

个人计算机以及网络的普及为计算机病毒在全球范围的广泛传播提供了温床，计算机病毒已经成为威胁计算机安全的主要原因，每年在全球范围内造成不可估量的损失，而它给计算机用户所带来的“不便”体验更是让人“谈毒色变”。

计算机病毒的定义或广或狭，存在着一定的争议。以木马程序为代表的恶意软件，借助网络在世界范围泛滥，普遍也将之纳入了计算机病毒的范畴，使计算机病毒覆盖的范围进一步扩大。目前，我国司法实践中主要是依据《中华人民共和国计算机信息系统安全保护条例》的相关规定来解释计算机病毒。

计算机病毒，是指编制或者在计算机程序中插入的破坏计算机功能或者毁坏数据，影响计算机使用，并能自我复制的一组计算机指令或者程序代码。计算机病毒的本质是一段程序，它既可以和正常程序一样存储在磁盘介质、内存储器中，也可以固化成固件，如 BIOS，既可以被编译执行，也可以被解释执行，如一些网页脚本程序。由于病毒并非用户所希望执行的程序，因此，为了隐藏自己，病毒程序一般不独立存在而是寄生在别的有用的程序或文档中。

计算机病毒具有传播性、潜伏性、可激发性、恶意性和不可预见性的特征。

计算机病毒会利用系统本身的安全漏洞、通过感染正常程序或文档或用户的操作行为等途径进行传播。传播性是判别计算机病毒的首要条件。在网络环境下，病毒可以在很短的时间内传播到全世界，让上亿台计算机受到病毒的威胁。

为提高病毒的生存能力，避免被发现，病毒制造者会想出各种办法来隐藏病毒程序。一般，计算机病毒代码量都很小，这样不仅利于传播，而且容易隐蔽。它们隐身于正常程序或文档中，随着正常程序的运行或文档的操作而被启动，用户很难发现它们的存在，甚至通过任务管理器也看不到单独的病毒进程。计算机病毒进入系统后通常也不会立即出现破坏性的后果，往往潜伏一段时间，待一定条件成立时被触发，再产生破坏性后果。病毒潜伏的过程并不是静态的，往往伴随着大肆的传播，因此，一般潜伏期越长，传播的范围也就越广，受感染的文件数量也就越多，危害也就越大。

病毒一般都有触发攻击的条件，平时潜伏，隐蔽活动，而一旦触发条件满足，就会根据病毒程序设定的方式对系统进行攻击。病毒触发的条件各种各样，可以是日期或时间，也可以是键盘操作，还可以是病毒感染次数等，如“黑色星期五”病毒的触发条件就是日期为 13 的星期五这一天，每当该日到来，病毒就会大面积爆发。

病毒会给计算机安全带来严重威胁，它会对被感染的计算机系统本身或通过被感染的计算机系统对网络和其他计算机系统带来破坏性后果或安全隐患。病毒产生的破坏性后果轻微时影响用户对系统的正常使用，严重时则直接破坏数据，甚至损坏硬件，如 CIH 病毒。病毒还可以成为计算机系统的安全隐患，它虽然不直接针对计算机系统进行破坏，但是可以为非法用户访问或控制计算机系统提供条件，帮助非法用户窃取合法用户的私人信息，控制计算机系统，使之成为进一步破坏的工具等等。

从病毒检测的角度看，计算机病毒具有不可预见性，不存在一种“一劳永逸”方式可以查杀所有病毒，病毒相对于反病毒软件永远是超前的。新一代的病毒往往采取更具隐蔽性的传播方式，是现有反病毒软件所无法侦测的，因此，反病毒软件必须不断更新病毒库才能保证对新出现病毒查杀的效果。

8.2.2　计算机病毒的分类与常见症状

1. 计算机病毒的分类

计算机发展至今，世界上究竟存在多少种类计算机病毒，没有定论。无论如何，计算机病毒的种类和数量仍在不断增加却是不争的事实，病毒与反病毒之间的斗争也将继续下去。我们可以从各种不同的角度对计算机病毒进行分类。

按计算机病毒的危害性，可以分为良性病毒和恶性病毒。良性病毒只占用计算机系统资源，影响用户的正常使用，不以系统破坏为目标。例如，小球病毒，发作时屏幕出现一个活蹦乱跳的小圆点，作斜线运动，当碰到屏幕边沿或者文字就立刻反弹，碰到的文字，英文会被整个削去，中文会削去半个或整个削去，也可能留下制表符乱码。它不会对计算机系统造成直接的破坏，但是会导致部分程序无法正常运行，拖慢计算机速度，严重影响用户对计算机的正常使用。

恶性病毒代码中包含有破坏计算机系统的操作指令，它在发作时会对计算机系统产生直接的破坏作用。如米开朗基罗病毒，它发作时会感染硬盘的主引导扇区和插在计算机上的软盘的引导扇区，导致磁盘数据被破坏，甚至会造成启动盘不再能引导系统启动的恶果。

按照计算机病毒感染对象，可以分为引导型病毒、文件型病毒、混合型病毒和宏病毒。引导型病毒寄生于磁盘的主引导区或引导区，它利用系统引导时不会对引导区的内容进行判别的缺陷，在引导系统的过程中侵入系统，驻留内存，监视系统的运行，待机传染和破坏。操作系统的引导模块都放在磁盘固定的位置，引导型病毒替换这些引导模块，将真正的引导区内容移到他处，而将病毒代码放在引导模块的位置，这样当系统使用被感染的磁盘启动的时候，首先执行的就是病毒程序而不是正常的引导模块。典型的引导型病毒有米开朗基罗病毒等。

文件型病毒感染的目标是可执行程序或操作系统中的可执行模块，当系统运行这些可执行程序时，病毒程序也被激活。

混合型病毒兼具引导型病毒和文件型病毒的特点，它既可以感染引导区，也可以感染可执行文件，因此，传播能力也更强。

宏病毒是寄存在文档或模板的宏中的计算机病毒。与文件型病毒不同，宏病毒不是感染可执行程序，而是感染数据文件。宏在打开文档和模板时会被自动执行，如果宏中存在病毒代码，它就会被激活，侵入计算机系统，驻留在 Normal 模板上。之后，所有在被侵入系统中打开、关闭、保存、新建的文档都可能会“感染”上这种宏病毒，而如果这种受感染的文档通过网络或移动介质在其他计算机上被打开，宏病毒又会被传播到这些计算机上。由于微软公司 Office 产品是办公自动化的重要工具，普及度很高，相比可执行文件，文档更容易成为交流的对象，因此，这种病毒的传播范围也相当惊人，加上宏病毒编制相对容易，它的变种也非常多，成为病毒传播的主要形式之一，远远超过前几种类型。

可执行文件是计算机病毒感染的重要目标，按照感染可执行文件的代码链接方式，可以将计算机病毒分为源码型病毒、嵌入型病毒、外壳型病毒和操作系统型病毒。

（1）源码型病毒。这种病毒攻击高级语言编写的源程序，在程序编译前插入到源代码中，经编译成为合法程序的一部分。这种病毒较少。

（2）嵌入型病毒。这种病毒将自身嵌入到正常程序中，把病毒代码以插入的方式链接到正常程序的代码中。这种病毒是难以编写的，因此，它的感染对象比较特定，一旦感染也较难消除。

（3）外壳型病毒。外壳型病毒不改变正常程序，而是将自身代码包围在主程序首部或尾部。这种病毒易于编写，也易于检测，一般通过观察文件大小的变化即可发现。

（4）操作系统型病毒。这种病毒将自身程序加入或取代操作系统部分功能模块进行工作，具有很强的破坏力，可以导致整个系统的瘫痪。

按照计算机病毒在宿主文件上的寄生方式分类，可以分为替换式寄生病毒、链接式寄生病毒、填充式寄生病毒和转储式寄生病毒。

（1）替换式寄生病毒。这种病毒将自身代码覆盖宿主文件的局部或全部，从而改变宿主文件的部分或全部功能。

（2）链接式寄生病毒。这种病毒不改变宿主文件，而是将自身代码插入宿主文件中，宿主文件同时激活病毒程序。这种病毒会改变宿主文件的长度。

（3）填充式寄生病毒。这种病毒一般侵占宿主文件的空闲区，因此，不会改变宿主文件的长度。

（4）转储式寄生病毒。这种病毒会将宿主文件的内容转移到其他存储位置，而将自身代码占据宿主文件位置。引导型病毒就是典型的转储式寄生病毒。

按计算机病毒激活后是否驻留内存，可以分为常驻内存型病毒和非常驻内存型病毒。常驻内存型病毒一旦被运行，即在内存中驻留，监视系统运行，待机感染和破坏。非常驻内存型病毒随着病毒的宿主程序的运行驻入内存，随着宿主程序执行结束而释放内存，病毒不再留存于内存中。

按照计算机病毒攻击的操作系统，可以分为攻击 DOS 系统的病毒、攻击 Windows 系统的病毒、攻击 UNIX 系统的病毒、攻击 Linux 系统的病毒和攻击 OS/2 系统的病毒。

由于微软公司的 DOS 和 Windows 系列产品在世界操作系统市场长期占据绝对优势，因此，针对这两类系统的病毒无论在种类还是数量上都是最多的，但是这并不意味着 UNIX、Linux 和 OS/2 系统就是绝对安全的。20 世纪 90 年代以来，针对这三个系统的病毒也先后出现，只是由于用户有限，病毒一般不易传播，因此，针对这些系统的病毒的规模和影响都不如前者那么大。

按照病毒感染后伪装的方式，可以分为一般病毒、隐型病毒、加密型病毒和多态病毒。一般病毒在感染文件后不会再做进一步的伪装，病毒代码也不会主动发生变化，反病毒软件可以通过收集病毒代码中具有特征意义的部分组成病毒特征代码库，作为检测病毒的依据。

为了避免被反病毒软件发现，很多病毒采取了不同的伪装方式。隐型病毒能够截获对文件的访问请求，如果是获取文件属性，就返回文件原来的属性，如果是读文件，隐型病毒会自动“消毒”返回正常文件，但是如果是执行文件，那么病毒就会隐藏在文件中被执行。

加密型病毒的目标是隐藏特征代码序列，使得通过特征代码检测病毒的方法失效，为此，它将大部分病毒代码加密，只留下一小段解密程序和一个随机密钥。如图 8-3 所示，左侧的病毒代码被加密产生新的病毒代码，它不仅包括加密后的原代码，还包括了解密程序和解密密钥，这样，原来的病毒代码就被隐藏了起来，无法再按它的特征代码进行检测，而病毒则可以通过解密还原继续进行传播和破坏。

图 8-3　加密型病毒

多态病毒，也称变形病毒，它每次感染其他文件时都会改变自身的形态，使得通过特征代码检测病毒的方法失效。

2. 计算机病毒的常见症状

病毒侵入系统，通常不会立即发作，而是等待触发条件满足，再行发作。在这个过程中，病毒潜伏在系统中不断地感染、传播。一旦条件满足，病毒被激活，在 CPU 上运行，就会表现出明显的破坏性症状。常见的症状有：

（1）计算机运行速度明显变慢，内存或外存空间被大量占用。运算速度是计算机处理能力的重要技术指标，引起计算机运行速度下降的原因有很多，如打开了大量的应用程序或网页、外部设备故障、磁盘碎片多等。病毒也是引起计算机运行速度异常的重要原因之一。一些病毒会大量“繁殖”，占用大量的内存和 CPU 时间，造成系统资源不足，使计算机运行变慢；还有一些病毒会对外存大量读写，使硬盘空间被大量垃圾文件占据，可用空间迅速减少，也会导致系统运算速度下降。

（2）操作系统无法正常启动。系统启动时显示缺少必要的启动文件，无法启动，这很可能是由于病毒感染系统文件引起的，使文件结构或内容发生了变化，操作系统无法正常的加载所导致。此外，引导区病毒会对磁盘引导扇区中的引导文件进行改写、破坏，使操作系统文件无法被引导、加载，这也会导致操作系统无法正常启动。

（3）计算机系统经常无故发生死机或黑屏。有一些病毒感染系统后，会驻留在系统内，并对操作系统程序进行修改，造成系统工作不稳定，很容易出现死机、黑屏情况。

（4）系统中文件的属性发生变化。如果不考虑用户的因素和一些系统用于记录的文件，通常，系统内文件的属性是不会主动发生变化的。病毒对程序、文档的感染就是对相应的文件的感染，它将自身隐藏在这些文件中，文件的大小大多会有所增加，文件的访问和修改日期及时间等也会被改成感染时间。

（5）系统中出现一些陌生的文件，或与正常文件同名的可执行文件。有一些病毒感染系统后，会在文件目录下写入一些陌生文件，这些文件往往是隐藏文件，需要特殊操作才能看到。还有一些病毒，会在系统中加入与正常文件同名的可执行文件，而将原文件隐藏，诱导用户点击运行。

（6）系统中文件被大量删除或文档中出现奇怪内容。一些病毒会破坏系统中的文件，一旦发作，它们就会大肆删除文件，如果删除的是系统文件，就可能导致系统崩溃，如果删除的是用户文件，则会导致用户数据大量丢失。还有的病毒会将用户文档中的内容进行修改、替换，当用户打开该文档就会看到大量的乱码，原有数据则丢失了。

（7）以前可以正常运行的应用程序频繁出现错误甚至死机。在系统环境没有发生改变的情况下，以前可以正常运行的程序突然开始不断出现错误，甚至引起死机，就有可能是病毒感染、破坏了应用程序的重要文件，导致其正常功能丧失，或病毒改变应用程序文件后与系统出现兼容性问题等。

（8）对 U 盘或软盘的异常写操作。当用户没有对 U 盘或软盘等进行任何读写操作时，操作系统却提示用户 U 盘或软盘的写保护没有打开，无法完成写操作，这种情况很可能是病毒在向 U 盘或软盘传播病毒。

（9）外部设备工作异常。在硬件没有损坏或硬件型号发生更改的情况下，以前正常工作的外部设备无法正常工作，不接受系统的指令或不进行相应的操作，就很有可能是病毒驻留内存中占用了计算机系统与外部设备之间的接口中断服务程序，从而导致外部设备不能正常工作，如键盘无法输入、打印机打出乱码、调制解调器不拨号等。

虽然还可以列出更多异常情况，并将它的原因之一归于病毒的破坏，但是，应明确，计算机运行异常并非都是由病毒引起的。当计算机出现异常情况时，应冷静分析，根据症状先排除硬件、软件和人为误操作等因素，然后再考虑是否由病毒引起。

8.2.3　计算机病毒传播的方式和途径

1. 计算机病毒传播的方式

计算机病毒的传播是指病毒程序从一个信息载体转移到另一个信息载体，或由一个系统转移到另一个系统的过程。常见的病毒载体有各种存储介质（包括内存、硬盘、移动存储介质等）、计算机网络等。

尽管病毒可以存在于这些载体中，但是要完成传播还必须借助一定的条件，按照病毒在传播过程中的主动性，可以分为被动式传播和主动式传播两种方式。被动式传播方式下，病毒传播借助用户对系统的正常使用行为进行传播，如利用 U 盘在两个系统之间复制文件等。传播过程中，病毒并不需要被激活，病毒感染了需要复制的文件或感染作为信息载体的 U 盘，当新系统访问该 U 盘时，病毒程序被访问激活，感染新文件，完成传播。主动式传播则是病毒程序处于激活状态，只要传播条件满足，病毒程序就会主动地感染另一个载体或系统。如“黛蛇”病毒就会通过网络直接感染存在安全漏洞的计算机系统。

病毒的传播并不一定是实时的，时间上也可以后延。按照病毒传染的时间性，病毒传播方式又可以分成立即传播和伺机传播两种方式。立即传播是指计算机病毒在被执行的瞬间，即完成对系统中其他文件的感染的传播方式。伺机传播则是指病毒进程驻留在内存中，待一定条件满足后再对其他文件进行感染的传播方式。

虽然历史上曾经有过不驻留内存的病毒，但是，传播性更强的驻留内存型病毒是当前病毒的主要类型。以主动式传播方式为例，假设病毒已经感染系统，病毒的传播过程大致如下：病毒随着系统启动从外存（硬盘）加载到内存中运行，并驻留内存，监视系统的运行，一旦条件满足，如发现攻击目标，病毒就会用自身的代码感染目标文件或感染目标系统，完成传播。

2. 计算机病毒传播的途径

病毒要侵入计算机系统，必须将自身的代码传播到宿主机上，并且能够被计算机所执行。因此，病毒程序必须采取某种“伪装”才能骗取用户和计算机系统的“信任”，达到潜入宿主机的目的。

计算机病毒的传播途径有很多，比较常见的有以下几种情形。

通常，用户对购买或引进的计算机系统或软件是比较信任的，但是这些系统或软件中同样可能存在病毒，成为系统感染病毒的源头。用户购买的计算机系统大多可以让销售商预先安装系统，在这个环节中，一些销售商会采用廉价的盗版软件，导致系统感染病毒。一般而言，正版软件中是不含病毒的，病毒多是通过盗版光盘传播，但是，一些软件开发商，为了保护自己的正版权益，也开发了一些反盗版病毒程序，对用户安全产生威胁。

利用芯片来隐藏传播病毒也是病毒传播的一种手段。这种病毒平时隐藏在芯片逻辑中，不被执行，一旦需要，可以通过无线、有线等多种手段进行激活传播，对系统进行破坏。海湾战争中，伊拉克防空系统就是遭到美国这种病毒的感染破坏而瘫痪，最终陷于被动挨打的境地。

一些病毒被病毒制造者隐藏在网上可共享资源中，用户下载可共享资源的同时就将病毒也下载到自己的系统中，如果用户不对这些下载的文件进行必要的反病毒检查，如使用反病毒软件检测，就很有可能在打开这些文件的同时使系统感染病毒。

通过电子邮件传播是病毒网络传播的重要手段，如为害一时的“梅丽莎”病毒、“爱虫”病毒都是这类病毒的典型之作。它们都是通过微软 Outlook 电子邮件系统传播的，用户一旦打开了感染病毒的邮件，系统就会自动复制该邮件并向地址簿中的邮件地址发送，结果在很短的时间内网络中会出现大量的垃圾邮件，邮件系统因此变慢，直至整个网络系统瘫痪。

网页传播病毒主要是利用系统安全漏洞，当用户浏览网页时，客户机浏览器执行了嵌入在网页中的病毒代码而被病毒侵入。网页病毒的激发条件是用户浏览网页的行为，网页的浏览量直接影响病毒传播的速度，因此，一些非法网站往往采用创建热点内容网页的办法来吸引用户点击，从而达到传播病毒的目的。

使用移动存储介质如移动硬盘、软盘、光盘、磁带、U 盘等，进行程序或文档交流时，病毒既可以隐藏在交流的文件中，也可以由感染病毒的计算机系统直接感染移动存储介质，当移动存储介质被其他计算机系统访问时，病毒就会趁机感染新系统。随着闪存技术的日趋成熟，U 盘已经取代软盘，成为使用广泛、移动最为频繁的移动存储介质，与此同时，U 盘也成为计算机病毒传播的重要途径。

系统网络安全漏洞也是网络病毒传播的重要途径。如“黛蛇”病毒，就是利用 Windows 2000、部分 Windows XP 以及少数 Windows 2003 Server 操作系统的安全漏洞进行传播的。“黛蛇”运行后，会自动扫描病毒自带的地址列表中的目标主机，一旦发现目标计算机没有及时修复该漏洞，它就会感染该系统，之后从远端 FTP 服务器上下载键盘记录程序和“僵尸”程序等并自动运行，完全控制该系统。

8.2.4 计算机病毒防治方法

世界是在矛盾中不断前进和发展的。计算机病毒作为计算机安全、网络安全的重要威胁，它的种类和数量还在不断增加，病毒技术的发展越来越快。作为病毒技术的对立面，反病毒技术也在不断发展。

1. 反病毒技术

我国计算机反病毒技术是从计算机防病毒卡开始的，防病毒卡是一种病毒防护硬件产品，如瑞星防病毒卡。它的核心部件是一个固化在 ROM 中的软件，系统启动时它被加载到内存中，并驻留在内存，监视系统的运行情况，根据总结出来的病毒行为特征来判断是否有病毒活动。它的目标不是查杀病毒，而是使病毒进程得不到执行，病毒无法进行感染、传播、破坏，即允许病毒存在，但是抑制其功能，从而保护系统安全。

尽管防病毒卡可以在一定程度上保护计算机系统免于病毒侵害，但是，防病毒卡作为硬件很难升级，而病毒检测具有不可预见性，使用一成不变的技术来应对层出不穷的病毒家族是不可能取得很好的效果的。此外，防病毒卡还容易与正常软件产生兼容问题，误报现象时有发生。目前，防病毒卡已经被市场所淘汰，应用较多的是反病毒软件。

与防病毒卡不同，反病毒软件不仅检测病毒而且查杀病毒，相对防病毒卡，它治标又治本。反病毒软件发展至今，已经经历了四代。

第一代反病毒软件是采取单纯的病毒特征来检测病毒，并将病毒从带毒文件中清除掉。早期这种方式可以准确检测并清除病毒，具有很高的可靠性。但是，随着加密和变形技术在病毒中的应用，这种简单的静态扫描方式就失去了作用。

第二代反病毒软件采用静态广谱特征扫描方法检测病毒，它采用不严格的特征判定方式来检测和清除病毒，虽然可以检测出更多的变形病毒，但误报率也很高，很容易将正常的文件当作病毒来处理，造成文件和数据的破坏。

第三代反病毒软件将静态扫描技术和动态仿真跟踪技术结合起来，将查找病毒和清除病毒两个过程合二为一，并驻留内存，监视系统运行情况，防止病毒入侵，能够清除检测到的病毒但不会破坏文件和数据，从而形成了一个集预防、检测、清除等各种反病毒手段的整体解决方案。尽管第三代反病毒软件相对于第二代有了很大的进步，但是，其很大程度上还是在使用静态扫描技术检测病毒，随着病毒数量的增加和病毒新技术的采用，查毒速度势必会不断降低，还可能出现误报情况。目前的反病毒软件大多还只发展到第三代。

为了应对不断出现的病毒新技术，一些新的反病毒技术出现了，它们将成为第四代反病毒软件开发的基础。例如，基于计算机病毒家族体系的命名规则、基于多位 CRC 校验和扫描机理、启发式智能代码分析模块、动态数据还原模块、内存解毒模块、自身免疫模块等反病毒技术。

常见的用于检测的病毒特征有病毒签名和病毒特征代码。所谓病毒签名，是指因病毒感染而在文件中产生的标记。不同的病毒在感染宿主文件时，会在宿主文件的不同位置放入一些特殊的感染标记。这种标记可以是一些数字或字符串，它是该种病毒感染的必然结果。标记不是可执行代码，如“快乐的星期天”病毒代码中含有 Today is Sunday 字符串，通过检测这个字符串就可以简单地判断文件是否感染了该病毒。当然，这种方法也很容易产生误报。

尽管病毒签名可以发现病毒，但并非每一种病毒都有自己的签名标记。于是人们就在病毒代码更大的范围内寻找某些特殊代码。所谓特殊代码，它既可以是一个特殊的病毒签名，也可以是某种特殊的可执行代码段，既可以是连续的代码字节，也可以是不连续的代码字节。在被同一种病毒感染的文件中，总可以发现这些具有标识意义的特殊代码。将现有计算机病毒的特征代码收集起来就构成了计算机病毒特征代码库，简称为病毒库。病毒库是反病毒软件的重要组成部分，反病毒软件正是将文件字节与病毒库中的病毒特征码一一比对来发现病毒的。流行的反病毒软件都维持着一个病毒库。由于从检测的角度看，病毒具有不可预见性，因此，病毒库应不断更新，以保持反病毒软件对新病毒检测的有效性。

实时检测是现在的反病毒软件普遍采取的技术，即反病毒软件在内存中驻留进程，监视系统运行情况，一旦发现计算机病毒行为，立即报警，这种方法也称为行为检测法或实时检测法。这种技术曾经在反病毒卡中广泛使用。它根据病毒行为的共有特征来检测病毒的存在，一向为反病毒界看好。尽管早期的反病毒卡已经退出市场，但是实时检测反病毒技术却被保留下来，被当前反病毒软件广泛采用。反病毒软件驻留在内存中，监控访问系统资源的一切操作，任何程序在被调用之前都会被检查一遍，这个程序可以来自系统内部，也可以来自接入的网络、移动存储介质等。只要发现可疑行为就报警，并自动清除病毒。从而，有效地将外来的病毒拒之门外，减少系统被感染的可能性；抑制系统内部病毒的活动，减少因病毒破坏造成的损失。由于通过监视程序行为来检测病毒，实时检测法不仅可以发现已知的病毒，也可以相当准确地预报未知的多数计算机病毒。当然，实时检测法也存在缺点，它也可能产生误报，并且实现上存在一定难度。现在反病毒软件将其与静态扫描技术相结合，提供一个反病毒的整体解决方案。

计算机病毒防火墙是在实时监控反病毒技术的基础上提出来的新的反病毒技术，它将反病毒技术与防火墙技术有机结合起来，对流入流出系统的数据进行检测，过滤掉可能含有计算机病毒的代码。反病毒防火墙具有“双向过滤”功能，既对流入系统的数据包进行反病毒检查和过滤，也对流出的数据包进行检查和过滤，一旦发现病毒入侵系统或从系统中向外传播，就会清除病毒或拒绝该存在安全威胁的行为。这种技术不仅反病毒效率高，而且能够有效地压缩病毒传播的范围，净化网络环境。

2. 计算机病毒的预防

计算机病毒防治应强调“预防为主，防治结合”的思想，从加强管理和技术防护入手，尽可能降低病毒感染、传播的可能性。下面列举了一些对预防病毒行之有效的措施。

- 给计算机安装防病毒软件，定期更新病毒库，定期使用杀毒软件对计算机进行检测。
- 及时更新系统补丁程序，避免系统漏洞。
- 对系统中的重要数据定期和不定期地进行备份，备份应存在于不同的物理设备中。
- 使用正版软件，不随意复制、下载、使用来历不明的软件。
- 不访问危险网站，不从可疑网站上下载文件。
- 从网络上下载或通过移动存储介质拷入的文件应先用反病毒软件检测。
- 不打开陌生邮件，在网络病毒发作期间，不使用 Outlook Express 接收电子邮件，避免来自邮件病毒的感染。
- 加强移动存储介质的使用管理，防止计算机病毒通过移动存储介质传播。
- 加强局域网访问控制，为局域网加装防火墙软件。

- 不在工作机上玩游戏，特别是网络服务器上的游戏。
- 建立健全各种预防管理规章制度，明确各类人员的访问权限和操作规范，并认真贯彻执行，特别是服务器及重要的网络设备，应实行严格的访问控制，做到专机、专人、专用。

3. 计算机病毒的清除方法

尽管可以采取各种措施防范计算机病毒，但是，由于病毒的隐蔽性和主动攻击性，特别是在网络环境下，要彻底杜绝病毒的传播几乎是不可能的。一旦发现计算机出现病毒症状或检测出系统被感染后，要尽早清除病毒，避免进一步的破坏和损失。清除病毒的方法主要有两种：手动清除病毒和使用反病毒软件清除病毒。

手动清除方法是借助一些工具软件对病毒进行人工清除。根据不同类型的病毒感染和破坏的特点，要采取不同的方法找到并删除病毒代码，恢复原数据。手动清除病毒方法对于操作者的要求很高，他必须具备丰富的病毒知识和很强的动手操作能力，而且速度慢、风险也大，通常只被专业反病毒研究人员使用，一般用户不宜采用这种方式。

清除病毒更为简便的方式是使用反病毒软件。常见的国产反病毒软件有瑞星、金山毒霸、江民、360 等。反病毒软件的主要任务是对计算机系统进行实时监控和扫描内存和磁盘。大部分的反病毒软件还具有防火墙功能。目前，反病毒软件对被感染文件有多种处理选择，主要有清除、删除、隔离、不处理（跳过）等，清除就是将病毒代码从被感染文件中清除掉，并恢复原文件；删除就是将被感染文件直接删除，释放文件存储区域，使病毒不可能再被执行；隔离就是将被感染文件与系统内的其他文件隔离开，避免感染。

8.2.5　恶意程序

计算机病毒无疑是一种严重威胁信息安全的恶意程序，但并不是唯一的恶意程序种类。木马程序、蠕虫程序、逻辑炸弹、细菌程序、后门程序也是常见的恶意程序。

木马，全称为特洛伊木马，其名称源自古代特洛伊战争中使用的“木马记”。“木马”一词很形象地描述了木马程序侵入系统的过程。它隐藏在正常的程序之中，在用户不知觉的情况下被下载或复制到系统内。木马程序通常由木马端程序和控制端程序两部分组成，木马端程序“潜入”目标系统，攻击者则通过控制端程序向木马端程序发送各种危害系统安全的指令，或者收集木马端程序窃取的机密信息。木马程序也能够自我复制，虽然不似病毒一般自由繁殖，但是也能将自己在特定的程序中传播。与病毒不同，木马程序的目标不是对系统直接破坏，而是要控制目标系统或盗取目标系统的机密信息。木马的传播方式与病毒类似，但是比病毒更难发现，也更难清除。

蠕虫程序与病毒极其相似，因此，很多人也称蠕虫程序为蠕虫病毒。与普通病毒不同，这种程序并不针对计算机系统本身，不感染其他文件，而是通过网络、利用系统漏洞在不同的计算机系统之间不断自我复制和传输，在很短的时间内造成网络数据过载，使整个网络瘫痪。

逻辑炸弹程序与木马程序有相同之处，它也是被蓄意植入系统内部的恶意程序，但是，它的目标不是控制系统或窃取信息，而是在一定条件下被触发，使系统出现灾难性后果，如大量文件被删除、磁盘被格式化等。

细菌程序是在系统中通过不断自我复制，使得系统资源被快速耗尽的一种程序。它与蠕虫病毒类似，本身没有破坏性，但是可以使系统因为资源耗尽而死机或拒绝服务。

后门程序是一种可以在系统中设置特殊通道的程序。攻击者可以通过后门程序留下的通道侵入系统，伺机进行破坏活动，后门程序也是黑客攻击经常使用的一种工具。

尽管恶意程序有很多种，但是大部分恶意程序的传播方式和传播途径与病毒有很大的相似性，因此，我们完全可以使用与防病毒同样的手段来遏制恶意程序的破坏活动，主流的反病毒软件一般都支持对木马程序、蠕虫程序等恶意程序的检测与清除。

8.2.6　摆渡攻击

一些机构为了摆脱互联网的安全威胁，在机构内部建立了物理隔离的内网，虽然可以避免很多直接的攻击，但是依然不可能完全保证信息的安全。现在有一种所谓“摆渡”攻击的手段，能够威胁物理隔离的计算机网络。

摆渡攻击是指利用木马程序和移动存储介质对隔离的网络进行攻击的手段。摆渡木马首先攻击并控制连在互联网中的计算机，当发现有移动存储介质（如U盘）接入时，就会迅速向其传播木马程序。受感染的移动存储介质一旦被接入内网，木马会自动收集接入计算机上的重要信息，并将其隐藏在移动存储介质上。当该移动存储介质再次接入互联网时，木马就会将其中收集的信息传回攻击者。不仅如此，摆渡木马还会通过感染接入的计算机而进一步向内网渗透，造成更大范围内的信息泄密。这种攻击方式与现实生活中利用渡船摆渡实现河两岸交通的情况相似，因此，被形象地称为“摆渡”攻击。

用于“摆渡”攻击的移动存储介质主要是U盘。摆渡木马的病毒传播机制与普通木马无异，只是这种木马以窃取关键信息为目标，感染后会尽量隐藏自己的踪迹，它的主要动作就是扫描系统中的文件数据，将重要文件悄悄写回U盘。因此，很难被发现，对机构内网安全威胁巨大。有一些摆渡木马甚至可以利用磁盘恢复技术还原已经清除的数据，让用户防不胜防。

防范摆渡攻击最根本的方法是加强移动存储介质的管理，严格执行有关移动存储设备的管理规定，以实现互联网与内网之间真正意义上的隔离。

8.3　安 全 技 术

8.3.1　加解密技术

密码是伴随着人类战争通信的需要而逐步发展起来的技术，它的基本思想是将真实信息伪装起来传递，尽可能地隐蔽和保护所需要的信息，使未授权者即使获得传递的消息也无法理解其真实含义。密码技术是保证信息安全的有效手段。

在一个密码系统中，伪装前的原始信息称为明文，伪装后的信息称为密文，从明文到密文的伪装过程称为加密，其逆过程，即由密文恢复出明文的过程称为解密。实现信息加密的一组伪装规则称为加密算法，对密文进行解密所采用的一组恢复规则就称为解密算法。加密算法和解密算法通常需要一组密钥来控制执行，用于加密算法的密钥就称为加密密钥，用于解密算法的密钥称为解密密钥。密钥通常是一组数字，可以理解为加密算法和解密算法执行的输入参数。典型的加密和解密过程如图 8-4 所示。加密算法使用加密密钥对明文进行加密就产生了密文，解密算法使用解密密钥对密文进行解密就将密文还原成明文。

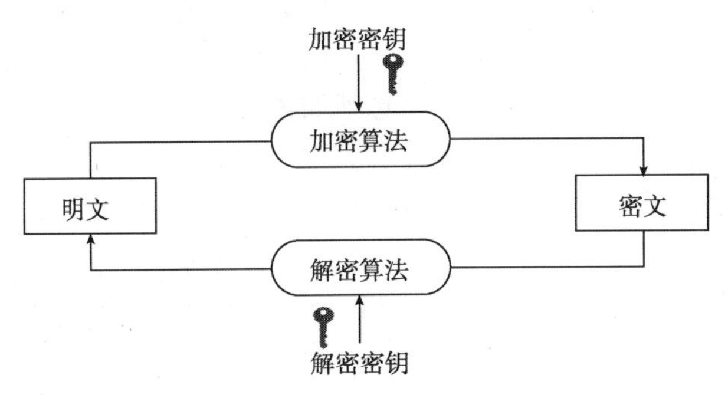

图 8-4　信息加、解密过程

通过各种手段窃取机密信息的过程称为窃密，利用技术手段分析或破解所截获的密文，推断出明文或密钥的过程，称为密码分析。

较早的加密多是将明文字符做简单的替代或移位操作而形成密文。

凯撒密码是一种广为人知的替代式密码。使用凯撒密码法加密信息，明文中的每个字母将会被字母表中其位置后的第 3 个字母替代。例如，字母 A 将会被字母 D 替代、字母 B 将会被字母 E 替代、字母 C 将会被字母 F 替代等，而最后的 X、Y 和 Z 则将分别被 A、B 和 C 替代。显然，凯撒密码字母表是这样写的：

密码字母: d e f g h i j k l m n o p q r s t u v w x y z a b c
一般字母: a b c d e f g h i j k l m n o p q r s t u v w x y z

因此，明文 HELLOWORLD 就可以被加密成 KHOORZRUOG。凯撒只是将字母向后移动 3 位，如果选用其他数字同样也可以使用该加密方法，只是产生的密文会不同了，这里的后移位数就可以理解为凯撒密码加密算法的密钥。

移位式密码，不改变明文字母本身，加密时只是将信息中的字母顺序依照一定规则进行改变。一个简单的移位加密方法可以将明文字母都向右移 1 位。例如，使用这种方法加密，明文 HELLO WORLD 将变成 DHELL OWORL。

无论替代式密码还是移位式密码都是基于传统字母数字进行加密，较容易破解。计算机的出现促进了密码学的发展，计算机可以对任何二进制形式的信息进行加密，而不像较早的密码那样直接作用在传统字母数字上，大大提高了密码的难度。尽管计算机同时也促进了破密分析的发展，但是，好的加密算法仍保持优势，加密过程快速高效，而要破解它则需要许多级数以上的资源，使破密变得代价高，获得成功难度大。

之后，人们认识到，对好的加密算法而言，保证密钥的机密性应足以保证信息的机密性。即使密码系统的任何细节已为人悉知，只要密匙未泄漏，它也应是安全的。这就是密码学上有名的柯克霍夫原则。当前，很多被广泛使用的加密算法都是基于这一思想构建的，如 DES、AES、RSA 和 DSA 加密算法。根据加解密过程中使用的密钥，可以将这些算法分为两大类：对称式加密算法和非对称式加密算法。

对称式加密算法在加密和解密过程中使用相同的密钥。使用对称式加密算法发送信息时，发送方先使用加密算法和密钥对明文进行处理产生密文，再将密文发送给接收方。接收方收到密文后，需要使用相同的密钥及加密算法的逆算法对密文进行解密，获得明文。虽然对称式加密算法及其逆算法都是公开的，但是，只有获得密钥的人才能对数据进行正确的加解密，这就要求解密方事先必须知道加密的密钥。尽管对称式加密算法加解密速度快，并且在使用长密钥时难以破解，安全性高，但是，由于每对用户都需要使用同一且唯一的密钥，因此，密钥管理困难，使用成本较高。典型的对称式加密算法有 DES、AES。DES 使用 56 位的密钥，以当前计算机的处理能力，它不再被认为是安全的，已经有人在 24 小时内破解过 DES 密码。更新的 AES 加密算法使用 128 位的密钥，安全性更高，理论上，使用当前计算机系统和破解 DES 密码的方法是不可能在合理的时间内破解 AES 密码的。

非对称式加密算法，也称为公钥加密算法，它的特点是在加密和解密过程中使用不同的密钥。也就是说，每个用户拥有两把密钥，一把作为公钥，用户可以随意流传，一把作为私钥，只被用户私人拥有。两把密钥不同值但是数学相关。使用公钥加密的密文必须使用私钥才能解密，而使用私钥加密的密文也必须使用公钥才能解密。在公钥系统中，通过公钥推算配对的私钥在计算上是不可行的。典型的非对称式加密算法有 RSA、DSA。

非对称式加密算法的典型用法（见图 8-5）是，发送方使用加密算法和公钥对明文进行处理产生密文，将密文发送给接收方，接收方收到密文后，使用解密算法和私钥对密文进行解密获得明文。显然，相对于对称式加密算法要求每两对用户之间至少需要保持一对密钥而言，非对称式加密算法可以大大减少密钥管理的难度，有效降低使用成本。

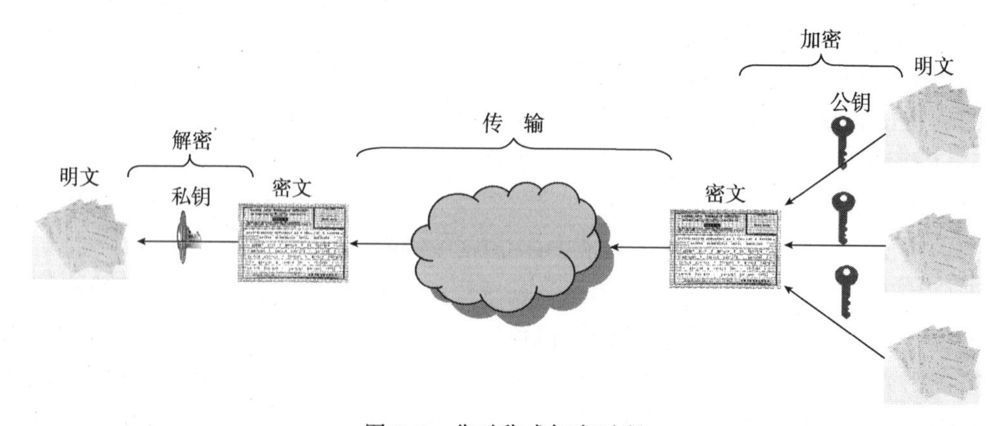

图 8-5　非对称式加密过程

此外，非对称式加密算法还可以用于数字签名。根据联合国国际贸易法律委员会颁布的《电子签名示范法》的相关定义：电子签名系指消息数据中以电子形式所含、所附或在逻辑上与消息数据有联系的数据，它可用于鉴别与消息数据相关的签名人并表明签名人认可消息数据中所含的信息。这里的电子签名就是我们所说的数字签名，数字签名是普通签章的数字化，技术上所采用的就是非对称式加密算法。

典型的数字签名过程是（见图 8-6）：首先，数据发送方使用自己的私钥对数据校验和\或其他与数据内容有关的变量进行加密处理，完成对数据的“签名”，然后发送给接收方；接收方使用发送方的公钥对数字签名部分进行解密，确认签名的真实性，再用解密结果验证数据完整性。数字签名技术可以用于网络环境下的身份确认与信息完整性验证，这对于基于网络的贸易活动具有重要意义，可以有效遏制交易抵赖现象，促进商贸活动健康发展，因此，在国际上被广泛使用。我国也于 2004 年颁布了《中华人民共和国电子签名法》，以规范国内电子签名的使用。

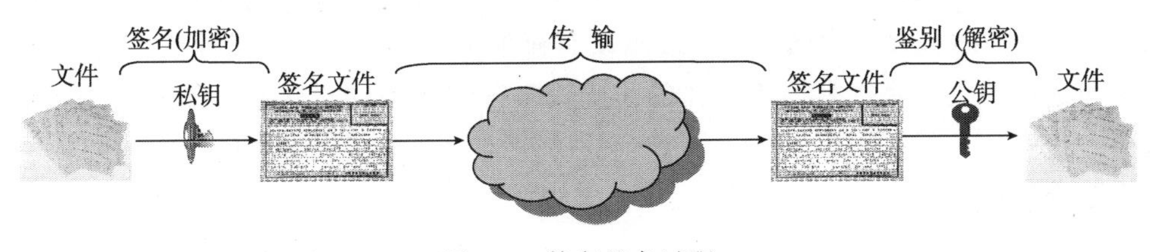

图 8-6　数字签名过程

8.3.2　访问控制技术

访问控制是对信息和信息系统进行保护的重要措施。它的主要任务是防止信息资源未经授权的访问和使用，它不仅包括对非法用户访问系统的限制，也包括对合法用户非授权使用的限制。访问控制决定谁能够访问信息系统，能访问系统中何种资源以及如何使用这些资源。访问控制常以用户鉴别为前提，如口令、指纹等，在身份确认的基础上通过实施各种访问控制策略来控制和规范用户对系统的访问以及在系统中的行为。

访问控制可以抽象为两类实体以及它们之间的关系，即主体、客体和它们之间的访问控制策略。其中，访问控制策略是访问控制技术的关键内容，它体现为主体与客体之间的访问控制规则以及访问控制规则之间的转换关系。

主体指访问和操作的主动发起者，是提出访问请求的实体，它可以是用户，也可以是进程或设备。

客体是访问过程中处于被动地位的实体，它可以是信息载体的存储单位，如记录、数据块、文件、目录、邮件、表等，也可以是其他能够被主体访问的实体，如寄存器、通信信道、时钟等。

访问控制规则描述了主体对客体进行访问和操作的条件约束集合，即它直接定义了主体可以对客体进行怎样的访问和操作，客体对主体的访问有什么条件约束。在某种程度上，访问控制规则可以理解为对主体访问客体权限的授权行为，即通过访问控制规则的定义，主体就获得了访问客体的权限。

记录访问控制规则的数据结构有很多种，最基本的是访问控制矩阵，它的基本思想是将所有的访问控制规则存储在一个矩阵中集中管理，矩阵的行代表主体，列代表客体，每个矩阵元素代表了一个主体对一个客体的访问权限。图 8-7 所示是一个访问控制矩阵的例子，它有三个用户（主体）和四个文件（客体），每个矩阵元素数据用户对文件的访问权限，如 User1 对 File1 具有读、写和拥有权限，而 User1 对 File2 则没有任何权限。

	File1	File2	File3	File4
User1	读,写,拥有		读	
User2		读,写,执行,拥有		读,写
User3		读,写	读,写,拥有	

图 8-7　访问控制矩阵举例

访问控制矩阵虽然简单，但是，当主体和客体数量很大时，矩阵的实现需要消耗大量的存储空间，而且存在很多空项（表示没有权限）或相同条目，使得空间利用率不高。一种显而易见的改进是按客体将主体的访问权限存储下来，这样就可以使空间利用率大大提高，这就是访问控制表。图 8-8 显示的访问控制表是将图 8-7 所示的访问控制矩阵经过简单变换得到的。

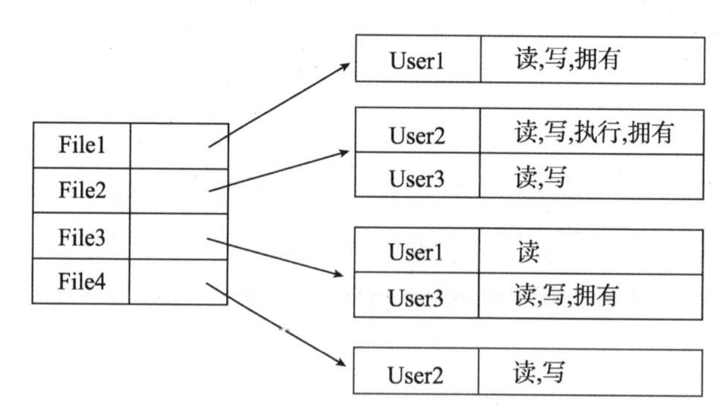

图 8-8　访问控制表举例

访问控制表对于回答“系统中，给定客体，有哪些主体能够访问它以及如何访问”的问题非常有效，但是有时候，系统可能更多地被要求回答“给定主体，有哪些客体能够访问以及如何访问”的问题，这就需要用到能力表。与访问控制表不同，它根据主体将主体能访问客体权限的行存储下来。能力表可以进行复制，例如，可以将 User1 对 File3 的访问权限复制给 User2，这样 User2 就可以对 File3 进行读访问，这意味着 User1 向 User2 授予了访问 File3 的读权限。图 8-9 显示了从图 8-7 中的访问控制矩阵经过简单变换得到的能力表。

除了这些基本的访问控制结构，还有锁匙结构、基于环的访问控制、传播性访问控制表等结构。这里不再赘述。

基于这些结构，有三种常用的访问控制策略：自主访问控制策略、强制访问控制策略、基于角色的访问控制策略。

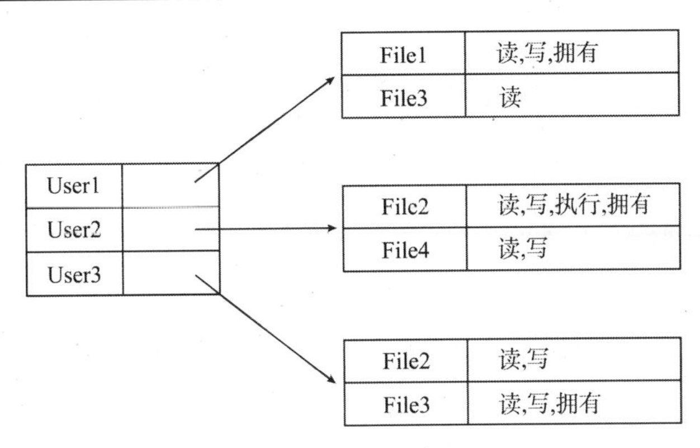

图 8-9　能力表举例

自主访问控制策略的基本思想是：访问主体可以自主地将其所拥有的客体访问权限（全部或部分地）授予其他主体，即客体由相关主体进行管理，客体的属主或拥有访问权限的主体可以自主决定是否将自己对客体的访问权或部分访问权授予其他主体。访问控制矩阵是实现自主访问控制策略常用的基本数据结构。虽然自主访问控制策略可以对客体的访问进行必要的控制，提高了系统的安全性。但是，由于这种策略允许主体自主地将自己所拥有的客体访问权限转授给其他主体，很容易成为安全隐患。因为权限经过多次转授后，很容易被不可信主体获得。此外，自主访问控制策略也无法阻止对权限的恶意修改，从而获得对敏感信息的访问权的行为，以及利用对客体的共享访问传播有害信息的行为。尽管如此，从用户友好性的角度出发，通用操作系统主要还是采用自主访问控制策略。

与自主访问控制策略不同，强制访问控制策略将对客体访问权限的修改、转授和撤消等都收归系统安全管理员进行管理，即使是客体属主也没有对自己客体的控制权。系统中，每个主体与客体都会根据总体安全策略和需要被强制分配一个安全属性，利用安全属性来确定主体的安全等级和客体的敏感等级，进而决定主体对某个客体的访问权限。强制访问控制的两个关键规则是：不向上读和不向下写，即主体只能读不高于自身安全级的信息，只能写不低于自己安全级的信息。这种访问控制策略可以有效阻止恶意程序通过窃取访问权获取敏感信息。它比较适合对于安全要求较高的计算机系统，如军用计算机系统。

自主访问控制策略和强制访问控制策略虽然存在着差别，但是两者却都是直接将权限授予用户。当系统中用户数量众多而且变动频繁时，授权管理的复杂性就会大大增加。于是人们提出了基于角色的访问控制策略。基于角色的访问控制策略的基本元素包括用户、角色、权限。其核心思想是，将访问权限分配给角色，系统中的用户通过担任一定的角色获得角色所拥有的权限。所谓角色，它不是一个具体实体，而是代表系统中一组访问权限的集合。与主体相比，角色相对稳定，主体变化只需对主体进行角色撤消和重新分配即可，从而简化了授权管理的难度。图 8-10 给出了一种基于角色的访问控制策略示例，其中定义了两种角色。

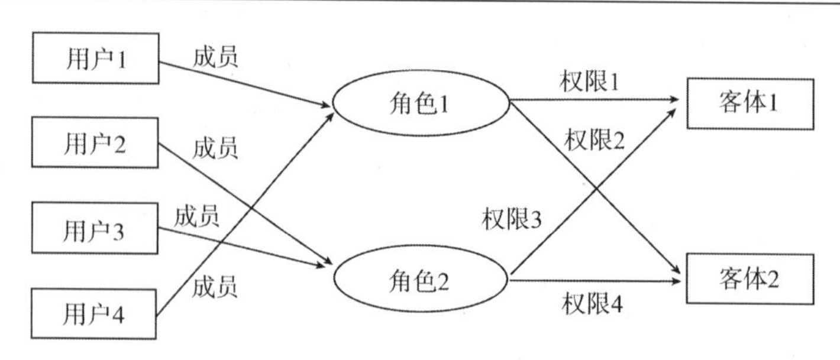

图 8-10 基于角色的访问控制策略举例

8.3.3 漏洞分析

计算机系统不但包括硬件系统、软件系统、网络，还包括管理策略、使用程序以及使用者，其中任何一个或几个方面出现问题都可能导致系统的安全漏洞。攻击者能够利用程序、技术或者管理上的失误，也就是系统漏洞或安全缺陷，获得未被授权的访问权限。因此，如何及时发现漏洞、修复漏洞就成为计算机安全、网络安全的重要内容。

对系统进行漏洞检测的主要方法称为渗透测试，它的基本思想是：测试人员假设系统中存在某种缺陷；根据该假设，测试人员确定系统漏洞出现的条件；测试人员将系统调整到该条件状态后对系统进行测试和分析，获得测试结果；测试人员将测试结果与被分析系统的安全策略进行比较，如果不一致，就说明假设成立，漏洞存在。渗透测试是一种测试方法，它只能证明有安全漏洞存在，却无法证明不存在安全漏洞。

根据渗透测试方法的基本思想，漏洞分析大致可以分成四步：

（1）信息收集。在进行渗透测试之前，测试人员会仔细分析被测试的系统，收集尽可能多的信息。在网络安全中提到的端口扫描就是其中一种非常重要的收集信息的手段。

（2）漏洞假设。根据对上一步收集的信息的分析，测试人员会利用自己的经验以及其他系统发现的漏洞，假设系统漏洞可能存在的位置和类型。

（3）漏洞测试。完成漏洞假设后，测试人员会分析这些漏洞假设出现的可能的原因以及检测这些漏洞的方法。然后根据测试需要完成必要的系统配置，开始测试。

（4）漏洞泛化。当测试人员成功地入侵系统，则证明漏洞确实存在。确定漏洞后，将该漏洞泛化，以便用于发现其他类似的漏洞。

漏洞分析需要测试者具有较深的知识背景，因此，大多数用户还是借助一些安全漏洞扫描器软件来发现系统漏洞。目前，安全漏洞扫描器软件有很多，常用的扫描器软件主要可以分成两类：主机的安全漏洞扫描软件和基于网络的安全漏洞扫描软件。

主机的安全漏洞扫描软件通过查看系统内部的主要配置文件的完整性和正确性，以及重要文件和程序的访问权限，来对主机内部安全状态进行分析。

基于网络的安全漏洞扫描软件主要利用一些脚本程序，通过网络来模拟对系统的攻击行为，然后进行结果分析。它的做法和黑客攻击的方法类似，通过端口扫描来获取目标系统信息，进而找出系统可能存在的漏洞。

对于系统管理员而言，发现系统漏洞必须及时将之排除，以避免更大的损失。正确地改正漏洞需要对漏洞产生的原因以及被利用的过程都有充分的了解。对于商用大型软件，由于代码不公开，一般用户即便发现了新漏洞，也很难了解其细节，因此，很难自己对其进行修复。通常情况下，大型软件的生产商会根据新发现的漏洞不断推出补丁程序，如微软的 Windows 操作系统。系统管理员或用户应及时使用补丁程序对系统进行更新，防止攻击者利用这些系统漏洞进行攻击破坏。

对黑客等攻击者而言，系统漏洞是他们进行攻击的途径。有经验的黑客往往会自己发现系统漏洞，并通过漏洞攻击目标系统。他们可以在单机上对类似的系统进行漏洞分析，然后假设目标系统也存在类似漏洞，也可以通过网络对目标系统直接进行漏洞分析，进而攻击。一种常见的发现漏洞的方法是，通过端口扫描，获取目标系统操作系统的状态，如果用户没有及时使用补丁程序对系统进行更新，就利用已知的系统漏洞进行攻击。

8.3.4　防火墙

防火墙是在受保护的网络（内部网）与不可信网络（外部网）之间对所有通信进行过滤的设备，它可以是一台专门的硬件也可以是部署在一般硬件上的一套软件。

防火墙放置在内外部网之间信息流必经的位置，对所有经过防火墙的数据包进行检查和过滤，如图 8-11 所示。防火墙是内部网络的安全屏障，它的工作将延缓内外网通信效率，因此它的性能至关重要。为了提高防火墙的性能，同时也避免攻击者寻找到更多安全漏洞，防火墙所在的计算机系统一般不会运行其他非防火墙功能软件，即使是操作系统也采取私有系统或者经过精心裁减的系统。

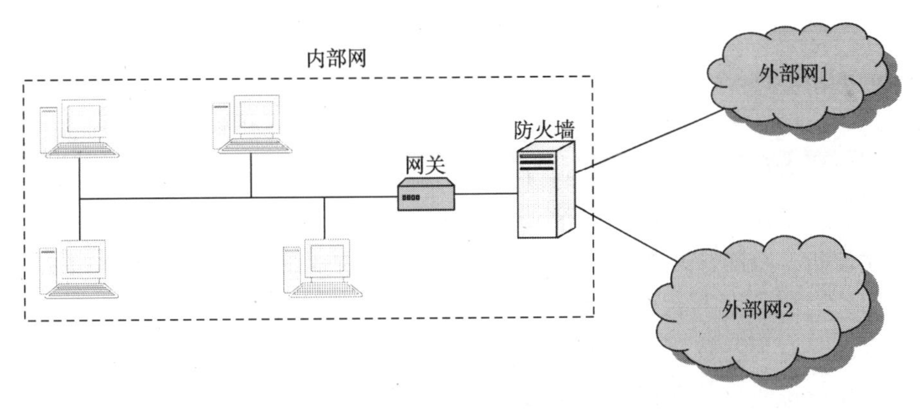

图 8-11　防火墙示意图

设置防火墙的目标是保护内部网的安全，将来自外部网的、可能对内部网安全产生威胁的数据包隔离开来，将其拒之门外。为了实现这一目标，防火墙使用设计好的安全策略来过滤数据包，主流防火墙安全策略的基本思想可概括为默认拒绝，即未明确允许的就是禁止的。基于设定好的安全策略，防火墙只会允许符合安全策略的数据包通过，其他的数据包则都被丢弃，但是，防火墙并不对来自内部的数据包进行过滤。

防火墙的主要类型有包过滤防火墙、状态审查防火墙、应用代理防火墙和个人防火墙。

包过滤防火墙根据数据包的传输地址（源地址或目的地址）或者传输所使用的协议类型来控制数据包对内部网的访问，这是最简单的一种防火墙。通过包过滤防火墙，可以很容易根据数据包中的 IP 地址控制内外部网络之间的通信，如图 8-12 所示。例如，可以对防火墙进行设定，使它只允许来自 67.23.1.x 的数据包。除了 IP 地址，防火墙还可以根据网络协议来过滤数据包，如可以设定只允许 HTTP 协议数据包，这样，UDP 协议数据包就会被过滤掉，很多使用 UDP 协议的即时聊天软件就可能无法正常工作，但是用户却依然可以使用 HTTP 协议浏览网页。

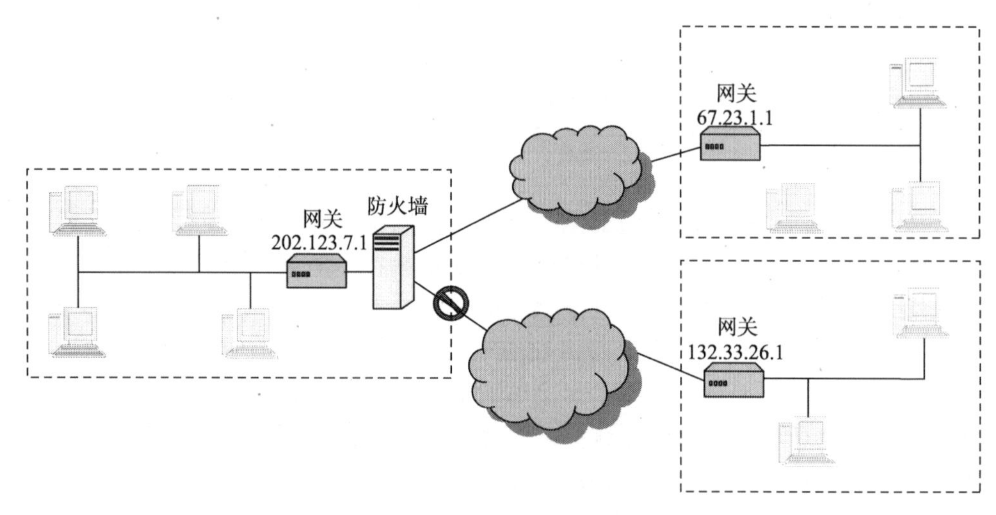

图 8-12　防火墙根据 IP 地址过滤数据包

状态审查防火墙是包过滤防火墙的发展，包过滤防火墙每次只是根据单个包判断是拒绝还是接受。但是有一些攻击会将攻击包分割成多个包，每个包只具有很短的长度。如果只用包过滤方法，则很难检查到分布在多个包中的攻击信号。状态审查防火墙通过跟踪包序列，以及从一个包到另一个之间的状态变化来防止这样的攻击。

应用代理防火墙能够模拟应用软件的正常效果，使应用软件只能接收到正常的服务请求。应用代理防火墙上运行的是伪应用软件，它会按内部的软件服务，响应来自外部的访问请求。只有那些符合软件服务正常效果的请求才会被允许通过。从内部网看，应用代理防火墙好像是外部连接，所有的访问请求都来自它，而所有的响应都发给它；从外部网看，应用代理防火墙似乎不存在，因为它就是按内部的响应方式响应访问请求的。在访问过程中，内外网计算机之间不存在直接通信，外部网中的计算机攻击内部网就变得更加困难。虽然应用代理防火墙相对包过滤防火墙而言，安全性能得到了提高，但是，实现也更为复杂，流量性能下降较多。

个人防火墙是用来保护单机的防火墙，用来隔离用户不希望的网络通信。个人防火墙可以作为常规防火墙的补充，在没有常规防火墙的地方，对单机客户提供合理的保护。很多反病毒软件公司都推出了自己的个人防火墙产品，如瑞星、金山毒霸等。个人防火墙经过配置可以实施一些安全策略。例如，允许内部软件对某些网址的访问或者禁止某些软件对外网的访问等。反病毒软件公司通常将病毒扫描器和个人防火墙结合在一起安装使用，这种方式不但有效，而且效率高。病毒扫描通常是对已经进入系统的程序和文件进行扫描，然后将病毒扫描器与个人防火墙结合起来，就可以在数据进入系统之前，对每个到达目的机却没有被打开的内容进行检查，降低了病毒感染的可能性。

防火墙并不能完全解决所有的安全问题。防火墙具有以下不足：

（1）防火墙仅能保护受防火墙控制的网络环境。如果攻击者能够绕开防火墙访问到内部网，防火墙就无法对内部网进行保护。绕过防火墙主要是通过防火墙系统漏洞或者通过内部网其他不经过防火墙的网络连接两种方式实现。例如，有的内部网虽然有防火墙保护，但是，其中一台主机擅自通过调制解调器连接到外网，那么攻击者就可能通过该台主机对内部网络进行攻击。

（2）防火墙对允许进入内部网的内容控制有限。防火墙只能按安全策略对过往数据包进行过滤，但是对数据包中的内容通常不做检验，这意味着防火墙并不能防止包含不正确的数据或恶意代码的数据包流入，这些安全问题必须由其他机制来保护。

（3）防火墙不能防范来自内部的攻击。防火墙的目标是过滤从外部网进入内部网的数据包，防范来自外部的威胁，对来自内部攻击不能有效防范。

8.3.5　入侵检测

入侵检测系统（Intrusion Detection System，IDS）是一种能对网络传输进行即时监视，识别恶意的或可疑的事件，发出警报或者采取主动反应措施的网络安全系统。与防火墙不同，入侵检测是一种积极主动的安全防护技术，它不需要跨接在网络链路中，不要求网络流量经过系统，而是监听网络。

入侵检测系统通常由四个部分组成：事件产生器、事件分析器、事件数据库和响应单元，如图 8-13 所示。事件产生器负责从整个计算环境中获得事件，并通知系统的其他部分。事件分析器对事件产生器传来的数据进行分析，找出其中更高级的事件，并将分析结果传给事件数据库和响应单元。响应单元根据事件产生器和事件分析器传来的数据，对事件做出反应，它既可以做出如切断连接、改变文件属性等较为激烈的反应，也

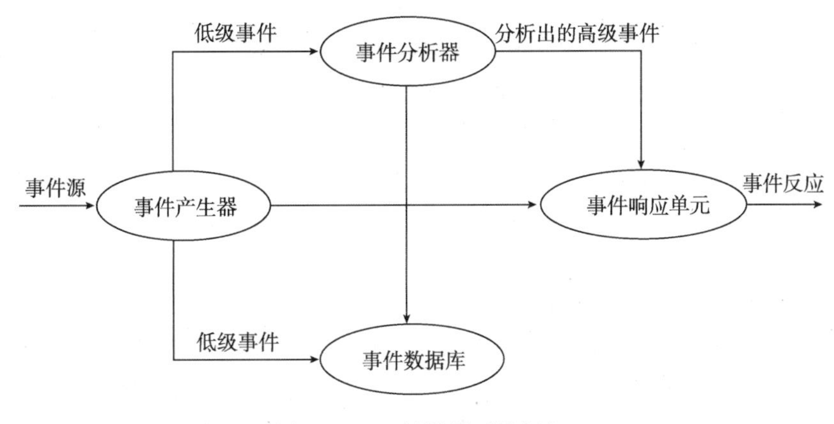

图 8-13　入侵检测系统框架

可以只简单发出警报，通常事件产生器传来的事件都是较为低级的事件，而事件分析器传来的则是较为高级的事件。事件数据库用来存放各种事件以及相关数据，它可以是复杂的数据库，也可以只是简单的文本文件。

类似于防火墙，入侵检测系统可以是基于网络的也可以是基于单机的。基于网络的入侵检测系统如图 8-14 所示，通常建立在一个单独的机器上，监视经过该网络的通信流量。基于单机的入侵检测系统则运行在单个工作站、服务器或客户端计算机上，并保护该系统。

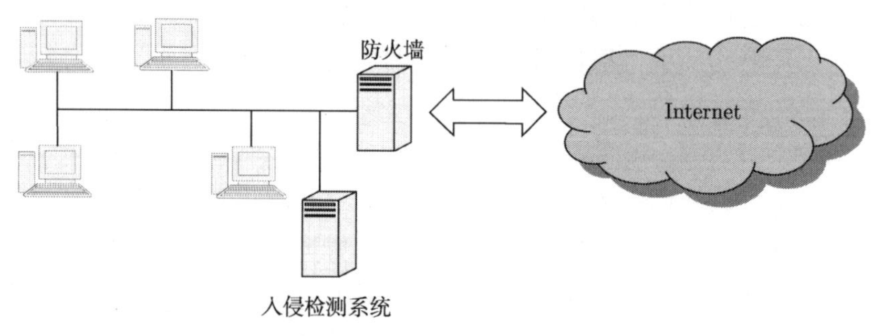

图 8-14　基于网络的入侵检测系统

早期的入侵检测系统是一种事后工作机制，通过检查系统活动日志来发现潜在的威胁，并加以修复。现在的入侵检测系统都采用实时检测的方式，它们监视系统活动，当异常事件发生时及时采取必要的保护措施，或向管理员报警，提醒管理员采取保护措施。

常用的入侵检测系统有两类，一类是基于标记的入侵检测系统，另一类是启发式入侵检测系统。

基于标记的入侵检测系统会将攻击行为进行标记，存在系统数据库中，入侵检测系统在监听过程中进行简单的模式匹配，一旦发现与已知攻击类型相匹配的事件，就进行告警，并做相应处理。基于标记的入侵检测系统不能检测在数据库中没有相应标记的新的攻击形式。

启发式入侵检测系统寻找的是系统中异常的用户行为。启发式入侵检测系统会将用户行为分成三种：良好的、可疑的和未知的。系统逐步学习判断某种行为是否可以接受的规则。入侵检测系统应用这些规则，分析监听到的实际活动。

8.3.6　审计

审计技术是事后认定违反安全规则行为的分析技术。为了进行审计，需要对系统事件以及相关状态数据进行记录，这些记录称为日志，它反映了系统使用及性能方面的情况。审计就是对日志记录进行分析，并以清晰的、易理解的方式表述分析结果。

日志机制对于计算机安全具有特殊的意义。数据库中的日志记录了数据库操作的过程，记录中包含有数据改变的原始值和新值，这些记录可以用于数据库故障恢复或重建。如果日志中记录的是系统资源的使用模式，对其进行分析，就有可能找出与预期的资源使用模式不相符的使用情况，发现违反安全规则的行为。

一般地，一个审计系统包含三个部分：日志记录器、分析器和通告器。日志记录器负责记录信息，或直接将收集的信息发给分析器。分析器以日志为输入，分析日志数据，分析的结果可以用于改变正在记录的数据，分析器也可能仅检测事件或存在的问题。入侵检测系统的事件分析器是审计分析的一个例子，它的事件产生器对事件进行记录，并发给事件分析器，事件分析器根据这些日志记录进行分析，找出高级的事件。通告器收到分析器分析的结果后，负责把审计结果通知系统管理员和用户等，由他们采取一定的措施响应通告。

8.3.7　虚拟私有网络

私有网络，也称内部网络，一般指企业或部门内部的局域网以及连接各局域网的专线网络。私有网络完全归所属企业或部门专用，因此具有良好的物理安全性和管理安全性。如果私有网络与其他网络物理不相连接，就不存在通过网络从外部攻击或泄密的可能。但是，私有网络的架设和使用都非常昂贵，特别是对地域分布较广的企业或部门。人们希望能够借助现有的公共网络资源，如 Internet，架设和使用更为廉价的“私有网络”，虚拟私有网由此而生。

虚拟私有网是物理上并不存在的私有网络，它使用的是不安全的公共网络资源进行数据传输，主机之间传递加密数据。虽然数据在不被信任的公共网络中传输，但是由于只有虚拟私有网络中的网关或主机才能对数据解密，通信就像在一个安全的加密隧道中进行，整个网络看上去就像是私有的。

建立虚拟私有网络，必须考虑数据加密、用户鉴别、密钥管理、支持多种网络协议、动态地址分配等问题。这些问题都需要硬件与软件的支持。常用的建立虚拟私有网络的设备包括专用 VPN 设备、内嵌有 VPN 功能的网关、路由器和防火墙等。

下面用图 8-15 所示的例子简单描述一个处于公共网中的主机与一个使用防火墙的内部网络建立虚拟私有网络的过程（假设该防火墙支持 VPN）：

（1）一台网络主机向防火墙发出访问请求，防火墙对网络主机进行用户鉴别；

（2）如果网络主机通过了用户鉴别，则防火墙返回加密密钥进行响应；

（3）网络主机与防火墙之间使用密钥进行加密通信。

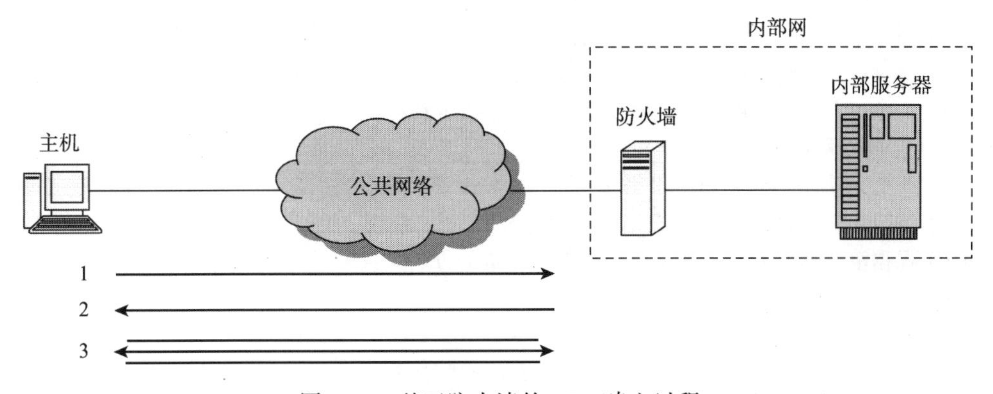

图 8-15　基于防火墙的 VPN 建立过程

通过上述三个步骤，主机就通过防火墙与内网之间建立了一个只有它们自己才能加解密的通信隧道。虽然主机依然处于一个不安全的公共网络中，但并不会影响它与内网之间的通信安全，就好像该主机也加入了内部网一样。

8.4 本章小结

信息作为继物质和能源之后的第三类资源，它的价值日益受到人们的重视。同时，针对信息与信息系统所进行的破坏活动更加频繁。信息安全技术的目标就是保护信息与信息系统的安全，使之不受非法访问、使用或破坏。

信息安全涉及整个信息系统，无论硬件系统、软件系统还是网络都存在相关安全问题，计算机病毒的特征毫无疑问地使之成为信息安全的重要威胁因素，恶意程序的危害也日益严重，这些都是当前计算机安全必须面对和解决的实际问题。本章介绍了保证信息安全的基本策略和常用技术，部分地展示了当前信息安全技术发展状况。信息安全任重道远，新的安全问题会不断出现，新的安全技术、安全方法也将不断产生。

延伸阅读材料

计算机安全是计算机技术中的一个重要的研究领域，本章所介绍的内容只是一些基本概念、基本方法，有兴趣的同学可以阅读参考文献中的相关书籍（Matt Bishop, 2005）获得更为系统的计算机安全知识。推荐阅读徐明成主编的《计算机信息安全教程》(第2版)(徐明成, 2008)。

习　题

1. 名词解释

信息安全　计算机安全　网络安全　机密性　完整性　被动攻击　主动攻击
黑客　计算机病毒　数字签名　防火墙　入侵检测系统　VPN

2. 填空题

（1）网络安全具有机密性、完整性、(　　)、(　　）和（　　）等特征。

（2）电磁防护可以采取多种措施，常用的技术有（　　)、(　　)、低辐射技术。

（3）操作系统中的分离控制主要有四种方式：(　　)、(　　)、(　　）和密码分离。

（4）计算机系统的用户鉴别机制常用的属性有（　　)、(　　)、(　　)。

（5）与单机安全环境比较，网络安全环境具有以下特征：(　　)、(　　)、(　　)、传输路径的不确定性、系统的复杂性、(　　)。

（6）计算机病毒的特征有(　　)、(　　)、(　　)、(　　)、(　　)、表现性、恶意性、(　　)。

（7）按照感染对象分类，计算机病毒可以分为引导型病毒、(　　)、混合型病毒和（　　)。

（8）根据渗透测试方法的基本思想，漏洞分析的方法大致可以分成四步：(　　)、(　　)、漏洞测试和（　　)。

3. 问答题

（1）影响硬件系统安全的环境因素有哪些？应如何避免？

（2）数据库访问控制与操作系统访问控制之间的区别是什么？

（3）网络攻击的主要方式有哪些？主动攻击与被动攻击的区别是什么？

（4）黑客攻击的一般方式是什么？

（5）常见的计算机病毒症状有哪些？

（6）请列举一个计算机病毒主动式传播过程。

（7）什么是对称式加密？什么是非对称式加密？

（8）请举例说明非对称式加解密过程。

（9）请举例说明数字签名的使用过程。

（10）防火墙在安全防护上有什么不足？

（11）请说明防火墙技术与入侵检测技术的区别。

第 9 章　计算思维与计算机问题求解

【学习内容】

本章从计算思维的典型方法入手，介绍了利用计算机进行问题求解的基本概念和方法，主要的知识点包括：

- 计算思维的典型方法；
- 计算机问题求解的过程；
- 算法与程序基本概念；
- 程序设计语言；
- 程序设计的基本过程；
- 程序的基本结构。

【学习目标】

通过本章的学习，读者应该：

- 了解计算思维的典型方法；
- 理解计算机问题求解的过程；
- 掌握算法和程序的概念；
- 了解各种算法的描述方法；
- 了解程序设计语言的分类和功能；
- 理解程序设计的基本过程；
- 了解程序的基本结构。

计算机问题求解是以计算机为工具、利用计算思维解决问题的实践活动。本章主要介绍计算机问题求解的入门知识，包括算法和程序等基本概念和方法。利用计算机进行信息处理的、特别是通过软件完成的、复杂的信息处理任务，最终都需要落实到算法和程序上。如何针对具体问题设计解决问题的算法和程序，是计算机问题求解的核心问题。在计算机科学与技术的发展过程中，计算机科学家已经形成了许多分析问题和设计算法的典型方法。本章以第 1 章介绍的计算思维基本概念为基础，结合本书前面各章的案例和生活中的实际例子，说明计算思维的典型方法。在介绍了利用计算机进行问题求解的基本过程之后，重点介绍了算法、程序和程序设计的概念。最后，结合结构化程序设计方法，给出了程序设计的示例。

9.1　计算思维的典型方法

第 1 章中介绍了计算思维的概念，是指运用计算机科学的基础概念和原理求解问题、设计系统和理解人类行为，它包括了一系列计算机科学的思维方法。随着计算机应用的发展，计算思维已经在其他学科中产生影响，而且这种影响在不断拓展和深入。在计算机科学与技术的发展过程中，计算机科学家已经形成了许多运用计算思维解决问题的方法。本节将结合前面各章中介绍过的一些具体案例，说明计算思维的一些典型方法。

1. 抽象（Abstraction）

抽象就是忽略一个主题中与当前问题（或目标）无关的那些方面，以便更充分地注意与当前问题（或目标）有关的方面。通过抽象，人们可以从众多的事物中抽取出共同的、本质性的特征，舍弃其非本质的特征。抽象是一种从个体把握一般、从现象把握本质的认知过程和思维方法。在计算机科学中，抽象是一种被广泛使用的思维方法。

在第 1 章中介绍了图灵机模型，它是一个抽象的计算模型。图灵把他的计算模型抽象成一种非常精简的装置：一条无限长的纸带、一个读写头、一套控制读写头工作的规则、一个状态寄存器。有了图灵机这一抽象模型，我们可以得到很多本质的规律，如对于计算的本质问题，计算机科学中著名的邱奇—图灵论题（The Church-Turing thesis）就说明了所有计算或算法都可以由一台图灵机来执行，在第 9.3 节，我们将对此做进一步的解释。可见，通过抽象我们能够抽取事物的本质特性、忽略烦琐的细节，在抽象的模型上进行科学研究，有助于发现事物的内在规律。虽然图灵机是现代计算机的数学模型，但它不等同于实际的计算机，如何设计实际可用的计算机系统，也需要抽象的思维。本书第 3 章中介绍的冯·诺依曼体系结构就是对现代计算机体系结构的一种抽象认识。在冯·诺依曼体系结构中，计算机由内存、处理单元、控制单元、输入设备和输出设备等五部分组成。这一体系结构屏蔽了实现上的诸多细节，明确了现代计算应该具备的重要组成部分及各部分之间的关系，是计算机系统的抽象模型，为现代计算机的研制奠定了基础。

网络协议也是计算机科学与技术中运用抽象思维解决复杂问题的典型。本书第 5 章介绍了网络协议的 ISO/OSI 七层体系结构模型，该模型将复杂的网络通信任务分解成七个层次，每个层次都是利用下一层的接口，完成本层的数据处理，并为上一层次提供更加高层服务接口。越靠近底层的协议也越接近物理实现细节，越靠近顶层的协议越接近人们的认识和理解，每一层都是在下一层的基础上做更高层的抽象，屏蔽细节，提供更高级的、更本质的服务。借助七层体系结构模型，网络系统最终完成了用户信息到物理线路信息的正确、可靠的转换，实现了计算机之间的通信。

抽象是计算机问题求解中最基本的方法之一。在抽象过程中，人们剔除细节，只关注与理解问题和解决问题相关的概念，忽略一些对于问题求解不重要的细节，把注意力集中到事物的本质和核心特性上，从而发现事物的本质的、重要的规律。

2. 并行（Parallel）

并行是一种重要的计算思维方法。并行计算（Parallel Computing）一般是指许多指令得以同时进行的计算模式。相对于串行计算，并行计算可以划分为时间并行和空间并行。

我们在计算机系统的设计中看到了很多运用并行技术提高系统效率的例子，例如，

第 3 章介绍的“指令流水线”技术和“多核处理器”技术，前者属于时间并行，后者属于空间并行。在指令流水线中，从时间角度，根据指令执行周期分节拍的特点，将指令执行分解成多个更细的步骤，每个步骤由专门的硬件分别执行，以挖掘指令执行内在的并行性，使得同一时刻 CPU 能执行多条指令。而多核处理器结构，则从空间的角度，通过硬件的冗余，让不同的处理器并发执行不同的任务。这两种技术体现了运用并行方法解决问题的不同思路。

在日常生活中也不乏并行思维的例子。大学新生报到注册就是一个典型的流水处理的例子。新生报到需要完成一系列的手续，如资格审查、住宿安排、费用收缴、校园一卡通办理、注册、公寓用品发放等。为了提高效率，学校各部门通常会联合办公，将各环节组织成流水线的形式。从每个新生的角度上看，他（或她）总是从第一个环节开始，依次办理各项手续，直到完成所有程序；而从每个注册流程上看，在某一时刻，不同的环节在并行地为不同的新生服务。当然，实际工作中，为了应对大量的新生，还可以在时间并行的基础上加上空间并行，每个环节设置多个服务窗口，以构成多个流水线，这就是并行流水线。在超市的收银服务中也可以经常见到并行。在顾客多的高峰时段，超市可以通过增加一些服务柜台提高服务的并行度，从而提高服务能力，减少顾客的等待时间；而在顾客较少的时候，会通过关闭一些柜台降低服务的并行度，在保证服务质量的同时减少超市自身的运营成本。

3. 缓存（Caching）

我们在第 3 章和第 4 章中看到不论是在计算机的硬件结构设计，还是操作系统等软件的设计中，预取与缓存技术都被用来提高系统的效率。缓存是将未来可能会被用到的数据存放在高效存储区域中，使得将来用到这些数据时能够非常快地得到。

在计算机系统中有一个重要的原理，即程序的局部性原理（The Principle of Locality）。程序的局部性原理有两方面的含义：时间局部性和空间局部性。时间局部性是指，如果一个信息项正在被访问，那么近期它很可能还会被再次访问；空间局部性是指，在最近的将来将用到的信息很可能与现在正在使用的信息在空间地址上是临近的。因此，在时间和空间上，程序总是趋向于使用最近使用过的数据和指令，其访问行为不是随机的，而是相对集中的。例如，CPU 访问存储器，无论存取指令还是存取数据，所访问的存储单元都趋于聚集在一个较小的连续区域中。根据这一原理，计算机系统中采取了层次性的存储体系，包括高速缓存、内存储器、外存储器等。高速缓存的访问速度最快、容量最小、成本最高，外存储器的访问速度最慢、容量最大、成本最低。计算机系统充分利用了局部性原理，通过预取（Prefetching）数据和动态调整策略，提高系统在缓存中命中数据的可能性，从而以较多的低速大容量存储器、配合较少的高速缓存，得到速度和高速存储器差别不大的大容量存储器，在存储容量、速度和成本上获得了较好的平衡。缓存技术还可以在更高的层次上得到运用，例如在网络系统中，浏览器和服务器代理都会使用 Web 缓存（Web Cache）来存放最近访问过的网页，这样当用户再次访问这些网页的时候，从本地缓存中就能得到网页数据，而无须再次通过网络获取数据。由于用户访问网页的行为也具有局部性特点，在一定时段内，重复访问相同网页可能性较高，因此 Web 缓存一方面能提高用户访问网页的速度，另一方面也可以降低网络的负载。

局部性原理和缓存策略在我们的工作和生活中也非常有用。例如，学生上学在书包中通常只放上当天上课需要的书本，而不需要把所有书本都带上；我们的办公桌上总是放上最常用或刚刚看到过的书，而长时间不用的书都转移到书架上，这些都是通过缓存和预取提高效率的例子。

4. 排序（Sorting）与索引（Indexing）

排序是信息处理中经常进行的一种操作，其目的是将一组元素从“无序”的序列调整为“有序”的序列。虽然排序算法是一个看似简单的问题，但它却是计算机科学的发展历史中一个重要的研究问题，计算机科学家设计了一系列的排序算法。由于排序操作是一项经常被使用的基本功能，所以高效的排序算法对于提高信息处理的效率具有非常基础性的意义。和排序相关的另一个信息处理方法是索引，是指对具有共性的一组对象进行编目，以提供根据数据某一属性快速访问数据的能力。

在前面的章节中，我们可以看到很多通过排序和索引提高效率的例子。在第 1 章中介绍了字符编码问题。不论 ASCII、GB2312，还是 Unicode 编码体系，都是首先对需要编码的字符进行组织，按照一定的原则对这些字符进行排序，这种排序的原则，也为字符的编码和后续的信息处理提供了基础。例如，在 ASCII 码表中，我们可以看到数字 0~9 的编码是顺序递增的，数字字符排在了英文字母之前，而且字母 A~Z 也是按照顺序递增；而 GB2312 的编码方案更是按照汉字使用频率的高低，将 6763 个汉字分为两级，第一级中的汉字按照拼音字母和汉字笔画顺序排列，第二级汉字按部首顺序排序。第 4 章介绍的操作系统的文件管理功能，也大量使用了排序和索引的方法。例如，文件组织结构中就有索引和多重索引两种方式，为文件的管理、提高磁盘的利用率提供了很好的灵活性。在数据库中，使用索引可快速访问数据库表中的特定信息。为了提高数据访问效率，可以建立一个对数据库表中一列或多列的值进行排序的一种结构（即索引）。以第 7 章中的学生选课数据库为例，如果要在“学生关系”表中按籍贯查找特定学生，如果没有索引，就必须依次搜索表中的所有行，效率非常低。而利用索引技术，可以为“学生关系”表的“籍贯”字段建立索引，这样如果需要在该表中按籍贯查找特定学生，例如，需要查找籍贯为“湖南”的某学生，通过索引，可以很快地找到该学生。

排序和索引方法并非计算机科学独有，在出版和图书馆行业，早就利用排序和索引进行文献的管理。每本图书的目录就是该书的一个索引。利用索引方法，还可以将图书或报刊中的词、术语或主题等分类摘录，标明它们出现的页码，并将这些摘录信息按一定次序排列，附在一书之后，或单独编印成册，以便读者查阅。又如经常使用的新华字典，前面很大一部分篇幅就是提供了各种索引，包括拼音、部首和笔画等多种索引方式，为读者提供了方便、快捷的检索功能。实际上索引也是 Web 搜索引擎的核心技术之一，其工作原理和图书的索引本质上是一样的。

5. 分解（Decomposition）

在计算机科学中，将大规模的复杂问题分解成若干个较小规模的、更简单的问题加以解决，是一种常用的思维。运用问题分解这种思维方法进行问题求解，首先需对问题本身做出明确描述，并对问题解法做出全局性决策，把问题分解成相对独立的子问题，再以同样的方式对每个子问题进一步精确化，直到获得对问题的明确的解答。

在程序设计中的结构化程序设计方法（9.6 节进行简要介绍）的一个重要原则就是“自顶向下、逐步求精”，是指程序设计时，先描述顶层问题的求解目标，然后步步深入，设计一些比较粗略的子目标作为过渡，再逐层细分，直到整个问题可用程序设计语言明确地描述出来为止。在算法中也有“分而治之”的策略（9.4 节中进行简要介绍）。对于可以用计算机求解的问题，所需的计算时间都与其规模有关，问题规模越小，解题所需的计算时间也越少，也越容易求解。因此，可以将一个难以直接解决的大问题，分割成一些规模较小的相同问题，以便各个击破、分而治之。在后面的小节中可以看到利用“分而治之”的策略进行算法设计的例子。另外，在第 7 章中也看到，软件开发人员要在计算机上建立数据库，需要根据系统的需求，将客观世界的信息转化成计算机系统中的二进制信息。由于客观世界的复杂性，直接完成这种转换是非常复杂和困难的。因此，在数据库设计中，将建模分成了三个层次：概念数据模型、逻辑数据模型和物理数据模型。数据库的设计者依次在这三个层次上进行建模，分别完成一定的信息转换，最终完成客观世界信息到计算机系统中二进制信息的转换。这也是一种将复杂问题进行分解而得到答案的例子。

日常工作中的层次化管理也是一种对分解方法的运用。以企业运行为例，一个大型企业也是一个非常复杂的系统，采取“金字塔”型的管理层次是一种常用的策略，将企业逐层分解，越上层的机构越少，越向下功能分解越细、机构数目越多。各级机构管理好自己的下属机构，完成上级机构制定的目标，最终整个企业实现自己的整体目标。

计算思维的典型方法还有很多，如递归、冗余、容错、学习和调度等，这些方法既可以在计算机科学研究和工程实践中发挥作用，也可以运用在其他的工作，甚至日常生活中。

9.2　计算机问题求解

计算机是对数据（信息）进行自动处理的机器系统。从根本上说，计算机是一种工具，利用它人们可以通过计算来解决问题。随着计算机科学的发展，计算的含义也在不断地拓展，它可以是对数值问题的计算，也可以是对非数值信息的处理。使用计算机进行问题求解已经成为计算机科学最基本的方法，甚至在其他学科（如生物、物理、化学、经济和社会等学科）的研究中也发挥着重要的作用。计算机问题求解是以计算机为工具、利用计算思维解决问题的实践活动。

在计算机科学的发展过程中，计算机科学家形成了使用计算机进行问题求解的基本方法。使用计算机进行问题求解、把应用需求转变为可在计算机上运行的程序，一般要经过分析问题、设计算法、实现算法等步骤。

1. 分析问题——问题定义

问题定义（Problem Definition）的目的就是明确拟解决的问题，给出试图求解问题的规格说明（Specification）。一个问题通常会涉及对象、操作和要求这三方面的信息，因此，问题的规格说明通常包括用户要求的输入/输出的数据及其形式、求解问题的数学模型或对数据处理的需求、程序的运行环境等。在软件的开发过程中，需求分析完成的就是问题定义，即明确拟开发的软件的功能需求，形成软件需求规格说明。

2. 设计算法

算法设计（Algorithm Design）是指把问题的数学模型或处理需求转化为使用计算机的解题步骤。算法设计的好坏直接影响着程序的质量。对于大型的软件开发来说，设计是一个非常复杂而重要的阶段，通常还要进一步分为概要设计和详细设计两个阶段。在概要设计阶段，主要是根据软件需求规格说明建立目标软件系统的总体结构，设计全局数据结构，规定设计约束，制定组装测试计划等；而在详细设计阶段，主要是逐步细化概要设计所生成的各个模块，并详细描述程序模块的内部细节（数据结构、算法、工作流程等）。详细设计的结果可以很方便地转换成程序。

3. 实现算法——程序编码

程序编码（Coding）的主要任务是用选定的某种程序设计语言将前一步设计出来的算法实现为能在计算机上运行的程序。在软件开发过程中，编码的工作是严格根据详细设计规格说明而进行的，所以软件的设计应当尽可能做到详细、正确和完整。

一般来说，程序员编写程序很难做到一次成功，还需要通过测试和调试（Testing and Debugging）等步骤以获得可正确运行的程序。测试和调试的主要目的在于发现（通过测试）和纠正（通过调试）程序中的错误。只有经测试合格的程序，才能交付用户使用。在软件开发过程中，通过对编写的程序进行调试和测试，以验证程序与详细设计文档的一致性，从而确保程序实现了需求规格说明规定的功能，即解决了所定义的问题。最后，通过运行正确的程序，就可以得到问题的答案了。

9.3　算法与程序

9.3.1　算法

1. 算法的定义

算法是求解问题类的、机械的、统一的方法，它由有限个步骤组成，对于问题类中的每个给定的具体问题，机械地执行这些步骤就可以得到问题的解答。

算法有着久远的历史。中国古代的筹算口诀与珠算口诀实际上就是算法的雏形，可以视为利用算筹和算盘解决算术运算这类问题的算法。古希腊数学家欧几里得在公元前3 世纪就提出了寻求两个正整数的最大公约数的“辗转相除”算法，该算法被人们认为是史上第一个算法。

19 世纪和 20 世纪早期的数学家、逻辑学家试图给出算法的定义，但遇到了困难。

20 世纪的英国数学家图灵提出了著名的图灵论题，并提出图灵机这一抽象模型。图灵机的出现解决了算法定义的难题，图灵的思想对算法的发展起到了重要作用。

图灵奖获得者高德纳（Donald Knuth）在他的著作《计算机程序设计艺术》（The Art of Computer Programming）里明确了算法具有五大特征：

- 有限性（Finiteness）。算法在有限个步骤内必须终止。
- 确定性（Definiteness）。也称为明确性，即算法的每个步骤都必须精确地定义，拟执行的动作的每一步都必须严格地、无歧义地描述清楚，以保证算法的实际执行结果精确地符合要求或期望。
- 输入（Input）。一个算法必须有零个或零个以上输入量。
- 输出（Output）。一个算法应有一个或一个以上输出量，输出量是算法计算的结果。
- 能行性（Effectiveness）。又称可行性或有效性，是指算法的所有运算必须是充分基本的，因而原则上人们使用笔和纸可在有限时间内精确地完成它们。

算法的上述特征，使得计算不仅可以由人，而且可以由计算机来完成。前面介绍过，用计算机解决问题的过程可以分成三个阶段：分析问题、设计算法和实现算法。要让计算机解决问题，必须先对问题进行分析，提出解决问题的办法，然后建立此问题的计算步骤，最后在计算机上实现。可见，算法设计是计算机问题求解的核心。更进一步，是不是所有的问题都可以通过设计算法来解决？如果不是，哪些问题是存在求解算法的、哪些问题是不存在求解算法的？下面就来讨论算法与计算的本质。

2. 算法与计算的本质

随着计算机技术的发展，我们看到计算机提供了越来越多的功能，帮助人们解决越来越复杂的问题。但是，客观世界的问题非常多，并非所有的问题都可以通过算法解决。在计算机科学中，一般把问题分为可计算问题和不可计算问题。可计算问题是指存在可解算法的问题，不可计算问题是指不存在可解算法的问题。

要区分可计算问题和不可计算问题，首先要对算法进行明确的定义。前面给出的算法概念是不严格的，将算法描述为对问题求解过程的精确描述，它由一组有限的、明确定义的、能机械执行的步骤组成。是否有更为严格的算法定义？在第 1 章中介绍了图灵机这一计算模型。从表面上看，图灵机表述的是关于数值的计算。但是从前面的学习中可以看到，不仅整数、实数等数值信息可以用 0 和 1 表示，而且，英文字母、汉字、声音、图形和图像等各类信息都可以转换成二进制数据。因此，从信息表示上看，图灵机可以用来处理各类信息。从图灵机的工作机制上看，它总是通过读写头在纸带上读出一个方格的信息，并且根据它当前的内部状态查询转换规则表得出下一动作，执行完该动作后，转入下一状态。在这个过程中，转换规则表起到了核心作用，本质上，转换规则描述的就是问题求解的方法，也就是算法。图灵机的信息表示和处理机制，形象而深刻地揭示了计算或算法所具有的有限性、确定性和能行性等本质特征。

图灵机到底有多强的能力？或者说算法到底可以解决哪些问题？理论研究表明，图灵机可以计算后继函数、零函数和投影函数，而任何原始递归函数都是从这三个初始递归函数经过有限次复合、递归和极小化得到，这样就得到了一个可计算理论中的重要结论，即每一个原始递归函数都是图灵机可计算的。可见，图灵机虽然简单，但是其能力却非常强。在可计算性问题的研究中，图灵提出了图灵机模型，另一名科学家阿隆佐·邱奇（Alonzo Church）则采用递归函数和 Lambda 演算来形式地描述可计算性，而图灵进一步证明了二者结论的等价性。这就有了计算机科学中的重要论点——邱奇—图灵论题：所有计算或算法都可以由一台图灵机来执行。根据这一论题，可以把图灵机作为算法的一种更为严格的定义。图灵机代表了到目前为止人类对计算和算法等根本问题的最为本质的认识。

通过图灵机模型，还可以发现有一些问题是不可计算的，如著名的停机问题（Halting Problem）。停机问题可以通俗地表述为，针对任意给定的图灵机和输入，能否构造一个算法（或图灵机）来判断给定的图灵机在接受了输入后能否到达终止状态，即停机状态。停机问题是不可计算的，也就是说不存在可解算法。停机问题看似非常抽象，实际上很多具体问题可以归结到该问题上，如能否设计一个算法或程序，判断任意程序在接受某个输入后是否会进入无限循环？除了停机问题，还有很多有实际意义的问题也是不可计算的，比如是否存在一个程序能够检查所有的程序是否存在错误？这些问题都是不可计算的问题，也不可能通过构造一个图灵机来解决这些问题。

图灵机的能力代表了我们目前认识得到的“计算”的极限。可以说图灵机奠定了现代数字计算机的数学基础，将“什么是可计算的”这样一个难以说清楚的问题用一个简单的图灵机模型进行了严格的表述。现在我们就不难理解为什么说任何一台现代计算机所具备能力都可以用一台图灵机来描述了。图灵机具有如此强大的计算能力，正是源于它的高度抽象。通过抽象，我们对算法和计算的本质有了更为深刻的认识。

3. 算法的描述

算法与计算机没有必然的关系，可以用多种方法来描述算法。主要有文字描述、图形描述、伪码描述等描述方法。

1）文字描述

文字描述即用自然语言（汉语、英语等）来描述算法，通常是使用受限的自然语言来描述，以提高描述的准确性。采取这种描述方法，可以使得算法容易阅读和理解。例如，求解两个整数的整商的算法的文字描述如下：

（1）输入两个整数，即被除数和除数。

（2）如果除数等于 0，则输出除数为 0 的错误信息。

（3）否则，计算被除数和除数的整商，并输出计算结果。

2）图形描述

由于自然语言本身所固有的二义性，所以用文字描述算法难免会出现不精确、二义性问题。图形描述是一种更加准确的算法描述手段，主要包括流程图（也称为框图）、盒图（也称为 N-S 图），PAD 图等。在这里主要介绍流程图这种描述方法。流程图是对算法逻辑顺序的图形描述。如用长方形表示计算公式，用菱形框表示条件判断等等。图形描述作为一种算法描述方法，虽然也会受到自然语言的影响，但其画法简单，结构更加直观清晰，可以不涉及太多的机器细节或程序细节；其主要弱点和文字描述一样，计算机很难直接识别。

流程图采用一些图形表示各种操作。美国国家标准化协会（ANSI）规定了一些常用的流程图符号，已被普遍采用。主要的流程图符号如图 9-1 所示。

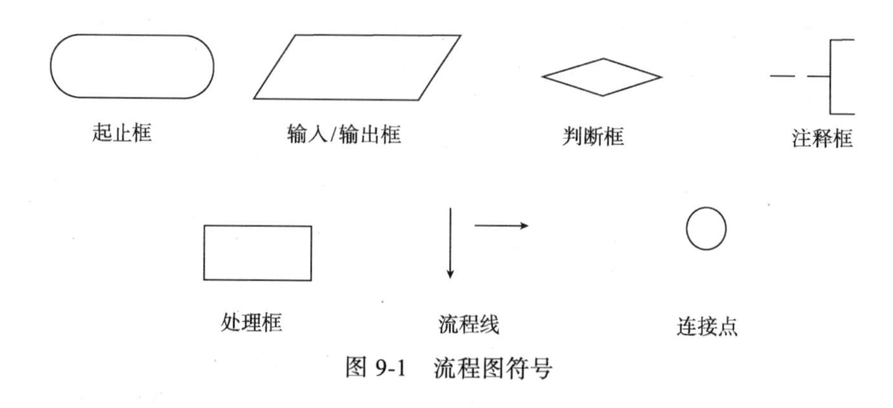

图 9-1　流程图符号

各符号说明如下：

- 起止框。用椭圆框表示，表示一个过程的开始或结束，“开始”或“结束”写在框内。
- 输入/输出框。用斜的平行四边形表示，表示输入或输出数据，输入/输出操作写在框内。
- 判断框。用菱形框表示，用来表示过程中的一个判定操作，判定的说明写在菱形内，一般是以问题形式出现，对该问题的不同回答决定了菱形框引出的路线，每条路线标上相应的回答。
- 处理框。用矩形框表示，表示在过程的一个单独的操作步骤，操作的简要说明写在矩形内。
- 流程线。用带箭头的线条表示，以说明程序执行的先后次序。
- 连接点。用小的圆圈表示，用来标识不同的流程图的连接点。
- 注释框。用来对算法进行说明和解释。

流程图是描述算法的较好工具。图 9-2 所示是求解两个整数的整商算法的流程图描述。

3）伪码描述

伪码（Pseudocode）也是一种算法描述方法，它的可读性和严谨性介于文字描述和程序描述之间，提供了一种结构化的算法描述工具。使用伪码描述的算法可以方便地转换为程序设计语言实现。伪码保留了程序设计语言的结构化的特点，但是排除了程序设计的一些实现细节，使得设计者可以集中精力考虑算法的逻辑。下面是用伪码描述的求解两个整数的整商的算法：

```
Input dividend, divisor
IF divisor = 0 THEN
    Print "Error: the divisor cannot be 0."
```

```
ELSE
    quotient := dividend / divisor
    Print quotient
ENDIF
```

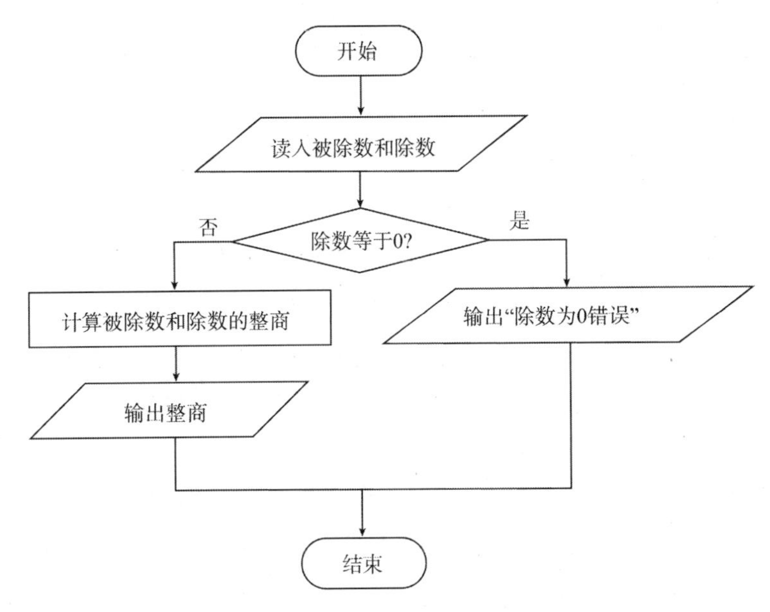

图 9-2　求解两个整数的整商算法的流程图

9.3.2　程序

1. 程序的定义

用文字、图形和伪码来描述的算法不能直接在计算机上执行，因为采取这种方式描述的算法，计算机并不理解。正像人们之间通过语言进行沟通一样，要让计算机完成工作，就必须使用计算机能够理解的语言，这种语言就是计算机程序设计语言。用计算机程序设计语言来描述算法，就得到了程序。

计算机程序是指一组指示计算机每一步动作的指令，通常用某种程序设计语言编写，运行于某种具体的计算机系统上。程序提供了对计算任务的处理对象和处理规则的精确描述。所谓处理对象，就是数据，包括数字、文字和图像等；而处理规则一般指处理动作和步骤。在低级语言中，程序是由一组指令和有关的数据组成。而在高级语言中，程序是由一组说明语句和执行语句组成。程序是程序设计中的基本概念，也是软件中的基本概念。程序的质量决定了软件的质量。

对于前面介绍的求解两个整数的整商的算法，可以用 C++程序设计语言来描述，从而得到一个 C++程序，如下：

```
//求两个整数的整商
#include <iostream.h>

int main()
{
```

```
    int dividend, divisor, quotient; // 声明变量

    cout << "Please enter the dividend:" << endl; // 提示输入被除数
    cin >> dividend; // 读入被除数
    cout << "Please enter the divisor:" << endl; // 提示输入除数
    cin >>  divisor; // 读入除数

    if (divisor == 0)
        cout << "Error: the divisor cannot be 0." <<endl; // 输出错误信息
    else
    {
        quotient = dividend / divisor; // 计算被除数和除数的整商
        cout << "Quotient is "  << quotient << endl; // 输出整商
    }

    return 0;  // 程序正确结束
}
```

程序应包括以下两方面的内容：

（1）对数据的描述。在程序中要指定数据的类型和数据的组织形式，即数据结构。

（2）对操作的描述。即操作步骤，说明如何对数据进行处理，包括进行何种处理和处理的顺序。

程序从本质上来说是描述一定数据的处理过程。著名的计算机科学家尼古拉斯·沃斯（Niklaus Wirth）用下面的公式说明了这种关系：

程序 = 数据结构+算法

2. 算法设计和程序编码

一些程序员，尤其是程序设计初学者，常常认为程序设计就是用某种程序设计语言编写代码，这其实是错误的认识。上述工作应该被看成是程序编码（Coding），它是在算法设计工作完成之后才开始的。以建筑设计为例，建筑设计这个过程不涉及砌砖垒瓦的具体工作，这些工作是在建筑施工阶段进行的。只有在完成了建筑设计，有了设计图纸之后，施工阶段才能开始。如果不做设计，直接施工，很难保证房屋能按质按量建造完成。同样，在程序或软件的设计中，一定要先分析问题、设计解决问题的算法，然后再使用程序设计语言进行具体的编码。设计阶段主要完成求解问题的数据结构和算法的设计，设计完成的好坏直接影响着后面的编码质量。所以，训练有素的程序员一定要养成一种先设计后编码的习惯。

9.4 算法基础

9.4.1 算法设计

前面说过，设计算法是计算机问题求解中非常重要的步骤，在分析清楚问题后，需要通过设计算法把问题的数学模型或处理需求转化为使用计算机的解题步骤，然后再将

算法实现为程序，最后在计算机上运行程序从而得到问题的解。如果试图跳过算法设计这一环节、直接编写程序来解决问题，不是一个良好的方法。特别是当问题比较复杂时，如果不经过分析问题和设计算法这两个环节，是不可能编写出高质量的程序的。

下面首先介绍几个构成算法的常用的基本处理操作，然后介绍如何通过控制结构将这些基本处理操作组织成功能更加强大的算法，最后再简要介绍解决复杂问题时常用的算法设计策略。

1. 算法基本处理操作

根据算法的五个基本特征，我们知道算法有输入和输出并由有限个步骤组成，而且每个步骤都具有可行性。在算法设计过程中，通常会用到下面几个基本操作：

（1）输入。当算法需要从外部输入信息的时候，需要通过输入操作获得数据，然后再进行处理。在流程图中，可以用斜的平行四边形来描述输入动作。

（2）输出。算法在计算过程中或者计算完成之后，需要将输出处理的结果通知外部时，可以通过输出操作将信息传递到外部。在流程图中，输出操作也是用斜的平行四边形表示。

（3）判断。在计算过程中，经常需要确定当时的环境是否满足某些约束条件，因此，判断也是算法的一个基本处理步骤。在流程图中，判定操作用菱形表示，判断的条件一般是以问题形式出现。

（4）其他处理操作。除了上面三种处理操作以外，算法中还有一些常用处理操作，例如，赋值操作可以完成对某些变量的定值；算术运算（加、减、乘、除等）和逻辑运算（与、或、非等）可以实现对数值和逻辑值的计算等。注意，这些处理操作都要满足算法的可行性要求。在流程图中，这些处理操作可以用矩形框表示，操作的简要说明写在矩形内。

2. 常用的控制结构

算法描述了对数据进行加工处理的顺序和方法。可以将前面介绍的各种基本处理操作串联起来，按照顺序一步一步地执行，这是一种常用的简单结构——顺序结构。但在现实世界中，很多问题的解决都难以严格按照顺序进行，不可避免地会遇到需要进行选择或不断循环反复的情况。这时，算法步骤的执行顺序会发生变化，而非从前向后逐一执行。因此，除了顺序结构以外，算法还需要利用一些控制结构来组织算法的步骤。下面对三种常用的控制结构——顺序结构、选择结构和循环结构进行简要的介绍。有了这三种结构，可以实现更加强大的数据处理功能，甚至按照结构化程序设计的观点看，所有算法和程序都已归结到用这三种控制结构来实现。

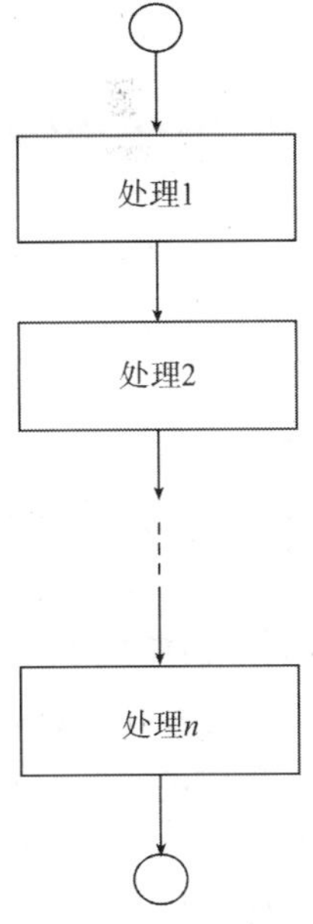

图 9-3　顺序结构的执行流程

1）顺序结构

算法的各个步骤按它们的位置顺序依次执行，前面的处理步骤执行完毕后，顺序执行紧跟在它后面的处理步骤，这种控制结构称为顺序结构。它的执行流程如图 9-3 所示。

2）选择结构

算法除了顺序处理以外，有时还需要根据某些特定的条件决定对数据进行不同的操作，这就需要一种判断和选择的机制。选择结构提供了一种根据判断的不同结果分别执行不同的后续操作的控制机制。常用的选择结构有单分支选择和双分支选择。

单分支选择结构的执行流程如图 9-4 所示。

在单分支结构中，先对“判断条件”进行计算，确定该条件是否得到满足，如果条件成立，即“真”（true），则执行相应的“处理”；如果条件不成立，即“假”（false），则不执行该处理步骤，转而执行该单分支选择结构的后继步骤。

如果需要针对“真”和“假”两种情况分别处理，用双分支选择结构最合适。双分支选择结构的执行流程如图 9-5 所示。

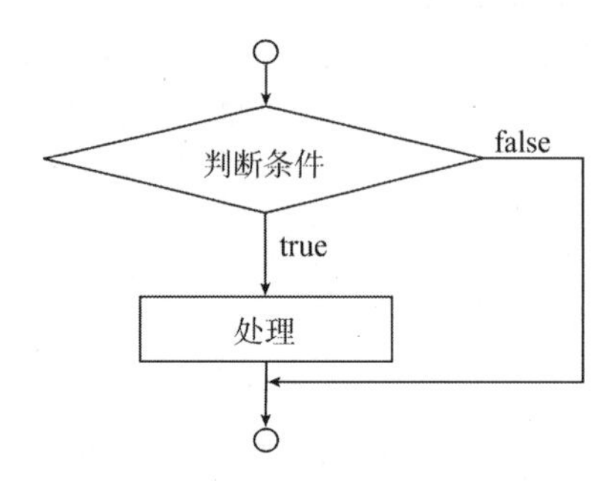

图 9-4　单分支选择结构的执行流程

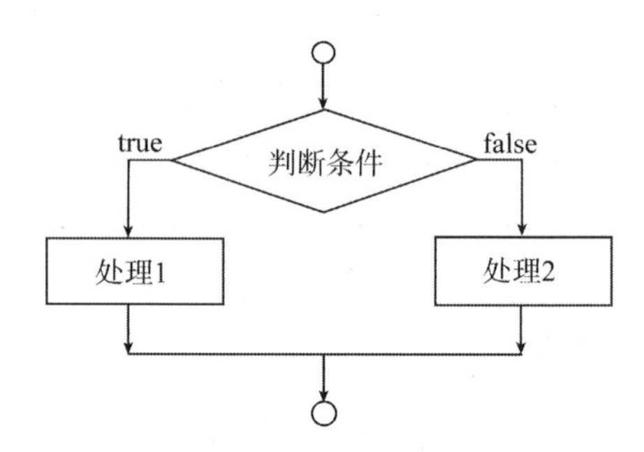

图 9-5　双分支选择结构的执行流程

双分支结构先确定“判断条件”是否得到满足，如果条件成立，则执行相应的步骤“处理 1”，执行完“处理 1”之后，继续执行整个双分支选择结构的后继步骤；如果条件不成立，则执行相应的步骤“处理 2”，执行完后，继续执行整个结构的后继步骤。

可见，利用选择结构来组织操作，可以实现根据不同情况执行不同的处理的功能。

3）循环结构

实际生活中，常常会遇到需要对数据进行反复处理的情况。例如，为了统计某同学考试的总分，需要反复地将每门课程的成绩累加到总和中，直到所有的课程都处理完毕；全班所有同学的成绩可以通过反复的加法运算累加起来，可以求得全班的总分。为了支持这类典型问题的处理，设计算法时可以采取循环结构来组织算法步骤。

循环结构通常包括循环控制条件和循环体。循环控制条件描述了循环反复执行条件，而循环体则描述了每次循环如何对数据进行处理。图 9-6 给出了一种循环结构。

这种循环结构总是先计算“循环条件”，以判断该条件是否得到满足：若满足，则执行相应的“循环体”，执行完“循环体”描述的处理步骤后，再转去重新计算“循环条件”，若仍然满足，则继续执行“循环体”，再转而执行“循环条件”测试，直到“循环条件”不被满足，则结束整个循环结构的执行，继续执行整个循环结构的后继处理步骤。

还有一种循环结构，是先执行循环体，再进行条件测试，如果条件满足，则继续循环；如果条件不满足，则终止循环，继续执行整个循环结构的后继处理步骤。图 9-7 给出了这类循环结构的流程图。可见，第 1 种循环结构采取的是入口控制，其循环体未必会被执行，而第 2 种循环结构采取的是出口控制，其循环体至少要被执行一次。

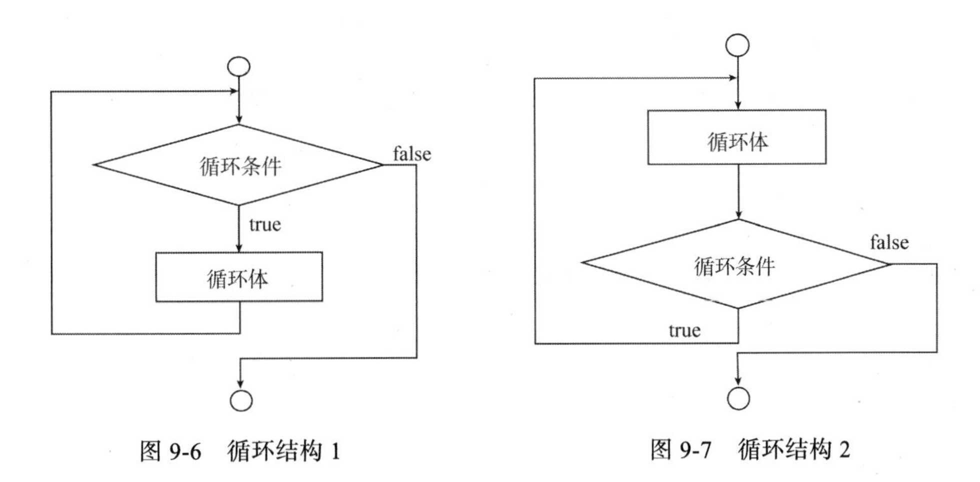

图 9-6　循环结构 1　　　图 9-7　循环结构 2

总之，利用循环结构来组织操作，可以实现对数据的反复加工处理。

顺序结构、选择结构和循环结构并不是彼此孤立的，使用时可相互嵌套。在实际的算法设计中，循环结构的“循环体”可以是一个顺序结构或选择结构，选择结构的分支也可以是一个循环结构，顺序结构的每个步骤也可以是一个选择结构或循环结构。其实，不论哪种结构，我们都可以将其理解为一种处理步骤，只不过这种处理步骤比输入、输出和赋值等处理步骤更复杂一些，可以视为一种复杂的步骤，仍然具有可行性。这样一来，就不难理解各种控制结构之间的关系了。

在实际的设计过程中，常常将最基本的算法步骤通过这三种结构组织起来，以设计各种算法。但是如果问题非常复杂，算法设计也势必非常困难，编写出的算法往往处理步骤众多、结构复杂，在 9.6 节将会介绍结构化程序设计思想，通过结构化来构造解决问题的算法。

3. 常用的算法设计策略

到目前为止，我们已经初步了解了构成算法的基本处理步骤，以及如何通过各种控制结构由基本处理步骤构造更加复杂的算法。有了这些基本的设计手段，就可以思考如何解决各种复杂的实际问题了。在用计算机求解实际问题的过程中，计算机科学家发现很多问题都会涉及类似的问题，而这些问题又可以采取一些通用的方法或策略进行解决。因此，计算机科学中已经有很多典型的算法设计方法和策略，它们解决了很多重要的、基础性问题。下面简要介绍几个比较简单但又非常有效的算法设计策略。

1）分治法（Divide and Conquer）

分治法属于计算思维中的分解方法，采取“分而治之”的思想，把一个复杂的问题分成两个或更多子问题，再把子问题分成更小的子问题，直到最后子问题可以进行简单的直接求解。最后，通过子问题的解的合并而得到原问题的解。分治法是很多高效算法的基础，如排序中的快速排序、归并排序等算法。后面看到的结构化程序设计的“自顶向下、逐步求精”和“模块化”的程序设计原则，也是该方法的应用。

2）贪婪法（Greedy）

贪婪法在算法的每一步骤，都采取当前看来最可行的或最优的策略，从而希望导致结果是最好的或最优的。这是一种最直接的方法，但并非在任何情况下都能找到问题的解。对于大部分的问题，贪婪法通常都不能找出最佳解，因为他们一般没有测试所有可能的解。贪婪法容易过早做决定，因而没法获得最佳解，对于寻求最优解的问题，贪婪法通常只能求出近似解。只有在一些特殊情况下，贪婪法才能求出问题的最佳解。一旦一个问题可以通过贪婪法来解决，那么贪婪法一般是解决这个问题的最好办法。由于贪婪法的高效性，加上它所求得的答案比较接近最优结果，贪婪法也可以用作辅助算法或者直接解决一些要求结果不特别精确的问题。贪婪法可以用于解决很多问题，如背包问题、最小延迟调度、求最短路径等。

3）回溯法（Backtracking）和分支限界法（Branch and Bound）

为了寻求问题的解答，有时需要在所有的可能性（称为候选对象）中进行系统的搜索。例如在寻求最优解的问题中，会把所有候选对象组织成一棵树，每个树叶对应着一个候选对象，而每个内部结点就表示若干个候选对象（即在此顶点下面的树叶）。回溯法是从树的根开始按深度优先的搜索原则向下搜索，即沿着一个方向尽量向下搜索，直到发现此方向上不可能存在解答时，就退到上一层内部顶点，沿另一个方向进行同样的工作。分支限界法也是从树根开始向下搜索，不同的是，它常常利用一个适当选取的评估函数，以决定应该从哪一点开始下一步搜索（分支），以及哪一点下方不可能存在解答，从而确定这一点的下方不必进行搜索（限界）。评估函数选得好，就可以很快地找到解答；选得不好，就可能找不到解答或者找到的不是最优解（有时候找到的解可以作为最优解的一个近似解）。

4）动态规划（Dynamic Programming）

动态规划是以分治法为基础，也是将原问题分解为相似的子问题，在求解的过程中通过子问题的解求出。但是，如果原问题的解无法由少数几个子问题的解答直接组合得出，而依赖于大量子问题的解答，并且子问题的解答又需要反复利用多次时，动态规划方法会系统地记录各个子问题的解答，据此求出整个问题的解答。动态规划采取的是分治法加消除冗余，是一种将问题实例分解为更小的、相似的子问题，并存储子问题的解而避免重复计算子问题，从而解决问题的算法策略。使用动态规划的算法有很多，如求两个字符序列中最长公共子序列的算法、求解图中任意两点间的最短路径的Floyd-Warshall算法等。

计算机科学中经典的算法设计方法和策略还有很多，在算法领域，也还有更多的重要问题需要人们去研究和探索。因此，算法研究是计算机科学中非常传统也非常活跃的研究领域。下面试图通过列举一些简单、典型的算法，给读者一个关于算法设计的感性的认识，如果需要学习算法设计的系统的知识，可以参考算法设计与分析方面的经典著作和教材。

4. 算法示例

下面将从简单的问题出发，从简单到复杂地介绍几个经典问题的求解算法。

1）“辗转相除”算法

前文曾提到，“辗转相除”算法是古希腊数学家欧几里得在公元前 3 世纪为了求两个正整数的最大公约数而设计的算法，所以该算法又被称为“欧几里得算法”。该算法基于如下原理：两个正整数的最大公约数等于其中较小的数与两数之差的最大公约数。基于该原理，可以将求两个整数的最大公约数问题，转换成求这两个数中较小的数和两数相除的余数的最大公约数，如此反复，直至其中一个变成零。这时，所剩下的还没有变成零的数就是原来两个正整数的最大公约数。

用两个变量 M 和 N 表示两个正整数，该算法可以求出它们的最大公约数，用自然语言描述如下：

（1）如果 M < N，则交换 M 和 N。

（2）M 被 N 除，得到余数 R。

（3）判断 R = 0，正确则 N 即为“最大公约数”，否则下一步。

（4）将 N 赋值给 M，将 R 赋值给 N，转到步骤（2）继续执行。

还可以给出该算法的伪码描述，如下：

```
IF M < N THEN SWAP M,N
R = M MOD N
DO WHILE R <> 0
     M = N
     N = R
     R = M MOD N
LOOP
PRINT N
```

2）累加求和的算法

假设需要计算整数 1~100 这 100 个自然数的总和。在解决该问题时，可以采取逐次将这 100 个自然数累加起来的方法。为此，用变量 S 表示每步累计的和，N 表示需要累加的自然数，那么算法可以描述如下：

（1）将 S 置为 0。

（2）将 N 置为 1。

（3）将 S 和 N 相加，结果放在 S 中。

（4）判断 N 是否等于 100，若相等，则此时 S 即为所求的累加和，转到（6）；否则，转到（5）。

（5）将 N 增加 1，转到步骤（3）继续执行。

（6）结束。

该算法的流程图描述如图 9-8 所示。

3）排序

前面提到，排序是信息处理中经常进行的一种操作，目的是将一串数据依照特定方式进行排列。这是一种常用的计算思维方法。计算机科学家设计了很多排序算法。这里介绍两种简单有效的算法：冒泡排序和快速排序。

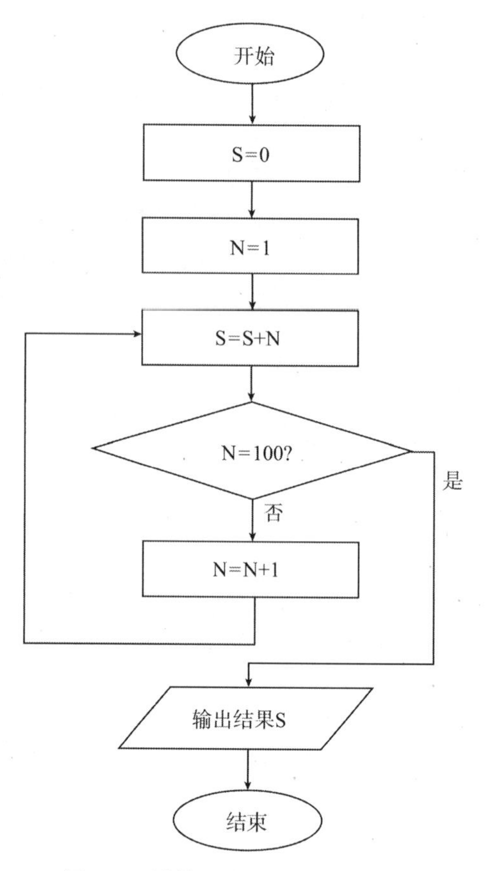

图 9-8　计算 1~100 的和的流程图

冒泡排序（Bubble Sort）是一种简单直观的排序算法。该算法重复地扫描要排序的数列，依次比较两个元素，如果它们的顺序错误就把它们交换过来。扫描数列的工作是重复地进行直到没有再需要的交换，也就是说该数列已经排序完成。在这个算法的工作过程中，较小的元素会通过交换慢慢“浮”到数列的前端，较大的元素会慢慢“浮”到数列的末端，这就是该算法得名的原因。可以更具体地描述该算法，如下：

（1）比较相邻的元素。如果第一个比第二个大，就交换它们两个。

（2）对每一对相邻元素做同样的工作，从开始第一对到结尾的最后一对。在这一点，最后的元素应该会是最大的数。

（3）针对所有的元素重复以上的步骤，除了最后一个。

（4）继续对越来越少的元素重复上面的步骤，直到没有任何一对元素需要交换。

图 9-9 所示是一个采用冒泡排序方法将 8 个整数从小到大排列的过程的示意图。

算法最后一次扫描将发现没有任何一对元素需要交换，这时整个序列就按照从小到大的顺序排好了。

下面再介绍另一种排序算法——归并排序（Merge Sort）。归并排序是建立在归并操作上的一种有效的排序算法，是分治法的一个非常典型的应用。该算法的思想是，如果需要将一些数据序列排序，可把待排序序列分为两个子序列，先将这两个子序列排好序，

```
排序前：       18  35  36  61  9   112  77  12
第 1 次扫描后：18  35  36  9   61  77   12  112
第 2 次扫描后：18  35  9   36  61  12   77  112
第 3 次扫描后：18  9   35  36  12  61   77  112
第 4 次扫描后：9   18  35  12  36  61   77  112
第 5 次扫描后：9   18  12  35  36  61   77  112
第 6 次扫描后：9   12  18  35  36  61   77  112
```

图 9-9　冒泡排序过程示例

再将它们合并成一个序列。实际操作中，可以自底向上地进行：假设有 n 个元素需要排序，那么可以将该序列看成 n 个有序的子序列组成，每个子序列的长度为 1，然后再两两合并，得到了一个 $n/2$ 个长度为 2 或 1 的有序子序列，再两两合并，如此重复，直到得到一个长度为 n 的有序数据序列为止。

该算法的具体描述如下：

（1）将序列每相邻两个数字进行归并操作，形成 floor(n /2)个序列，排序后每个序列包含两个元素。

（2）将上述序列再次归并，形成 floor(n / 4)个序列，每个序列包含四个元素。

（3）重复步骤（2），直到所有元素排序完毕。

其中，floor(x)是一个函数，其计算结果是大于 x 的最小的整数。注意到算法中两个序列进行归并操作还需要进一步明确。由于两个序列已经各自排好了顺序，在此基础上要把它们归并成一个排序序列，可以按照下面的算法进行：

（1）设定两个指针，最初位置分别为两个已经排序序列的起始位置。

（2）比较两个指针所指向的元素，选择相对小的元素放入到合并后的序列末尾，并移动指针到下一位置。

（3）重复步骤（2）直到某一指针达到序列尾。

（4）将另一序列剩下的所有元素直接复制到合并序列末尾。

利用归并排序，对于前面的数据序列进行排序的过程如图 9-10 所示（图中方括号为已经排好序的序列）。

```
排序前：        18   35    36   61    9    112    77   12
第 1 次扫描后：[18   35]  [36   61]  [9    112]  [12   77]
第 2 次扫描后：[18   35    36   61]  [9    12     77   112]
第 3 次扫描后：[9    12    18   35    36   61     77   112]
```

图 9-10　归并排序过程示例

4）背包问题

考虑这样一个问题：有 n 种物品，物品 j 的重量为 w_j，价格为 p_j。假定所有物品的重量和价格都是非负的。背包所能承受的最大重量为 W。限定每种物品只能选择 0 个或 1 个（也就是每个物品可以选择放入或不放入背包）。求解将哪些物品装入背包可使这些物品的重量总和不超过背包重量限制，且价格总和尽可能大。这一问题被称为背包问题，相似问题经常出现在商业、组合数学和密码学等领域中。下面用贪婪法设计求解该问题的算法。

采用贪婪法求解背包问题，可以设计多种贪婪策略，每种贪婪策略都采用多步过程来完成背包的装入，在每一步过程中利用贪婪准则选择一个物品装入背包。算法描述如下：

（1）将背包清空。

（2）如果背包中的物品重量已达到背包的重量限制，则转（5）。

（3）否则(即背包中的物品重量未达到背包的重量限制)，则按照贪婪准则从剩下的物品中选择一个加入背包，转（2）。

（4）如果找不到这样的物品，则转（5）。

（5）结束。

下面给出了两种贪婪准则：

（1）价格准则。从剩余的物品中选择可以装入背包的价格最高的物品（没有超过背包的重量限制）。根据这一准则，价格最高的物品首先被装入（如果没有超过背包的重量限制），然后是剩下物品中价格最高的可以装入背包的物品，如此继续下去，直到剩下的物品中再也找不到可以装入背包的物品了，这样就得到了问题的一个解。这种策略一定找到一个解，但不能保证得到最优解。例如，考虑 n=3 个物品，这三个物品的重量和价格分别为 w=[50, 30, 20]，p=[40, 30, 30]，背包的重量限制为 W=60。利用价格准则时，获得的解为 x= [1, 0, 0]（即物品 1 装入，而物品 2 和 3 不装入），这种方案的总价格为 40；而最优解为[0, 1, 1]，其总价格为 60。

（2）重量准则。从剩下的物品中选择可以装入背包的重量最小的物品。对于前面的例子，按照这种规则能产生最优解，但在其他情况下，也不能保证得到最优解。考虑 n=2，w=[10, 20]，p=[50, 100]，W=25。当利用重量准则时，获得的解为 x =[1, 0]，比最优解[0, 1]要差。

贪婪法在每一步做选择时，都是按照某种标准采取在当前状态下最有利的选择，以期望获得较好的解。但贪婪法并非在任何情况下都能找到问题的最优解。上面的价格准则和重量准则都不能保证贪婪法总能得到背包问题的最优解。当然，还可以尝试设计更好的贪婪准则，以期望得到的解更加接近最优解。本章习题的第 10 题，就是让读者设计一种价格密度准则，读者可以比较一下三种准则的差异。

除了贪婪法，背包问题还可以采用动态规划方法进行求解，并可求得问题的最优解。有兴趣的读者可以参考相关教材，本书对此不再做详细介绍。

5）递归算法

实际生活当中有许多这样的问题，这些问题比较复杂，问题的解决又依赖于类似问题的解决，只不过后者的复杂程度或规模较原来的问题更小，而且一旦将问题的复杂程度和规模化简到足够小时，问题的解法其实非常简单。对于这类问题，可以采取递归的方法进行解决。

递归在数学与计算机科学中，是指在函数的定义中使用函数自身的方法。许多数学问题的求解方法都采取了递归的思想。例如，计算某个自然数 n 的阶乘，有如下公式：

$n! = n\times(n-1)\times(n-2)\times\cdots\times2\times1$

从数学上看，自然数 n 的阶乘可以通过递归定义为

$n! = n\times(n-1)!\ (n>1)$

$n!=1\qquad\qquad (n=1)$

根据这个递归定义，假设 n=5，那么 5!的计算过程如图 9-11 所示。

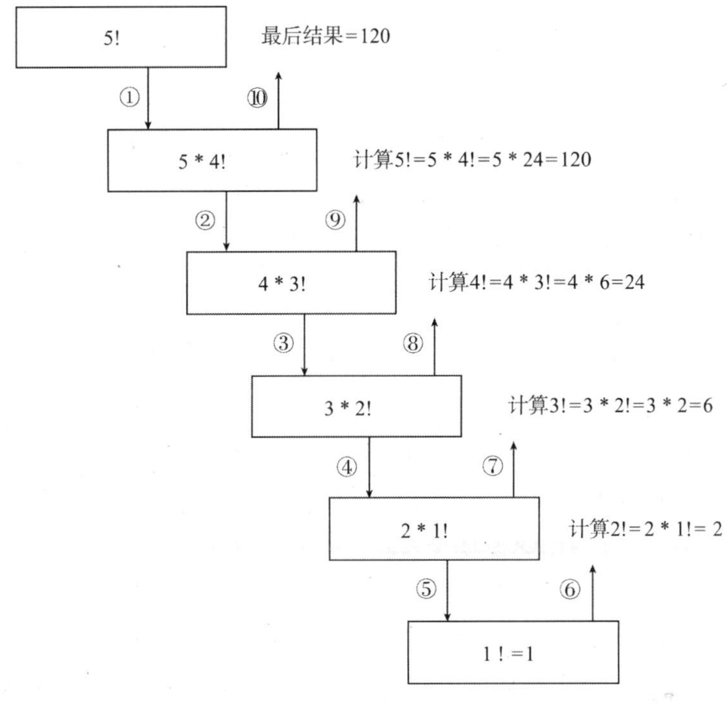

图 9-11　5!的递归计算过程

从图 9-11 中可以看出，为了计算 5!，要先计算出 4!，要计算 4!，又要先计算出 3!的结果，要得到 3!的结果，则要先计算 2!，而求 2!又需要先计算 1!。根据定义，1!为 1，有了 1!就可以计算 2!了，有了 2!的结果就可以计算出 3!的值，有了 3!的值就可以算出 4!的值，最后可以得到 5!的结果。这种解决问题的方法具有明显的递归特征。从这一递归计算过程可以看到，一个复杂的问题，被一个规模更小、更简单的类似的问题替代了，经过逐步分解，最后得到了一个规模非常小、非常简单的、更容易解决的类似的问题，将该问题解决后，再逐层解决上一级问题，最后解决了较复杂的原始的问题。

很多问题具有上面这个例子的特征，都可以用递归方法加以解决。采取递归方法设计算法进行问题求解，是一种典型的计算思维方法。在计算机科学中，很多困难问题就是通过递归方法迎刃而解的。在使用递归方法进行问题求解时，与其说是设计问题的解法，不如说是将问题的递归性质分析清楚，用递归的方法描述问题。一般可以按照下面两步进行设计。

（1）分解问题的递归结构，分清楚哪些是当前能够直接处理的，哪些是当前不能直接处理的。其中，不能解决的部分可以归结为原始问题的较简单的实例，即它的解决方

法和原来的问题一样，只不过相对原问题简化一些。经过多次分解之后，原问题被分解成了最基本最简单的实例，可以直接解决。

（2）根据问题的递归结构特征规划递归算法。递归算法与递归问题是对应的：当前能直接解决的问题就设计相应的算法解决之；不能直接解决的，通过递归调用算法自身来解决。综合这两部分的结果就可得到问题的解决方法。

在上面计算阶乘例子中，问题本身就是一个递归函数，有时候，很多问题的递归特点需要仔细分析才能发现，比如著名的汉诺（Hanoi）塔问题。在印度，有一个古老的传说：在世界中心贝拿勒斯（在印度北部）的圣庙里，一块黄铜板上插着三根宝石针。印度教的主神梵天在创造世界的时候，在其中一根针上从下到上穿好了由大到小的 64 片金盘，这就是所谓的汉诺塔。不论白天黑夜，总有一个僧侣在按照下面的法则移动这些金盘：一次只移动一盘，不管在哪根针上，小盘必须在大盘上面。僧侣们预言，当所有的金片都从梵天穿好的那根针上移到另外一根针上时，世界就将在一声霹雳中消灭，而梵塔、庙宇和众生也都将同归于尽。

要想得到汉诺塔问题的搬金盘的方法，用一般的算法是非常困难的。下面通过递归方法来寻求搬动金盘的方法。先把问题描述清楚：

假设有 3 根针 A、B、C，其中 A 针上有 N 个盘子，盘子大小不等，大的在下，小的在上。要将 N 个盘子从 A 针移动到 C 针，每次只能移动一个，可借助 B 针，但必须保证任何时候 3 根针上盘子始终保持大盘在下，小盘在上。

下面设计解决问题的方法。汉诺塔是一个经典的递归问题。该问题如果采取非递归方法非常复杂，但是采取递归解法则很简捷。

如果盘子数目为 1，那么搬动的方法很简单，即从 A 针移到 C 针即可；如果 $N>1$，将 N 个盘子从 A 针移到 C 针，借助 B 针，可以分解成以下 3 个步骤（见图 9-12）。

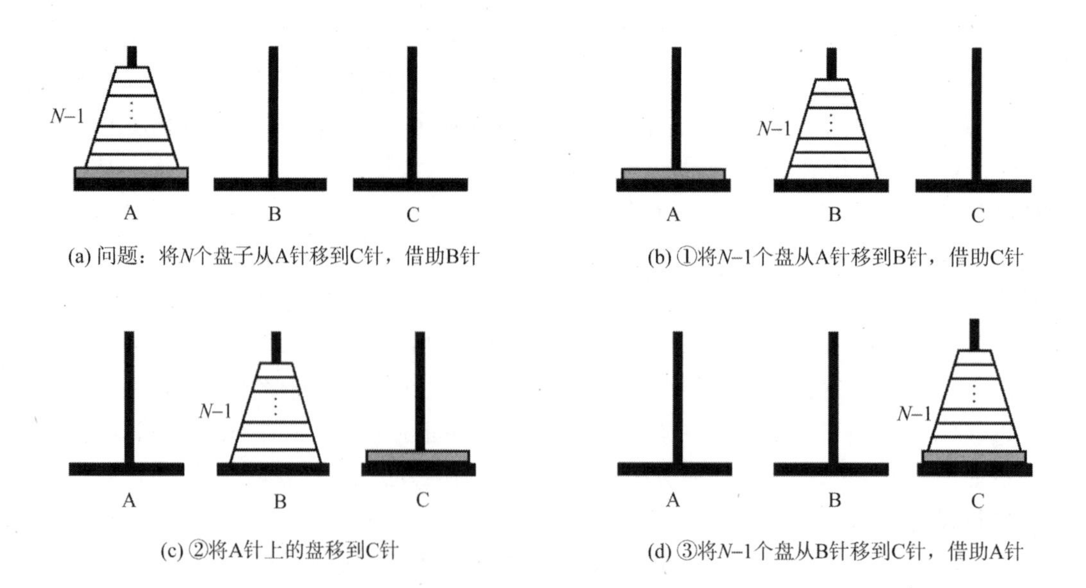

图 9-12　汉诺塔移动示意图

（1）将 N–1 个盘从 A 针移到 B 针，借助 C 针。

（2）将 A 针上的盘移到 C 针。

（3）将 N–1 个盘从 B 针移到 C 针，借助 A 针。

注意，当 N=1 时，可以直接解决；当 N>1 时，算法的第（1）和（3）步与原问题相似，只是移动的盘数减少了。通过分析，发现了问题的递归性质。

通过上述分析，现在可以给出解决该问题的递归算法了。我们把汉诺塔问题描述为：如何将 diskNum 个盘子，从 sourcePole 针，借助 midPole 针，搬到 targetPole 针上。解决该问题的算法如下：

如果只有一个盘子(diskNum=1)，则直接将 sourcePole 针上的盘移到 targetPole 针；否则：

（1）将 diskNum-1 个盘从 sourcePole 针移到 midPole 针，借助 targetPole 针；

（2）将 sourcePole 针上的盘移到 targetPole 针；

（3）将 diskNum-1 个盘从 midPole 针移到 targetPole 针，借助 sourcePole 针。

其中算法的第（1）和第（3）步又归结为一个规模更小的汉诺塔问题求解，可以通过调用算法自身来解决。

计算机问题求解最后要落实到能在计算机上运行的具体程序上。那么，这种递归算法如何在计算机上实现呢?由于递归是计算机问题求解的常用的、典型的思维方法，所以很多程序设计语言都为递归方法提供了强有力的支持，如 C/C++、Java、Pascal 等语言就提供了递归函数调用的机制。程序员可以很方便地将上面的算法实现为 C/C++程序。下面是汉诺塔问题递归解法的 C++语言程序实现：

```
//汉诺(Hanoi)塔问题的递归解法
#include <iostream.h>

void moveDisks(int diskNum, char sourcePole, char targetPole, char
 midPole);

int main()
{
int n;

cout << "Please enter the number of the plates: ";
cin >> n;
if ( n <= 0 )
   cout << "The plates number must be greater than 0!";
else
   moveDisks( n, 'A', 'C', 'B' );

  return 0;
}

/*****************************************************************

Function:  moveDisks

Parameters:
```

```
 diskNum        欲搬动的盘子的数目
 sourcePole     欲搬动的盘子原来说出的针的编号，即搬动的源针
 targetPole     盘子搬动的目标针的编号，即搬动的目标针
 midPole        盘子搬动的借助的针的编号，即搬动的借助针

Description: 将 diskNum 个盘子，从 sourcePole 针，借助 midPole 针，
             搬到 targetPole 针上
*************************************************************************/

void moveDisks(int diskNum, char sourcePole, char targetPole, char
  midPole)
{
if ( diskNum == 1 )
    cout << sourcePole << "->" << targetPole << endl;
else
{
     // 将 diskNum-1 个盘从 sourcePole 针移到 midPole 针，借助 targetPole 针
    moveDisks(diskNum-1, sourcePole, midPole, targetPole);

    // 将 sourcePole 针上的盘移到 targetPole 针
    cout << sourcePole << "->" << targetPole << endl;

     // 将 diskNum-1 个盘从 midPole 针移到 targetPole 针，借助 sourcePole 针
    moveDisks(diskNum-1, midPole, targetPole, sourcePole);
 }
}
```

在 9.4.2 节可以看到，当需要搬动的盘子数较大时，该算法的执行时间会很长。可以尝试一下，如何完成搬动 3 个金盘的任务。运行该程序执行，其搬动方法是：

A->C
A->B
C->B
A->C
B->A
B->C
A->C

如果输入的盘子数目太大，程序运行将花费相当长的时间。这一方面是因为问题复杂，另一方面也反映出递归函数调用由于在函数调用上的开销太大，因而效率较低。有的问题既可以用递归方法来解，也存在非递归解法，二者相比较各有优缺点：递归解法设计思想清晰简洁，程序易于理解和维护，但是执行效率可能较低；非递归解法设计思想复杂，不容易理解，不利于程序的维护，但执行效率较高。

从上面的例子可以看到，递归方法是对“分而治之”策略的一种运用。它总是将问题分解为两个部分：一是当前能够直接处理的部分，另一部分是当前不能直接处理的部分，而后者通常是和原来的问题相似的、只是规模更小的问题，因此它也可以采取同样的思路继续分解，直到问题非常简单可以直接解决。每一步递归的返回结果都要和前一部分（能够处理的部分）结合起来，得到当前问题的结果，并将结果返回给上一级，最

后通过逐级合成得到问题的解。

9.4.2　算法分析

针对某个问题，往往可以设计出不同的算法对其求解。那么如何对这些算法进行评价，哪个算法较好、哪个算法较差呢？特别是在计算机问题求解中，这些算法最终将转换成在计算机上运用的程序，算法的好坏就直接关系到程序的性能了。因此，在算法设计时，不仅要保证算法在功能上的正确性，还要关注算法在性能上的优劣。

借助计算机进行问题求解，需要考虑计算问题时所需的计算资源，时间和空间是最重要的两项资源。算法实现为计算机程序时，需要运行时间和存储空间，要尽可能地节省这些资源。所以，设计算法时需要考虑算法的时间复杂度和空间复杂度。此外，还需要考虑算法是否便于理解、修改和测试。

如何度量算法的时间复杂度和空间复杂度？用算法实际需要的计算机运行时间和空间来度量可以吗？可以将算法实现为程序，再在计算机上运行程序，当然可以得到该程序实际执行的时间和所需要的存储空间。但是用程序实现算法，会和具体的编程方法、编程语言，甚至计算机的软硬件平台紧密相关，同一个算法可以在不同的平台上、用不同的方法实现为不同的程序，这些程序可能在功能上都能实现算法的操作，但是在实际运行时间和空间上差距很大，所以程序的计算机实际运行时间和空间不是一个反映算法的时间复杂度和空间复杂度的好标准。在计算机科学中，分析算法的时间复杂度和空间复杂度考虑的是算法的主要操作步骤，用主要操作步骤的数目以及所需的空间来度量时间和空间复杂度，而不考虑计算机的处理细节。这种评价方法使得对算法的复杂度的分析能够独立于算法的程序实现和计算机平台进行研究。

1. 时间复杂度

算法的时间复杂度是指算法需要消耗的时间资源，一般用算法中操作次数的多少来衡量。算法的时间复杂度是问题规模 n 的函数，因此记做 T(n)。这里的 T 是英文单词 Time 的第一个字母，n 是一个反映问题规模大小的参数。在排序问题中，n 是指需要排序的数据的数目；在累加求和的算法中，n 是指需要累加的数据的数目；在图的搜索算法中，n 是指图中结点的数目。有时候可能需要多个参数来描述问题的规模，例如在矩阵运算中，可以用矩阵的行数 m 和列数 n 来描述问题的规模。

假设一个算法面临的问题规模为 n，它需要 $2n^3+5n+8$ 步操作解决该问题。如果 n=10，它需要 2058 步；如果 n=100，它需要 2000508 步；如果 n=1000，它需要 2000005008 步，……随着 n 的增大，对操作步数影响最大的是 $2n^3$ 项，更确切地说是 n^3 项，其他的 $5n+8$，甚至 n^3 项的系数 2 都不重要了，这时只要说明该算法是 n^3 数量级的，就足够体现它的时间复杂度了。所以，对于算法复杂度的关心，并不是程序运行时实际的运行时间和空间需求，而是指随着问题规模的增长，算法所需消耗的运算时间和内存空间的增长趋势。因此，算法的复杂度除了不考虑计算机具体的处理细节，一般也忽略算法所需要的与问题规模无关的固定量的时间与空间需求。也就是说，对于 T(n)函数，我们关心的是该函

数在数量级上与 n 的关系。为此，在算法的复杂度研究中，引入了一个记号 O（读作“大O”），它源自英文单词 Order（数量级）的第一个字母。我们用“大 O”来表示算法的复杂度在数量级上的特点。下面给出“大 O”的严格定义。

假设 $f(n)$和 $g(n)$是两个参数为正整数的函数，如果存在一个正整数 n_0 和常数 $c>0$，使得当 $n \geqslant n_0$ 时，都有 $f(n) \leqslant c.g(n)$成立，就称函数 f 的增长不会超过函数 g，记为 $f=O(g)$。

如果有 $f=O(g)$ 且 $g=O(f)$，就说函数 f 和函数 g 是同数量级的。

根据上面的定义，有

$2n^3+5n+8=O(n^3)$，且 $2n^3+5n+8$ 和 n^3 是同数量级的

通过引入“大 O”记号，使得算法复杂度分析能够聚焦到数量级上。特别是，当输入问题的规模较大时，算法复杂度函数中阶最高的项对其贡献最大，其他部分的贡献可以忽略，甚至在不需要很精确的时候，最高阶的项的系数也可以忽略。所以对于上面的例子，只要记住该算法是 $O(n^3)$就可以了。

常见的“大 O”形式有：

- $O(1)$表示常数级，算法的复杂度不随问题的规模增长而增长，是一个常量；
- $O(\log n)$表示对数级；
- $O(n)$表示线性级；
- $O(n^c)$表示多项式级，c 为常数；
- $O(c^n)$表示指数级，c 为大于 1 的常数；
- $O(n!)$表示阶乘级。

对于某些复杂的算法，可以将其操作分成多个部分，然后用“大 O”的原则计算整个算法的时间复杂度。在上面的例子中，指数级和阶乘级的算法性能较低，因为随着 n 的增大，其计算时间将急剧增加，多项式级和线性级的算法时间复杂度较小，多项式的阶数越低，算法越高效。此外，同一算法，在同一类问题中也可能有最好、最坏和平均三种情况下的不同复杂度。

对于一个具体的算法，$T(n)$到底是一个怎样的函数？这是算法复杂度分析需要解决的问题。以上节的算法为例，各算法的时间复杂度如下：

对于冒泡排序算法，若需要排序的数据序列的初始状态为“正序”，则冒泡排序过程只需进行一趟扫描，在排序过程中只需进行 $n-1$ 次比较操作，且不需交换数据；反之，若数据序列的初始状态为“逆序”，则需进行 $n\ (n-1)/2$ 次比较操作和 $n(n-1)/2$ 次交换操作。因此，冒泡排序最好、最坏和平均的时间复杂度分别为 $O(n)$、$O(n^2)$和 $O(n^2)$。

对于归并排序算法，它的比较操作的次数介于$(n\log n)/2$ 和 $n\log n-n+1$ 之间，归并时需要数据的移动操作的次数是 $n\log n$。总体上，归并排序算法的时间复杂度为 $O(n\log n)$，而且它的稳定性比冒泡排序要好。

通过上述复杂度分析，可以看到冒泡排序和归并排序的不同特点。在实际应用中，可以根据需要排序的数据的特点，选择不同的排序算法。例如，若数据序列初始状态基本有序（指正序），则应选用冒泡排序为宜；否则，特别是当 n 较大时，可以考虑稳定

性较好的归并排序算法。可见，通过对算法性能的理性分析，可以在实际应用中，根据问题的特点选择最合适的算法。

对于汉诺塔问题，其算法的时间复杂度主要来源于移动盘子的次数，其分析稍微复杂一点，读者可以通过推导得出这样的结论：对于 n 个盘子，共需移动 2^n-1 次。因此，该算法的时间复杂度为 $O(2^n)$。这一复杂度表明，当 n 较大时（不需要非常大），移动次数就会变得非常庞大。例如，当 $n=64$ 时，需移动 $2^{64}-1=18446744073709551615$ 次，就算每秒钟移动一次，也需要 5845 亿年以上！所以僧侣们预言，当所有的金盘都从梵天穿好的那根针上移到另外一根针上时，世界就将毁灭了。

2. 空间复杂度

算法的空间复杂度是指算法需要消耗的空间资源，即占用的存储空间的大小。算法所需的空间也是问题规模 n 的函数，记为 $S(n)$，S 是英文单词 Space 的第一个字母。空间复杂度函数 $S(n)$一般也用“大 O”表示。同时间复杂度相比，空间复杂度的分析要简单得多。例如，对于冒泡排序和选择排序算法，它们需要的存储空间主要来自于存放被排序的数据序列，所以它们的空间复杂度都是 $O(n)$。对于两个 $m\times n$ 矩阵的加法运算算法，其空间需求主要来自存放矩阵的所有元素，所以其空间复杂度为 $O(m\times n)$。

9.5　程序设计语言与程序设计

使用计算机进行问题求解，需要经过分析问题、设计算法、编程实现算法等步骤。以程序设计语言为工具，将算法实现为计算机的程序，再通过运行程序而得到问题的解。利用程序设计语言进行程序设计，是计算机问题求解的必要环节。

9.5.1　程序设计语言及其分类

程序设计语言是用于书写计算机程序的语言，其基本功能是描述数据和对数据的运算。程序设计语言不同于汉语和英语等自然语言，它是人工语言。程序设计语言的定义由三个方面组成，即语法、语义和语用。语法表示程序的结构或形式，即表示构成语言的各个单位之间的组合规律，但不涉及这些单位的特定含义，也不涉及使用者。语义表示程序的含义，即表示各个单位的特定含义，但不涉及使用者。语用则表示程序与使用者的关系。语言的好坏不仅影响到其使用是否方便，而且涉及程序人员所写程序的质量。

程序设计语言的发展经历了从低级语言到高级语言的发展过程，而且新的程序设计语言还在不断产生。当今使用的程序设计语言很多，可以分为低级语言和高级语言两大类。

1. 低级语言

早期的计算机只有低级语言，包括机器语言和汇编语言。

1）机器语言

第 3 章介绍了计算机能识别的指令是由 0 和 1 构成的二进制机器指令，这些数码形式的基本机器指令集构成了机器语言（Machine Language）。所有计算机只能直接执行本身的机器语言指令。机器语言程序通常由一组指令组成，每条指令指示计算机完成一个基本操作。机器语言是和具体机器相关的，用机器语言编写程序非常复杂、烦琐和冗长。下面的代码是某机器的机器语言程序，它的功能是把两个整数相加，并把结果保存在总和中。

```
0001  01  00001111
0011  01  00001100
0100  01  00010011
```

这些指令的意义是：前 4 位为指令操作码，0001 表示取数，0011 表示加运算，0100 表示存数；中间 2 位为寄存器，01 表示寄存器 R1；最后 8 位表示操作数地址。

2）汇编语言

随着计算机的普及，用机器语言编程对大多数程序员来说都是烦琐而痛苦的。为此，设计了汇编语言，它是对机器语言进行符号化的结果。汇编语言使得程序员能够使用类似英语缩写的助记符来编写程序，从而摆脱了复杂、烦琐的二进制数据。下面的汇编程序也是把两个整数相加，并把结果保存在总和中，与机器语言程序相比要清晰得多。

```
MOV  a,  R1
ADD  b,  R1
STO  R1, sum
```

用汇编语言编写程序比用机器语言更直观、更易于理解。但是汇编语言并不能被计算机直接执行，为此，人们开发了相应的翻译程序——汇编程序（也称为汇编器），它能把汇编语言编写的程序转换为机器语言程序，从而可以在计算机上运行。汇编语言虽然比机器语言更抽象，但是还是与具体机器关联太紧密。

2. 高级语言

随着汇编语言的出现，计算机的应用范围迅速扩大，但是仍然难以克服低级语言所存在的问题，编写的程序还是难以理解，不便于维护，编写程序的效率低，开发复杂大型软件的难度非常大。为了提高编程效率，人们在汇编语言的基础上，开发出了高级程序设计语言（也称高级语言，High Level Language），如 Pascal、C/C++、Ada、Java 等。高级语言比低级语言更接近于人们认识问题的抽象层次，具有更强的表达能力，并且在一定程度上与具体机器无关，易学、易用，编写的程序也更容易维护。如同汇编语言程序一样，使用高级语言编写的程序也不能直接在计算机上执行，需要通过编译程序把高级语言程序翻译成相应的机器语言程序，才能在计算机上运行。一般来说，一个高级语言程序语句要对应多条机器指令。

同样是上面的问题，把两个整数相加，并把结果保存在总和中，用高级语言编写起来非常简单。

```
sum = a + b
```

显然，高级语言更接近于数学语言和自然语言，而且从程序员的角度看，高级语言的可理解性比机器语言和汇编语言都要强得多，编写程序的效率更高，程序的可读性、可维护性和可移植性更好。

程序设计语言，特别是高级程序设计语言总是随着计算机科学技术的发展而发展。不同的程序设计语言代表了不同的思考问题和解决问题的方式，形成了多种程序设计模式(也称为程序设计范型)。正如图灵奖获得者艾伦·佩利（Alan J. Perlis）说过："如果一个程序设计语言不能影响你的思维的话，它不是一个值得了解的语言。"从不同的角度看，对高级程序设计语言有不同的分类方法，如果从程序设计范型分类，当今的大多数高级程序设计语言可划分为以下四类：过程式程序设计语言、面向对象程序设计语言、函数式程序设计语言和逻辑程序设计语言。

1）过程式程序设计语言

过程式程序设计语言（Procedural Programming Language）以命令或语句为基础，逻辑相关的若干语句组成一个个模块（有的语言称为过程、子程序或函数等），若干程序模块构成整个程序。过程式程序设计语言提供了准确定义任务执行步骤的机制，程序设计人员编程时需要指定计算机将要执行的详细的算法步骤。在过程式程序设计语言中，可以使用过程（或函数、子程序）来实现代码的重用，而不需复制代码。这类程序通常具有如下形式：

```
语句 1;
语句 2;
⋮
语句 n;
```

语句的执行顺序受到控制结构的控制，每个语句的执行引起若干计算机状态变化。过程式程序设计语言的代表有 Fortran、C、Pascal 和 Ada 等。

2）面向对象程序设计语言

面向对象程序设计语言（Object-Oriented Programming Language）是当前最流行、最重要的程序设计语言，支持封装、继承和多态性等重要特性。面向对象程序设计语言能够把复杂的数据和作用于这些数据的操作封装在一起，构成类，由类可以实例化成对象；可以对简单的类进行扩充、继承简单类的特性，从而设计出复杂的类；通过多态性使得设计和实现易于扩展的系统成为可能。一个面向对象程序是由对象组成的，通过对象之间相互传递消息、进行消息响应和处理来完成功能。面向对象程序设计语言的代表有 Smalltalk、C++和 Java 等。

3）函数式程序设计语言

函数式程序设计语言(Functional Programming Language)更注重程序所表示的功能，它把计算过程看成是数学公式的计算序列，而不是描述一个语句接一个语句地执行。程序的开发过程是从前面已有的函数出发构造出更复杂的函数。传统上，函数程序设计语言主要应用于学术领域，在商业领域应用较少。这种语言通常的形式是：

函数 n(…函数 2(函数 1(数据))…)

LISP 和 ML 属于典型的函数式程序设计语言。

4）逻辑程序设计语言

逻辑程序设计语言（Logic Programming Language）将计算视为在一定知识集合上的

自动推理过程，它所描述的程序的计算过程是：检查一定的条件，当它满足值，则执行对应的动作。它的条件一般是谓词逻辑表达式。这类语言的语法形式通常为：

条件 1→动作 1

条件 2→动作 2

⋮

条件 n→动作 3

与过程式程序设计语言重在描述解决问题的过程相比，逻辑程序设计语言是在更高概念层次上描述问题。逻辑程序设计语言在人工智能等领域有着广泛的应用。Prolog 语言是一种典型的逻辑程序设计语言。

9.5.2　程序设计的典型过程

对于程序员来说，从编写程序到得到程序的运行结果，这中间通常又包括 6 个阶段：编辑、预处理、编译、连接、装入和执行。以 C++语言为例，这六个阶段的工作包括：

（1）编辑（Edit）。这是程序员借助编辑器程序（Editor Program）来完成的。程序员用编辑器输入 C++程序（也称为源代码），并进行必要的修改，然后将程序命名存放在磁盘中。C++程序的文件名通常以.cpp、.c 或.h 为扩展名。

（2）预处理（Preprocess）。在 C++系统中，预处理程序是在编译器翻译阶段开始之前自动执行的。C++预处理程序完成对“预处理指令”的处理。预处理指令（Preprocessor Directive）表示程序编译之前要进行的某些处理操作。这些处理操作通常放在要被编译的文件中，如包含指令（用于包含其他文件）、文本替换指令等。

（3）编译（Compile）。编译器将 C++程序翻译为机器语言代码（也称为目标代码）。

（4）连接（Link）。C++程序常常会引用定义在其他程序模块中的数据或函数，如标准库中或特定项目中使用的库中的函数。因此，C++编译器产生的目标代码通常会缺少这部分内容。连接器可以把目标代码和这些函数的代码连接起来产生可执行程序。

（5）装入（Load）。程序在执行之前，必须先将其装入到内存中，这是由装入器来完成的。装入器从磁盘中取出可执行程序的映像文件，并把它装入内存的特定位置上。

（6）执行（Execute）。计算机在 CPU 的控制下执行该程序。

C++程序的编译和连接的过程如图 9-13 所示。

可见，程序设计人员进行程序开发需要一系列的工具支持，包括编辑程序、编译程序和连接程序等。另外，通常程序员编写程序都难以做到一次成功，所以程序的调试工具也是必不可少的。所有这些程序设计工具一起构成所谓的程序设计环境。在高级语言发展的早期，这些程序设计工具往往是独立的，缺乏整体性，而且也缺乏对软件开发全过程的支持。随着软件技术的不断发展，现在人们越来越倾向于构造集成化的程序设计环境（Integrated Development Environment，IDE）。集成化的程序设计环境将多个程序设计工具集成起来，如将源程序的编写、编译、连接、调试、运行以及应用程序的文件管理等功能有机地集成在一起，为程序员提供完整的、一体化的支持，从而显著提高程序开发效率，改善程序质量。随着软件开发技术的发展，好的集成化程序设计环境中，不

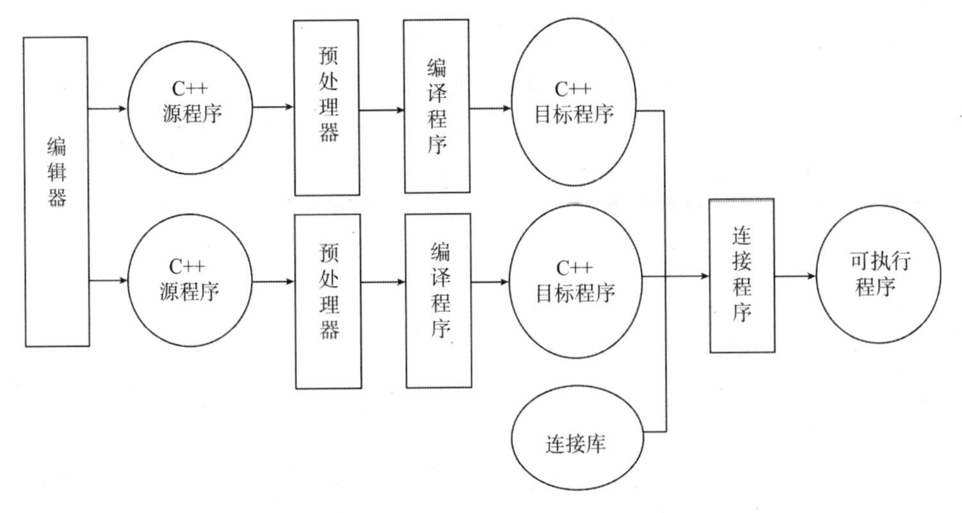

图 9-13　C++程序的编译和连接的过程

仅包含丰富的程序设计工具，甚至还提供了对软件开发的全生命周期的支持。有代表性的集成化程序设计环境，早期有 Ada 语言程序设计环境 APSE、LISP 语言程序设计环境 INTERLISP 等。Visual C++ 6.0 及其后续的 Visual Studio.NET 是当今 Windows 操作系统下流行的集成化程序设计环境之一，特别是 Visual Studio.NET 提供了对 C++、Visual Basic 和 C#等多种语言的支持。在开源（开放源代码）平台方面，Eclipse 是著名的跨平台的集成开发环境。Eclipse 早期主要用来开发 Java 语言程序，但后来通过插件技术使得它也可以作为其他程序设计语言如 C++、Python、PHP 等的开发平台。现在 Eclipse 被作为一个框架平台，通过插件的支持使得 Eclipse 拥有很大的灵活性，许多软件开发商以 Eclipse 为框架开发自己的 IDE。

9.5.3　程序的基本结构

目前大多数过程式程序设计语言的程序结构可以表示成一种层次结构，如图 9-14 所示。

程序是一个完整的执行单位，通常是由若干个过程（有的语言称为子程序、分程序或函数）组成的，每个过程含有自己的数据。子程序由语句组成，而语句可以由各种类型的表达式组成。表达式是描述数据运算的基本结构，它通常含有数据引用、算符和函数调用。不同程序语言都有不同形式和功能的语句。从功能上说，语句大致可分为说明性语句和执行性语句两大类。说明性语句旨在声明各种不同数据类型的变量或运算，如声明变量的语句；而执

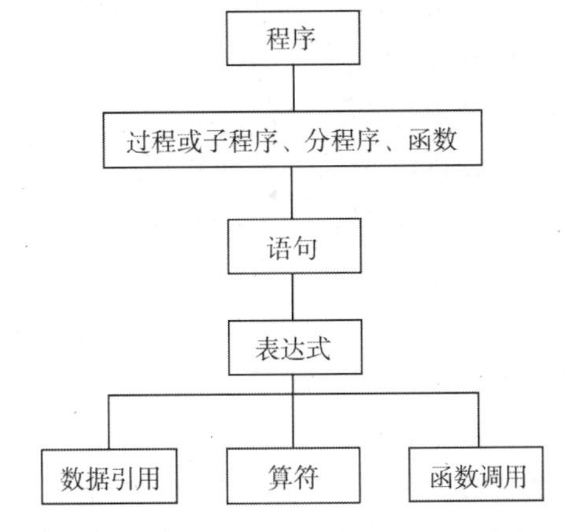

图 9-14　过程式程序设计语言的程序结构

行性语句用于描述程序的动作，即对数据如何进行操作。

上面给出的是结构化程序的一般结构，而面向对象程序的结构则有所不同。用面向对象程序设计语言实现的程序由若干个类组成，每个类包含自己的属性（或称为数据成员）和方法（或称为成员函数）。在结构化程序中，程序模块之间的相互作用是通过函数调用实现的，而在面向对象程序中，程序模块之间的相互作用是通过对象（类的实例）之间的相互发消息来实现的。接收到消息的对象会做出相应的响应，即执行一个与该消息对应的成员函数来完成一系列的操作，并将操作的结果返回给消息的发送者。为了实现上的方便，在大多数面向对象程序设计语言中，都将发送消息和执行响应消息的处理函数合二为一。例如，在 C++中，向对象发送消息被处理成调用对象的某个成员函数。在面向对象程序中，方法（成员函数）如同结构化程序一样，也是由语句组成的。

下面介绍一个简单程序，这个程序包含了构成 C++语言程序的基本成分——输入、输出、定义变量及注释等语句。通过这个简单的程序，可以对 C++程序有一个初步认识。

```
1  // 输入两个整数，然后在屏幕输出二者的和
2  #include <iostream.h>
3  int  main()
4  {
5       int i1, i2, sum;
6       cout << "Please input two integers: ";   // 输出提示信息
7       cin >> i1 >> i2;                           // 输入两个整数
8       sum = i1 + i2;                             // 计算两个整数的和
9       cout << i1 << "+" << i2 << "=" << sum << endl;   // 输出表达式和结果
10      return 0;                                  // 指示程序运行结束
11  }
```

这个程序演示了 C++语言的几个重要特性。为了介绍的方便，程序中每行的开始都标出了行号，在实际的编程中是不需要也不能有这些行号的。下面详细介绍该程序。

第 1 行是注释语句。该注释语句用来说明整个程序的功能。注释用来对程序进行注解和说明。虽然注释不是程序的有效部分，对于程序的执行不起任何作用，但是给程序添加合适的注释是一种良好的程序设计风格，注释应该视为程序的一个重要组成部分。在 C++程序中，注释有两种方式：一种是以“//”开头，表示该行的后续部分都是注释；另一种是以“/*”开头，以“*/”结尾，二者之间的所有字符都是注释。

第 2 行语句是一条预处理指令，它告诉预处理器要在程序中包括输入/输出流头文件 iostream.h 的内容，该文件包含了与输入/输出流相关的类、类型和函数的说明。如果程序中要使用这些输入/输出流功能，必须包括这个文件。

第 3 行语句是每个 C++程序都包含的语句。main 后面的括号表示它是一个函数。C++程序由一个或多个函数组成，其中有且只有一个 main 函数。即使 main 不是程序中的第一个函数，C++程序都是从函数 main 开始执行的。main 左边的 int 表示函数 main 返回一个整数值。这里 int 是一个关键字，是程序语言预先定义好其意义的单词符号，程序员不能对这些单词符号再做其他的定义，如 int 表示整数类型。

第 4 行的左花括号{与第 11 行的右花括号}表示函数体的开头和结尾。

第 5 行语句声明了三个整型变量，用来存放输入的两个整数和它们的和。“;”为语句结束标志。

第 6 行语句是一个输出语句，告诉计算机把引号之间的字符串送到标准输出设备（屏幕）上，提示用户输入两个整数。

第 7 行语句是一个输入语句，告诉计算机从标准输入设备（键盘）接收两个整数，并存入后面的变量 i1 和 i2 中。C++中的输入和输出是通过字符流来完成的。实际上操作符“<<”和“>>”形象地说明了数据的流动方向。在 C++中，数据被看成是按照一定的方向流动，这就是“流”这个名称的由来。

第 8 行语句是表达式语句，它首先计算 i1 和 i2 中存放的两个整数的和，然后把计算结果存入到变量 sum 中。

第 9 行语句也是一个输出语句，它分成六段完成：先输出变量 i1 中存放的第一个整数，然后输出字符串“ + ”，继续输出变量 i2 中的存放的第二个整数，再输出字符串“ = ”，然后再输出变量 sum 中存放的两个整数的和，最后输出的 endl 表示换行，光标移到屏幕中的下一行开头。

第 10 行语句是函数的返回语句，返回程序执行的结果。main 函数末尾使用 return 语句时，数值 0 表示程序正确结束。

9.5.4　程序的基本控制结构

上一节介绍了算法设计中常用的几种控制结构：顺序、选择和循环结构。相应地，程序设计语言大多提供了丰富的控制语句以支持程序员描述这些控制结构。从结构化程序设计观点看，所有程序都可只用三种控制结构，即顺序结构、选择结构和循环结构来实现。

1. 顺序结构

程序中大部分语句按它在程序中的位置顺序执行，这种程序控制结构称为顺序结构。以 C++语言为例，它提供了复合语句来描述顺序结构。复合语句也称为分程序或程序块，是包含在一对花括号内的任意的语句序列。C++的语句一般都以“;”为结束标志，但作为复合语句结束标志的右花括号后不需要分号。复合语句的形式如下：

```
{
        <语句 1>
        <语句 2>
        ……
        <语句 n>
}
```

在复合语句内可以有数据声明，被声明的数据仅在声明它的复合语句内起作用。

在复合语句中，还可以含有复合语句，这种情况称为复合语句的嵌套。

复合语句是典型的顺序结构，其中的语句按照书写的顺序依次执行，除非有其他控制语句改变了控制流程。执行流程如图 9-15 所示。

2. 选择结构

程序语言通常都提供了多种分支语句以支持对选择结构的描述。根据分支的数目，分支语句可以分为单分支、双分支和多分支语句。以 C++为例，它提供了三种语句来支持这三种选择结构：if 选择语句、if-else 选择语句和 switch 选择语句。下面仅简要介绍 if 选择语句和 if-else 选择语句，从理论上说，利用 if 选择语句和 if-else 选择语句的组合也可以实现多分支选择。

1）if 选择语句

C++的 if 选择语句的一般形式为

```
if  (<条件表达式>)  <语句>
```

此结构表示：如果<条件表达式>的值为非 0，即“真”(true)，则执行指定的<语句>，然后按顺序执行 if 语句的后继语句。如果<条件表达式>的值为 0，即“假”(false)，则忽略<语句>，按顺序执行 if 语句的后继语句。执行流程如图 9-16 所示。

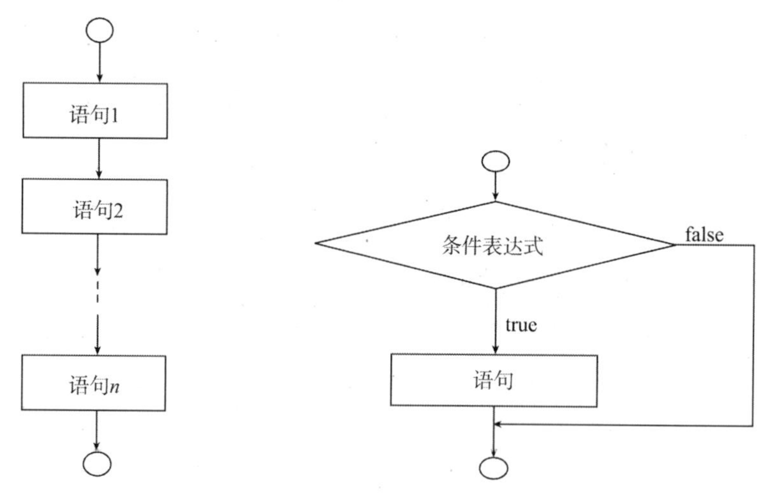

图 9-15　复合语句的执行流程　　　图 9-16　if 选择语句的执行流程

C++允许任意表达式充当条件表达式，并根据该表达式的值来确定条件的“真”或“假”。

2）if-else 选择语句

if 选择语句只有在条件为真时才执行指定的动作，否则就跳过这个动作。如果需要测试条件为真和假时分别执行不同的处理，if 选择结构用起来就不自然了（读者可以想一下如何使用 if 选择语句实现这一点）。C++提供了一种双分支选择结构——if-else 选择结构，可以在条件为真或假执行指定的不同的动作。C++的 if-else 语句的一般形式为

```
if  (<条件表达式>)
    <语句 1>
else
    <语句 2>
```

else 和<语句 2>称为 else 分支或 else 子句。上述结构表示：如果<条件表达式>的值为“真”，则执行<语句 1>，执行完<语句 1>后继续执行整个 if-else 语句的后继语句；如

果<条件表达式>的值为“假”，那么跳过<语句 1>而执行<语句 2>，执行完<语句 2>后继续执行整个 if-else 语句的后继语句。也就是说，if-else 语句总是根据<条件表达式>的结果，选择<语句 1>和<语句 2>中的一个执行，执行完后，整个 if-else 语句就算执行完了。执行流程如图 9-17 所示。

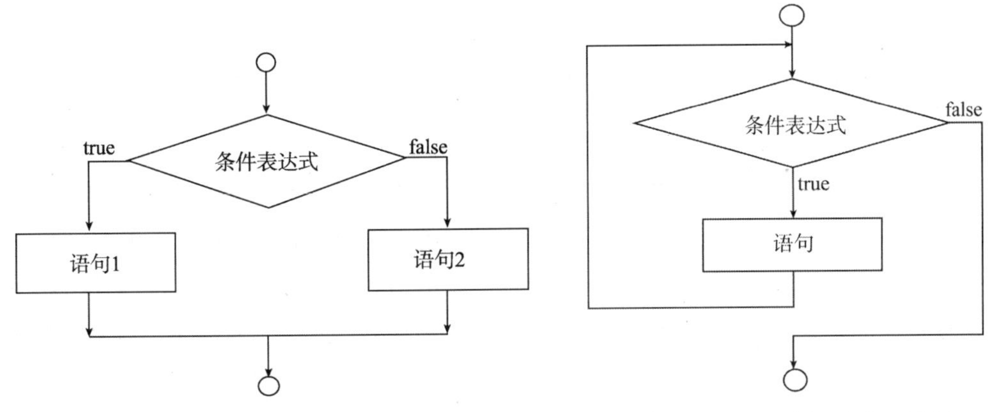

图 9-17　if-else 选择语句的执行流程　　　　图 9-18　while 语句的执行流程

3. 循环结构

循环是一种广为使用的控制结构，高级程序设计语言大都提供了多种循环控制结构，使得程序员能够方便地进行程序设计。以 C++为例，它提供了三种基本的循环控制结构：while 语句、do-while 语句和 for 语句。这三种循环结构具有不同的特点，分别适合不同的应用场合。

1）while 循环语句

while 循环语句是一种采取入口控制的循环结构，它的一般形式为

```
while (<条件表达式>)
<语句>
```

while 是 C++的关键字，是 while 语句开始的标记，<条件表达式>为一个合法的表达式，作为循环控制条件，<条件表达式>后面的语句是循环体。while 语句执行过程是：首先计算<条件表达式>的值，如果<条件表达式>的值为“假”，则跳过指定的<语句>，执行整个 while 语句的后继语句；如果<条件表达式>的值为“真”，则执行指定的<语句>，执行完该语句后，再计算<条件表达式>的值，如果<条件表达式>的值仍然为非 0，则继续执行指定的<语句>，再进行测试，直到<条件表达式>的值为 0，则跳过指定的<语句>，结束整个 while 语句的执行，接着执行整个 while 语句的后继语句。执行流程如图 9-18 所示。

前面给出了计算整数 1~100 的和的算法，该算法可以用 while 语句实现：

```
int s = 0;
int n = 1;
while ( n <= 100 )
{
    s= s + n;
```

```
    n = n + 1;
}
```

2）do-while 循环语句

C++还提供了另外一种出口控制的循环结构——do-while 语句，其一般格式为

```
Do
      <语句>
while (<条件表达式>);
```

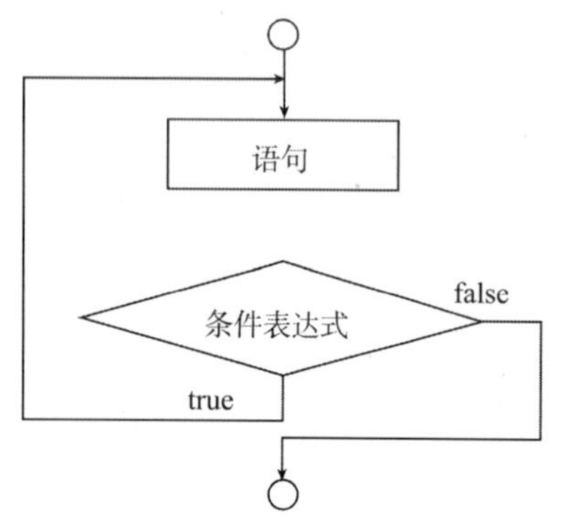

图 9-19　do-while 语句的执行流程

do 和 while 都是 C++的关键字，do 和 while 之间的语句是循环体，<条件表达式>作为循环控制条件，整个 do-while 语句的最后是作为语句结束标志的分号。do-while 语句构成的循环与 while 语句构成的循环有所不同：它先执行循环中的<语句>，然后计算<条件表达式>的值，判断条件的真假，如果为“真”，则继续循环；如果为“假”，则终止循环，继续执行整个 do-while 语句的后继语句。do-while 语句的执行流程如图 9-19 所示。

同样当循环体由多个语句组成时，要用“{”和“}”把它们括起来，组成一个复合语句。

同样，对于计算整数 1~100 的和的问题，用 do-while 语句则实现如下：

```
int s = 0;
int n = 1;
do
{
   s = s + n;
    n = n + 1;
} while ( n <= 100 );
```

读者可以比较一下，用 do-while 语句实现和用 while 语句实现的差别。

3）for 循环语句

在处理实际问题时，很多情况下可以预先知道循环应该重复的次数。以上面计算整数 1~100 的和的问题为例，用 while 语句和 do-while 语句都可以实现。这两段程序有相似之处：变量 i 起到了循环计数的作用，该变量在循环体内的变化是有规律的，把这种变量称为循环控制变量。对于这类问题，C++专门提供一种语句——for 循环语句，也称计数循环。它的一般形式为

```
for ( <初始化语句> ;[<条件表达式>]; [<增量表达式>] )
      <语句>
```

for 是 C++的关键字，表示 for 循环语句的开始。<初始化语句>可以是任何合法的语句，<条件表达式>和<增量表达式>则可以由任何合法的表达式充当，其中<初始化语句>通常是一个赋值语句，用来给循环控制变量赋初值；<条件表达式>是一个能够转换成逻辑值的表达式，它决定什么时候退出循环，该表达式可以为空，这时逻辑值为“真”；<增量表达式>定义了循环控制变量每循环一次后按什么方式变化，该表达式也可以为空，这时不产生任何计算效果。<初始化语句>可以是表达式语句或声明语句，应该以“;”

结束。<条件表达式>和<增量表达式>之间用“;”分开。<语句>构成了循环体。

for 语句的功能是：首先计算<初始化语句>，然后计算<条件表达式>的值，如果该值为“假”，则结束循环，跳过循环体的<语句>，转到整个 for 语句的后继语句继续执行；如果该值为“真”，则执行循环体的<语句>，执行完循环体后，紧接着执行<增量表达式>，再计算<条件表达式>的值，如果该值为“真”，则执行循环体的<语句>，再执行<增量表达式>，再计算<条件表达式>进行测试，直到<条件表达式>的值为“假”，则结束循环，跳过循环体的<语句>，继续执行整个 for 语句的后继语句。for 语句的执行流程如图 9-20 所示。

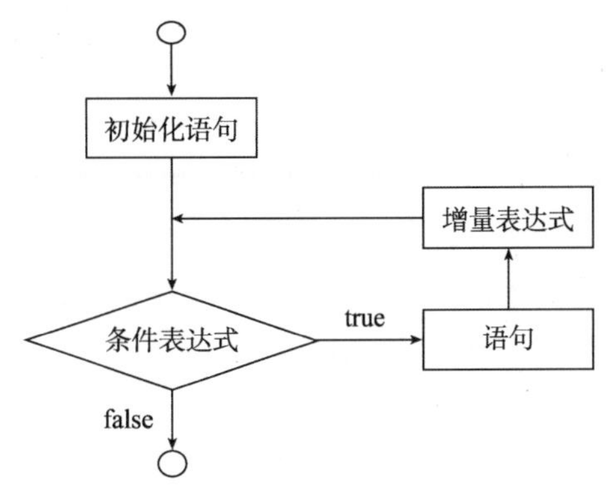

图 9-20　for 语句的执行流程

用 for 语句实现计算整数 1~100 的和是非常直观的：

```
int s = 0;
int n;
for ( n = 1; n <= 100; n ++ )
    s = s + n;
```

在设计循环结构时，如果不能预先确定循环的次数，则应当选择合适的特征数据作为循环控制的条件，这时使用 while 结构或 do-while 结构较合适；如果事先可以确定循环的次数，或者存在某数据随循环有规律地变化，这时宜采用 for 结构。

4. 控制转移语句

控制转移语句的功能是无条件改变程序的执行顺序。早期的程序设计主要通过无条件 goto 语句实现控制的跳转。使用 goto 语句确实可以使程序员随心所欲地控制程序的流程，但是，如果滥用 goto 会导致程序的正确性难以控制，为程序的调试和维护带来很大的困难。计算机科学家甚至证明了任何程序可以只用三种控制结构即顺序结构、选择结构和循环结构来实现，无须 goto 语句。因此，提倡尽可能少用 goto 语句。但该原则也并非绝对的，不可否认，适当地使用控制转移语句确实能为程序设计带来好处。所以大多数程序设计语言还是提供了控制转移语句。如 C++还是提供了 goto 语句，使用格式为

```
goto <标号>;
```

其中，<标号>是 C++中一个有效的标识符，这个标识符加上一个“:”一起出现在某个语句的前面，以标识该语句。例如：

```
start: i = 0;
```

执行 goto 语句时，程序将跳转到该标号处，从其后的语句开始继续执行。标号必须与 goto 语句同处于一个函数中。例如：

```
start: i = 0;
…
goto start;
```

9.6 结构化程序设计示例

通过上面的介绍可以看到，程序设计语言提供了丰富的控制结构，如各种选择和循环语句等，为程序员设计和实现复杂的数据处理提供了有力的支持。但是如何利用程序设计语言提供的机制，针对以一些复杂的实际问题设计出层次结构清晰、便于理解、调试和维护的程序，特别是构造一些大型程序，还需要进一步掌握程序设计的思想。下面将结合具体的例子介绍结构化程序设计思想。

9.6.1 结构化程序设计思想

结构化程序设计采取了计算思维中的典型方法——分解。按照“分而治之”的策略，将顶层问题的求解目标逐层分解成子目标，每个子目标用相应的程序模块进行实现，这样构成求解整个问题的程序。

1. 结构化程序的构成

结构化程序设计（Structured Programming，SP）方法是由艾兹赫尔·戴克斯特拉（Edsger W. Dijkstra）等人于1972年提出的，它建立在科拉多·伯姆（Corrado Böhm）和朱塞佩·亚科皮尼（Giuseppe Jacopini）证明的结构定理的基础上。结构定理指出：任何程序逻辑都可以用顺序、选择和循环三种基本结构来表示。每个结构只有一个入口和一个出口，仅由上面三种结构构成的程序称为结构化程序。

本章前文中给出的三种基本控制结构流程图中，每个流程图都使用了两个小圆圈，一个是控制结构入口点，另一个是控制结构出口点。从这些图中可以看出，这些控制结构都是单入口/单出口的控制结构，这种结构使程序更容易建立，只要将一个控制结构的出口与另一个控制结构的入口连接起来，即可组成结构化程序。这种控制结构的并列连接方法称为控制结构堆叠（Control Structure Stacking）。还有另一种控制结构连接方法，称为控制结构嵌套（Control Structure Nesting），即将一个控制结构嵌入到另一个控制结构内部，作为后者的一部分。

2. 结构化程序形成的规则

假设在流程图中用矩形框表示任何操作，包括输入/输出。那么形成结构化程序的规则如下所述。

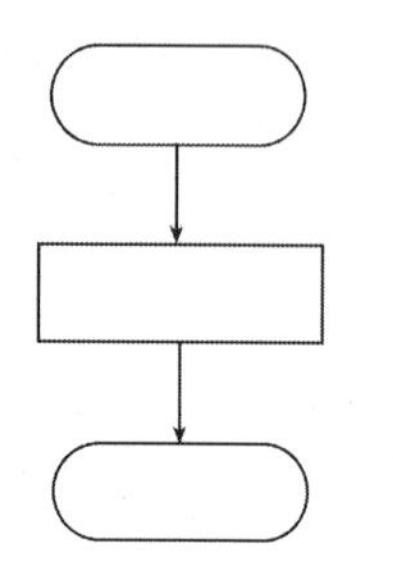

图 9-21　最简单的流程图

规则1：从“最简单的流程图”开始，如图9-21所示。

规则2：将其中某个矩形框（操作）换成两个顺序矩形框（操作），即控制结构堆叠。

规则3：将其中某个矩形框（操作）换成某个控制结构（如选择结构、循环结构等），即控制结构嵌套。

规则4：可按任何顺序多次重复规则2和规则3。

利用上述规则总是可以得到整洁的结构化流程图。例如，对最简单的流程图重复采用规则 2 即可得到包含许多顺序放置矩形框的流程图（见图 9-22）。这是一种堆叠控制结构，因此规则 2 被称为堆叠规则。

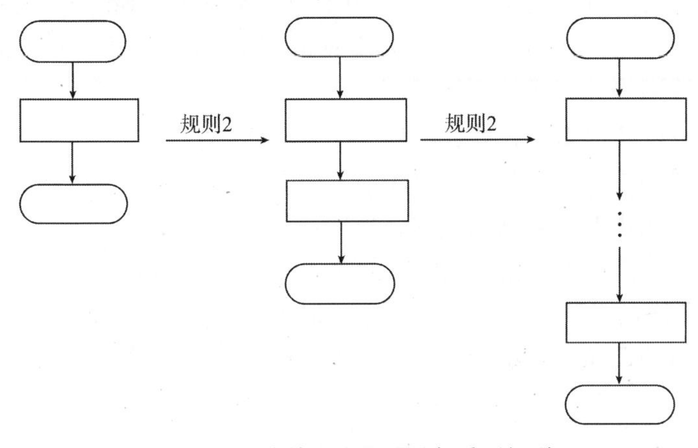

图 9-22　最简单的流程图重复采用规则 2

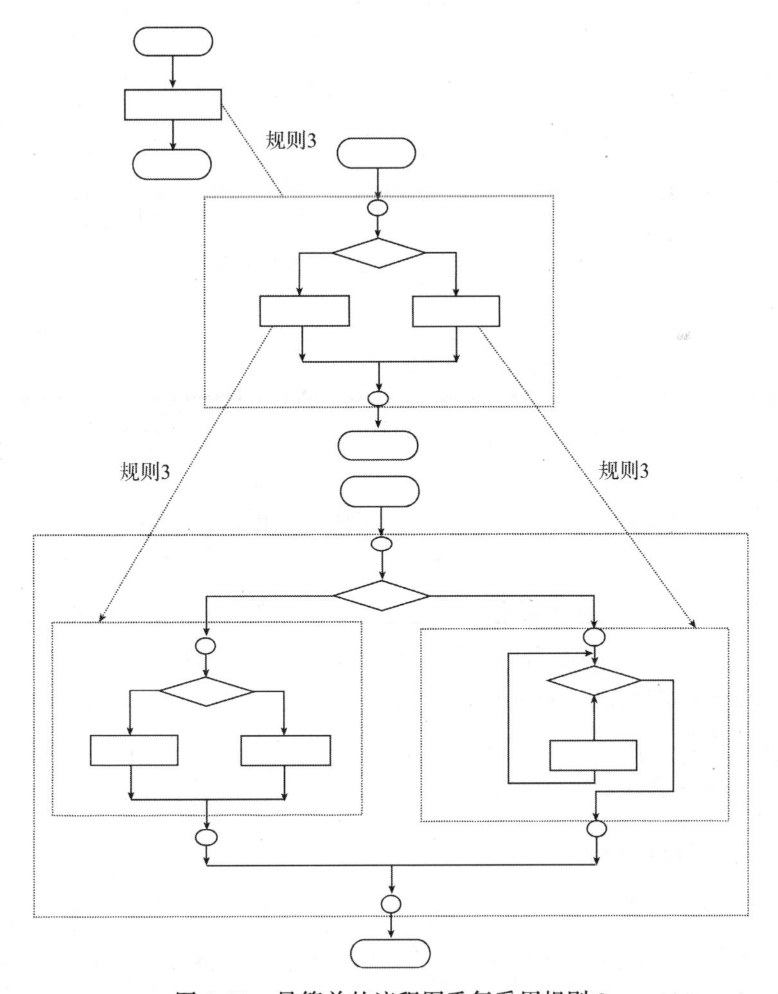

图 9-23　最简单的流程图重复采用规则 3

规则 3 被称为嵌套规则。对最简单的流程图重复采用规则 3 即可得到包含嵌套控制结构的流程图。例如，图 9-23 中，首先将最简单的流程图中的矩形框换成双分支选择结构（if-else）。然后再对双分支选择结构中的两个矩形框采用规则 3，将两个矩形框中的一个变成一个双分支选择结构，另一个变成 while 循环结构，每个结构周围的虚线框表示最初的简单流程图中被替换的矩形框。

应用规则 4 可以产生更大、更复杂且层次更多的嵌套结构，构成各种可能的结构化流程图，从而实现各种可能的结构化程序。上面的例子体现了一种自顶向下、逐步求精的思路，通过反复应用上述规则的过程，来构造复杂的程序。

结构化方法的精髓在于只需使用简单的单入口/单出口模块、通过两种简单组合的方法，就可以实现程序的设计。图 9-24 显示出采用规则 2 的堆叠构件块和采用规则 3 的嵌套构件块，最右边的还显示了结构化流程图中不能出现的重叠构件块。

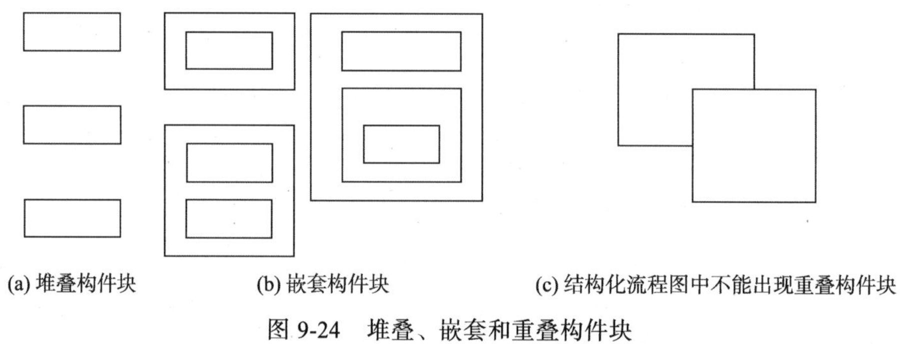

(a) 堆叠构件块　　(b) 嵌套构件块　　(c) 结构化流程图中不能出现重叠构件块

图 9-24　堆叠、嵌套和重叠构件块

综上所述，结构化程序设计的思想包括以下三方面的内容：

（1）程序由一些基本结构组成。任何一个大型的程序都可以由三种基本结构所组成，由这些基本结构顺序地构成了一个结构化的程序。这三种基本结构为顺序结构、选择结构和循环结构。

（2）一个大型程序应该按照功能分割成一些功能模块，并把这些模块按层次关系进行组织。

（3）采用自顶向下、逐步求精的实施方法，应用上面四条规则进行程序设计。

按结构化程序设计方法设计出的程序具有如下优点：结构良好，各模块间的关系清晰简单，每一模块内都由基本单元组成。这样设计出的程序清晰易读，可理解性好，容易设计，容易验证其正确性，也容易维护。同时，由于采用自顶向下、逐步细化的实施方法，能有效地指导和组织程序设计活动，有利于软件的工程化开发。

9.6.2　结构化程序设计原则

结构化程序设计就是把一个程序划分成若干个基本结构，在编写程序代码时，各结构独立编写，最后统一成为一个整体。结构化程序设计要遵循的原则是：自顶向下、逐步求精、模块化和限制使用 goto 语句。

1. 自顶向下、逐步求精

所谓“自顶向下、逐步求精”，是指程序设计时，应先考虑总体，后考虑细节；先考虑全局目标，后考虑局部目标。也就是说，先设计第一层（即顶层）问题的求解方法，然后步步深入，设计一些比较粗略的子目标作为过渡，再逐层细分，直到整个问题可用程序设计语言明确地描述出来为止。

采用自顶向下、逐步求精的原则进行程序设计时，为了设计一个复杂程序，首先需做出对问题本身的确切描述，并对问题解法做出全局性决策，把问题分解成相对独立的子问题，再以同样的方式对每个子问题进一步精确化，直到获得计算机能理解的程序为止。

2. 模块化

任何一个大系统都可以按子结构之间的疏密程度分解成较小的部分，每部分称为模块，每个模块完成一定问题的求解。整个程序是由层次的、逐级细化的诸模块组成。一个复杂的问题可以看成由若干稍简单的问题构成。所谓“模块化”，是指为解决复杂问题，要把它分解成若干稍小的、简单的部分。这一过程称为“模块划分”。模块化与自顶向下、逐步求精紧密联系。模块划分的基本要求如下：

（1）模块的功能在逻辑上尽可能单一、明确化、一一对应。

（2）模块之间的联系及影响尽可能少，必要的联系需加以明确说明，尽量避免传递控制信号，仅限于传递处理对象。

（3）每个模块的规模不能够过大，以使其本身易于实现。

3. 限制使用 goto 语句

前面提到任何程序逻辑都可以用顺序、选择和循环三种基本结构来表示，在此基础上，戴克斯特拉主张避免使用 goto 语句，因为 goto 语句会破坏这三种结构形式，使程序模块间的界面模糊，降低了程序的可读性，直接影响程序的质量。所以在结构化程序设计中，要尽可能限制使用 goto 语句，而仅用上述三种基本结构反复嵌套来构造程序，使程序的动态执行和静态正文的结构趋于一致，从而使程序易于理解和验证。除非使用 goto 语句能明显降低程序设计的难度，并且对程序结构的破坏性较小，一般情况下建议不要使用 goto 语句。

9.6.3　结构化程序设计示例

下面用具体例子来说明如何采用自顶向下、逐步求精的结构程序设计方法进行程序设计。

【例 9-1】　请编写一个程序，能够从键盘读入一个正整数，输出从 2 到该正整数之间的所有素数。

首先分析这个问题，明确需求：

- 读入一个正整数；
- 输出从 2 到该正整数之间的所有素数。

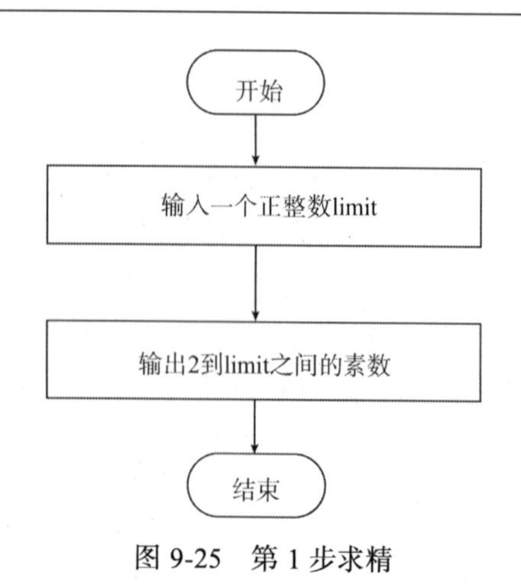

图 9-25　第 1 步求精

下面采用自顶向下、逐步求精的方法，设计本题的算法，算法采用文字和框图两种方式描述。

问题的顶层描述是：

输入一个正整数，输出从 2 到该正整数之间的所有素数。

顶层描述是对整个程序功能的完整、精简的描述，要在顶层描述中明确程序设计的需求，作为逐步求精的基础。

接着，对顶层描述做第一步求精，得到一个顺序结构（见图 9-25）。

文字描述：

（1）开始。

（2）输入一个正整数 limit。

（3）输出从 2 到 limit 之间的所有素数。

（4）结束。

但是细化成这几个步骤，还不足以和程序结构对应起来，因此还需要进一步求精。

首先考虑第 1 步“输入一个正整数”。这一步看上去很简单，似乎用程序的输入语句就可直接实现，但是考虑到用户可能输入一个小于等于 0 的数据，为了增加程序的健壮性，还需要增加一些处理功能：判断用户输入的数是否大于 0，是则继续；否则报错并结束程序。因而将算法细化，如图 9-26 所示。

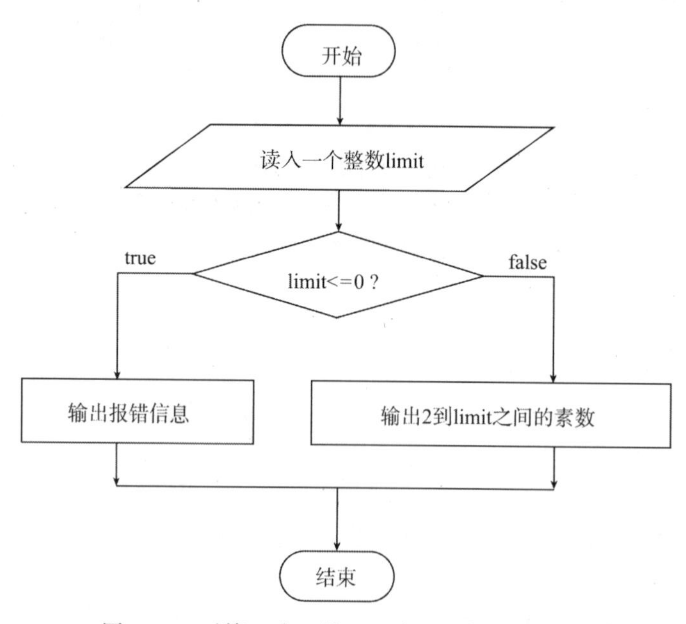

图 9-26　对第 2 步“输入一个正整数”求精后

文字描述：

（1）开始。

（2）输入一个正整数。

①读入一个整数 limit;

②判断 limit 是否小于等于 0，若是则输出报错信息，转（4）。

（3）输出从 2 到 limit 之间的所有素数。

（4）结束。

下面考虑程序的核心部分——第 3 步“输出从 2 到该正整数之间的所有素数”。本部分需要对 2~limit 的所有整数逐个进行判断，若是素数则输出该数，否则不输出。于是，对算法的第 3 步使用循环结构进行求精，如图 9-27 所示。

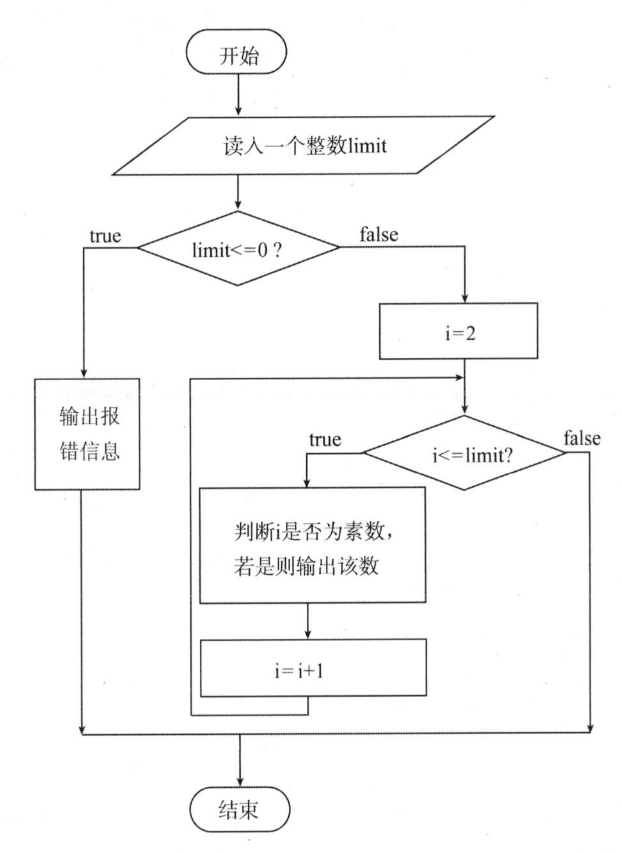

图 9-27　第 3 步“输出从 2 到 limit 之间的所有素数”求精后

伪码：

1）开始。

2）输入一个正整数。

（1）读入一个整数 limit;

（2）判断 limit 是否小于等于 0，若是则输出报错信息，转 4）。

3）输出从 2 到 limit 之间的所有素数。

（1）循环控制变量 i 置 2。

（2）判断 i <= limit，

①若是，则判断 i 是否为素数，若是则输出该数；

②否则，转 4）。

（3）i 增 1，转（2）。

4）结束。

继续对第①步“判断 i 是否为素数，若是则输出该数”进行细化。本次求精将明确判断素数的算法。

判断整数 i 是否是素数的简单方法是，看 i 是否能被 2~i/2 之间的某个整数整除，如果是，那么 i 就不是素数，否则是素数。由于素数判断是一个在逻辑上相对独立且十分明确的功能，而且把这一功能独立出来，也有利于被其他程序代码共享。因此，根据模块化思想，将判断素数的功能独立出来，单独设计成一个函数，该函数的设计如下：

函数名称：isPrimary:

输入参数：

i：给定整数

返回结果：

true：i 是素数

false：i 不是素数

算法：

（1）循环控制变量 divisor 从 2 到 i/2，执行：判断 i 是否能被 divisor 整除(i % divisor == 0)

若能整除，则返回判断结果 true。

（2）返回判断结果 false。

把判断素数的功能独立出来后，主程序的设计也变得清晰和简单了，如下：

1）开始

2）输入一个正整数

（1）读入一个整数 limit。

（2）判断 limit 是否小于等于 0，若是则输出报错信息，转 4）。

3）输出从 2 到该 limit 之间的所有素数。

（1）循环控制变量 i 置 2。

（2）判断 i <= limit，

①若是，则判断 i 是否为素数(调用 isPrimary(i))，若是则输出该数。

②否则，转 4）。

（3）i 增 1，转 2）中（2）。

4）结束。

至此，通过对算法进行逐步求精，最后得到了主程序的算法和判断素数的功能模块的算法。显然，算法求精到这种程度，已经可以很方便地变换成 C++程序了，如下：

```
//输入一个正整数，输出从 2 到该正整数之间的所有素数
#include <iostream.h>
```

```
bool isPrimary(int i)
{
    // 循环控制变量 divisor 从 2 到 i/2，执行：
     for (int divisor = 2; divisor <= i / 2; divisor = divisor +1 )
       if ( i % divisor == 0 ) // 判断 i 是否能被 divisor 整除
           // 若能整除，则返回判断结果：i 不是素数
           return false;

     // 返回判断结果：i 是素数
     return true;
}
int main()
{
     int i, limit;

     // 输入一个正整数
     // 读入一个整数 limit
     cout << "Please enter a positive integer number: ";
     cin >> limit;

     // 判断 limit 是否小于等于 0，若是则输出报错信息，结束程序
     if ( limit <= 0 )
     {
         cout << limit << "is not a positive integer. Program exit.";
        return 0;
     }

     // 输出从 2 到 limit 之间的所有素数
     for ( i = 2; i <= limit; i ++ )
        // 判断 i 是否为素数，若是则输出该数
        if ( isPrimary(i) )
            cout << i << " ";

     return 0;
 }
```

程序执行时的交互过程和结果如下：

```
Please enter a positive integer number: 20
2 3 5 7 11 13 17 19
```

从这个例子可以看出，“自顶向下、逐步求精”是一种行之有效的结构化程序设计方法。它使得人们能够从分析问题开始，对问题一步一步地深入剖析，随着不断地细化，离问题的解决也越来越接近，最终得到一个能够正确执行的程序。

可能有些读者认为，问题本身并不复杂，有必要如此煞费苦心地通过逐步细化来进行算法设计吗？有些初学的程序设计者，甚至不经过算法设计，而直接就在机器上编写程序，以求获得快速的开发效率。其实“磨刀不误砍柴工”，良好的设计是编写正确、高质量程序的基础，尤其当问题复杂时，设计的意义更重要。解决实际问题时，在设计上花费的代价往往会明显超过用于编写代码的代价。无数经验表明，不经过精心设计，只能带来编程效率的下降和软件质量的低下，只要设计完善细致，程序编写就会变得简

单和直接明了。

9.7 本 章 小 结

本章简要介绍了计算思维和计算机问题求解的基本概念。抽象、并行、缓存、排序等典型的计算思维方法，不仅在计算机科学中发挥着重要的作用，而且在其他领域甚至日常生活中也可以用来解决实际问题。计算机问题求解是以计算机为工具、利用计算思维解决问题的实践活动，一般包括分析问题、设计算法、实现算法等步骤。因此，本章进一步介绍了算法、程序和程序设计等基本概念，概述了四类程序设计语言，描述了程序编码、编译和运行的基本过程；然后从“程序本质上是描述特定数据的处理过程”的观点出发，简要介绍程序的基本结构。最后，结合具体的例子介绍了常用的程序设计方法——结构化程序设计方法的基本思想。

通过本章的学习，希望读者对计算思维和计算机问题求解有一个初步的了解，对于算法和程序的基本概念、算法设计的基本方法以及程序设计的原则和思想有所理解，了解基本的程序结构。

延伸阅读材料

用一章的篇幅来介绍计算思维和计算机问题求解显然是不够的，本章只能起一个导引的作用。如果读者需要系统了解计算思维，可阅读参考文献（Wing J M, 2006），关注微软研究院资助成立的计算思维卡梅隆中心(网站:http://www.cs.cmu.edu/~CompThink)。此外，Great Principles of Computing（GP）是 ACM 前主席 Peter J. Denning 领导的一个项目，旨在凝练计算机科学重要的原则和思想，项目网站（http://cs.gmu.edu/cne/pjd/GP）提供了丰富资料。与 Great Principles of Computing 重在凝练计算机科学思想精华不同，由 Tim Bell、Mike Fellows 和 Ian Witten 开展的 Computer Science Unplugged 项目走的是一条更有趣味的路线。该项目倡导不使用计算机来教授计算机科学，为小学和初中的学生设计了一系列游戏类的实践活动，让学生在游戏中体会计算机科学中的基本概念和计算思维的基本方法，该项目将这些游戏整理成一本教材（Bell T, Ian H, 2006），其网站是 http://csunplugged.org。图灵奖获得者 Donald E. Knuth 的著作(Knuth D E, Knuth D, 1998)是学习程序设计方法和艺术的经典，关于算法的基本概念，可以参考该书第 1 章的第 1.1 和 1.2 节，而关于各种算法的设计则可以系统阅读该书的相关章节。

习 题

1. 请列举日常生活和工作中运用计算思维的例子。
2. 用计算机问题求解过程包括哪些步骤？
3. 什么是算法？什么是程序？
4. 程序设计语言的功能是什么？
5. 针对归并排序算法，请证明结论：算法所需的比较操作的次数介于$(n\log n)/2$和$n\log n-n+1$之间。
6. 针对汉诺塔问题，请证明结论：对于 n 个盘子，共需移动 2^n-1 次。

7. 设计一个算法，输入实型变量 x 和 y，若 x≥y，则输出 x–y；若 x<y，则输出 y–x。请画出你的算法的框图。

8. 设计一个算法，输入一个不多于 5 位的正整数，要求：（1）求出它是几位数；（2）分别打印出每一位数字；（3）按逆序打印出各位数字，例如原数为 321，应输出 123。请给出你的算法的文字描述。

9. 设计四个算法，分别输出如图 9-28 所示的四种图案。

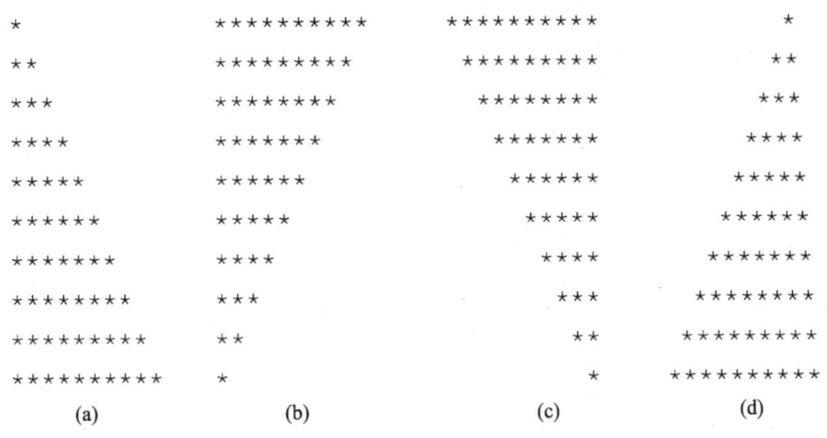

图 9-28　要求输出的图案

10. 请为背包问题的贪婪求解算法设计一种价格密度准则，即从剩余物品中选择可装入包的 p_i/w_i 值最大的物品。这种策略能否保证得到最优解？请分别利用价格准则、重量准则和价格密度准则，试解 n=4 ,w=[20,15,10,5], p=[40,25,25,20], W=35 时的背包问题，并对这三种准则的求解结果进行比较分析。

11. 利用 9.6.3 节中的判断素数的函数 isPrimary 函数，编写一个程序来验证哥德巴赫猜想：任何一个充分大的偶数（大于等于 6）总可以表示成两个素数之和。

参 考 文 献

崔保国. 1999. 信息社会理论与模式. 北京: 高等教育出版社

陈世忠. 2002. C++编码规范. 北京: 人民邮电出版社

董荣胜, 古天龙. 2002. 计算机科学与技术方法论. 北京: 人民邮电出版社

傅祖芸. 2001. 信息论——基础理论与应用. 北京: 电子工业出版社

冯博琴等. 2005. 大学计算机基础. 2 版. 清华大学出版社

冯博琴, 吕军等. 2005. 大学计算机基础. 2 版. 北京: 清华大学出版社

冯博琴, 贾应智. 2009. 大学计算机基础. 北京: 中国铁道出版社

宫云战等. 1999. 计算机导论. 长沙: 国防科技大学出版社

胡守仁. 2004. 计算机技术发展史(一). 长沙: 国防科技大学出版社

胡守仁. 2006. 计算机技术发展史(二). 长沙: 国防科技大学出版社

胡晓峰, 吴玲达, 老松杨等. 2009. 多媒体技术教程. 3 版. 北京: 人民邮电出版社

林柏钢. 2004. 网络与信息安全教程. 机械工业出版社

林福宗. 2009. 多媒体技术基础. 3 版. 北京: 清华大学出版社

罗宇. 2011. 操作系统. 3 版. 北京: 电子工业出版社

美国科学促进会. 2005. 科学素养的设计. 北京: 科学普及出版社

尼古拉·尼葛洛庞帝. 1997. 数字化生存. 海口: 海南出版社

尼科·斯特尔. 1998. 知识社会. 上海: 上海译文出版社

宁洪, 赵文涛, 贾丽丽. 2005. 数据库系统. 北京: 邮电大学出版社

彭波, 孙一林. 2006. 多媒体技术及应用. 北京: 机械工业出版社

秦志光, 张凤荔. 2007. 计算机病毒原理与防范. 人民邮电出版社

瞿中等. 2007. 计算机科学导论. 2 版. 北京: 清华大学出版社

宋红等. 2005. 计算机安全技术. 2 版. 中国铁道出版社

唐塑飞. 2008. 计算机组成原理. 2 版. 北京: 高等教育出版社

王珊, 萨师煊. 2006. 数据库系统概论. 4 版. 高等教育出版社

谢希仁. 2003. 计算机网络. 4 版. 北京: 电子工业出版社

徐明成. 2008. 计算机信息安全教程. 2 版. 电子工业出版社

郑若忠, 宁洪, 阳国贵等. 1998. 数据库原理. 长沙: 国防科技大学出版社

赵英良, 董雪平. 2009. 多媒体技术及应用. 西安: 西安交通大学出版社

2000. 中国大百科全书——计算机卷. 北京: 中国大百科全书出版社

Bernstein P A, Dayal U, DeWitt D J, et al. 1989. Directions in DBMS Research-The Laguna Beach Participants. ACM SIGMOD Record , l.18(1): 17-26

Bernstein P, Brodie M, Ceri S, et al. 1998. The Asilomar Report on Database Research. ACM SIGMOD Record , l.27(14): 74-80

Bishop M. 2005. 计算机安全学——安全的艺术与科学. 王立斌等译. 北京: 电子工业出版社

Bowman J S, Emerson S L, Darnovsky M. 2001. The Practical SQl Handbook. 4th Edition. USA: Addison-Wesley Professional Publishers

Brookshear J G. 2007. 计算机科学概论. 9 版. 刘艺等译. 北京: 人民邮电出版社

Bruce Eckel. 2003. Thinking in C++. 2nd ed. Prentice Hall

Bryant R E, O'Hallaron D. 2004. Computer Systems: A Programmer's Perspective . 北京: 中国电力出版社

Celko J. 2010. SQL for Smarties Advanced SQL Programming. 4th ed. USA: Morgan Kaufmann Publishers

Chen P P. 1976. The Entity-Relationship Model-Toward a Unified View of Data. ACM Transactions on Database Systems (TODS), 1(1): 9-36

Comer D E. 2005. Internetworking with TCP/IP. 5th ed. Vol. 1, Principles, Protocols, and Architectures. Englewood Cliffs, NJ: Prentice-Hall

Connolly T, Begg C. 2004. Databse Systems: A Practical Approach to Design, Implementation, and Management 4th ed. Boston: Addison-Wesley Professional

Connolly T, Begg C. 2004. 数据库系统——设计、实现与管理. 3 版. 宁洪等译. 北京: 电子工业出版社

Date C J. 2002. 数据库系统导论(英文版). 7 版. 北京: 机械工业出版社

Deitel H M, Deitel P J. 2009. C++ How to Program. 7th ed. Prentice Hall

Gonzalez R C, Woods R E. 2010. 数字图像处理(英文版). 3 版. 北京: 电子工业出版社

Gulutzan P. 1999. Trudy Pelzer. SQL-99 Complete Really. USA: R&D Books

Hernandez M J. 2003. Database Design for Mere Mortals. 2nd ed. USA: Addison-Wesley Professional Publishers

Hill F S Jr, Kelley S M. 2009. 计算机图形学(OpenGL 版). 3 版. 胡事民等译. 北京: 清华大学出版社

http://www.edm2.com/0612/mysql17.html

Knuth D E. The Art of Computer Programming(1-4) . Addison-Wesley Professional

Kofler M. 2006. The Definitive Guide to MySQL5. 3 版. 杨晓云等译. 北京: 人民邮电出版社

Kroenke D M. 2001. 数据库处理——基础、设计与实现. 施伯乐等译. 北京: 电子工业出版社

Kurose J F, Ross K W. 2009. Computer Networking: International Version: A Top-Down Approach , 5th ed. Boston, MA: Addison-Wesley

Mauerer W. 2008. Professional Linux Kernel Architecture. Birmingham: Wrox

Molina H G, Ullman J D, et al. 2003. 数据库系统全书. 岳丽华等译. 北京: 机械工业出版社

Nutt G. 2004. Operating Systems: A Modern Approach. 3rd ed. Boston MA: Addison-Wesley

O' Neil P. 2000. 数据库——原理、编程与性能(英文影印版). 北京: 高等教育出版社

Parsins J J, Oja D. 2003. 计算机文化. 4 版. 田丽韫等译. 北京: 机械工业出版社

Patt Y M, Patel S P. 2006.Introduction to Computing Systems: From bits & gates to C & beyond. 2nd ed. 北京: 机械工业出版社

Pfleeger C P, Pfleeger S L. 2004. 信息安全原理与应用. 3 版. 李毅超等译. 电子工业出版社

Raghu R, Johannes G. 2003. 数据库管理系统原理与设计(英文版). 3 版. 北京: 清华大学出版社

Ramachandran U, Leahy Jr W D. 2011. Computer System: An Integrated Approach to Architecture and Operating Systems. 北京: 机械工业出版社

Saltzer J H, Kaashoek M F. 2009. Principle of Computer System Design: An Introduction. 北京: 清华大学出版社

Silberschatz A, Stonebraker M, Ullman J D. 1996. Database Research; Achievements and Opportunities into the 21st Century. Technical Report: CS-TR-96-1563. Stanford, CA, USA: Stanford University

Silberschatz A, Stonebraker M, Ullman J D. 1991. Database Systems: Achievements and Opportunities, Communications of the ACM, l.18(10): 110-120

Silberschatz A , Zdonik S. 1996. Strategic Directions in Database Systems-Breaking Out of the Box. ACM Computing Surveys (CSUR), l.28(4): 764-778

Silbershatz A, Galvin P, Gagne G. 2004. The Design of Operating Systems , 7th ed. New York: Wiley

Sillberschatz A, Korth H F, et al. 2002. 数据库系统概念(影印版). 4 版. 北京: 高等教育出版社

Stallings W. 2006. Cryptography and Network Security.4th Edition. Upper Saddle River, NJ: Prentice-Hall

Stallings W. 2008. Operating Systems: Internals and Design Principles. 6th ed. Englewood Cliffs, NJ: Prentice-Hall

Steinmetz R, Nahrstedt K. 2002. Multimedia Fundamentals, Vol 1: Media Coding and Content Processing. Prentice Hall

Tanenbaum A S. 2004. Computer Networks. (影印版) 4th ed. 北京: 清华大学出版社

Tanenbaum A S. 2008. Modern Operating Systems. 3rd ed. Upper Saddle River, NJ: Printice-Hall

Tanenbaum A S. 2005. 计算机网络. 4 版. 潘爱民译. 北京: 清华大学出版社

Tim B, Ian H. 2006. Witten and Mike Fellows, Computer Science Unplugged
Ullman J D. 2000. 数据库系统基础教程(英文影印版) . 北京：清华大学出版社
Vaughan T. 2010. Multimedia: Making It Work. 8th ed. McGraw Hill
Wing J M. 2006. Computational Thinking, Communications of ACM, 49(3): 33-35